Hendrik Radatz
Wilhelm Schipper
Astrid Ebeling
Rotraut Dröge

Handbuch für den Mathematikunterricht

1. Schuljahr

Schroedel

Autoren:

Dr. Hendrik Radatz, Professor für Didaktik der Mathematik

Dr. Wilhelm Schipper, Professor für Didaktik der Mathematik

Astrid Ebeling, Grundschullehrerin

Rotraut Dröge, Schulleiterin

CIP-Kurztitelaufnahme der Deutschen Bibliothek

Handbuch für den Mathematikunterricht / H. Radatz
Hannover: Schroedel
NE: Radatz, Hendrik
Schuljahr 1. - Dr. A,1. - 1996
ISBN 3-507-34050-X

ISBN 3-507-**34050**-X

Druck A 9 8 7 6 / 2007 06 05 04

Druck und Bindung: westermann Braunschweig

Inhaltsverzeichnis

Vorbemerkung

Der gegenwärtige Grundschulunterricht wird zunehmend bestimmt durch Prinzipien wie „Öffnung des Unterrichts", „Lernen in Sinnzusammenhängen" und „Lernen auf individuellen Wegen". Mit diesen Prinzipien verbundene Konzeptionen führen zu tiefgreifenden Veränderungen der Grundschularbeit, gerade auch des Mathematikunterrichts. Zunehmende Integrationsbemühungen und die Absicht einiger Bundesländer, die altershomogenen Jahrgangsklassen in der Grundschule abzuschaffen und dafür je zwei Schülerjahrgänge (1./2. Schuljahr bzw. 3./4. Schuljahr) zu altersheterogenen und zugleich leistungsheterogeneren Lerngruppen zusammenzufassen, werden auch in der Praxis des Mathematikunterrichts wichtige Änderungen bewirken, wenn die Kinder für das erfolgreiche Durchlaufen einer Lerngruppe entsprechend ihren Fähigkeiten ein, zwei oder drei Jahre Zeit haben. So wird es immer schwieriger (wenn nicht gar unmöglich) werden, den Mathematikunterricht für alle Kinder einer Lerngruppe nach einem geschlossenen Lehrgang oder Lehrbuch „in breiter Front" zu gestalten.

Was benötigt die Lehrerin heute und in Zukunft für die Planung und die Durchführung eines erfolgreichen Mathematikunterrichts in der Grundschule? Ein ausführliches Handbuch, das unterrichtspraktische Anregungen und Hilfen anbietet, das aber auch auf einige theoretische Aspekte eingeht. Unreflektierte Praxisanregungen und Rezepte allein können nicht ausreichend sein, um auf die vielfältigen Anforderungen des Unterrichts angemessen reagieren zu können und eine positive Grundeinstellung zu den Lernmöglichkeiten der Kinder zu entwickeln. Die stärkere Flexibilisierung des Unterrichts setzt auch eine Veränderung des individuellen Bildes von Unterricht und von Schule voraus. Die Lehrerin braucht viele konkrete Anregungen sowie differenzierende Aufgaben- und Problemsammlungen, aus denen sie auswählen kann, um den Unterricht offen und für alle Kinder fördernd gestalten zu können. Die massenhaft auf dem Markt angebotenen Kopiervorlagen erfüllen die notwendigen Anforderungen nur selten. Nur gelegentlich „passen" fertige Arbeitsblätter oder kopierbare Aufgabenstellungen in den eigenen Unterricht, fast nie sind derartige Kopiervorlagen an die Bedürfnisse einzelner Schülergruppen in einer speziellen Unterrichtssituation anpassbar. Die allermeisten Inhalte der Kopierdidaktik erweisen sich somit bei näherem Hinsehen als Fehlentwicklungen oder pädagogisch-didaktische Sackgassen. Kopiervorlagen fertiger Aufgaben und Übungsgrundgeräte mit bunten Einlagen sind Aufgabenstellautomaten, die die Kinder beliebig lange beschäftigen können. „Öffnung des Mathematikunterrichts" ist jedoch mehr als das Stillhalten von Kindern durch die Beschäftigung mit beliebigen Rechenaufgaben.

Das vorliegende Handbuch zum Mathematikunterricht im 1. Schuljahr ist das Erste in der Reihe „Unterrichtspraxis Mathematik", die in den nächsten Jahren entstehen und ergänzt werden soll. Das Handbuch zum 1. Schuljahr bietet vielfältige und praktische Anregungen für den täglichen Mathematikunterricht und bettet sie ein in kurze Hintergrundinformationen mehr theoretischer Art. Es ist damit ein Nachschlagewerk für die zahlreichen Berufsanfängerinnen in den kommenden Jahren, aber auch eine Quelle weiterer Informationen für die älteren Lehrerinnen mit jahrzehntelanger Unterrichtserfahrung. - Ein Handbuch kann und sollte man nicht „in einem Zug" durchlesen.

Neben den Anregungen zu den drei zentralen Inhaltsbereichen des Mathematikunterrichts im 1. Schuljahr - der Arithmetik, der Geometrie und dem Sachrechnen/den Größen - findet die Leserin im Handbuch je ein Kapitel zur Gestaltung ihres Mathematikunterrichts (Ziele, Rahmenbedingungen, Formen offenen Unterrichts, Anregungen für die Mathe-Ecke ...), zu sehr wichtigen Phasen des Schulanfangs (die „ersten sechs Wochen") sowie zu hilfreichen und weniger hilfreichen Arbeitsmitteln in einer ausführlichen Diskussion. Dem Handbuch ist eine Sammlung durchweg offener Kopiervorlagen beigefügt, auf die in den Textteilen eingegangen wird. Diese Kopiervorlagen kann die Lehrerin für die spezifischen Situationen ihres Mathematikunterrichts gestalten und abändern. In der Innenseite des hinteren Buchdeckels wird zur Orientierung ein Stoffplan für das 1. und 2. Schuljahr angeboten. Bei den derzeit gültigen 16 Lehrplänen der einzelnen Bundesländer sind die Unterschiede, die zeitlichen sowie die didaktischen Gängelungen schwer nachvollziehbar. Wissenschaftlich sind sie erst recht nicht begründbar. Unser Stoffplanentwurf für die beiden ersten Schuljahre versucht die notwendige inhaltliche Öffnung zu berücksichtigen.

Die folgenden Prinzipien und Gesichtspunkte haben uns bei der Entwicklung des Handbuches angeregt und geleitet. Sie sind bekannt und nicht neu, sollten aber wieder eine größere Beachtung finden:

- Wichtig ist das Anknüpfen an die kindlichen Vorerfahrungen und Fähigkeiten, die - nicht zuletzt durch die „veränderte Kindheit" - sehr stark differenzieren, so dass dem Lernen auf individuellen Wegen eine besondere Rolle zukommt.
- Unterrichtsthemen im Mathematikunterricht sollten ganzheitlicher und in Sinnzusammenhängen angegangen werden, immer aber auch ergänzt werden durch ein eher systematisches Erarbeiten von Teilaspekten.
- Den Arbeits- und Veranschaulichungsmitteln kommt im Mathematikunterricht eine große Bedeutung zu, sodass sie bewusst ausgewählt und gestaltet werden

müssen. Im Handbuch vorgestellte und diskutierte Beurteilungskriterien helfen der Lehrerin dabei.

- Fördern im Mathematikunterricht heißt wesentlich mehr, als nur unterrichtliche Sondermaßnahmen für einige wenige Kinder bereitzustellen. „Förderung" heißt Fördern und Fordern aller Schüler, der leistungsschwächeren, der sog. durchschnittlichen Lerner wie auch der leistungsstärkeren Kinder.
- Ein differenzierender (offener) Mathematikunterricht setzt eine Unterrichtskultur voraus, die gekennzeichnet ist durch drei Aspekte (vgl. Wielpütz 1994):

  – die *inhaltliche Öffnung* des Unterrichts (weniger Routineaufgaben, dafür mehr problem- und beziehungshaltige Fragestellungen; das Überwinden starrer Lehrplangrenzen etwa bei den Zahlraumzuweisungen einzelner Schuljahre; das Nutzen fächerübergreifender Bezüge u. a.),
  – die *methodische Öffnung* des Unterrichts (Kinder eigene Wege, Erfahrungen und Problemlösungen entdecken lassen und nicht auf Standardverfahren für alle Schüler bestehen; dem Üben und dem Fördern neue Rollen zuweisen; methodische Variationen zulassen u. a.),
  – die *sozial-integrative* Öffnung des Unterrichts (soziales Lernen ermöglichen; alle Sozialformen fördern, auch „Tabus" wie die Kommunikation und Zusammenarbeit von Kindern mit vergleichbarer Leistungsstärke u. a.).

Ein derart gestalteter Mathematikunterricht stellt hohe Anforderungen an die Lehrerin, die ihre Rolle als „Be-Lehrerin" neu überdenken und im Sinne einer „Beratungs-Lehrerin" ggf. neu definieren muss, die Kindern hilft, vieles selber zu finden, vieles selber zu tun und Fehler der Kinder nicht nur als Beurteilungskriterien, sondern als geeignete Lernanlässe einstuft. So kommt der Lehrerin im Mathematikunterricht als eine zentrale Aufgabe zu, herausfordernde Lernanlässe anzubieten, die die Kinder zum Vermuten, Entdecken und Fragen provozieren. - Das alles ist nicht neu, es steht seit Jahren in vielen Grundschulerlassen bzw. -empfehlungen, nur in der Realität spiegeln sich all diese schönen und wichtigen Empfehlungen selten wider. Vielleicht liegt es daran, dass diese Konzeption von Mathematikunterricht zu Vorbehalten und Ängsten bei manchen Lehrerinnen führen kann, weil mehr Verantwortung für das Lernen auf die Schüler übertragen werden müsste und weil es Ängste vor dem Verlust des Überblicks und vor einem möglichen Zeitverlust gibt.

Aus der Sicht der Kinder stellen sich Fragen nach dem Zeitbedarf oder dem Stoffdruck im Mathematikunterricht nicht. Kinder wollen Neues lernen und entdecken, sie wollen sich in Interessantes vertiefen und neue Fähigkeiten anwenden. Vielleicht kann man folgendes Beispiel auch auf das Lernen von Mathematik übertragen:
Wie lernt man am besten ein fremdes Land (hier: die Mathematik) kennen?

- Aus dem Fenster eines schnell fahrenden, einen Fahrplan („Stoffplan") einhaltenden Zuges?
- Indem man einen noch so bunten Reiseführer über dieses fremde Land durcharbeitet („Lehrbuch")?
- Oder indem man das Land bereist, exemplarisch ab und an anhält und sich Zeit läßt, um Erfahrungen zu sammeln, sich in Situationen zu vertiefen, eigene Entdeckungen zu machen, mögliche Schwierigkeiten zu überwinden, Probleme zu lösen ...? Fahrpläne und Reiseführer können dabei auch hilfreich sein.

Im Interesse der Kinder und im Sinne der Ziele des Mathematikunterrichts spricht nichts gegen eine Stärkung des exemplarischen Prinzips (ein Verweilen und Vertiefen während der unterrichtlichen Reise), verbunden mit der oben beschriebenen Öffnung des Unterrichts. Ein überwiegend kleinschrittiges Lernen unter Zeitdruck ist dagegen im Mathematikunterricht wenig sinnvoll oder erfolgversprechend.

Zum Schluss möchten wir einen Wunsch äußern: Bitte schreiben Sie uns Ihre Meinung, Ihre Kritik oder Ihre Erfahrungen zum vorliegenden Handbuch!

Im Sommer 1996
H. Radatz
W. Schipper
R. Dröge
A. Ebeling

1. Gestaltung von Mathematikunterricht

1.1 Ziele des Mathematikunterrichts

Die Erarbeitung inhaltlicher Ziele des Mathematikunterrichts geht einher mit der Förderung allgemeinbildender Ziele. Beide sind eng aufeinander bezogen. Fach- und inhaltsspezifische Lernziele des Mathematikunterrichts sind in Lernzielkatalogen von Rahmenrichtlinien vorgeschrieben und in bereichsspezifische schuleigene Pläne übertragen. Der Lehrerin fällt es nicht schwer aus diesem Rahmenangebot unter Einhaltung der Richtlinien eine Auswahl zu treffen.

Es sind aber nicht die Inhalte an sich, die im Mathematikunterricht das Erreichen allgemeinbildender Ziele garantieren, sondern die Art und Weise des unterrichtlichen Umgangs mit ihnen. „In welchem Ausmaß Mathematikunterricht allgemeinbildend ist, entscheidet sich erst auf der Handlungsebene. Was an und über Mathematik und ihren Zusammenhang mit der übrigen Welt gelernt wird, hängt in hohem Maße davon ab, wie im Rahmen der unterrichtlichen Interaktion mit Mathematik umgegangen wird“ (Heymann 1996, S. 276).

Deshalb wird das Augenmerk in diesem Kapitel auf die unterrichtlichen Umgangsformen im Zusammenhang mit Zielen des Mathematikunterrichts gelenkt. Unterrichtliche Umgangsformen sind wiederum abhängig von Veränderungstendenzen, die das schulische Lernen im Allgemeinen beeinflussen.

Verändertes Sozial- und Lernverhalten von Kindern setzt Veränderungsprozesse in der Unterrichts- und Erziehungsarbeit der Schulen in Gang. Besonders in den Grundschulen sind diese Veränderungen zu spüren.

Lernen in sinnstiftenden Zusammenhängen, verstärkter Lebensbezug, fächerübergreifendes Lernen, Förderung der Kooperationsfähigkeit, selbstständiges eigenverantwortliches Lernen sind einige der Leitideen, nach denen in der Grundschule gearbeitet wird. Eine stark zunehmende Heterogenität der Lerngruppen (vgl. u. a. Vorbemerkungen), verlangt nach Alternativen zum gleichschrittigen Lernen. Sie erfordert Maßnahmen der individuellen Förderung und Differenzierung.

Die folgenden fachbezogenen Ziele werden unter Berücksichtigung der genannten Leitideen im Mathematikunterricht angestrebt:

Fachbezogene Ziele des Mathematikunterrichts

1. „Fähigkeit, reale Situationen in die Sprache der Mathematik zu übersetzen, mathematisch zu lösen und das Ergebnis für die reale Situation zu interpretieren (Mathematisieren)
2. Fähigkeit, Situationen experimentierend zu erforschen, Beziehungen und Strukturen zu entdecken, Strukturen zu erfinden (Entdecken)
3. Fähigkeit, mathematische Sachverhalte zu begründen (Argumentieren)
4. Fähigkeit, Beobachtungen, Überlegungen, Begründungen, Einschätzungen zu mathematischen Sachverhalten mündlich und schriftlich auszudrücken (Darstellen)“ (Berger u. a. 1994, S. 6)

Sicherlich können diese Ziele nicht in einem Unterricht erreicht werden, in dem es vornehmlich um produktorientiertes Lernen nach einem „richtig oder falsch“ - Muster geht, in dem eingespielte Handlungs- und Interaktionsmuster einen ritualisierten Mathematikunterricht gewährleisten. Ein im Sinne der genannten Ziele strukturierter Mathematikunterricht könnte folgende Qualitätsmerkmale aufweisen:

Qualitätsmerkmale von Mathematikunterricht

Lernen in Sinnzusammenhängen/Didaktik des Entdeckens
Die Lehrerin stellt sinnvolle, herausfordernde Probleme bereit.
Über den Sinn wird gemeinsam reflektiert.
Die subjektiven Erfahrungen der Kinder finden Berücksichtigung.
Produktive Übungsformen, in denen Zusammenhänge und Strukturen deutlich werden, d. h. übend entdeckt bzw. entdeckend geübt werden, dominieren.

Anknüpfen an kindliche Vorerfahrungen/Weiterentwicklung der kindlichen Vorkenntnisse
Die Lehrerin erkennt das Können des Kindes an (Kompetenzorientierung vs. Defizitorientierung).
Eigenproduktionen und Eigenkonstruktionen der Kinder werden als Lernanlass genutzt.
Individuelle Ideen und Vorgehensweisen werden gemeinsam erörtert.
Bei fortschreitender Mathematisierung bzw. Schematisierung wird an die informelle Vorgehensweise der Kinder angeknüpft.

Lernen auf individuellen Wegen/Lernen mit Selbstverantwortung
Es gibt offene Probleme, denen man sich auf unterschiedlichen Wegen mit interpretierbaren vernünftigen Lösungen widmen kann.
Ein reger Austausch von Ideen und Argumenten zwischen Schülern wird gefördert.
Die Lernverantwortung wird den Kindern übertragen, die Lehrerin begleitet den Lernweg, schreibt ihn nicht vor (Hilfe zur Selbsthilfe).

Sowohl mündliche als auch schriftliche individuelle Äußerungen sind erwünscht (Rechentagebuch; Zahlenalbum, vgl. S. 20 ff.; Sachenbuch, vgl. S. 151 ff.).

Fehler als Lernanlässe/Lernprozesskontrollen: Der Weg ist das Ziel.
Fehler werden als notwendige Bestandteile eines Lösungsprozesses gesehen.
Sie dienen als Anlass über die Art des Fehlers sowie über Gründe für diesen Fehler nachzudenken.

Die Verantwortung für die Richtigkeit der Rechnungen liegt beim Kind, nicht bei einem Kontrolleur von außen. Mündliche Kontrollen beurteilen den Lernprozess, nicht das Endprodukt.

Die skizzierten Unterrichtsformen bieten „vergleichsweise mehr Raum für die subjektiven Sichtweisen der Schüler(innen), für Fragen nach Sinn und Bedeutung, für Umwege, alternative Deutungen, Ideenaustausch, spielerischen Umgang mit Mathematik und eigenverantwortliches Tun" (Heymann 1995, S. 239).
Eine Veränderung lässt sich sicherlich nicht von heute auf morgen, sondern auf lange Sicht in vielen kleinen Schritten realisieren. Wir wünschen der Lehrerin Erfolg auf diesem Weg.

1.2 Rahmenbedingungen für die Unterrichtsorganisation

Offener Unterricht ist schon lange keine Neuheit mehr im Grundschulalltag. *Freiarbeit* und *Wochenplan* sind wohl die gängigsten Termini.
Die methodische und didaktische Offenheit des Unterrichts reagiert auf die Veränderung der Kindheit auf dem Gebiet der Familienrealität, der kindlichen Erfahrungswelt und der kognitiven und sozialen Entwicklung. Innere Differenzierung und Förderkonzepte lassen sich in diesem Rahmen sehr viel eher verwirklichen als im traditionellen Klassenunterricht. Aber die Idee des offenen Unterrichts hat noch nicht in allen Fächern ihren Platz gefunden. Gerade der Mathematikunterricht gestaltet sich eher lehrgangs- und lehrerorientiert. Die Strukturierung der mathematischen Inhalte und der traditionell kleinschrittige Aufbau in den Mathematikbüchern verstärken diese Tendenz.
Wir wollen den offenen Unterricht nicht gegen den lehrerzentrierten ausspielen. Frontalunterricht und stärker gelenkte Unterrichtsphasen müssen durchaus auch Bestandteile des offenen Unterrichts sein. Die Kenntnisvermittlung über mathematische Bezeichnungen und Notationen sind hierfür ein Beispiel.

„Der Unterricht mit dem Lehrer im Zentrum wird nicht abgeschafft. Aber er wird ergänzt durch `freies´ Arbeiten" (Sennlaub 1983, S. 9).

Es ist uns wichtig die Vorzüge des offenen Unterrichts hier ganz bewusst an praktischen Beispielen zu zeigen, um Mut zu machen, schon im 1. Schuljahr den Mathematikunterricht zu öffnen. Dabei kann nicht von *dem* offenen Unterricht gesprochen werden. Jede Lehrerin und jeder Lehrer wird selbst erfahren, welche Form und welches Ausmaß für sie bzw. ihn persönlich akzeptabel sind. Denn die Position des Lehrenden im Unterrichtsprozess, die Vorstellungen von menschlichem Lernen und die Einstellung zu Kindern ändern sich deutlich. In welchem Ausmaß jeder diese Einstellung annimmt, ist und bleibt eine persönliche Entscheidung.

Offener Unterricht bedeutet nicht chaotische, laute, ständig spielende, undisziplinierte Kinder - und Lehrer, die nichts mehr zu tun haben, sondern meint einen durchorganisierten Unterricht, in dem Kinder eigenständig nach ihren individuellen Fähigkeiten und Neigungen lernen. Freie Arbeit und offener Unterricht geschehen nicht im Laissez-faire-Stil. Ordnungsstrukturen zur Gestaltung des Schulraums, der Zeit und des Verhaltens sind erforderlich. Kinder müssen sowohl den Umgang mit Arbeitsmitteln lernen als auch Techniken des selbstständigen bzw. gemeinsamen Lernens und Regeln des sozialen Verhaltens für offene Unterrichtsphasen.

Folgende *Arbeitsweisen* müssen geübt werden:

- Umgang mit dem Material:
  - Finden des Materials im Regal
  - Ordnen und Aufräumen
  - An seinen Platz bringen
- selbstständiges Arbeiten:
  - Arbeitsaufträge erkennen
  - Ausführen der Arbeit
  - Rückschläge in Kauf nehmen
  - Hilfen holen
  - Eigenkontrolle üben
- Soziales Verhalten:
  - Arbeitsruhe
  - Rücksicht nehmen
  - Anderen Hilfen anbieten
  - Variierende Gruppen- und Partnerbildungen

Offene Lernsituationen bieten viele Möglichkeiten für Kinder, aber auch Grenzen, die von der Lehrerin erkannt werden müssen. Dabei ist die *Rolle der Lehrerin* im Unterrichtsgeschehen:

- Beraterin der Kinder
  - Leistungsstarke und Leistungsschwache fördern
  - Grenzen und Probleme einzelner Kinder erkennen und Abhilfe schaffen
  - Beim Üben des selbstständigen Arbeitens helfen
  - Kein schlechtes Gewissen haben, nur mit wenigen Kindern oder einem zu lernen während die übrigen Kinder selbstständig arbeiten

- Organisatorin des Unterrichts:
  - Materialbeschaffung und -wartung
  - Probleme mit der Ordnung und dem Sozialverhalten im Gespräch mit der Klasse thematisieren
  - Phasen für Klassenunterricht planen
- Kontrollfunktion:
  - Lernfortschritte trotz der verschiedenen Arbeitsformen beobachten
  - Arbeitsergebnisse zwischenzeitlich kontrollieren

Alle Bestandteile des Offenen Unterrichts, wie *Wochenplan, Stationenlernen, Projektunterricht* funktionieren nicht ohne *Materialien.* Schaffen Sie sich in Ihrem Klassenraum deutlich gekennzeichnete Funktionsbereiche mit geeigneten Arbeitsmitteln und Materialien für den Mathematikunterricht an. Es sollte frühzeitig damit begonnen werden, da sich der Arbeitsaufwand während des laufenden Schuljahrs nur unzureichend bewältigen lässt.

Für die Materialbeschaffung bieten sich mehrere Möglichkeiten an:

Bei der Verteilung der Haushaltsmittel kann Material angemeldet werden. Durch Eigenarbeit lässt sich aber auch eine Vielzahl von Material selbst erstellen. Elternabende bekommen ein ganz anderes Gesicht, wenn die Eltern für ihre Kinder Arbeitsmaterialien erstellen. Nebenbei kann anhand der erstellten Materialien die Idee des offenen Unterrichts den Eltern dargelegt werden. Auch mit Kolleginnen und Kollegen lässt sich Material herstellen und effektiv und kooperativ nutzen.

Auf dem Grundschulmarkt wird eine Vielzahl von Materialien zur *Freien Arbeit* angeboten. Testen Sie die Materialien im Kollegenkreis, und wägen Sie genau ab, ob diese Materialien auch dem Anspruch des offenen Unterrichts genügen. Eine bunte Sammlung von Kopiervorlagen und Karteikarten, die Aufgabentypen mit Musterlösungen und Selbstkontrolle durch Anmalen bieten, fördern nicht das aktive und entdeckende Lernen. Sie bringen den Kindern nur auswendig gelernte Mechanismen bei. Natürlich haben auch solche Medien im Unterricht ihren Platz, aber sie dürfen Aufgabenangebote unterschiedlicher Schwierigkeitsstufen, die eigene Denkleistungen von Kindern erfordern, nicht ersetzen. (Beratungsmöglichkeiten für Lehrkräfte existieren bspw. in Lernwerkstätten.)

Ein und dasselbe Spiel oder identische Printmedien brauchen nicht im Klassensatz hergestellt zu werden. Dieser Arbeitsaufwand ist ineffektiv und entspricht nicht der Idee des offenen Unterrichts. Sind genug andere Spiele und inhaltlich verschiedene Printmedien vorhanden, lernen Kinder, auf Material zu warten, Rücksicht zu nehmen, Alternativen zu entwickeln und sich gegenseitig zu helfen und zu unterstützen. Folgende Übersicht gibt eine kleine Hilfe für fünf mathematische Funktionsbereiche im 1. Schuljahr. Kennzeichnen Sie die fünf Bereiche durch selbstgewählte und mit den Schülern und Schülerinnen besprochene Symbole (vgl. auch S. 10 f.). Das erleichtert den selbstständigen Umgang mit dem Material.

Fünf mathematische Funktionsbereiche

	Symbol	Material	Format	Aufbewahrung
1.	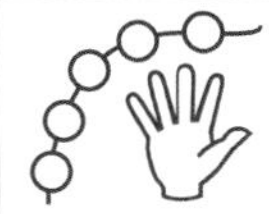	Didaktisches Material	versch.	Kästen aller Art
2.		Folien	DIN A4	Ordner Kästen
3.	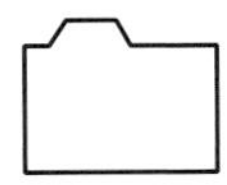	Karteien	DIN A5/A6	Formatierte Kästen
4.	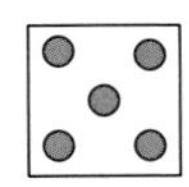	Spiele	versch.	Ordner aller Art, Kästen aller Art
5.	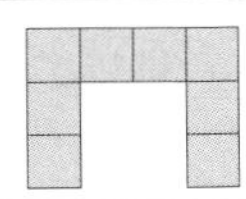	Geometrisches Material	versch.	Kästen aller Art

Kein Material muss das gesamte erste Schuljahr über bereitliegen. Wenn beispielsweise alle Kinder gelernt haben die Ziffern normgerecht zu schreiben, können die bisher verwendeten Materialien durch andere, die dem Lernfortschritt der Kinder angepasst sind, ersetzt werden. Dieses Verfahren erleichtert Lehrern und Kindern die Übersicht in den Funktionsbereichen. Eine Materialflut überfordert nicht nur Erstklässler.

Seien Sie nicht frustriert, wenn Sie viel für Ihr 1. Schuljahr vorbereitet haben, und nicht alles gleich so funktioniert, wie Sie es sich wünschen. Kinder und Lehrer müssen wichtige Regeln für das offene Arbeiten erst lernen. Lernen ist ein sich immer wieder verändernder Prozess und kein starrer Zustand.

Beginnen Sie am Anfang des 1. Schuljahres mit einem *Tagesplan.* Später können Sie Ihren Unterricht durch *Lernen an Stationen, im Wochenplan, in Freiarbeit* und an *Projekten* ergänzen. Freiarbeit und Projekte verlangen von den Kindern ein Höchstmaß an eigenverantwortlichem Lernen. Sie bewirken produktives Denken und ermöglichen selbsterkannte, nicht lehrergesteuerte Einsichten in mathematische Zusammenhänge. Tages- und Wochenpläne schränken die freie Entfaltung der Kinder sehr viel weiter ein, sind aber notwendige Stufen für Erstklässler, offenes Arbeiten zu lernen.

Im Folgenden sollen alle fünf Unterrichtsideen an Beispielen aus dem Mathematikunterricht des 1. Schuljahres erläutert werden. Fächerübergreifender Unterricht bietet sich in vielen Bereichen an, da gerade im ersten Schuljahr die meisten Fächer in der Hand der Klassenlehrerin liegen.

1.3 Verschiedene Formen offenen Unterrichts

1.3.1 Symbole in Stunden- und Tagesplänen

Immer wieder steht man im 1. Schuljahr vor der Schwierigkeit den Unterricht für die Kinder durchschaubar zu machen, ohne dass ständige Führung und Leitung notwendig wird. Die Kinder können außerdem noch nicht lesen und somit auch keine geschriebenen Arbeitsanweisungen verstehen. Eine große Hilfe bietet die Verwendung von Symbolen oder Piktogrammen im Tagesplan. Sie erfüllen zum einen die Funktion schriftliche Arbeitsanweisungen zu ersetzen und zu ergänzen, und zum anderen strukturieren sie den Unterrichtstag mit seinen einzelnen Tätigkeiten.

Die Notation von Symbolen untereinander an der Tafel zu Beginn einer Mathematikstunde entbindet gerade Fachlehrer, die häufig nur eine Stunde pro Tag in einem 1. Schuljahr unterrichten, von der anstrengenden Aufgabe, ständig mündlich zu erklären, welches Arbeitsmittel benutzt werden soll und welcher Unterrichtsschritt sich als Nächstes anschließt. Schon nach wenigen Unterrichtsstunden, in denen Symbole verwendet wurden, wollen die Kinder darauf nicht mehr verzichten. Sie genießen es zu wissen was in der Stunde passieren soll. Lästige Nachfragen über Arbeitsaufträge und Materialien entfallen, da die entsprechenden Symbole an der Tafel fixiert sind.
Im Unterricht verwendete Symbole sollten einfach strukturiert sein und nicht doppeldeutig benutzt werden. Erklären Sie die Symbole und führen Sie ihre Bedeutung mit den Kindern zusammen praktisch aus. Kein Symbol ist ein selbstredendes Bild. Jedes bedarf einer gemeinsamen Festlegung.
Nachstehend als Anregung eine kleine Sammlung von Symbolen, die nicht nur im Mathematikunterricht eingesetzt werden können:

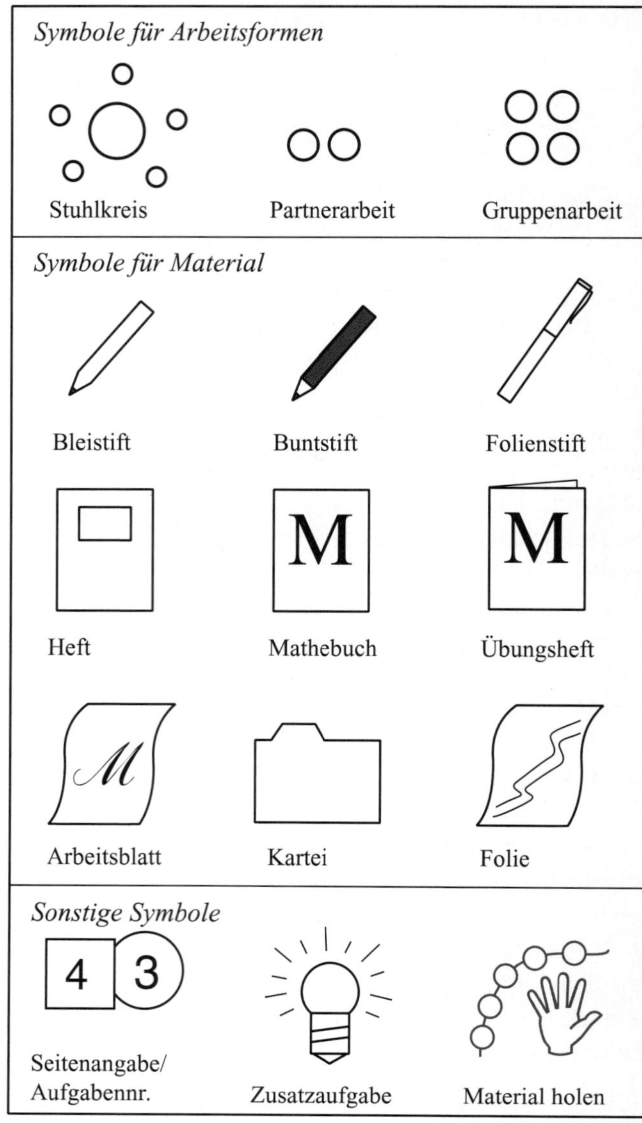

Es kann davon ausgegangen werden, dass einige Kinder schon außerschulisch erworbene Vorerfahrungen mitbringen, die bei der Gestaltung des Tagesplans berücksichtigt werden können.

Der nachfolgend vorgestellte Tagesplan kann eine Fachlehrerstunde sein, aber auch für einen ganzen Schultag gelten, wenn er durch Übungen zum Lesen, Schreiben usw. ergänzt wird. Weitere Modifizierungsmöglichkeiten wären die freie Auswahl der Reihenfolge der Arbeitsschritte, individuelle Auswahl bestimmter und nicht aller Arbeitsschritte und die Kennzeichnung differenzierter Aufgaben.

Der Tagesplan initiiert zwei Groblernziele:
1. Addition über die Handlung des Vereinigens von Mengen kennen lernen
2. Sprechen und Schreiben des Pluszeichens

Symbol	Beschreibung der Arbeitsphase	Bewertung des Lernverhaltens
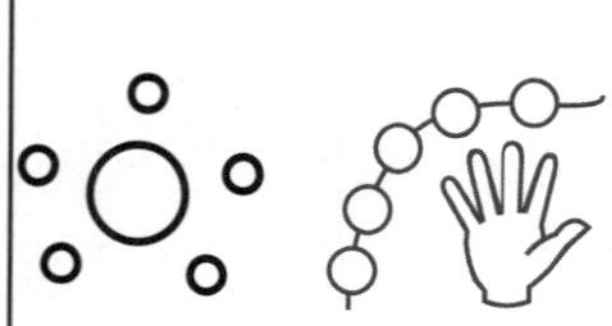	Anhand von Umweltmaterial und didaktischem Material führen die Schülerinnen und Schüler Additionen im Stuhlkreis aus. Die Handlungen werden zunächst sprachlich beschrieben, dann in die mathematische Symbolsprache übersetzt und beispielhaft an der Tafel fixiert. Dazu erzählen die Kinder Rechengeschichten und notieren Additionsterme (z. B. 3 + 5). Die gleichen Arbeitsschritte führen die Kinder zu Rechenbildern und Veranschaulichungen zur Addition aus.	In dieser Phase muss besonders auf die Verknüpfung zwischen Tätigkeit, mathematischer Notation und Sprechweise geachtet werden. Kinder mit Vorerfahrungen werden schnell die Funktion der Geschichtenerzähler und Bildinterpreten übernehmen und somit ihr Wissen an die Mitschüler weitergeben.

Symbol	Beschreibung der Arbeitsphase	Bewertung des Lernverhaltens
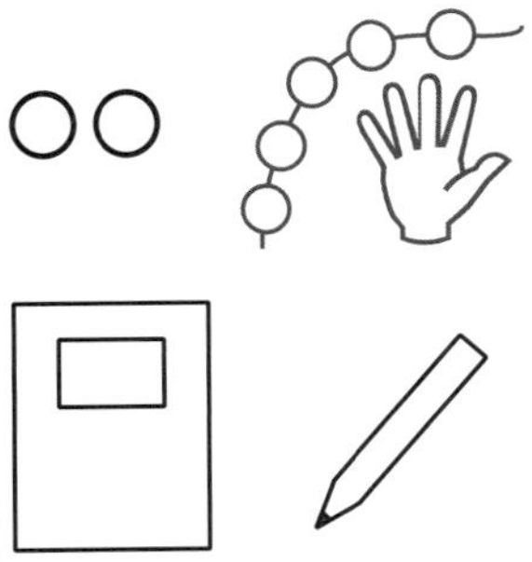	Einer der Partner legt eine Rechengeschichte mit Material (Materialauswahl ist freigestellt). Der Zweite notiert den Term bzw. die Gleichung.	Die Materialauswahl ist bewusst freigestellt. Einige Kinder werden mit realen Dingen hantieren, andere werden schon auf didaktisches Material mit seinen Strukturen zurückgreifen. Vielleicht gibt es auch Kinder, die Rechenbilder zeichnerisch gestalten wollen. Diese Phase regt zum eigenständigen, entdeckenden Lernen an. Der freie Umgang mit dem Material ermöglicht die Entdeckung der Kommutativität, die Bildung der Summe zu den Termen mit Verwendung des Gleichheitszeichens.
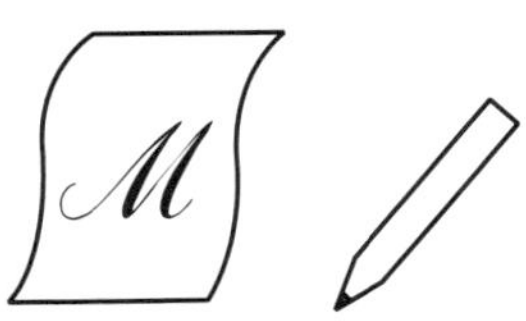	Auf einem Arbeitsblatt oder im Mathematikbuch notieren die Kinder Additionsterme zu Rechenbildern und zeichnen Bilder zu Aufgaben. Auch das Einfärben von Plättchen, die jeweils einen Summanden darstellen, wäre eine mögliche schriftliche Aufgabenstellung.	Nutzen Sie die Möglichkeiten, die Ihr Mathematikbuch bietet. Auch so kann der Zettelflut in der Schule vorgebeugt werden. Arbeitsblätter können zur Differenzierung angeboten werden.
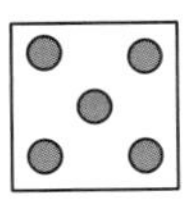	Bilden von Kartenpaaren (Bild-Aufgabe) im Memory, Domino, Lotto, Puzzle	Die Spielauswahl kann sich nach dem richten, was Sie als Angebot in der Klasse haben. Beispiele finden Sie bei vielen Lehrmittelverlagen oder in pädagogischen Zeitschriften.

1.3.2 Lernen an Stationen

Aktiv-entdeckendes Lernen, Lernen durch automatisierendes Üben, spielerisches Lernen und offenes Lernen sind nur einige Ankerpunkte auf der mathematischen Lernskala. Alle Lernformen sind miteinander verbunden und haben ihre Berechtigung im Mathematikunterricht. *Lernen an Stationen* bietet eine Möglichkeit derartiges Lernen zu initiieren.

Diese Unterrichtsform lässt sich als eine Vorstufe der Freiarbeit beschreiben. Im Klassenraum werden eine bestimmte Anzahl von Stationen aufgebaut, die von der Lehrerin vorgegebene Aufgaben bereitstellen. Das Material zur Erledigung dieser Arbeiten liegt ebenfalls an Tischgruppen (Stationen) bereit. Die Kinder haben die Aufgabe die Stationen zu durchlaufen und die angebotenen Übungen selbstständig auszuführen. Natürlich sind sowohl Schüler- als auch Lehrerhilfen zugelassen. Wurde eine Arbeit erledigt, wird dies auf einem Stationsplan, den jedes Kind braucht, je nach Absprache von der Lehrerin bzw. vom Kind selbst vermerkt. Anschließend wechselt das Kind zu einer anderen Station.

1. Station ✓	2. Station
3. Station	4. Station
5. Station	6. Station

Es muss immer mehr Material bereitliegen, als Kinder in der Klasse sind, da sonst der Wechsel der Stationen zu selten möglich ist. Die Aktivitäten an den Stationen sind festgelegt, aber die Reihenfolge sie zu durchlaufen, ist freigestellt. Dies unterscheidet das Lernen an Stationen deutlich von solchen Formen, bei denen der Lehrer lediglich den äußeren Rahmen der Aktivitäten vorschreibt. Das Lernen an Stationen scheint auf den ersten Blick dem Zirkeltraining im Sportunterricht ähnlich zu sein. Im Mathematikunterricht kann es aber nicht um die Beherrschung einer Übung gehen, sondern vielmehr um die Bestätigung, Entwicklung und Erweiterung des eigenen mathematischen Leistungsvermögens. Besonderen Wert muss auf vielfältige Zugänge und ganzheitliches Lernen gelegt werden, um einem mechanischen Erlernen eines Automatismus vorzubeugen.

Zwei Beispiele zum Lernen an Stationen:
- Lernen durch automatisierendes Üben am Beispiel der Ziffernschreibweise
- Produktiv-entdeckendes Lernen am Beispiel „Rechnen mit Geld"

Sechs Stationen zum Üben der Ziffernschreibweise

Automatisierendes Üben steht oft in dem Ruf mechanisch, einseitig und unproduktiv zu sein. Wir wissen aus dem praktischen Unterricht, wie anstrengend oder auch langweilig für viele Kinder das notwendige und immer wiederkehrende Üben der Ziffernschreibweise ist. Das Lesen und Schreiben von Ziffern muss aber zur Routine werden. Sechs Stationen dienen als Anregung, automatisierendes Üben am Beispiel der Ziffernschreibweise über handlungsorientierte und ganzheitliche Zugänge abwechslungsreich und produktiv zu gestalten. Gelernt wird mit allen Sinnen.

Jede vorgestellte Station bietet mehrere Aktivitäten an. Es liegt im Ermessen der Kinder die Arbeit bzw. die Arbeiten auszuwählen, die dem individuellen Interesse entsprechen. Partnerarbeit ist an vielen Stationen notwendig. Jeder Schüler und jede Schülerin sollte am Ende der Lernphase jede Station einmal durchlaufen haben.

Bevor die Kinder selbstständig an den Stationen arbeiten, muss das normgerechte Schreiben der Ziffern (Schreibrichtung, Anfangspunkt) im Gesamtunterricht eingeführt sein (vgl. Kapitel 4.2).

Derart könnte der Stationsplan zum Üben der Ziffernschreibweise gestaltet sein:

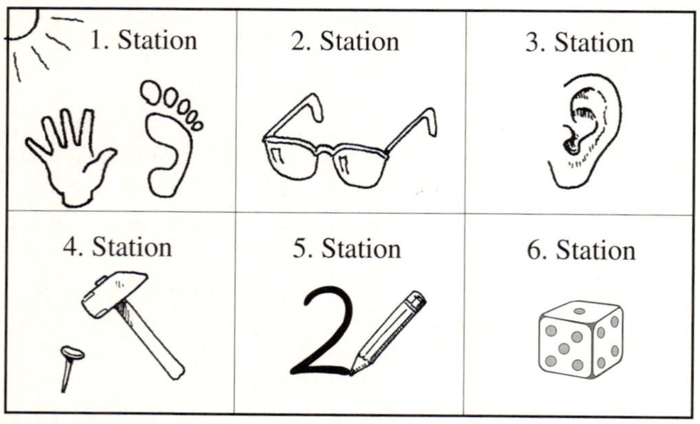

Die Symbole sind sprachfreie Arbeitsaufträge, die durch sprachliche Anweisungen ersetzt werden, wenn die Kinder lesen können. Alle Stationen und Symbole muss man vor Beginn der selbstständigen Arbeit besprechen und erklären.

1. Station: (taktil)
An dieser Station werden die Informationen über die Haut, die Muskeln und den Gleichgewichtssinn aufgenommen.
- Mit geschlossenen Augen Ziffern kneten
- Ziffern auf den Rücken schreiben
- Ziffernsymbole mit geschlossenen Augen auf Fühlkarten ertasten (Ziffern sind mit Sandpapier, Gummibändern o. ä. abgebildet)
- Eine mit Seilen gelegte Ziffer barfuß und mit geschlossenen Augen abtasten

2. Station: (visuell)
An dieser Station wird besonders die visuelle Merkfähigkeit gefördert.
- Lichtkegel einer Taschenlampe, der eine Ziffer schreibt, mit den Augen verfolgen (Partner müssen nebeneinander stehen, damit die Ziffern nicht spiegelverkehrt oder auf dem Kopf gelesen werden müssen.)
- Drei oder mehrere Ziffernsymbole werden gezeigt und abgedeckt, der Partner notiert sie aus dem Gedächtnis. (Variation durch Farbgebung, Größe und Raumlage ist über vorgefertigte Kärtchen möglich.)
- Auf einem Arbeitsblatt sollen gleiche Ziffern mit der gleichen Farbe ausgemalt werden.

3. Station: (auditiv)
An dieser Station ist das Ohr das prädestinierte Sinnesorgan.
- Auf verschiedenen Instrumenten erzeugt ein Kind Töne. Das Ziffernsymbol für die Anzahl der Schläge muss der Partner notieren.
- Auf einer Kassette sind verschiedene Instrumente (Triangel, Trommel, Klanghölzer, Schellen, Flöte u. a.) und akustische Signale (Autohupe, Telefon, Türklingel u. a.) zu hören, die Anzahl der Töne muss gezählt und als Ziffer notiert werden. (Eine Kontrollkarte sollte vorliegen.)
- Der Partner diktiert Zahlen bis 9, die Ziffern werden aufgeschrieben

4. Station: (sensomotorisch)
An dieser Station laufen visuelle Wahrnehmung und manuelle Tätigkeiten parallel. Mit Hilfe unterschiedlichster Materialien bauen die Kinder Zahlensymbole.
- Ziffern kneten
- Ziffern mit Pfeifenputzern biegen
- Ziffern nageln oder mit Nadeln auf Styropor stecken
- Ziffern ausschneiden und aufkleben

5. Station: (sensomotorisch)
An dieser Station wird besonders die Auge-Hand-Koordination gefördert, die für den Bewegungsablauf des Schreibens wichtig ist.

Ziffernsymbole sollten für die Kinder als Vorlage bereitliegen. Der Anfangspunkt und die Schreibrichtung müssen markiert sein.
- Ziffern mit unterschiedlichen Schreibgeräten (Tusche, Wachsmaler, Fingerfarben, Folienstifte, Filzstifte, Buntstift) schreiben
- Ziffern mit Bleistift auf Karopapier (mit unterschiedlich großen Karos) notieren (Kopiervorlage A18)
- Ziffern in Sand schreiben
- Ziffern mit Schablone schreiben

6. Station: (sozial-integrativ)
An dieser Station liegen vorhandene Spiele bereit, die Ziffernsymbole mit Mengenbildern kombinieren. Auf dem Markt werden Memorys, Lottos, Dominos, „Schwarzer Peter“ u. a. angeboten. Als weiteres Spiel wird hier ein Bingo vorgeschlagen: Jeder Schüler erhält ein 3x3-Bingofeld mit den Ziffern von 1-9, die auf jedem Feld anders angeordnet sind. Mengenkarten, die Anzahlen mit verschiedenen Gegenständen abbilden, werden nacheinander aufgedeckt. Jeder Spieler, der die entsprechende Ziffer hat, deckt das Feld mit einem Plättchen ab. Wer zuerst drei in einer Reihe (senkrecht, waagerecht, diagonal) hat, gewinnt die Spielrunde.

Die folgende Mengenkarte zeigt die Anzahl vier, dargestellt durch Sterne.

Auf das Bingofeld mit der Ziffer 4 darf ein Plättchen gelegt werden.

2	7	3
6	9	1
(4)	8	5

Auch zur Einführung einzelner Ziffern können Sie mit Stationen arbeiten. Elemente aus den Stationen 1, 4, 5 und 6 können übernommen werden. Eingebaute Variationen erhöhen die Motivation.

Vier Stationen zum Rechnen mit Geld

Zum Umgang mit Geld sind die Vorerfahrungen der Kinder sehr unterschiedlich. Sie bieten sich als Ausgangspunkt für die Unterrichtsgestaltung an.

Die vier vorgeschlagenen Stationen knüpfen an diese Vorerfahrungen an und ermöglichen Wissenserweiterung durch selbstständiges, produktiv-entdeckendes Lernen. Im Vergleich zu den oben beschriebenen Stationen, kann den Kindern nicht auferlegt werden, alle Stationen zu durchlaufen. Abhängig vom individuellen Leistungsstand, von den Vorerfahrungen und vom Partner, mit dem die Stationen gemeinsam durchlaufen werden können, ergibt sich das Auslassen einiger Aktivitäten oder auch das mehrmalige Durchlaufen ein- und derselben Station. Sollte sich während des Unterrichts herausstellen, dass eine Station kaum bearbeitet wird, lassen sich dadurch deutliche Rückschlüsse auf den Leistungsstand der Klasse ziehen. Der weitere Unterrichtsverlauf, beispielsweise im Klassenverband, sollte sich daran orientieren.

Es ist Voraussetzung für die Arbeit an den Stationen, dass die Kinder die Bezeichnungen für Euro (€) und Cent (ct) kennen.

1. Station: (Zählstube)
Je nachdem, in welchem Zahlenraum die Kinder schon rechnen können, werden Geldmünzen und Scheine im Bereich bis 10 bzw. 20 eingesetzt. Die Aufgabe besteht darin unterschiedliche Geldbeträge zu legen und ihren Wert zu bestimmen. Die Kinder können dabei selbstständig günstige und weniger günstige Zählstrategien entwickeln.
Zwei Tabellen zum Einsortieren der Geldmünzen bzw. -scheine *können* als Vorstrukturierung angeboten werden.

1 ct	**2 ct**	**5 ct**	**10 ct**

1 €	**2 €**	**5 €**	**10 €**

Sortiert ein Schüler zwei 1 ct-Stücke, vier 5 ct-Stücke und drei 10 ct-Stücke in die Tabelle ein, kann er übersichtlich rechnen.

	10 ct +	10 ct +	10 ct =	30 ct
5 ct +	5 ct +	5 ct +	5 ct =	20 ct
		1 ct +	1 ct =	2 ct
	30 ct +	20 ct +	2 ct =	52 ct

Das Material sollte in mehrfacher Ausführung an den Stationen bereitliegen, da sonst zu selten eine Station zum Wechseln frei wird.

2. Station: (Wechselstube)
Münzen bzw. Scheine werden in kleinere Einheiten zerlegt. Auch hier hilft eine Tabelle als Strukturierungsmöglichkeit. Links gibt die Tabelle die Anzahl der Münzen vor, in die gewechselt wird, rechts legen die Kinder die Münzen bzw. Scheine. Die Überschrift zeigt, welcher Betrag gelegt werden soll (hier: 10 ct).

10 ct	
2 Münzen	
3 Münzen	
4 Münzen	
5 Münzen	
6 Münzen	
7 Münzen	
8 Münzen	
9 Münzen	
10 Münzen	

An dieser Station können die Kinder eine Vielzahl von Entdeckungen machen:
- Bei welcher vorgeschriebenen Anzahl von Münzen lässt sich keine Zerlegung finden?
- Welches ist die kleinstmögliche Zerlegung?

– Bei welcher Zerlegung sind die Münzen bzw. Scheine identisch?

3. Station: (Rechenstube)
Auf verschiedenartig gestalteten Arbeitsblättern oder mit Hilfe des Mathematikbuches entwickeln die Kinder ihre Rechenfähigkeit mit Geld.

Als Beispiel ist ein Arbeitsblatt abgebildet, das dem entdeckenden Lernen entgegenkommt. In die Tabellen ist einzutragen, mit welchen Münzen die gezeigten Süßigkeiten bezahlt werden können.

Auf diesem Arbeitsblatt werden von den Kindern flexible Rechenstrategien gefordert. Die Rechenstrategien sind nur zu Beginn des Arbeitsblattes festgelegt. Später gibt es verschiedene Möglichkeiten. Als zusätzliche Erweiterung könnten die Kinder eigene Aufgaben entwickeln und zeichnen.

4. Station: (Spielstube)
Sie können Spiele zum Thema Geld anbieten, die Sie im Klassenraum haben oder auch selbst zwei Spiele entwickeln, die keiner großen Vorbereitung bedürfen.

Für das erste Spiel sollten Sie Geldmünzen und einen Topf aus Ton oder Glas bereitstellen. Einer der beiden Partner muss sich die Augen verbinden (Pappmasken bieten sich an). Der Zweite nennt und legt einen Geldbetrag. Nacheinander lässt er jede Münze einzeln in den Topf fallen. Anhand der Laute kann der Partner kombinieren, welche Geldmünzen verwendet wurden. Achtung: Mehrfachlösungen sind möglich.

Für die zweite Aktivität sollten Sie Münzen und Scheine bereitlegen und einige Gegenstände mit Preisen versehen. Verwenden Sie reine ct- oder €-Beträge. Geben Sie als Spielregel nur das Stichwort *Einkaufen*. Die Kinder werden eigene Ideen zum Material entwickeln. Das Material bietet viele Variationsmöglichkeiten und Schwierigkeitsstufen. Die Schwerpunktwahl liegt im Ermessen der Kinder. Folgende Varianten könnten sich entwickeln:
– Genaues Bezahlen des Preises
– Es wird mehr bezahlt, so dass Wechselgeld gefordert werden muss.
– Die Addition wird notwendig, wenn mehrere Artikel gleichzeitig gekauft werden.
– Jeder hat zu Beginn einen bestimmten Geldbetrag zur Verfügung. Artikel werden abwechselnd gekauft, Wechselgeld muss ausbezahlt werden. Wer hat am Ende die meisten Artikel gekauft? Wer hat noch Geld übrig, aber kann nichts mehr kaufen?

Auch bei diesem zweiten Stationenmodell ist eine einheitliche Lehrerkontrolle kaum möglich, da von vorgegebenen Lösungen Abstand genommen wurde.

1.3.3 Lernen im Wochenplan

Im Wochenplan bearbeiten die Kinder selbstständig von der Lehrerin festgelegte Aufgaben. Wenn möglich, sollten die Wochenplanstunden im Stundenplan fest verankert sein und zwei Stunden umfassen. Im ersten Schuljahr genügt es einen Wochenplan auf eine Woche zu beschränken. Der Wochenplan kann Aufgaben zu mehreren, aber auch nur zu einem Fach beinhalten.

Die Kinder benötigen für den Wochenplanunterricht ein Wochenplanheft und einen Ordner zum Sammeln der Arbeitsergebnisse. Das Wochenplanheft besteht lediglich aus einer Heftervorrichtung, in die jeweils der vom Lehrer erstellte Plan für die Woche eingeheftet wird. Ein von den Kindern selbst gestaltetes Deckblatt aus stärkerem Papier verschönert das Heft. DIN A 5 als Format reicht aus. Wir schlagen vor, den Wochenplan immer gleich zu strukturieren. Er ist in drei Spalten gegliedert. Die erste Spalte zeigt das Fach mit einem entsprechend vereinbarten Symbol, die zweite den Arbeitsauftrag, und die dritte dient als Kontrollspalte für den Lehrer. Als Symbol für Rechnen wählen wir einen Rechenrahmen, für Lesen und Schreiben eine Brille und einen Stift und für den künstlerischen Bereich Schere und Klebstoff (**Kopiervorlage MU**).

Im ersten Schuljahr ist es für die Kinder übersichtlich, wenn die Aufgaben speziell für ein Fach separat in einem Kasten, beispielsweise in Form eines Arbeitsblattes, ausliegen. Das Symbol für ein Fach muss zwischen Wochenplan und entsprechendem Kasten identisch sein. Ein weiterer Kasten dient als Kontrollkasten für fertige Arbeiten. Im ersten Schuljahr genügt es mit vier Kästen zu beginnen, einer zum Lesen und Schreiben, einer für Rechenaufgaben, ein dritter für den künstlerischen Bereich und ein letzter zum Sammeln beendeter Arbeiten.

Am Anfang eines Wochenplans wird der Plan verteilt, ins Wochenplanheft eingeheftet und im Klassenverband besprochen. Es bleibt den Kindern überlassen, in welcher Reihenfolge sie die Aufgaben bearbeiten wollen. In den festgelegten Wochenplanstunden haben die Kinder Zeit diese Aufgaben zu erledigen. Am Ende der Woche sollten alle Aufgaben beendet sein. Fertige Arbeiten legen die Kinder in den Kontrollkasten und unbeendete in ihren Ordner, damit sie in der nächsten Wochenplanstunde daran weiterarbeiten können. Am Ende der Woche kontrolliert die Lehrerin die Arbeitsergebnisse und zeichnet das entsprechende Fach im Wochenplanheft in der Kontrollspalte ab. Für gut gelungene Aufgaben ist ein Stempel motivierend. Der Platz in der Kontrollspalte reicht aber auch für Vermerke über unvollständige oder fehlerhafte Arbeiten aus.

Als Beispiel für einen Wochenplan über zwei Unterrichtsstunden wählen wir das Thema „Dreiecke". Die Kinder haben drei Aufgabenstellungen zu bewältigen.

Auf einem Arbeitsblatt im Rechenkasten sind verschiedene Dreiecke in unterschiedlicher Lage abgedruckt. Gleichschenklige, rechtwinklige und gleichseitige Dreiecke sollen jeweils in der gleichen Farbe angemalt werden.

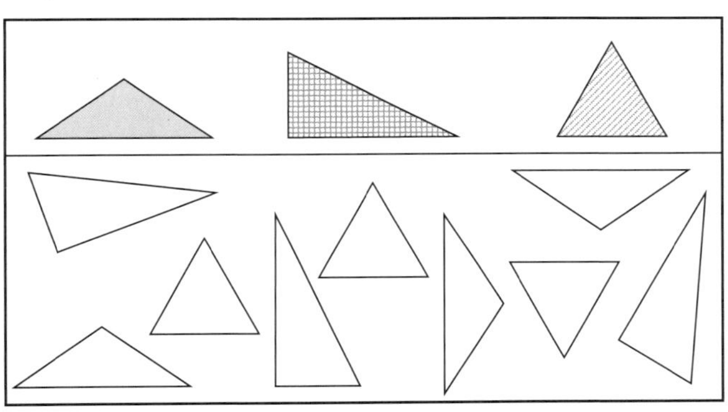

Im Bereich Lesen und Schreiben üben die Kinder einen Text zu lesen und als Differenzierung (freiwillig) schreiben sie ihn ab. Der folgende Text liegt im Kasten für Lesen und Schreiben aus:

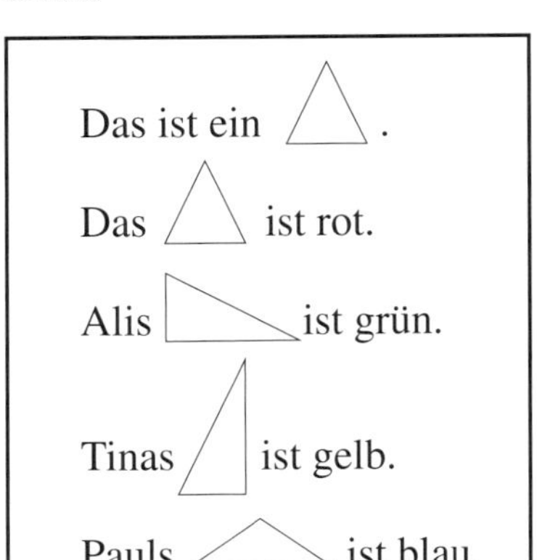

Der künstlerische Bereich ist mit dem mathematischen verknüpft. Im Kasten liegen Quadrate aus farbigem Papier und eine bildliche Anleitung zum Falten. Das Quadrat soll einmal in der Länge, in der Breite und in den Diagonalen gefaltet werden. Anschließend wird es auf den Faltlinien zerschnitten. Die Kinder erhalten acht Dreiecke, aus denen sie eine selbst ausgedachte Figur kleben.

Der Wochenplan mit seinen entsprechenden Arbeitsaufträgen könnte folgendermaßen aussehen:

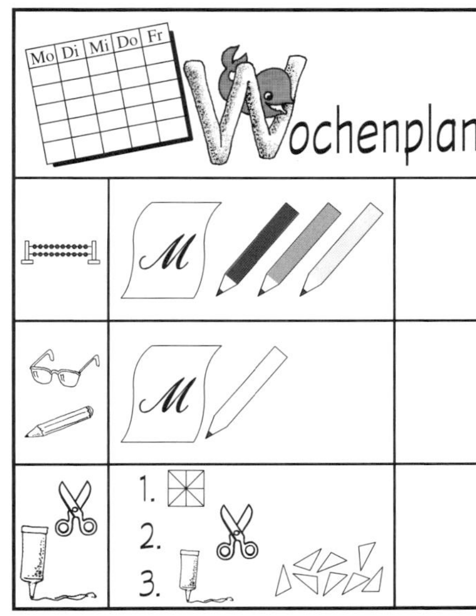

Im ersten Schuljahr kommt man für die Arbeitsaufträge nicht ohne Symbole aus, da die Kinder noch nicht lesen können. In den kommenden Schuljahren werden Arbeitsanweisungen als Text formuliert. Man braucht den Kindern nicht immer Arbeitsblätter anzubieten. Es ist auch denkbar bestimmte Aufgaben einer Seite aus dem Lehrbuch im Heft bearbeiten zu lassen.

1.3.4 Freiarbeit und Projektunterricht

Es muss deutlich unterschieden werden, dass Tages- und Wochenpläne und Stationen Bausteine des offenen Unterrichts sind, aber nicht mit Freiarbeit gleichgesetzt werden können. Auch im Stundenplan fest verankerte Freiarbeitsstunden, in denen Wochenpläne angeboten werden, sind keine Freiarbeit. Mit dem Stichwort Freiarbeit ist die Materialflut auf dem Grundschulmarkt aus pädagogischer Sicht falsch überschrieben. Mit der Überschrift wird freies Arbeiten suggeriert, obwohl in strengem Sinne eigentlich offenes Arbeiten gemeint ist. Freiarbeit setzt für Kinder nur noch den äußeren Rahmen einer Aktivität. Material, Ideen, Arbeitsweisen, Arbeitsformen etc. wählen und entwickeln die Kinder selbst.

Der Nutzen und der Vorteil von Freiarbeitsstunden sollte mit Kindern gemeinsam mit Inhalt gefüllt werden. In Klassengesprächen ergeben sich Ideensammlungen, die im Laufe der Grundschulzeit immer wieder variieren. Die Ideen können leistungsorientiert, spielerisch und gestalterisch sein. Setzen Sie von Lehrerseite keine Prioritäten in der Art „erst arbeiten, dann spielen“. In der Freiarbeit ist das Kind der Organisator des Unterrichts, nicht die Lehrerin. Sie kann lediglich ihre partnerschaftliche Unterstützung oder ihr Interesse anbieten.

Lernen die Kinder in solchen Stunden eigentlich etwas? Sie lernen mit Sicherheit vielschichtig, der Lernfortschritt lässt sich nur nicht immer anhand schriftlicher Arbeitsergebnisse ablesen oder in Zensuren ausdrücken. Freiarbeitsstunden fördern immens eine gut funktionierende Klassengemeinschaft und die Selbsteinschätzung der Kinder in Bezug auf ihre eigene Leistung. Sie werden selbst die Erfahrung machen, dass viele Kinder in den Freiarbeitsstunden fachbezogen üben wollen.

Einige möchten noch etwas üben, andere brauchen zu einem bestimmten Bereich noch Zusatzerklärungen von der Lehrerin. Wieder andere wollen etwas beenden, das sie im Unterricht nicht geschafft haben. Auch Lernspiele sind möglich.

In Freiarbeitsstunden können sich ohne Lehrersteuerung Projekte bilden. Aus einer Geschichte über Erfinder entwickelt sich plötzlich die Idee Maschinen zu erfinden und zu bauen. Da wird gemalt, gezeichnet, gerechnet, geschrieben, geklebt usw. Fächerübergreifender geht es kaum.

Anregungen für die Mathe-Ecke im Klassenraum

Für die Arbeit in offenen Lernphasen, in denen die Kinder eigenständig und nach individuellen Neigungen mit verschiedenen Materialien umgehen, ist es unerlässlich eine Mathe-Ecke mit freiem Zugang anzulegen. Sie sollte, wenn die Räumlichkeiten des Klassenraums es zulassen, drei Funktionen erfüllen:

1. Aufbewahrung von Materialien
2. Platz zum Experimentieren und Forschen
3. Ausstellungsbereich für Arbeitsergebnisse

Materialien lassen sich am übersichtlichsten in Regalen sortieren. Genaue Beschriftungen, im ersten Schuljahr am besten in Form von Symbolen, und die Aufbewahrung der Materialien in Pappkisten und durchsichtigen Schachteln erleichtern das Auffinden und Einhalten der Ordnung in der Mathe-Ecke. Die Mathe-Ecke ist kein unkreativer, fertiger Bereich, sondern unterliegt ständigen Veränderungen. Arbeitsmittel, die zum momentanen Unterrichtsstoff nicht mehr passen, können entfernt und durch neue ergänzt werden. Die Kinder sollten in die Gestaltung der Mathe-Ecke mit einbezogen werden, indem man sie beispielsweise an der Materialbeschaffung und an den Einordnungskriterien beteiligt (vgl. Ebeling 1996).

Besonders im ersten Schuljahr müssen die Arbeitsweisen und Ordnungsstrukturen für die Mathe-Ecke mit den Kindern eingeübt werden. Vollständige, prall gefüllte Regale überfordern die Kinder. Die Mathe-Ecke wächst langsam mit fortschreitendem Schuljahr und den Lernfortschritten der Kinder.

Einige Lehrerinnen haben bestimmt schon eigene Ideen für die Ausstattung ihrer Mathe-Ecke, gebunden an den jeweiligen Klassenraum, entwickelt und teilweise auch in die Tat umgesetzt. Wir bieten in diesem Handbuch folgende Anregungen und Empfehlungen an :

Es hat sich in der Praxis bewährt eine Ecke, bestehend aus zwei höheren (3 Regalbretter) und zwei niedrigeren (zwei Regalbretter) Regalen zu installieren. Jedes Regal erhält einen Namen, der seine Funktion beschreibt. Wir schlagen

- eine Rechenstation,
- eine Experimentier- und Forscherstation,
- eine Schreib- und Bastelstation
- und eine Lesestation

vor.

In der Ecke steht ein runder Tisch zum Lernen, Experimentieren und Spielen. Als Ausstellungsfläche für Arbeitsergebnisse eignet sich jeweils das oberste Brett der niedrigeren Regale. Die folgende Abbildung zeigt, in welche Bereiche jede Station untergliedert ist.

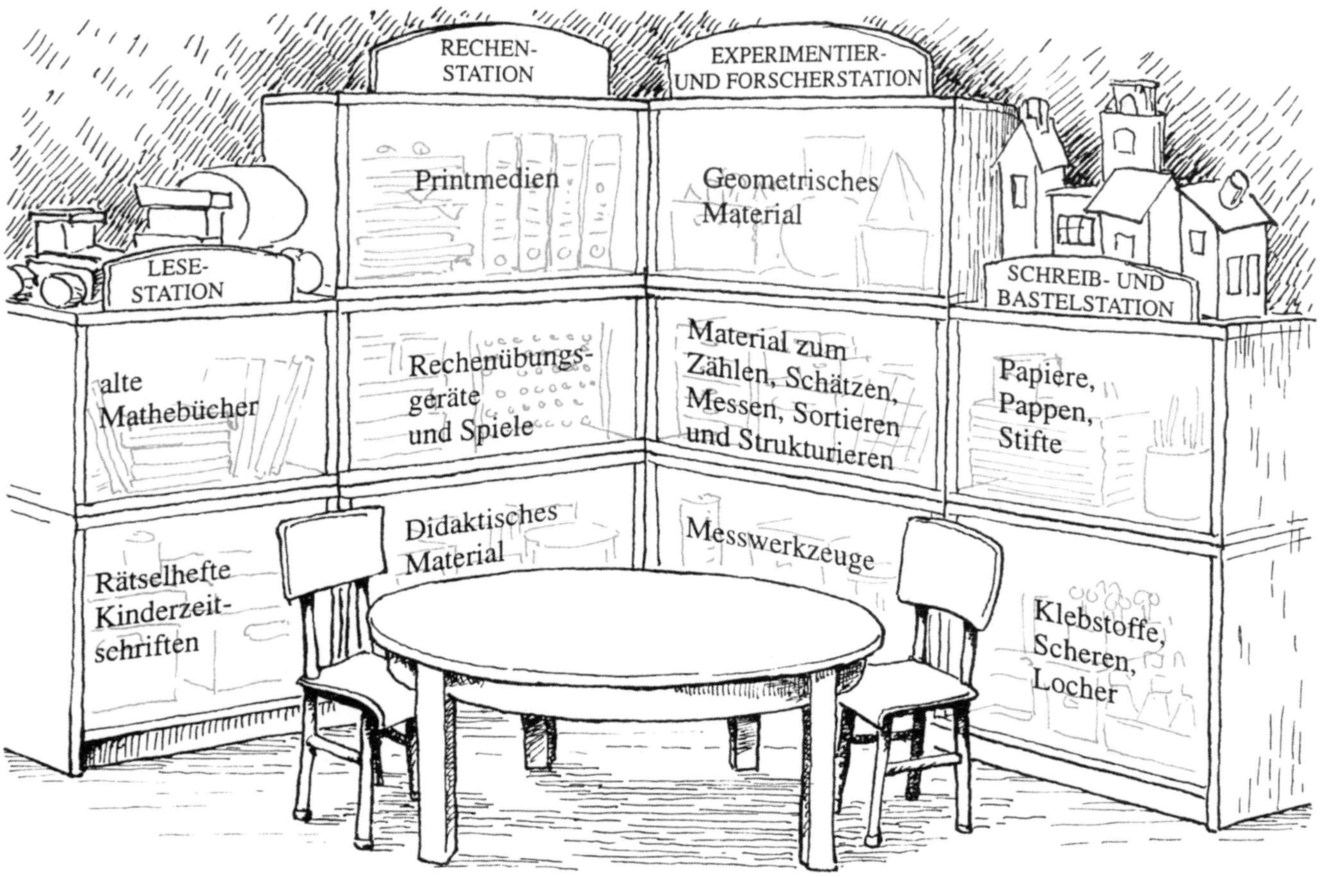

Rechenstation

1. Didaktisches Material:
   - Zwanziger-Rechenrahmen
   - Rechengeld für die Hand der Kinder und als Demonstrationsmaterial
   - Rechenstäbe (z. B. von spectra)
   - Wendeplättchen mit Zwanzigerfeld
2. Rechenübungsgeräte/Spiele:
   - Rechenräder, Stöpselkarten, Doppelkarten
   - LÜK und andere artverwandte Übungsgeräte
   - Dominos, Memorys, Puzzles, Lottos
   - Materialien für Spiele und Aufgabenstellungen wie Zahlenkarten von 0 bis 10, kleine Spielwürfel und große Schaumstoff-Spielwürfel für den Zahlenraum bis 20, Halmafiguren, Chips, Wendeplättchen
3. Printmedien:
   - Karteien
   - Kopiervorlagen
   - Folien

Experimentier- und Forscherstation

1. Messwerkzeuge:
   - Längenmessgeräte: Lineale, Zollstock, Meterband
   - Waagen: Tafelwaagen mit Gewichten, Personenwaage, Balkenwaage, Briefwaage
   - Uhren: Zeigeruhr, Digitaluhr, Stoppuhr, Lernuhr, Sanduhr und andere Uhren mit nicht standardisierten Einheiten
   - Messbecher in verschiedenen Größen und Materialien mit und ohne Skala

2. Materialien zum Zählen, Schätzen, Messen, Sortieren und Strukturieren:

- Naturmaterialien: Kastanien, Erbsen, Steine
- Sammelmaterial: Murmeln, Perlen, Knöpfe, Schrauben, Nägel, Büroklammern, Kronkorken, Drehverschlüsse
- Materialien aus der Spielkiste: Legosteine, Stäbe, Flohhüpfsteine, Sammelbilder
- Sortier-, Zähl- und Aufbewahrungsbehälter: Gläser, Becher, Flaschen, Dosen, Schachteln, Tüten, Briefumschläge, Kleinteilmagazine aus dem Baumarkt
- Musikinstrumente für „klingende Zahlen"

3. Geometrisches Material:

- Verpackungen und Schachteln als Repräsentanten geometrischer Körper
- Holzbausteine
- Würfel (holzfarbene und bunte, Steckwürfel, Musterwürfel)
- Formenplättchen, Formenschablonen
- geometrische Legespiele und Puzzles
- Geobretter
- Handspiegel und Körperspiegel
- Knetgummi, Strohhalme, Wollfäden, Pfeifenputzer, Streichhölzer
- geometrische Spiele

Schreib- und Bastelstation

- Papier, Tapetenrollen, Pappe unterschiedlicher Größe, Farbe, Stärke und Form
- verschiedene Schreibgeräte
- Klebstoffe, Tesaband, Kreppband
- Kataloge und Prospekte

Lesestation

- alte Mathebücher
- Rätselhefte, Kinderzeitschriften

Diese Liste ist als Anregung gedacht und erhebt keinen Anspruch auf Vollständigkeit. Es müssen nicht alle empfohlenen Materialien verwendet werden. Alternativen sind überall zu finden.
Teilweise ist die Materialbeschaffung nicht einfach. Ein Besuch in einer Lernwerkstatt gibt Hilfestellung bei der Auswahl geeigneter Materialien. Eltern können gebeten werden Dinge aus dem Haushalt, wie Verpackungen, Kataloge, Filmdosen u. a. zu sammeln. Ein großes Angebot an Spielen, didaktischen Arbeitsmitteln, geometrischem Material u. a. findet man beispielsweise bei Lern- und Lehrmittelverlagen.

Lern- und Lehrmittelverlage (ohne Anspruch auf Vollständigkeit)

Spectra
Bamlerstraße 1 B
45141 Essen

Schubi
Zeppelinstr. 8
78244 Gottmadingen

Arnulf Betzold
Schönauer Str. 10
73479 Ellwangen

Wehrfritz GmbH
Postfach 1107
Rodach bei Coburg

Reinhard Hail
Eifelstr. 20
72766 Reutlingen

2. Der Schulanfang

Mit dem Eintritt in die Schule beginnt für die Schulanfänger ein neuer bedeutungsvoller Lebensabschnitt. Dieser Anfang ist jedoch kein Neuanfang; vielmehr setzt die Arbeit in der Anfangsphase des ersten Schuljahres die pädagogische Arbeit der vorschulischen Einrichtungen fort. Vollzog sich im vorschulischen Bereich das Lernen vorrangig im Alltagshandeln durch konkret erlebte individuelle Erfahrungen, findet das Lernen nach Schuleintritt in einem mehr festgelegten ritualisierten und institutionalisierten Rahmen statt. Der Unterricht zu Beginn des ersten Schuljahres hat die Aufgabe, an die vorschulischen Lernformen, die gekennzeichnet waren durch manuelles Tun, spontanes Experimentieren und freies Spielen, anzuknüpfen. Deshalb sind auch für den Mathematikunterricht in dieser Zeit weniger fachliche als vielmehr pädagogische Ziele bedeutsam, die durch Differenzierungs- und Förderangebote die Kinder schulfähig und lernfreudig machen.

Lernen in der Anfangsphase

Der Unterricht am Schulanfang stellt hohe Anforderungen an die Kompetenz der Lehrerin, wenn sie sich an folgenden Leitideen orientiert:

- Interessen und Bedürfnisse der Kinder bestimmen die Gestaltung des Unterrichts.
- Unterrichtsaktivitäten beziehen die Umwelt der Kinder ein.
- Spielerische Lernformen, handelnder Umgang mit Materialien sowie konkret anschauliches Lernen dominieren.
- Die unterschiedliche Ausgangssituation des Schülers wird berücksichtigt, Anforderungen und Hilfen werden entsprechend auf ihn ausgerichtet.
- Beim Bestimmen der Lernausgangslage wird nach dem individuellen Können gefragt.
- Der Schüler erfährt, dass zielorientiertes Lernen Freude bereitet und zum Erfolg führt.
- Durch spielerische Übungen werden noch nicht entwickelte Voraussetzungen für ein erfolgversprechendes Lernen trainiert.

Eine der wichtigsten Aufgaben in der Anfangsphase des Mathematikunterrichts ist es festzustellen, wieweit das mathematische Verständnis der Kinder bereits entwickelt ist bzw. welche Fähigkeiten noch nicht entwickelt sind, um ggf. förderdiagnostische Maßnahmen zum Ausgleich der Defizite greifen zu lassen. Um dieser Aufgabe gerecht werden zu können, muss die Lehrerin ein Bild über die Vorkenntnisse ihrer Schulanfänger haben.

2.1 Vorkenntnisse von Schulanfängern

Die Rahmenbedingungen in der Grundschule haben sich gewandelt. Sie sind bestimmt durch

- Wandlungen in der Familie:
  - Einzelkinder mit damit einhergehenden veränderten Lebensstrukturen
  - veränderte Erziehungsstile (Schule als Reparaturwerkstatt)
  - nur ein Elternteil als Alleinerziehende/r
- zunehmende Komplexität und Undurchschaubarkeit der Lernumwelt:
  - Veränderungen im Konsumbereich
  - unkontrollierter Mediengebrauch
  - fremdbestimmte Freizeit
  - kein verlässlicher Zeit- und Ordnungsrahmen
- kinderfeindliche Stadt- und Dorflandschaften:
  - Bewegungsarmut
  - organisiertes Spiel auf eigens dazu errichteten Plätzen

Durch den Wandel der skizzierten Rahmenbedingungen haben sich als natürliche Folge das Verhalten, die Vorkenntnisse und die Lernfähigkeit der Kinder beim Eintritt in die Schule verändert. Wir finden viele Kinder vor mit

- gesteigerter motorischer Unruhe,
- großem Ablenkungsbedürfnis,
- Defiziten in basalen Erfahrungsbereichen,
- geringer Selbststeuerungskraft,
- Konzentrationsschwierigkeiten,
- geringer Merkfähigkeit und Zuhörbereitschaft,
- mangelnder Spielfähigkeit und - erfahrung,
- mangelndem räumlichen Vorstellungsvermögen,
- zunehmendem Aggressionspotenzial,
- hohen elterlichen Leistungserwartungen.

Über das fachliche Vorwissen von Schulanfängern lassen sich nach einer empirischen Untersuchung von Schmidt aus dem Jahre 1982 folgende Aussagen machen:

- Ca. 97 % der Schulanfänger können die Zahlwortreihe bis 10 aufsagen,
- ca. 45 % der Schulanfänger sogar bis 30,
- ca. 10 % können Ziffern schreiben,
- ca. 90 % können Zahlen bis 5 spontan benennen, d. h. richtig auf die Frage antworten: „Wie viele Plättchen sind das?“
- Ca. 96 % können Zahlen bis 4 herstellen, also auf folgende Aufforderung richtig reagieren: „Lege 4 Plättchen dort hinein!“

Diese Untersuchungen liegen zwar nunmehr viele Jahre zurück; die Ergebnisse wurden hingegen anhand weiterer Erhebungen erhärtet bzw. differenziert. So führten z. B. Grassmann u. a. (1995a) eine Untersuchung durch, in der sie ca. 850 Schulanfängern aus Berlin-Brandenburg Aufgaben zu folgenden arithmetischen Grundkenntnissen vorlegten:

- Größer-Kleiner-Beziehung
- Kenntnis von Ziffern
- Rückwärtszählen
- Mengenerfassung
- Addition ohne Abzählmöglichkeit
- Subtraktion ohne Abzählmöglichkeit

Durch die Untersuchung wurde eine hohe Grundkompetenz bei vielen Schulanfängern nachgewiesen. Diese hohe Grundkompetenz findet jedoch in den Schulbüchern keine Berücksichtigung. Die Untersuchung zeigte ebenfalls, dass auch viele Lehrerinnen die arithmetischen Fähigkeiten, die eine große Zahl von Schulanfängern bereits mit in den Unterricht bringt, unterschätzen. Folge ist, dass die Kinder nicht da „abgeholt werden, wo sie sich befinden“, sondern im Gleichschritt beim Stande Null mit allen Anfängern ein kleinschrittiger Mathematiklehrgang begonnen wird. Dem breiten Spektrum an Vorkenntnissen kann jedoch ein lehrgangsmäßiger Unterricht nicht gerecht werden. Schließlich gibt es auf der einen Seite Kinder, die einen umfangreichen pränummerischen Vorkurs benötigen und auf der anderen Seite Schulanfänger, die bereits im Zahlenraum bis 100 zählen und rechnen können.

Das bedeutet aber auch, dass die Anfangsphase im Mathematikunterricht nicht zahl- und ziffernfrei bleiben kann. Die Anfangsphase im Mathematikunterricht sollte demnach offen und differenziert gestaltet werden, damit jedes Kind individuelle Fortschritte machen kann. „Rahmenrichtlinien und Grundsatzerlass tragen dem Rechnung, indem sie den handelnden und spielerischen Umgang mit den Lerninhalten fordern und die Systematik, die „künstliche“ didaktische Welt der Fachstruktur und das gleichmäßige Fortschreiten im Stoff zurückdrängen. An deren Stelle tritt motiviertes, vom individuellen Interesse bestimmtes Tun, bei dem das eine Kind schon zählen und rechnen kann, während das andere erst ein elementares Verständnis für Zahlen aufbaut“ (Guder 1988).

Wie könnte ein individualisiertes Lernen gestaltet werden?

2.2 Individuelles Lernen mit Zahlen

Kinder, die eingeschult werden, haben bis zu diesem Zeitpunkt bereits vielfältige Erfahrungen auf unterschiedlichem Niveau mit Zahlen und elementarem Rechnen gesammelt. Sie haben bei Spielen gezählt, Anzahlen verglichen bzw. kontextgebunden notwendige „Rechnungen“ ausgeführt. So ist es erklärlich, dass die Unterschiede im Vorwissen der Schulanfänger enorm sind. Es bleibt zu fragen: Wie kann die Grundschullehrerin diese enormen Unterschiede trotz der wachsenden Klassenfrequenzen und der zunehmenden erzieherischen Probleme im Schulalltag auffangen?

Sie könnte ihren Unterricht so organisieren, dass sie den Kindern in offenen (statt in starren) Unterrichtsformen Gelegenheit gibt, auf möglichst eigenen (statt auf vorgezeichneten) Wegen durch selbstbestimmtes (statt durch fremdgesteuertes) Tun von- und miteinander zu lernen.

Wenn es in den ersten sechs Wochen um das Feststellen der Lernausgangslage geht, bei der förderdiagnostische Übungen im Mittelpunkt stehen, können Zahlen und der Umgang mit ihnen nicht künstlich ausgeklammert werden, vielmehr sollen die Kinder zeigen, welche Kompetenzen sie bereits mitbringen. Die breite Streuung der Vorkenntnisse bietet eine Chance für differenzierte und individualisierte Arbeitsformen.

Mit einem von Kinderhand ausgefüllten Zahlenalbum wird diese Chance gut genutzt. Es bieten sich zwei Möglichkeiten an:

a. In den ersten Tagen des Schulbesuchs wird den Kindern ein vorstrukturiertes Zahlenalbum ausgehändigt.

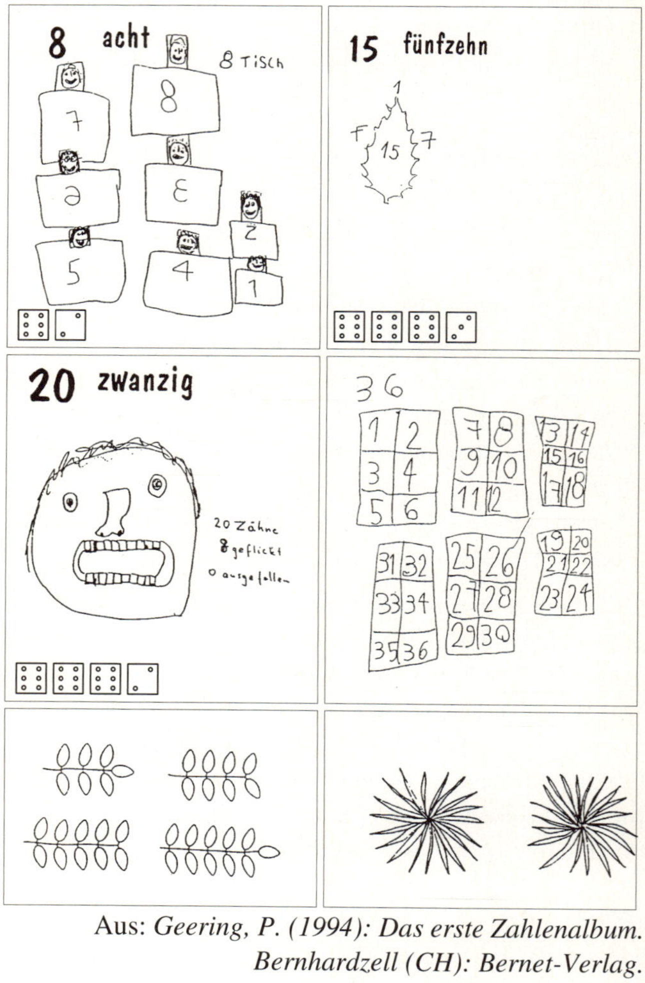

Aus: *Geering, P. (1994): Das erste Zahlenalbum. Bernhardzell (CH): Bernet-Verlag.*

Das erste Zahlenalbum
In diesem Zahlenalbum wird den Kindern der Zahlenraum bis 21 und auch Raum für größere Zahlen angeboten. Sowohl Anfänger als auch Fortgeschrittene werden gleichermaßen herausgefordert. Die einzelnen Seiten sind so gestaltet, dass sie zum einen eine vorgegebene Struktur aufweisen, zum anderen aber großen Raum für die gestalterische Freiheit der Kinder lassen. Auf jeweils zwei Doppelseiten kann das Kind seine bedeutsamen Repräsentanten für die einzelnen Zahlen dokumentieren. Auf einer der beiden Doppelseiten wird von der Lehrerin die Zahl in Ziffern, die Zahl als Zahlwort sowie die Zahl als Punktsumme von Würfelbildern angegeben. Anhand der Zahlwörter wird bereits an dieser Stelle die umgekehrte Ziffernschreibweise von Einer- und Zehnerzahl sichtbar gemacht, ohne sie bewusst zu thematisieren. Die (allen) Kindern bekannten Würfelbilder werden als Illustration für den Kardinalzahlaspekt gewählt. Durch die Reihenfolge der Seiten wird der Ordinalzahlaspekt berücksichtigt. Anregungen zur Ausgestaltung des Zahlenalbums können durch Sachzusammenhänge wie „Gegenstände im Klassenzimmer", „Meine Lieblingszahl/en", „Zahlen, die mich etwas angehen", „Meine Familie" u. a. gegeben werden, damit weitere Zahlaspekte Berücksichtigung finden (vgl. Kap. 4.2.1). In der Klasse bereitgestellte Materialien wie Bildserien, Dominosteine, Preisschilder, Katalogseiten ... regen Kinder zum Zählen, Aufmalen und Schreiben an.

b. Die Kinder werden motiviert ihr erstes Zahlenalbum ohne Vorstrukturierung durch die Lehrerin anzulegen.

Mein Zahlenalbum
Diese Loseblattsammlung bietet zusätzlich zu den o. g. Kriterien die Chance des Umordnens und des Einfügens.

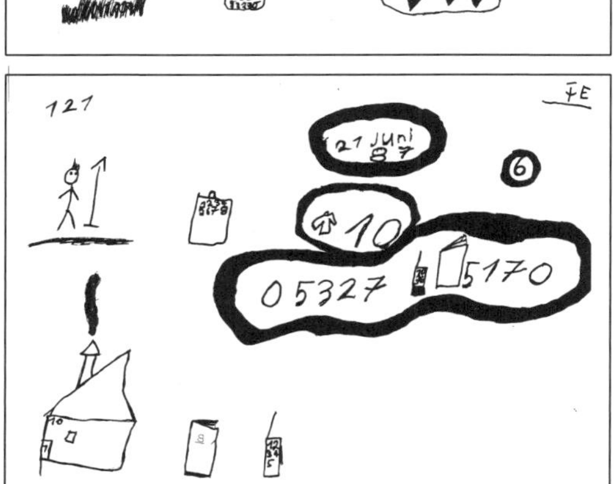

Die Kinder übernehmen eigene Verantwortung für ihr Lernen. Sie illustrieren die Buchseiten mit aufgeklebten Zahlzeichen, Preisen, kurzum mit ihren individuellen Vorstellungen von vertrauten Zahlen.
Beide Varianten gelten als hilfreiche Arbeitsmittel ohne formale Strenge bzw. als wichtige diagnostische Instrumentarien für die Hand der Lehrerin. Folgende Vorteile kennzeichnen sie:

Kindgerechter Zugang:
- Die Vorkenntnisse der Kinder sind Ausgangspunkt des Lernens.
- Vorwissen wird nicht durch eine gestufte Einführung der Zahlen unterdrückt.
- Ein offener Zahlenraum liegt vor.
- Die eigenen Erfahrungen der Kinder werden eingebracht und individuell dokumentiert.
- Ein Lernen von- und miteinander wird unterstützt.

Diagnose-Instrument für die Lehrerin:
- Die Lehrerin erhält Einblick in die Welt und in die Denkweise der Kinder.
- Zum Bestimmen der Lernausgangslage erhält die Lehrerin Informationen über das individuelle Können (statt nur über Ausfälle) der Kinder: „Kompetenzorientierung".
- Sie erfährt u. a., für welches Kind ein pränummerisches Vorfeld zur Vorbereitung der Zahlbegriffsbildung erforderlich ist, ob das Kind Würfelbilder kennt, wie weit es zählen, vergleichen, ordnen kann u. v. a. m. (vgl. Kap. 2.3)

Das Anlegen und die Arbeit mit einem Zahlenalbum, in dem die Kinder die individuelle Bedeutung und ihre Vorstellung von den Zahlen festhalten, korrespondiert mit der Dokumentation von Sachsituationen in einem eigens dafür angelegten Heft, Buch o. Ä. (vgl. S.151 ff.). Beides lässt sich gut miteinander kombinieren.
Inwieweit man mit Hilfe eines Zahlenalbums durch Eigenproduktionen der Kinder auch systematische Vorkenntnisse erweitern und stabilisieren kann, sei an dem folgenden Beispiel kurz skizziert.

Unterrichtsbeispiel (Stabilisierung und Erweiterung der Vorkenntnisse im 1. Halbjahr eines 1. Schuljahres):
Im offenen Unterrichtsanfang spielen einige Kinder mit Puppen. Die Lehrerin nimmt in diesem Fall die 7 Puppen mit in den Morgenkreis. Sie wird von den Kindern sofort in die Rolle der Puppenmutti gesteckt.
Die Puppenmutti legt die Puppen auf einen Tisch. Die Kinder stellen einen weiteren Tisch dazu. Ein Kind beginnt die Puppen zu ordnen. Es entwickelt sich folgendes Unterrichtsgespräch:

Sören: „Die 4 setze ich hier hin, die anderen 3 passen auf den Tisch."

Steffi: „Auf dem Tisch sitzen jetzt 3 richtige Puppen, mit denen man spielen kann.“

Sven: „Da sitzen 2 selbst gemachte, dazu noch Pinocchio und Bert.“

Sarah: „Bei den richtigen Puppen sind 2 weiße und 1 dunkle.“

Die Kinder finden eine große Anzahl von Klassifizierungsmerkmalen, die die Lehrerin überhaupt nicht im Blickfeld hat, und ordnen die Puppen gemäß ihrer Ordnungsgesichtspunkte.

Steffi: „Ich weiß eine Geschichte zu den Puppen. Die Puppenmutti ordnet ihre Puppen. Sie setzt die 3 zum Spielen auf den Tisch, die anderen 4 daneben.“

Sigrid: „Ich weiß eine Aufgabe dazu: 3 + 4 = 7.“

Dieser Beitrag führt zu einer Fülle von Handlungen, in denen die mathematischen Operationen „plus“ und „minus“ durch aktives Umsetzen, auf den Arm nehmen, Vertauschen, Wegnehmen, Hinzusetzen, Verstecken der Puppen verkörpert werden, ohne dass die genannten Aufgaben irgendwo von der Lehrerin festgehalten werden.

3+4=7 heißt: 3 auf dem Tisch und 4 daneben oder 3 richtige und 4 Stoffpuppen

2+2=4 heißt: 2 selbst gestrickte und 2 Fernsehfiguren (Pinocchio und Bert)

7-3=4 heißt: Ich nehme die 3 Richtigen weg, dann bleiben die 4 selbst gemachten Puppen übrig.

Die Kinder dokumentieren ihre Sicht dieser gemeinsamen Gesprächsrunde als „Meine Puppengeschichte“ in ihren Mappen. Etwa ein Drittel der Kinder malt „nur“ Puppen. Diesen Kindern ist der rein zählerische Aspekt bzw. der Anzahlaspekt 7 wichtig. Die restlichen Kinder versuchen die komplette Aufgabenfamilie sowohl zeichnerisch als auch rechnerisch darzustellen.

Katharina:

Frederik:

Frederik hat bereits das Beziehungsgeflecht der Aufgaben untereinander erkannt. Er leitet alle Aufgaben aus einem einzigen Vorstellungsbild ab.

Katharina hat für die Darstellung der Addition ein statisches Modell verwendet, während sie für die Subtraktion eine dynamische Handlungsanweisung im Kasten mit der Durchstreichtechnik notiert und das endgültige Ergebnis der Subtraktion außerhalb des Kastens wieder statisch angibt, eine Nebenrechnung mit Ergebnis, viel anschaulicher als diverse Schulbuchillustrationen.

Die Aufgabe der Lehrerin besteht nun darin, diese informellen Strategien aufzugreifen, zu stabilisieren und zu erweitern. Mit den zuletzt genannten Kindern geht es demnach im Weiteren um eine Systematisierung ihrer Vorkenntnisse, indem die dokumentierten Zahlensätze z. B. auf eine ganze Klasse von Anwendungsfällen übertragen werden, die Fachsprache der Mathematik weiterentwickelt bzw. der operative Zusammenhang der 4 Aufgaben an anderen Beispielen verdeutlicht wird. An die Kenntnisse der Kinder, bei denen Zählzahl- und Anzahlaspekt im Vordergrund stehen, kann die Lehrerin anknüpfen, indem sie die Beschreibung der Anzahl von Elementen in ihrer operativen Struktur erfassen lässt:

$7 = 5 + 2$

$7 = 1 + 6$

$7 = 0 + 7$ usw.

Auf diese Weise lässt sich ganz im Sinne fortschreitender Schematisierung und Mathematisierung an die informellen Strategien und Vorerfahrungen der Kinder anknüpfen.

2.3 Erhebungsmöglichkeiten zur Lernausgangslage

Es wurde bereits mehrfach erwähnt, dass Schüler für die Lehrgänge des Anfangsunterrichts unterschiedlich ausgeprägte Fähigkeiten und Fertigkeiten in verschiedenen Lern- und Wahrnehmungsbereichen in die Schule mitbringen. Daher scheint es unerlässlich, diese differenzierte Lernausgangslage zu analysieren, um sinnvolle und individuell angelegte Fördermaßnahmen einsetzen zu können. Diese Arbeit steht im Mittelpunkt der Eingewöhnungsphase und bestimmt daher vor Ort deren zeitliche Ausdehnung und Intensität. Das komplexe Gefüge der Lernausgangslage lässt sich z. B. in folgende Bereiche gliedern.

Mögliches Profil der Lernausgangslage:

- Persönlichkeitsbereich
- Motorik
- Sprache
- Merkfähigkeit
- Konzentrationsfähigkeit
- Wahrnehmung
- Visuelles Vorstellungsvermögen
- Speicherfähigkeit
- Raum-/Lagebeziehung
- Zählen und Zahlverständnis

Störungen im Wahrnehmungs- und Vorstellungsbereich gelten als Hauptursachen für Schwierigkeiten im arithmetischen Anfangsunterricht. Deshalb ist es wichtig, bereits möglichst früh, am besten durch Zusammenarbeit mit den vorschulischen Einrichtungen, Hinweise über schulleistungsrelevante Störungen zu erhalten.

Als ein geeignetes Diagnoseinstrument, das eine Umsetzung der Diagnosebefunde in pädagogisches Handeln erleichtert, erweist sich die Differenzierungsprobe nach Breuer/Weuffen (1986). Die Differenzierungsprobe (DP) gibt Auskunft über die Fähigkeit zur Differenzierung der sinnlich wahrnehmbaren Merkmale, die im Anfangsunterricht stark dominieren. Mit der DP können Aussagen über phonematische, optische, kinästhetische, rhythmische und melodische Differenzierungsfähigkeiten des Schulanfängers gemacht werden.

Die Aufgabenstellungen lassen sich zusammenfassend folgendermaßen umreißen:

Überprüfung der optischen Differenzierung:
Dem Kind werden Bildtafeln mit 5 verschiedenen Zeichen vorgelegt. Die Zeichen werden zusätzlich von der Lehrerin mit Wörtern beschrieben. Das Kind soll jeweils ein Zeichen nachmalen.

Überprüfung der phonematischen Differenzierung:
Die Lehrerin zeigt Bilder, auf denen Gegenstände abgebildet sind, deren Namen ähnlich klingen, z. B. Teller und Keller. Die Lehrerin sagt nun ein Wort und das Kind zeigt auf das Bild, auf dem der genannte Gegenstand zu sehen ist.

Überprüfung der kinästhetischen Differenzierung:
Die Lehrerin spricht dem Kind ein Wort in Silben gegliedert vor. Das Kind muss das Wort sauber nachsprechen, z. B. Post-kut-sche.

Überprüfung der melodischen Differenzierung:
Das Kind soll das Lied "Alle meine Entchen" oder ein Lied seiner Wahl sowohl mit richtiger Melodie als auch im richtigen Rhythmus vorsingen.

Protokollblatt zur „Differenzierungsprobe" (DP/ä)
nach BREUER/WEUFFEN

Name: Vorname: geb.:
Wohnanschrift: Straße: Nr.:
Name und Beruf des Vaters:
Name und Beruf der Mutter:
Welcher Kindergarten: Erzieherin:
Stellung in der Geschwisterreihe:
Allgemeine Bemerkungen:

Erkundungsuntersuchung (EU) Kontrolluntersuchung (KU)

Jahre: Monate Alter des Kindes: Jahre: Monate:
198 Untersuchungstag: 198
Bemerkungen zum Verhalten des Kindes in der Untersuchung

1. Überprüfung der optischen Differenzierung

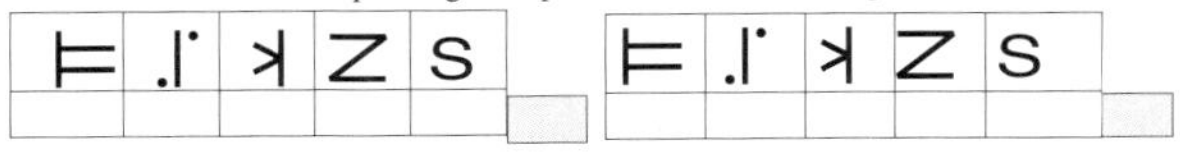

2. Überprüfung der phonematischen Differenzierung

Probe: Keller - Teller

1. Kopf - Topf	
2. Tanz - Gans	
3. Sack - satt	
4. Krank - trank	
5. backen - baden	
6. Kanne - Tanne	
7. Nagel - Nadel	
8. Kamm - Kahn	
9. Tasse - Tasche	
10. Wache - wasche	

Probe: Keller - Teller

1. Kopf - Topf	
2. Tanz - Gans	
3. Sack - satt	
4. Krank - trank	
5. backen - baden	
6. Kanne - Tanne	
7. Nagel - Nadel	
8. Kamm - Kahn	
9. Tasse - Tasche	
10. Wache - wasche	

Erkundungsuntersuchung (EU) Kontrolluntersuchung (KU)

3. Überprüfung der kinästhetischen Differenzierung

Post - kutsche	
Alu - minium	
Schell - fisch - flosse	

Post - kutsche	
Alu - minium	
Schell - fisch - flosse	

4. Überprüfung der melodischen Differenzierung

Lied:
Ergebnis

Lied
Ergebnis

5. Überprüfung der rhythmischen Differenzierung

Probe: • • – •

Aufg. 1: – • •	
Aufg. 2: • – •	

Probe: • • – •

Aufg. 1: – • •	
Aufg. 2: • – •	

Zusammenfassung der Ergebnisse

Opt. Diff.	Phon. Diff.	Kin. Diff.	Mel. Diff	Rhyth Diff

Opt. Diff.	Phon. Diff.	Kin. Diff.	Mel. Diff	Rhyth Diff

Einschätzung nach EU

(Unterschrift)

Einschätzung nach KU

(Unterschrift)

Überprüfung der rhythmischen Differenzierung:
Dem Kind wird ein Takt vorgeklatscht, den es nachklatschen soll. Damit es die Klatschbewegungen visuell nicht wahrnehmen kann, steht es mit dem Rücken zur Lehrerin. Auf einem Protokollblatt werden die Ergebnisse für jedes Kind festgehalten.

Um bereits zu einem frühen Zeitpunkt Anhaltspunkte über Wahrnehmungsdefizite zu erhalten, erscheint es ratsam, die Hilfe der Erzieherinnen in Anspruch zu nehmen, und diese zu bitten die Überprüfung der Differenzierungsfähigkeit schon während des Kindergartenbesuchs des zukünftigen Schulkindes vorzunehmen.
Diese Differenzierungsprobe beschreibt Tendenzen, die durch ausführliche Gespräche mit Eltern, Erzieherinnen, Kinderarzt usw. ergänzt werden.
Aufgrund der Einschätzung der Befunde können bei festgestellten Ausfällen gezielt Fördermöglichkeiten bzw. Trainingsformen eingesetzt werden. Hierbei sollte man sich nicht scheuen, auch außerschulische Institutionen, Experten, zu Rate zu ziehen.
Wird die Differenzierungsprobe innerhalb der ersten 6 Wochen als Diagnoseinstrument eingesetzt, ist es sehr hilfreich, wenn die Lehrkraft sich einen Gesamtüberblick über Defizite in der Wahrnehmung verschafft, indem sie sich eine Klassenliste anlegt, aus der sie ersehen kann, ob evtl. Fördergruppen mit ähnlichen Ausfällen zusammengefasst werden können.

	Wahrnehmungsbereiche				
Name des Schülers	Optische Differenzierung	Phonematische Differenzierung	Kinästhetische Differenzierung	Melodische Differenzierung	Rhythmische Differenzierung
1 geb. 88	—	+	+	+	+
2 geb. 88	+	+	+	+	+
3 geb. 88	+	+	+	+	+
4 geb. 88	+	+	+	+	+
5 geb. 88	—	+	+	+	—
6 geb. 87	+	+	+	+	+
7 geb. 88	+	+	+	+	+
8 geb. 88	—	+	+	—	—
9 geb. 88	+	+	+	+	+
10 geb. 87	+	—	+	+	+
11 geb. 88	+	+	+	—	+
12 geb. 88	—	+	+	+	—
13 geb. 87	—	+	+	+	+
14 geb. 87	+	—	+	+	+
15 geb. 87	+	+	+	+	+

Bei diesen 15 Schülern könnte die Lehrerin folgendes entdecken: Schüler Nr. 8 zeigt z. B. in 3 Bereichen, in der optischen, der melodischen sowie in der rhythmischen Differenzierung starke Ausfälle. Innerhalb dieser Wahrnehmungsbereiche ist deshalb eine Förderung unabdingbar.
Die Lehrerin sieht anhand der Liste, dass für 5 Kinder ihrer Klasse Übungen zur visuellen Diskriminierung („Schau genau" usw.) von Bedeutung sind, dass 2 Kinder undeutlich sprechen. Sie erfährt ebenso, dass 4 Kinder in der auditiven Wahrnehmung beeinträchtigt sind und Schwierigkeiten bei der Wiedergabe von Rhythmen haben. Würde die Lehrerin diese Befunde ignorieren und im Mathematikunterricht mit einem Lehrgang beginnen, in dem visuelle Wahrnehmungen eine übergeordente Rolle einnehmen, könnte sie Misserfolge und Lernschwierigkeiten verstärken.
Trainingsformen, bei denen ein Wechsel in den Wahrnehmungsbereichen vollzogen wird, nicht immer nur Vorgemachtes imitiert bzw. reproduziert werden muss, sind geeignete Fördermaßnahmen (vgl. Abb. „Intermodulation von Sinneseindrücken", S. 32).

Da dem Wahrnehmungsbereich eine große Bedeutung hinsichtlich der Schulfähigkeit von Kindern beigemessen wird, werden in Kapitel 2.4. Fördermaßnahmen dazu vorgestellt.
Hat die Lehrkraft sich einen Überblick mit Hilfe der Differenzierungsprobe verschafft, ergänzt sie ihr Bild durch diagnostische Aufgaben, die die Lernausgangslage für Mathematik beschreiben. Es ist nicht Aufgabe des Anfangsunterrichts eine systematische Abtestung der Schulanfänger durchzuführen. Eine Lernstandsbestimmung erfolgt über praktische Arbeit im Unterricht durch unmittelbare und mittelbare Beobachtung. Fähigkeiten und Fertigkeiten der einzelnen Kinder werden im Laufe der Arbeit erkannt und ggf. in einem Beobachtungsbogen erfasst: Wie macht es das Kind?

Beobachtungsmöglichkeiten der Lernausgangslage Mathematik

Ein differenzierter, die Möglichkeiten und Grenzen des einzelnen Kindes berücksichtigender Unterricht bedarf einer sorgfältigen Lernstandsbestimmung.
Das Verstehen von Mathematik beruht weitgehend auf eigenen Vorstellungen, auf verinnerlichten Bildern. Diese stehen in einem engen Zusammenhang mit konkreten, im Handeln erworbenen Erfahrungen. Deshalb sind für das Mathematikverständnis von Grundschulkindern im Wesentlichen zwei Dinge von Bedeutung, eigene Handlungserfahrungen und die Fähigkeit, diese Handlungserfahrungen in visuelle Vorstellungen, in Bilder des Verständnisses umzuwandeln.

Dass Mathematiklernen in der Grundschule der aktiven, selbst ausgeführten Handlungen des Kindes dringend bedarf, sei hier ausdrücklich noch einmal betont. Sie einzuplanen, zu organisieren und vorzubereiten ist eine wichtige Aufgabe der Grundschullehrerin. Über die Fähigkeit des Kindes, diese Handlungserfahrungen in effektive Vorstellungen umwandeln zu können, muss sich die Grundschullehrerin ein Bild machen, um ihren Schülern beim Mathematiklernen helfen zu können.

Wichtige Grundlagen für den Rechenlehrgang:

- Gegenstände erkennen, sortieren usw.
- Gegenstände nach Merkmalen erkennen, vergleichen, beschreiben usw.
- Geometrische Qualitätsbegriffe und -beziehungen (dick-dünn, groß-klein, lang-kurz, dicker als, höher als usw.) benennen
- Geometrische Lagebeziehungen (links-rechts, oben-unten, vor, hinter, über usw.) erkennen und angeben
- Geometrische Folgen und Muster fortsetzen
- Geometrische Formen wiedererkennen, benennen
- Zeitliche Reihenfolgen von Ereignissen erkennen
- Lage von Gegenständen zueinander erkennen
- Zählfähigkeit
- Simultane Zahlauffassung
- Auffassen von Mengen
- Mengen bilden
- Ziffernkenntnis
- Kenntnis über Zahlen aus der Umwelt

In den ersten 6 Wochen gilt es festzustellen, inwieweit die einzelnen Fähigkeiten bei den Schulanfängern bereits ausgeprägt sind. Dabei geht es nicht um ein systematisches Abtesten. Es geht darum, dass die Lehrerin behutsam die einzelnen Kinder während der praktischen Arbeit im Unterricht beobachtet und dadurch etwas über die Fähigkeiten und Fertigkeiten der Kinder erfährt. Je früher die Lehrerin erkennt, dass ein Kind bestimmte für das Mathematiklernen notwendige Fähigkeiten und Fertigkeiten noch nicht besitzt, desto erfolgversprechender sind gezielt auf diese Entwicklungsrückstände abgestimmte Übungssequenzen.

Kinder brauchen immer wiederkehrende Rituale, Medien, die ihre Aufmerksamkeit ansprechen und ihnen in ihrer Orientierung Sicherheit geben (vgl. Kap. 2.1). Mit Hilfe eines 25er-Quadrates, hergestellt aus PVC-Fliesen mit einer unbeschrifteten und einer mit Zahlen beschriebenen Seite (Kopiervorlage SA 1) lassen sich eine Reihe von Übungen durchführen, die ohne weiteres als Beobachtungsgrundlage zur Bestimmung der Lernausgangslage dienen können und darüber hinaus gleichzeitig als Fördermaßnahme ihren Dienst erweisen.

21 einund zwanzig	22 zweiund zwanzig	23 dreiund zwanzig	24 vierund zwanzig	25 fünfund zwanzig
16 sech zehn	17 sieb zehn	18 acht zehn	19 neun zehn	20 zwanzig
11 elf	12 zwölf	13 drei zehn	14 vier zehn	15 fünf zehn
6 sechs	7 sieben	8 acht	9 neun	10 zehn
1 eins	2 zwei	3 drei	4 vier	5 fünf

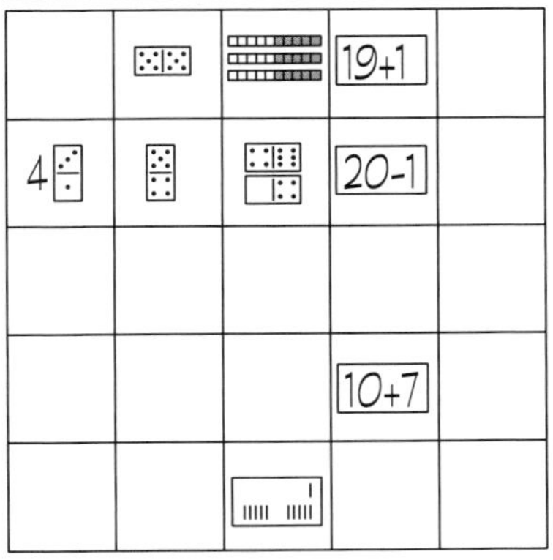

Vorgestellt werden Übungsformen zur Wahrnehmung räumlicher Beziehungen, zur ebenen und räumlichen Orientierung sowie Handlungen, bei denen Sinneseindrücke aus verschiedenen Wahrnehmungsbereichen miteinander in Beziehung gesetzt werden (Intermodulation, vgl. auch Kap. 2.5).

- *Hüpfübungen auf einem leeren oder auf einem bezifferten 25er-Quadrat*
  (Die Zahlkarten werden einzeln auf die leeren Felder gelegt, damit das Quadrat variabel beziffert werden kann.)

a. Nach Anweisung hüpfen
   Die Anweisungen werden verbal, durch Klatschen, durch Fühlen, Tasten einer bestimmten Anzahl von Gegenständen o. Ä. angegeben. Die Schüler beschreiben ihre Position bzw. die geänderte Position verbal, sodass evtl. erste Zahlbeziehungen auffallen.
   Mögliche Anweisungen:
   - 3 Felder vor, zurück, nach rechts, nach links ...
   - Ich klopfe x-mal, du hüpfst x Felder nach ...
   - Ich zeige ein x-er Bild, du hüpfst x Felder nach ...
   - Ich ticke dich x-mal an, du hüpfst, malst, legst, klopfst ... x-mal.
   - Ich lasse dich im Fühlbeutel x Gegenstände fühlen und du hüpfst ...

   Werden die Kinder zusätzlich aufgefordert, den Anweisungen entsprechend auch noch zu malen, legen, klopfen u. Ä., werden Transferleistungen in verschiedenen Wahrnehmungsbereichen erreicht.

b. *Variante*: Nach Anweisung hüpfen (in Zweierschritten, vorwärts, rückwärts usw.), dabei laut zählen, anhalten, Zahl nennen, legen, schreiben, malen usw.

c. Hinkespiele auf einem Bein, mit oder ohne Spielstein nach bekannten Regeln

25er-Quadrate mit zwei möglichen Zahlbelegungen

5	10	15	20	25
4	9	14	19	24
3	8	13	18	23
2	7	12	17	22
1	6	11	16	21

21	22	23	24	25
20	19	18	17	16
11	12	13	14	15
10	9	8	7	6
1	2	3	4	5

- *Plättchen auf ein leeres oder beziffertes 25er-Quadrat legen oder werfen*

a. Schüler legen oder werfen Plättchen auf das Quadrat und beschreiben deren Position, z. B: „Das quadratische Plättchen liegt in der 4. Etage. Links daneben sind noch 3 Felder, darunter ebenfalls noch 3 Felder frei. Rechts daneben ist noch 1 Feld, darüber ist auch noch 1 Feld frei ..."

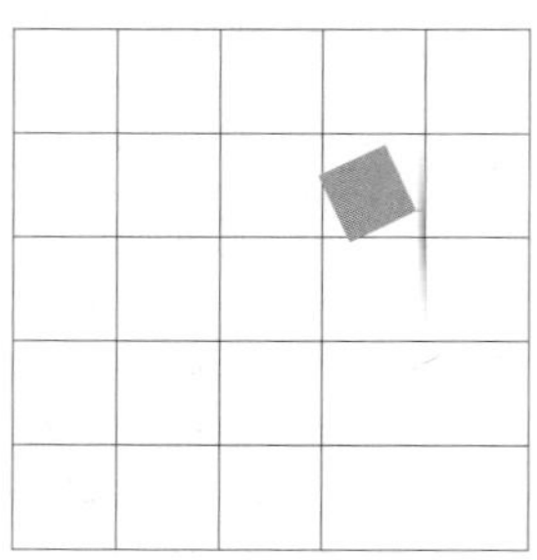

Von Vorteil ist, dass die Lagebeschreibungen in einem überschaubaren, begrenzten Rahmen stattfinden, den vor allem ein rechenschwaches Kind braucht.

b. Weitere Plättchen, möglichst unterschiedlicher Form und Farbe, werden dazugelegt oder -geworfen, die Lage zueinander beschrieben. Ein Kind stellt sich auf ein Feld und beschreibt die Position seiner Person zu den Plättchen.

c. Legen nach Anweisung: „Lege 3 blaue Plättchen links neben ..."

- *Formen und Figuren nachlegen, andere Darstellungen angeben*
  Visuelle Wahrnehmung und Anzahlerfassung, speziell simultanes Erfassen werden trainiert.

a. Schüler legen gleiche Anzahlen, gleiche Zahlbilder auf das 25er-Quadrat (vgl. Kap. 2.5 und Kopiervorlage SA 2), beschreiben das Aussehen, geben die Anzahl akustisch wieder usw., kurzum sie stellen Repräsentanten für den Zahlbegriff dar.

b. Schüler legen Figuren auf einem anderen 25er-Quadrat nach. Dann werden sie aufgefordert, z. B. das Aussehen, nicht aber die Anzahl zu verändern, die Bilder nachzumalen u. Ä.

c. Schüler beschreiben verschiedene Fünflinge im 25er-Quadrat: „1 Feld in der Mitte, 4 außen"/„3 Felder in der ersten Reihe, 2 in der zweiten"/„1 Viererturm, 1 Feld zusätzlich links davon" usw.

Verschiedene Fünflinge auf dem 25er-Quadrat

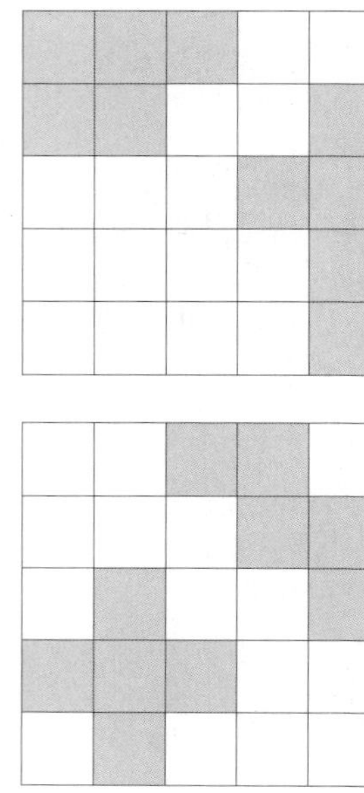

- Sortierübungen zu Merkmalen, Farben, Formen ...

a. Schüler sortieren mitgebrachte Gegenstände wie Spielzeug, Gegenstände aus dem Tornister, Lebensmittel, „matema"-Plättchen und begründen ihre Ordnungskriterien.

b. Schüler nehmen Umordnungen, Umgruppierungen nach Anweisung vor: „Lege das Teil 2 Felder weiter nach rechts, 3 Felder über das grüne Dreieck ."

Als Diagnoseinstrument für die Zählfähigkeit sowie das Zahlverständnis und die Ziffernkenntis des Schulanfängers eignet sich, wie bereits in Kap. 2.2 erwähnt, ein Zahlenalbum.

Mögliche Beobachtungen:
- Das Kind schreibt sowohl einstellige als auch zweistellige Zahlen.
- Ziffern werden seitenverkehrt geschrieben.
- Das Kind kann alle vorgegebenen Zahlen im Zwanzigerraum lesen.
- Beim Bestimmen der Anzahl zählt das Kind mit Berühren der Elemente laut.
- Das Kind erfasst Würfelbilder simultan.

Zusätzlich zu den Übungen am 25-Quadrat und dem Umgang mit den individuellen Zahlenbüchern findet die interessierte Lehrkraft zahlreiche Anregungen bei Ellrott/Aps-Ellrott (1995), Ellrott/Heberling (1989) und in den Bänden 10, 30, 34 und 39 der NLI-Berichte (Niedersächsisches Landesinstitut für Lehrerfortbildung). Hier findet man eine übersichtliche Zusammenstellung von unterrichtlichen Aktivitäten, mit deren Hilfe die Lehrkraft befähigt wird eine grobe Bestimmung der Lernausgangslage für Mathematik vorzunehmen. Darüber hinaus wird eine große Anzahl an Spielformen beschrieben, die dem Bewegungsbedürfnis des Schulanfängers entgegenkommt. („Weg von der Papierdidaktik hin zur Bewegungsdidaktik!“) Diese Spiele sind sowohl zur Diagnose als auch als gezielte Fördermaßnahmen für die Entwicklung von basalen Fähigkeiten bestens geeignet.

Tabellarische Übersicht zum Bestimmen der Lernausgangslage Mathematik

Für die Lehrkraft, die möglichst auf einen Blick eine übersichtliche Darstellung zur Lernausgangslage Mathematik sucht, wird eine Tabelle angeboten. In dieser Tabelle werden einige diagnostische Aufgaben vorgestellt und die an ihnen zu beobachtenden Merkmale aufgelistet. Bewusst wird sich auf wenige beschränkt und bei der Auswahl darauf geachtet, dass spielerische Aktivitäten in den ersten Wochen im Mittelpunkt stehen. Die Lehrerin hat damit die Möglichkeit ihre Auswahl an diagnostischen Aufgaben auf die ersten 6 Wochen zu verteilen. Sie kann bei Kindern, bei denen sie Auffälligkeiten und Lernschwierigkeiten feststellt, durch Ankreuzverfahren oder inhaltliches Beschreiben festhalten, in welchen Bereichen die Defizite deutlich werden.

Förderdiagnostische Aufgaben haben den Vorteil, dass sie zum einen Lernrückstände sichtbarmachen, zum andern gleichzeitig als Fördermaßnahme geeignet sind diese Rückstände auszugleichen. Im Folgenden werden Beobachtungsbeispiele angeboten. Sie sind weder standardisiert noch vollständig. Die einzelnen Beispiele sind als Vorschläge gedacht und sollen nicht der Reihe nach mit allen Kindern durchgeführt werden. Viele der Beobachtungsaspekte können sich genauso in einem ganz anderen unterrichtlichen Kontext ergeben. Zu vermeiden ist eine Prüfatmosphäre. Besonders gut eignen sich unterrichtliche Situationen, in denen nur eine kleinere Gruppe von Kindern zusammen ist. Wichtige Befunde sollten durch wiederholte Beobachtungen gesichert werden.

	Förderdiagnostische Aufgaben	Beobachtungskriterien	Schüler
Visuelle Wahrnehmung Visuelle Diskriminierung Vorstellung	- Kim-Spiele - „Schau genau“-Spiele - Reihen fortsetzen (z. B. mit Muggelsteinen) - Muster am Geobrett nachspannen - Suchbilder („Hier haben sich Fehler eingeschlichen!“) - Puzzles - Memorys - ...	- Erkennt das Kind gleiche Gegenstände, Bilder? - Sortiert es Falsches aus? - Erkennt das Kind Abweichungen beim Vergleich von Suchbildern? - Kann es auseinander geschnittene Figuren wieder formgerecht zusammensetzen? - Findet es in Bildreihen Paare wieder? - Kann es Gegenstände nach Abbildungen holen? - Kann es Farben erkennen? - Unterscheidet das Kind Formen? - ...	
Auditive Wahrnehmung	- Hördomino mit je zwei gleichen Geräuschdosen (Erbsen, Schrauben, Sand ...) - Instrumente erkennen - Verkehrsgeräusche identifizieren - Rhythmen aufnehmen, klopfen, verändern - ...	- Kann das Kind Geräusche identifizieren bzw. in einen Bedeutungszusammenhang bringen? - Kann es gehörte Geräusche wiedergeben? - Erkennt es gleiche Geräusche? - Kann es laute-leise, hohe-tiefe Töne unterscheiden? - Ist es fähig einen einfachen Rhythmus aufzunehmen und weiterzugeben? - ...	
Auge-Hand-Koordination	- Labyrinthe - Mit Autos Straßen befahren - Verbindungen auf dem Geobrett herstellen - Falt- und Schneidübungen (vgl. Kap. 5.3.) - ...	- Steuert das Kind das Auto sicher? - Bewegt es sich oder einen Gegenstand durch einen begrenzten Bereich ohne Berührungen? - Kann es Bewegungsrichtungen unterscheiden? - Wie geht es mit der Schere, Pinsel, Wachsmalkreide, ... um? - Wie genau faltet es? - ...	
Raum-/Lagebeziehung	- 25-er Quadrat (s.o.) - Ein Auto mit Reisegepäck beladen: vorn, hinten, oben, unter, hinter, neben ... - Mit Bauklötzen bauen - Nach Vorlagen bauen - Muster nachlegen, Muster ergänzen, Tangram - Sich in Räumen orientieren (vgl. Kap. 5.2) - ...	- Kann das Kind Körperteile benennen und zeigen? - Kann es die Lage zweier Gegenstände zueinander koordinieren? - Ist es fähig sich in einem Raum mit verbundenen Augen tastend zu orientieren? - Kann das Kind Gegenstände aus Elementen nachlegen, nachbauen? - Kann das Kind zeitliche Ereignisse ordnen? - ...	

	Förderdiagnostische Aufgaben	Beobachtungskriterien	Schüler
Konzentration Gedächtnis/Speicher-fähigkeit	- Memorys - Puzzles - Vorlesen - Kimspiele - Stilleübungen - Verse, Reime - ...	- Versteht das Kind Spielanweisungen? - Wie schnell erlahmen Aufmerksamkeit und Spielfreude? - Hört das Kind interessiert zu? - Kann es Gehörtes wiedergeben? - Kann sich das Kind Telefonnummern merken? - Nimmt es Verse schnell auf? - ...	
Mengen-, Anzahlvergleiche	- Würfelspiele - Dominos - Marienkäferspiel - Knöpfe sortieren - ...	- Wie stellt das Kind Relationen wie „mehr“, „weniger“, „gleich viel“ fest? - Zählt es beide Mengen ab? - Stellt es eine paarweise Zuordnung her? - Gruppiert es zum Vergleich? - ...	
Zählverhalten	- Abzählen von Gegenständen - Vorwärts- und Rückwärtszählen - Mit Lageveränderung der Elemente zählen - Von einer bestimmten Zahl ab zählen - ...	- Lässt das Kind Zahlen aus? - Bricht das Kind den Zählvorgang ab? - Zählt das Kind durch Berühren ? - Tippt das Kind mehrfach an oder lässt es Elemente aus? - ...	
Zahlverständnis Simultane Zahlauffassung	- Würfelzahlbilder beschreiben - „Gib eine bestimmte Anzahl!“ - „Lege ein Seil um x Gegenstände!“ - „Bilde eine Gruppe mit x Kindern!“ - ...	- Bis zu welcher Größe kann das Kind die Anzahl der Elemente auf einen Blick erfassen? - Welche Würfelzahlbilder kennt das Kind? - Kann das Kind nach verbaler, symbolischer, rhythmischer Anweisung eine bestimmte Anzahl von Objekten entnehmen? - Kann es eine bestimmte Anzahl malen, klopfen, hüpfen? - ...	
Schreiben, Lesen von Ziffern	- Fühlziffern - Geformte bzw. gelegte Ziffern (Knete, Bleiband) - Tastziffern - Mit Streichhölzern Ziffern legen - Zahlenpuzzles/Fragmente zum Zusammensetzen - ...	- Welche Ziffern kann das Kind lesen? - Welche Ziffern kann es schreiben? - Schreibt das Kind die Zahl seitenverkehrt? - Kann es Ziffern entsprechenden Mengen bzw. Bildern von Mengen zuordnen? - ...	
Fein- und Grobmotorik	- Wege und Figuren laufen - Schneid- und Faltübungen (vgl. Kap. 5.3) - Kneten, Matschen, Formen nach Vorgaben - Tanz- und Bewegungsspiele (vgl. S. 119 f.) - ...	- Wie läuft das Kind? - Ist der Gleichgewichtssinn ausgeprägt? - Kann es Verschlüsse öffnen und schließen? - Kann es Wolle wickeln, seine Schnürsenkel binden? - Kann das Kind Formen nachzeichnen, ausmalen, ausschneiden? - Kann es mit Streichhölzern Figuren, Zahlen legen? - ...	

2. 4 Förderung von Wahrnehmungsleistungen

Zu den für das Mathematiklernen notwendigen kognitiven Fähigkeiten gehören alle Wahrnehmungsleistungen. Defizite in diesen Bereichen sind die häufigste Ursache für Leistungsversagen im arithmetischen Anfangsunterricht und auch in anderen Fächern.

Mathematisches Denken und Operieren geschieht auf der Grundlage visueller Vorstellungsbilder. Sie entstehen in einem Prozess der Verinnerlichung von konkret durchgeführten Handlungen und den dabei konkret wahrgenommenen Bezügen und Gesetzmäßigkeiten. Liegen Störungen in der Wahrnehmungsfähigkeit vor, kommt es häufig zu Fehlleistungen.

So ist es zu erklären, dass z. B. bei einer Störung im visuellen Bereich Handlungen mit didaktischem Material nicht auf die ikonische Ebene übertragen werden können oder dass Störungen in der Wahrnehmung zu Schwächen bei der Figur-Grund-Unterscheidung führen und diese wiederum zu Orientierungsproblemen auf Heft- und Buchseiten.

Auditive Wahrnehmung ist selektiv. Sie ist interessengeleitet; nur das, was man hören möchte, hört man auch. Störungen in der auditiven Wahrnehmung führen u. a. zu Fehlleistungen beim Kopfrechnen. Aufgabenstellungen, größere Zahlen, Zwischenergebnisse werden vergessen bzw. gar nicht erst gespeichert.

Frühkindliche Störungen im Bereich der Motorik, mangelnde Körpererfahrung führen zu Schwierigkeiten bei der Rechts-Links-Unterscheidung, der beim schulischen Lernen sowohl beim Lese- und Schreib- als auch beim Rechenlehrgang große Bedeutung zukommt.

Stellt man in den ersten Schulwochen oder früher Defizite in den Wahrnehmungsleistungen fest, müssen Übungen eingesetzt werden, die diese Mängel ausgleichen.

Es werden hier Übungen vorgestellt, die konkretes Handeln erfordern und spielerischen Charakter haben. „Handeln auf einem Arbeitsblatt" fällt nicht unter die Kategorie „konkretes Handeln" und sollte deshalb in den ersten 6 Wochen nur wenig eingesetzt werden.

Übungen zur Förderung des Heraussehens

- Fenstergucker
  Lehrerin oder Schüler: „Ich sehe ...". Ein Schüler sucht und erklärt dann, wo der Gegenstand oder die Person sich befindet.
- „Ich sehe was, was du nicht siehst, und das ist braun."
  Ein Schüler nennt alle braunen Dinge.
- Bausteine o. Ä. aufräumen, sortieren
  Zuerst werden alle Roten, dann alle Blauen aufgeräumt und dabei darf keiner der Gesuchten übersehen werden.
- Verdeckte Dinge
  Möglichst flache Dinge werden so übereinander gelegt, dass sie einander z. T. verdecken. Der Schüler darf das Häufchen nicht berühren und soll alles, was dort übereinander liegt, benennen.
- Fadenlabyrinth
  Drei verschiedene Fäden werden so übereinander gelegt, dass sie sich kreuzen. Der Schüler soll jeden Faden mit dem Finger verfolgen.
- Memory-Kärtchen suchen
  Anfangs wird nur mit 10 Paaren gespielt. Eine Hälfte liegt aufgedeckt auf dem Tisch, die andere Hälfte soll das Kind so schnell wie möglich den jeweils passenden Kärtchen zuordnen.
- Kim-Spiele
  Es werden Veränderungen auf einem Tisch, im Klassenzimmer, an einer Person vorgenommen. Das Kind muss die Veränderungen benennen.
- Selbstgefertigte Puzzles (vgl. S. 139)
  Bilder mit klaren Strukturen, Kalenderblätter o. Ä. werden zerschnitten und von den Schülern wieder zusammengesetzt (vgl. hierzu insbesondere Lorenz/Radatz 1993).

Übungen zum Merken von Gesehenem

- Bausteine o. Ä. suchen
  Ein Baustein wird gezeigt und dann verdeckt. Der Schüler muss den gleichen aus dem restlichen Haufen suchen.
- Die Lehrerin oder ein Schüler baut etwas vor aus Bausteinen, Muggelsteinen, Streichhölzern o. Ä. (anfangs max. 3 Elemente, später mehr) und verdecken das Bauwerk. Ein anderer Schüler baut das Gleiche nach.
- Bilder merken
  Die Lehrerin nimmt zuerst 10 Bildpaare aus einem Memory und zeigt ein Bild aus der einen Hälfte. Dieses Bild muss sich der Schüler gut merken, denn er hat die Aufgabe dieses Bild aus dem zweiten Stoß herauszufinden. Die Anforderungen können gesteigert werden, indem man sich mehrere Bilder merken muss.

Übungen zur Verbindung von Sehen, Hören und Bewegen

- Weglasslieder
  Zuerst wird ein Lied mit entsprechenden Bewegungen gesungen, dann mit entsprechenden Bewegungen gesummt und schließlich unter Beibehaltung des Taktes nur durch Bewegungen ausgefüllt.
  Liedtext: „Mein Hut, der hat drei Ecken, drei Ecken hat mein Hut und hätt' er nicht drei Ecken, so wär' es nicht mein Hut."

Mein Hut:	Hände auf dem Kopf zu einem Dach formen
drei:	3 Finger zeigen
Ecken:	mit den Händen eine Ecke andeuten

Liedtext: „Ein kleiner Matrose umsegelte die Welt. Er liebte ein Mädchen, das hatte gar kein Geld. Das Mädchen musste sterben und wer war Schuld daran? Ein kleiner Matrose in seinem Liebeswahn".

ein:	Daumen hoch
kleiner:	Andeutung mit Daumen und Zeigefinger
Matrose:	seemännischer Gruß
umsegelte:	Wellenbewegung mit einer Hand
Welt:	großer Kreis mit beiden Händen
liebte:	beide Arme umschlingen
Mädchen:	Rock andeuten
kein:	mit der Hand abwehren
Geld:	Daumen auf Zeigefinger reiben
sterben:	mit der Hand über die Kehle
wer:	großes Fragezeichen
Liebeswahn:	an die Stirn tippen

Übungen zum Erfassen und Behalten von Reihenfolgen

- Perlenketten aufziehen
  Nach Vorlage Perlenketten aufziehen, z. B. zuerst eine rote Perle, dann eine blaue ...
- Flechten
  Zöpfe aus drei Teilen flechten, von links außen zur Mitte, von rechts außen zur Mitte usw.
- Aufträge erfüllen
  Bis zu 7 Aufträgen steigern: „Leg den Ball auf den Stuhl, mach dann die Tür auf, hüpfe anschließend auf einem Bein und komm danach zu mir."
- Tanzspiele mit einfachen Schrittfolgen
- Fingerspiele
- Rhythmen klatschen
  Laute, Töne nachsprechen, -singen, -klatschen
- Bildergeschichten (vgl. S.141)
  Bilder in die richtige Reihenfolge bringen (legen, kleben), versprachlichen: „Erst ..., dann ..., danach ..., zuletzt ..."
- Geschichten erfinden, eigene Tagespläne beschreiben

Übungen zur Koordination von Auge und Hand

- Autorennen
  Mit einem Spielzeugauto, Stift oder mit dem Finger Straßen nachfahren und nicht an die Begrenzungen kommen/Slalom fahren
- Schneide- und Faltübungen jeder Art (vgl. Kap. 5.3)
- Ballspiele auf dem Schulhof zur Förderung der Grobmotorik, der Reaktionsfähigkeit, der Speicher- und Merkfähigkeit und der Konzentration
  „Zehnerprobe" (Schwierigkeiten am Schulanfang reduzieren):
  1. Man wirft den Ball mit beiden Händen gegen die Wand und fängt ihn mit beiden Händen. (10-mal ausführen)
  2. Dann wirft man den Ball mit der rechten Hand und fängt ihn auch mit der rechten Hand wieder auf. (9-mal ausführen)
  3. Man wirft man den Ball mit der linken Hand und fängt ihn auch mit der linken wieder auf. (8-mal ausführen)
  4. Nun wirft man den Ball mit der rechten Hand, klatscht zweimal in die Hände und fängt ihn mit der linken Hand. (7-mal ausführen)
  5. Man wirft den Ball unter dem rechten Knie hindurch und fängt ihn mit der linken Hand. (6-mal ausführen)
  6. Jetzt wirft man unter dem linken Knie hindurch und fängt mit rechts. (5-mal ausführen)
  7. Man wirft mit links, geht schnell in die Hocke, berührt mit beiden Händen den Boden, steht schnell wieder auf und fängt den Ball mit beiden Händen. (4-mal ausführen)
  8. Man wirft den Ball mit der rechten Hand, dreht sich einmal um sich selbst und fängt ihn mit beiden Händen. (3-mal ausführen)
  9. Man dreht sich mit dem Rücken zur Wand und wirft den Ball über den Kopf an die Wand, dann dreht man sich schnell wieder zur Wand und fängt den Ball mit beiden Händen. (2-mal ausführen)
  10. Man wirft den Ball durch die gegrätschten Beine gegen die Wand und fängt ihn mit beiden Händen. (1-mal ausführen)

Übungen zur Förderung der Körper- und Raumwahrnehmung

Die Fähigkeit, räumliche Eigenschaften und Beziehungen wahrzunehmen, zu koordinieren und zu unterscheiden, ist eine wichtige Voraussetzung für den Aufbau räumlichen Vorstellungsvermögens. Das schrittweise Gliedern und das simultane Erfassen von Anzahlen ist abhängig vom räumlichen Vorstellungsvermögen, ebenso sind es Größen- und Längenvergleiche.

Eine Reihe von Techniken, die der Schulanfänger erlernen soll, verlangt die Fähigkeit der räumlichen Orientierung. Beim Schreiben beginnen wir oben links. Bei vielen mathematischen Notationen kommt der Lagebeziehung von Zahlen und Zeichen eine große Bedeutung zu. Steht die 3 links von der 5, heißt die Zahl fünfunddreißig. Jedes Positionssystem verlangt die sichere Anwendung räumlicher Beziehungen wie „steht vor", „folgt nach", „rechts von", „links von" usw.

Selbst der Aufbau des Zahlbegriffs kommt nicht ohne den Rückgriff auf Raumbeziehungen aus: 4 ist Vorgänger von 5, 7 steht zwischen 6 und 8 usw. Zählen bedeutet eine linear angeordnete Folge von Zahlen der Reihe nach zu durchlaufen. Diese Beispiele zeigen, wie bedeutsam die Entwicklung von Raumvorstellungen ist. Der Aufbau von Raumvorstellungen ist ein komplexer Vorgang. Zunächst erfolgt die Wahrnehmung räumlicher Beziehungen aus der individuellen Betrachterposition. Ein Gegenstand ist weit weg, nahe, rechts, links, immer bezogen auf den eigenen Betrachterstandort. Erst allmählich ist das Kind in der Lage, sich mögliche andere Betrachterstandpunkte vorzustellen, diese tatsächlich oder nur gedanklich zu erproben und miteinander zu koordinieren.

Im Anfangsunterricht lassen sich viele Übungen durchführen, die Orientierung im Raum trainieren. Dabei sollen die Kinder ihren eigenen Körper als grundlegendes Bezugssystem erfahren. Über Gleichgewichts-, Tast- und Bewegungsübungen werden räumliche Erfahrungen gemacht und Raumbeziehungen miteinander koordiniert. Besonders gut eignen sich hierzu Turnhalle und Schulhof.

- Erfassen der Rechts-Links-Beziehung am eigenen Körper (rechte Hand ist mit Punkt oder Bändchen markiert):
  Der Schüler soll den rechten/linken Arm zeigen, mit

der linken Hand das rechte Knie anfassen, mit der linken Hand das rechte Ohr usw.
Die gleichen Übungen werden auch mit geschlossenen Augen ausgeführt.

- Der Schüler soll sich selbst, einen Gymnastikball o. Ä. auf Anweisung bewegen. Dabei kann er selbst, ein Stuhl, ein Kasten Bezugspunkt sein.
- „Wir beladen unser Abenteuerboot"
  Ein Großer Karton oder eine Wanne wird vorne, hinten, rechts, links, außen, innen, in der Mitte beladen.
- Arbeit mit dem Geobrett
  9 Nägel im quadratischen Brettchen: Das Kind soll mit Gummibändern Figuren spannen, nachspannen, anschließend auch nachzeichnen (vgl. S. 136 f.).

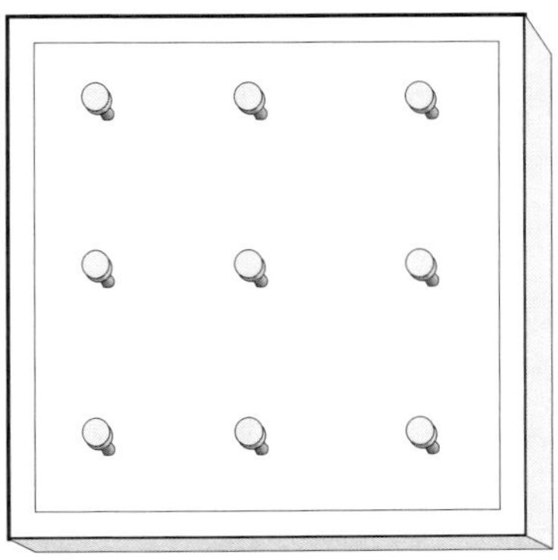

- Mit den Händen sehen/Eigenschaften ertasten
  Gegenstände unter einer Decke werden ertastet, im Beutel erfühlt oder mit den Händen auf dem Rücken erkannt. Andere Gegenstände werden nach dem Tasteindruck gesucht.
- Labyrinth (auch auf dem 25er-Quadrat)
  Im Klassenraum wird mit Tischen und Stühlen ein Labyrinth gebaut. Der Schüler soll mit verbundenen Augen nach Kommandos losgehen: „Einen Schritt vorwärts, zwei Schritte nach rechts ...".
- „Blinde Kuh"
  Ziel des Spiels ist es, sich im Klassenzimmer, in der Turnhalle, auf dem Schulhof nach visueller Erinnerung und nach akustischen Merkmalen zu orientieren. Ein Schüler mit verbundenen Augen wird von seinem Partner vorwärts oder rückwärts durch die Halle geführt. Beim Anhalten soll er beschreiben, was vor, hinter, über ... ihm ist.
- Hinkekästchen abhüpfen mit dem linken, dem rechten Bein oder mit beiden Beinen (vgl. S. 118)
- Roboterspiel
  Die Schüler stellen sich zu zweit hintereinander oder gegenüber (schwieriger) auf der zu bewältigenden Strecke auf (evtl. mit Hindernissen). Einer gibt die Kommandos, der andere führt die Bewegungen im Raum aus.
- Autofahren
  a. Jedes Kind rutscht auf einer Teppichfliese nach Anweisung des Lehrers durch den Raum.
  b. Jedes Kind erhält ein 25er-Quadrat. Die Lehrkraft oder ein Schüler fährt auf dem Originalteppich mit einem Auto oder auf einer entsprechenden Folie auf dem Tageslichtprojektor mit einem Plättchen. Die Route wird verbal vorgeschrieben, die einzelnen Positionen zwischendurch kontrolliert und beschrieben.
- Steck-Mosaik: Dieses alte Spielzeug sollte wiederentdeckt werden.

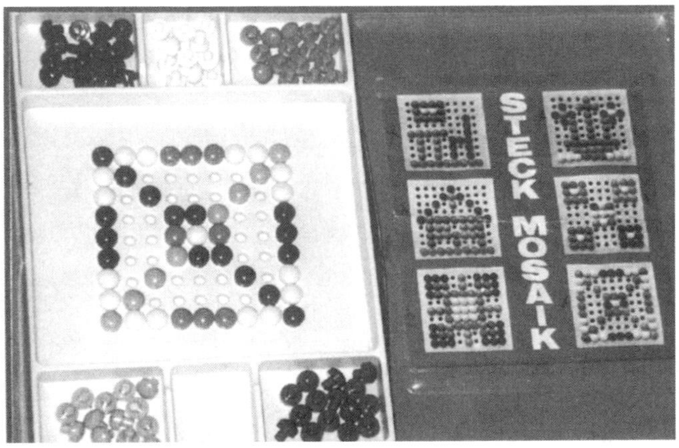

- Legeaufgaben mit dem „matema"-Begriffsspiel
- Bauaufgaben mit dem „matema"-Körperspiel
- Schulwegbegehungen
  Die Kinder beschreiben aus der Erinnerung die Wege vom Haus zur Schule, von der Turnhalle zum Klassenraum, von der Schülertoilette zum Lehrerzimmer usw.
- Kopfgeometrie (vgl. Kap. 5.5.3)
  Die Schüler verfolgen nach Anweisung eine imaginäre Fliege im Klassenraum.
- Gliederung eines Blattes durch Übungen mit dem 25er-Quadrat
  Da Kinder oft Schwierigkeiten haben, sich auf einem Blatt Papier zurechtzufinden, und dadurch Arbeitsanweisungen nicht verstehen oder falsch ausführen, sollten zum Schulbeginn einfache, schnell durchzuführende Übungen am 25er-Quadrat gemacht werden, um diese Fähigkeiten zu trainieren.

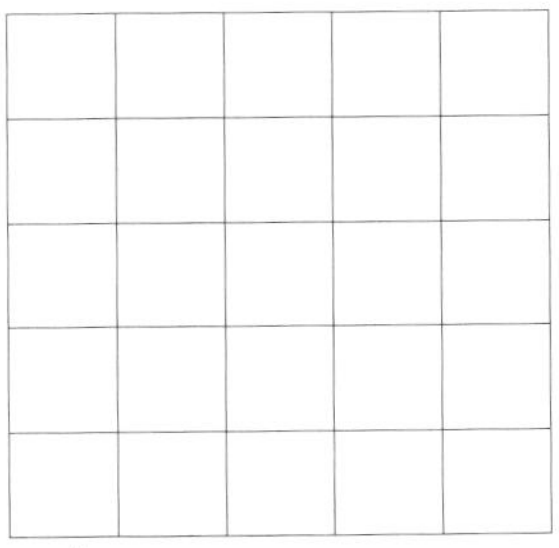

Mögliche Anweisungen:
- Zeige das Feld rechts oben!
- Zeige die Mitte!
- Zeige den linken Rand!
- Lege in das Feld links unten eine Kastanie!

- Hüpfe auf auf dem mittleren Streifen bis zur Mitte!
- Male in dein 25er-Quadrat ein Herz in die untere rechte Ecke!
- Male in die oberste Etage Fenster!

2. 5 Förderung von Zahlbegriffsentwicklung und Zahlverständnis

Rechenschwache Schüler zeigen häufig Defizite im visuellen Wahrnehmungsbereich. Ihnen fällt es schwer, visuelle Vorstellungen, Bilder von Zahlen, zu entwickeln und damit gedanklich zu operieren. Deshalb sind für diese Kinder Übungen wichtig, in denen es um Übersetzungen von einem Sinnesbereich in den anderen geht. Sachverhalte werden durch unterschiedliche Sinneseindrücke repräsentiert: abgehen, hüpfen, tasten, klopfen, klatschen, legen, malen, schreiben, hören, anschauen, verbal beschreiben, kurzum: „Lernen mit allen Sinnen".

Beispiel zur Zahlenraumerfassung

- visuell: Ich sehe drei Gegenstände.
- auditiv: Ich höre drei Gegenstände.
- taktil: Ich berühre drei Gegenstände mit geschlossenen Augen.
- kinästhetisch: Ich bewege drei Gegenstände.
- motorisch: Ich hüpfe dreimal.

Für alle diese Erfahrungen notiere ich 3 Striche, 3 Punkte, die Ziffer 3, das Würfelbild der 3 usw.

Auch hier eignet sich das 25er-Quadrat als abgeschlossener Handlungsrahmen, in dem z. B. das fünfte Feld durch 5-maliges Hüpfen, 5-maliges Klatschen, 3-mal lautes und 2-mal leises Trommeln, Auflegen einer Hand, Aufstellen eines Fußes, 5 Personen, Aufbauen eines 5er-Turms, Würfelbild der 5 usw. repräsentiert wird.

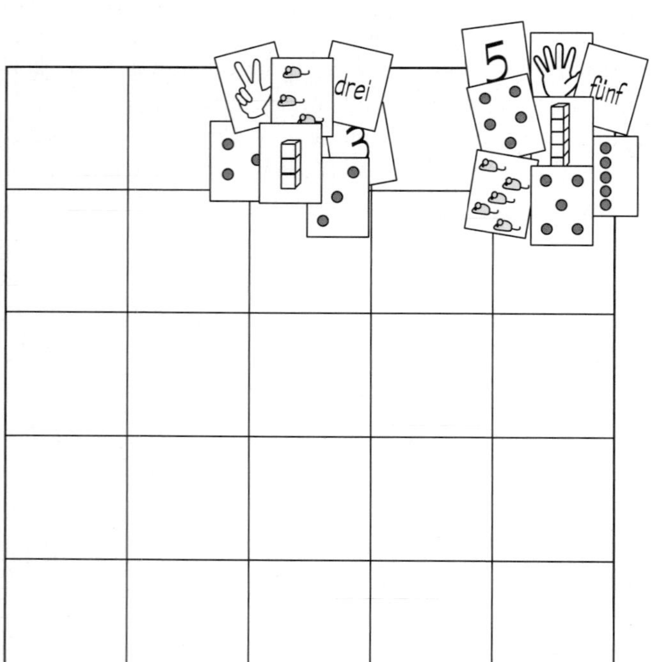

Es muss versucht werden visuelle Wahrnehmungsstörungen durch Korrespondenz mit anderen Sinneswahrnehmungen zu kompensieren. Dabei sollte schon darauf geachtet werden, dass vom Schüler nicht nur Reproduktionen erwartet werden, die einfache Imitationen erfordern, sondern sowohl äquivalente dynamische Reaktionen auf eine statische Stimulanz als auch statische Reaktionen auf dynamische Stimulanzen.

Intermodulation von Sinneseindrücken

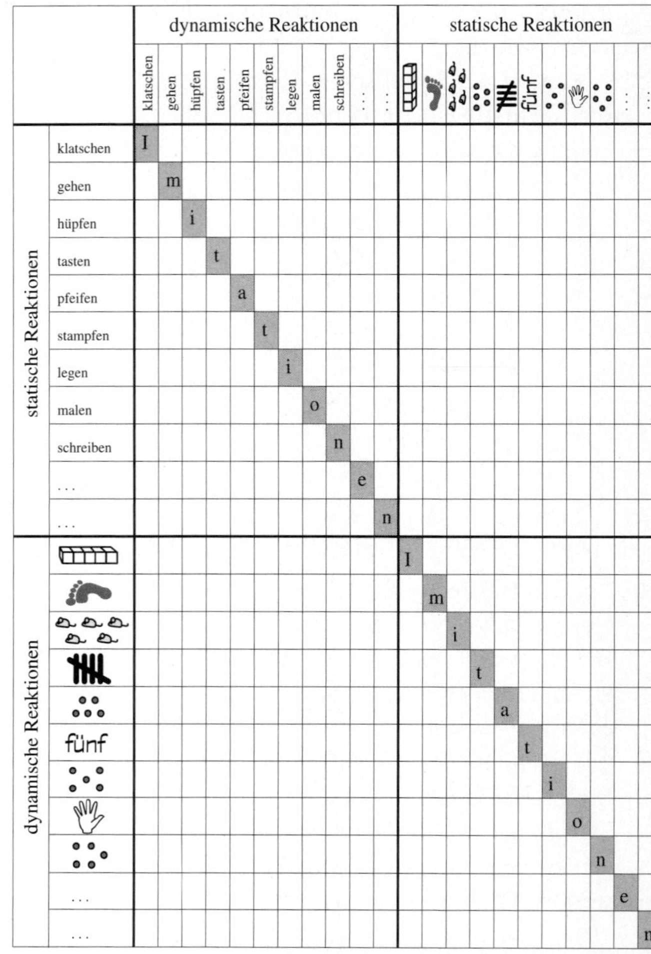

Dazu gehört auch, dass auf dem Rücken "Gemaltes" erkannt und ggf. nachgezeichnet wird, z. B.:

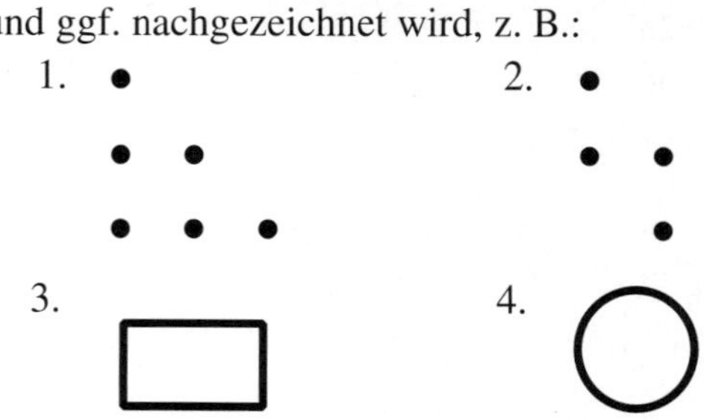

usw.

Sicheres und flexibles Operieren mit konkreten Zähldingen und mit deren Repräsentanten (Plättchen, Stäbe) ist eine solide Grundlage für die Zahlbegriffsentwicklung. Um bereits zu einem möglichst frühen Zeitpunkt zählendem Rechnen vorzubeugen, sind Übungen, die simultane Anzahlerfassung bei Mengen bis zu 6 Elementen sicherstellen, anzuraten.

- *„Simultane Anzahlerfassung“* (Kopiervorlage SA 2)
  Spontane Anzahlerfassung bis zur 6
  Benötigt werden beliebig viele Kärtchen, die mit verschiedenen Punktbildern (farbige Büroaufkleber) für die gleiche Zahl beklebt werden. Bereits an dieser Stelle wird die Fünferzäsur, die zählendem Rechnen vorbeugen soll, bedacht.

Dazu werden z. B. Punktmuster gliedernd erfasst. Der Schüler beschreibt, was er sieht, z. B.: „Ein Punkt in der Mitte, 2 links und 2 rechts“.

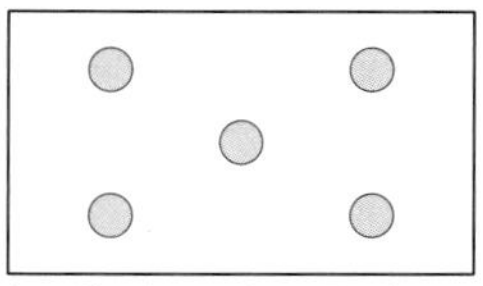

Simultanes und gliederndes Erfassen werden ebenso über Würfelspiele trainiert. Darüber hinaus eignen sich Dominos, Quartettspiele sowie Anlegebilder, die mit farbigen Büropunkten bzw. Stickern einfach herzustellen sind.

- *„Vier-Farben-Quartett“* (Kopiervorlage SA 3)
  Einprägen und Beschreiben von Punktebildern
  Benötigt werden je vier Karten einer Farbe, die mit der Punktzahl von 1 bis 4 beklebt werden.
  Die Punktbilder können sebstverständlich auch Würfelbilder o. Ä. sein. Gespielt wird nach bekannten Quartett-Spielregeln.

- „Drei-Farben-Domino *(mit 3 Punkten)*“ (Kopiervorlage SA 4)
  Einprägen von Punktbildern, genaues Hinsehen
  Benötigt werden 9 Dominokarten. Die zweite Hälfte der 1. Dominokarte ist mit dem gleichen Punktbild wie die erste Hälfte der 2. Dominokarte beschriftet usw. Die zuletzt gelegte Karte passt wieder an die erste Karte.

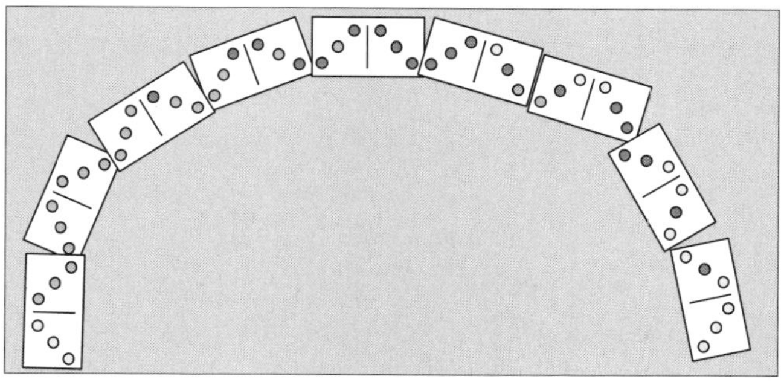

- „Drei-Farben-Domino *(mit 4 Punkten)*“ (Kopiervorlage SA 5)
  (Einprägen von Punktbildern, gliederndes Erfassen, genaues Sehen)
  Benötigt werden 10 Dominokarten (vgl. vorherige Beschreibung).
  Die Karten können durch Schüler oder Lehrer beliebig ergänzt werden.

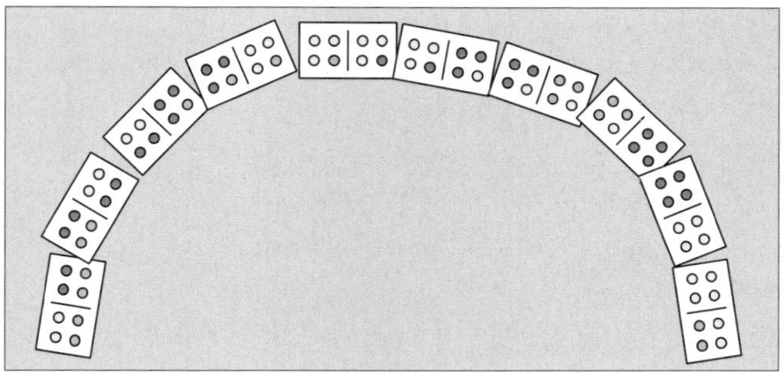

- *„Zwei-Farben-Anlegedreieck“* (Kopiervorlage SA 6)
  Einprägen von Zahlbildern, gliederndes Erfassen, genaues Sehen, räumliches Sehen, Symmetrie erkennen
  Benötigt werden 16 gleichseitige Dreiecke aus starker Pappe, die zu einem großen gleichseitigen Dreieck zusammengefügt werden müssen.

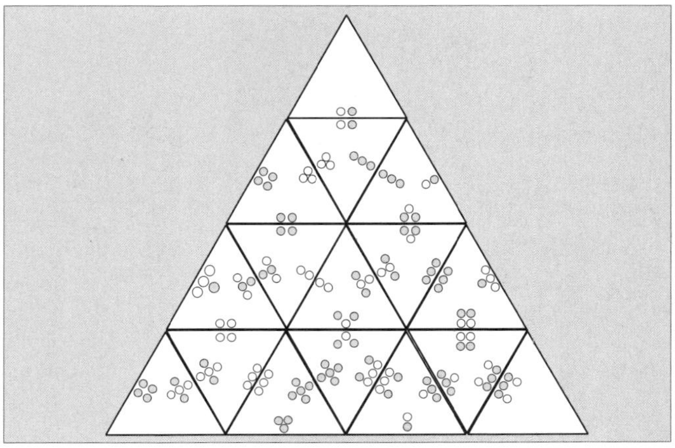

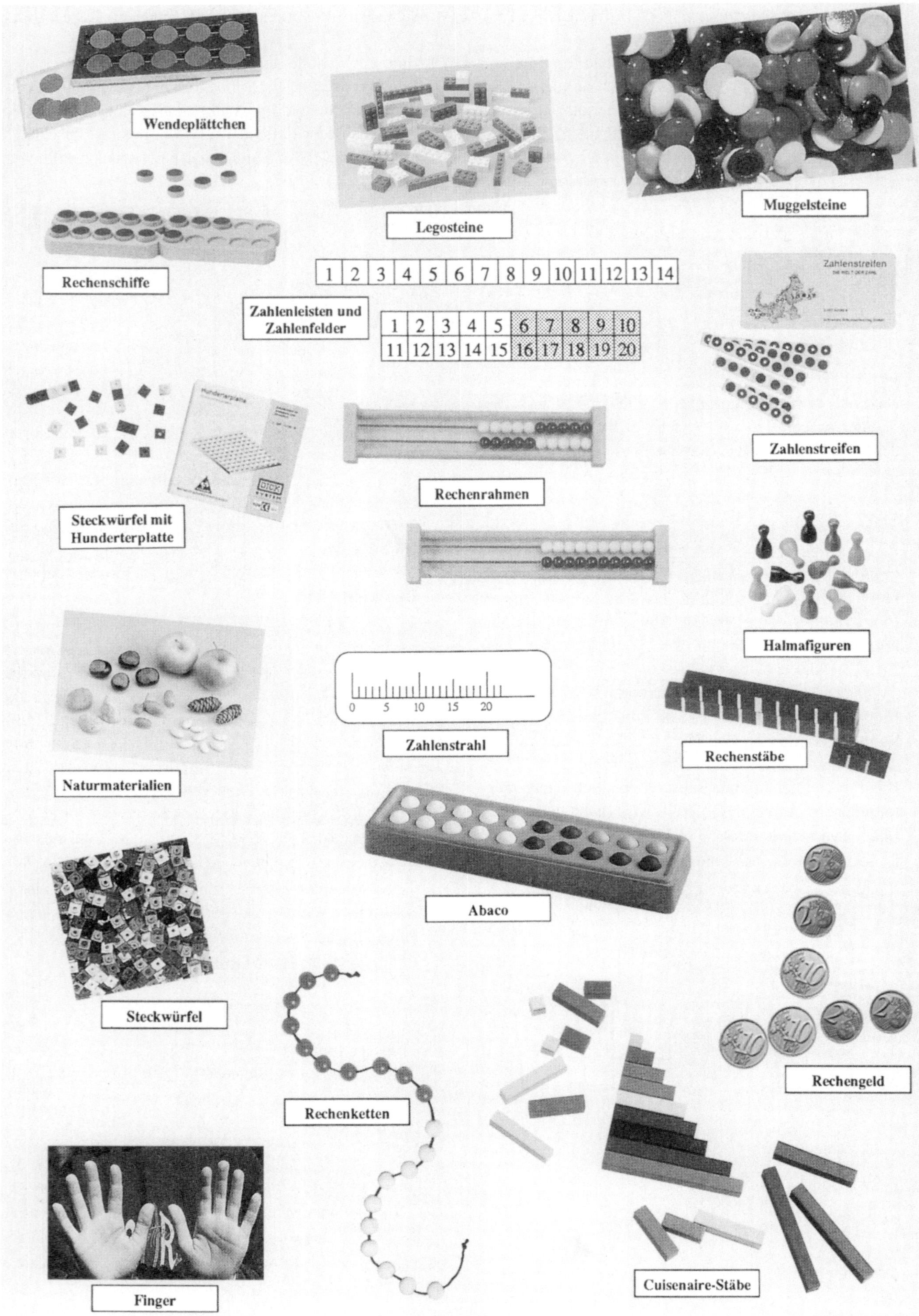
Wendeplättchen
Legosteine
Muggelsteine
Rechenschiffe
1 2 3 4 5 6 7 8 9 10 11 12 13 14
Zahlenleisten und Zahlenfelder
1 2 3 4 5 6 7 8 9 10
11 12 13 14 15 16 17 18 19 20
Zahlenstreifen
Steckwürfel mit Hunderterplatte
Rechenrahmen
Halmafiguren
0 5 10 15 20
Zahlenstrahl
Rechenstäbe
Naturmaterialien
Abaco
Steckwürfel
Rechenketten
Rechengeld
Finger
Cuisenaire-Stäbe

3. Arbeitsmittel im arithmetischen Anfangsunterricht

Der Begriff „Arbeitsmittel im arithmetischen Anfangsunterricht" wird in der mathematikdidaktischen Literatur nicht einheitlich gebraucht. Im weitesten Sinne werden damit alle Materialien bezeichnet, die in diesem Unterricht eingesetzt werden, also auch Würfel, Dominospiele, Zahlzerlegungskästen („Schüttelkästen") u. v. a. m. Wir verwenden diesen Begriff hier in einem engeren Sinne und bezeichnen damit alle solche Materialien, die als zentrale Hilfsmittel den Kindern bei der Entwicklung und Festigung des Zahlverständnisses und beim Rechnen helfen sollen. Die bekanntesten Materialien dieser Art sind Wendeplättchen, Steckwürfel, Rechenketten, Rechenstäbe, Rechenstreifen, Rechenrahmen u. Ä.

Das Angebot an diesen Materialien ist überaus groß. Einen Eindruck von ihrer Vielfalt vermitteln die Abbildungen auf der vorhergehenden Seite. Manche Produkte unterscheiden sich nur unwesentlich, z. B. in der Größe oder der Farbgebung, andere wiederum repräsentieren unterschiedliche didaktische Konzeptionen. Einige Arbeitsmittel sind fest an bestimmte Schulbuchlehrgänge gekoppelt, andere sind in nahezu allen Lehrgängen zu finden, wieder andere sind ausdrücklich als lehrbuchunabhängige Arbeitsmittel konzipiert. Wie kann man bei diesem reichhaltigen Angebot die Übersicht behalten? Welche Materialien sind brauchbar, für welchen Zweck - und welche sollten besser nicht eingesetzt werden? Welche Materialien haben nicht nur lokale Bedeutung für das 1. Schuljahr, sondern sind ohne Bruch erweiterbar für einen Einsatz in den Folgejahren? Nach welchen Kriterien sind solche Materialien zu bewerten?

Im Folgenden werden zunächst unterschiedliche Typen von Arbeitsmitteln für den arithmetischen Anfangsunterricht beschrieben, danach ihre Vor- und Nachteile unter didaktischen Gesichtspunkten abgewogen. Auf dieser Grundlage wird ein Kriterienkatalog zur Bewertung von Arbeitsmitteln entwickelt.

Typen von Arbeitsmitteln

Im Zuge der Reform des Mathematikunterrichts sind im 1. Schuljahr (und darüber hinaus) Materialien eingesetzt worden, die sich hinsichtlich verschiedener Kriterien (Form, Farbe, Grösse, Dicke, Oberflächenbeschaffenheit o. Ä.) unterscheiden. Jede Merkmalskombination (z. B. groß, rot, dick und quadratisch) liegt genau einmal als Plättchen vor. Die bekanntesten Vertreter dieser Materialien sind die Logischen Blöcke und das matema-Begriffsspiel. Sie dienten vorrangig der sog. „logischen Schulung", wurden nur nachrangig auch für arithmetische Fragestellungen eingesetzt. Solche Materialien spielen im heutigen arithmetischen Anfangsunterricht keine Rolle mehr und werden im folgenden auch nicht weiter berücksichtigt. Drei große Gruppen von Materialien konkurrieren heute um den Einsatz im Anfangsunterricht, nämlich unstrukturierte Materialien, strukturierte Materialien und Mischformen dieser beiden Typen.

Unstrukturierte Materialien

Zu den unstrukturierten Materialien zählen Wendeplättchen, Steckwürfel, Halmafiguren, quadratische Plättchen und Naturmaterialien wie Nüsse, Kastanien, Äpfel u. v. a. m. Mit diesem Typ von Materialien werden Zahlen durch das Legen einer entsprechenden Anzahl einzelner Objekte dargestellt, die Zahl 7 also mit Hilfe von 7 Wendeplättchen repräsentiert oder durch 7 Steckwürfel (ggf. zu einer Stange zusammengesteckt) veranschaulicht, mit 7 Äpfeln gelegt usw. Kleinere Anzahlen bis 4 können simultan auf einen Blick erkannt werden, größere Anzahlen müssen abgezählt werden, wenn ihnen nicht durch eine besondere Lage oder Farbgebung eine quasi-simultan überschaubare Struktur gegeben wird. Wesentliches Kennzeichen dieser Materialien ist neben ihrer Unstrukturiertheit ihre Merkmalsarmut. Auf diese Weise können die künstlich geschaffenen Materialien zu Repräsentanten für alle möglichen Gegenstände, Personen, Tiere werden (vgl. S. 50 f).

Strukturierte Materialien

Bei strukturierten Materialien werden Zahlen nicht durch die entsprechende Anzahl einzelner Elemente dargestellt, sondern durch Zusammenfassungen der Einzelobjekte zu größeren Ganzheiten. Die Zahl 7 wird durch einen Siebener-Zahlenstreifen, der mit einem Griff genommen werden kann, repräsentiert oder durch einen Siebener-Stab, bei dem die Einheiten noch erkennbar sind (Spectra-Rechenstäbe) oder gar durch einen Stab, dessen Zahleigenschaft auf einen Blick nur noch an der Farbe ablesbar ist (Cuisenaire-Stäbe). Viele strukturierte Materialien weisen eine deutlich erkennbare Fünfergliederung auf, so dass Zahlen zwischen 5 und 10 quasi-simultan als Zusammensetzung aus 5 und dem die Zahl 5 überschreitenden Rest per Überblicken erkannt werden können. Auch das Rechengeld ist diesen strukturierten Materialien zuzurechnen.

Mischformen

Mit „Mischformen" werden hier solche strukturierten Materialien bezeichnet, die - wie die meisten anderen strukturierten Materialien auch - eine deutliche Fünfer- und Zehnergliederung aufweisen und die durch ihre Strukturierung eine quasi-simultane Auffassung der Zahlen von 5 bis 10 gestatten. Sie unterscheiden sich von den strukturierten Materialien dadurch, dass sie nicht nur eine Handhabung als Ganzheiten erlauben, sondern durchaus die Möglichkeiten eröffnen, mit den einzelnen konstituierenden Bausteinen (z. B. für eine Übergangszeit) zu operieren. Die

Zahlenstreifen stellen in Verbindung mit den Wendeplättchen ein solches Mischformensystem dar. Die Rechenschiffchen und die Rechenrahmen repräsentieren dagegen solche Mischformen, ohne dass sie weitere ergänzende Materialien benötigen. Alle diese Mischformen erlauben den Rückgriff auf die Einzelelemente, bieten aber auch die Möglichkeit, größere Anzahlen „mit einem Griff" zu erfassen, ein Schiffchen und 3 einzelne Plättchen gleichzeitig zu greifen oder 8 Perlen auf der Stange auf einmal zu verschieben.

Vor- und Nachteile der einzelnen Typen

Die hier beschriebenen unterschiedlichen Typen von Materialien haben je nach Einsatzbereich ihre spezifischen Möglichkeiten und Grenzen, die im Folgenden ausführlicher beschrieben werden sollen. Die Schilderung der Vor- und Nachteile erfolgt differenziert nach Einsatz dieser Materialtypen in drei Phasen des Mathematikunterrichts, nämlich erstens bei der Behandlung der ersten Zahlen (bis etwa 5), zweitens bei der Behandlung der Zahlen bis 20 und - mit Blick auf eine Fortsetzung möglichst ohne Bruchstellen, d. h. ohne die Notwendigkeit des Neu- oder gar Umlernens - drittens bei der Behandlung der Zahlen bis 100.

Unstrukturierte Materialien
Die unstrukturierten Materialien zeigen ihre Stärken vor allem bei der Behandlung kleiner Zahlen bis etwa 5. Die Zahl 4 ist mit 4 Plättchen schnell dargestellt. Auch in wenig strukturierten Anordnungen werden 4 Plättchen von den meisten Kindern noch simultan erfasst. Die konkrete Darstellung mit Plättchen oder Steckwürfeln oder Kastanien ... lässt sich leicht in eine Kringel- oder Kästchenzeichnung übersetzen. Hinzu kommt, dass sich 4 Einzelobjekte ohne mühsame Umwechselprozesse schnell in verschiedene Gruppen als Repräsentanten für 1+3, für 2+2, für 3+1 zerlegen lassen. Im Zahlenraum bis 5 ermöglichen unstrukturierte Materialien recht schnelle Zahldarstellungen und flexible Operationen mit ihnen.

Sobald der Zahlenraum bis 5 überschritten wird, zeigen sich aber unverkennbare Schwächen dieser Materialien. Unregelmäßige Anordnungen von 8 Plättchen können nicht mehr simultan oder quasi-simultan erfasst werden. Der entscheidende Nachteil beim Arbeiten im Zahlenraum bis 20 ist aber der, dass diese Zahlen immer wieder durch sukzessives Hinlegen einzelner Elemente, verbunden mit einem Abzählen von 1 an, aufgebaut werden müssen. Wenn unstrukturierte Materialien die zentralen Arbeitsmittel auch für das Rechnen im Zahlenraum bis 20 sind, dann verfestigt der Umgang mit ihnen zählendes Rechnen. Für den Zahlenraum bis 100 sind unstrukturierte Materialien gar nicht mehr brauchbar. Für diesen Zahlenraum müssen neue Arbeitsmittel eingeführt bzw. durch Strukturierung und Zusammenfassung aus den unstrukturierten Materialien als Weiterführungen entwickelt werden.

Mit der o. g. zählenden Rechenstrategie (zu den unterschiedlichen Strategien des Rechnens vgl. S. 82 ff.) können manche Kinder das 1. Schuljahr überstehen, ohne als Kinder mit Lernproblemen erkannt zu werden; schlimmstenfalls gelten sie als „etwas langsam". Im zweiten Schuljahr entstehen mit einer ausschliesslich zählenden Rechenstrategie schon massivere Probleme; aber auch hier gibt es virtuose Zähler, die das Schuljahr überstehen können, zwar mit Lernproblemen, aber nicht mit solchen, die von ihrer Lehrerin als „massiv" bezeichnet würden. Im dritten Schuljahr versagt dann jede zählende Rechenstrategie - und ein Umlernen in Richtung heuristischer bzw. operativer Strategien ist dann nur noch unter erheblichen Mühen und geduldigem Lernen von Anfang an möglich - wenn überhaupt.

Fazit:

Unstrukturierte Materialien sind für Aktivitäten im Zahlenraum bis 5 geeignet. Sobald dieser Zahlenraum überschritten wird, sollten Materialien eingesetzt werden, die geeignet sind, die Kinder von zählenden Rechenstrategien wegzuführen.

Strukturierte Materialien
Die zu Ganzheiten zusammengefassten strukturierten Materialien vermeiden den sukzessiven und mit Zählen von 1 an begleiteten Aufbau von Zahlen aus Einzelelementen; sie vermeiden damit den Zwang zur immer wiederkehrenden zählenden Zahldarstellung. Auch Zahlen über 5 sind quasi-simultan erkennbar, die Cuisenaire-Stäbe an ihrer Farbgebung, andere Rechenstäbe (z. B. Spectra) an der Fünfer-Gliederung, so dass auch Repräsentanten größerer Zahlen schnell und ohne Abzählen identifiziert werden können.

Diesen Vorteil erkaufen sich diese Materialien mit zwei Nachteilen. Erstens ist eine so flexible Zerlegung kleiner Zahlen wie bei den unstrukturierten Materialien nicht möglich; Zerlegungen von Stäben sind immer nur durch Umtauschen simulierbar. Zweitens gibt es bei manchen Materialien Probleme bei der Erweiterung der Zahlen bis 100. Mit Cuisenaire-Stäben sind solche Zahlen kaum noch darstellbar, bei den Rechenstäben mit Einer- und Fünfergliederung benötigt man zusätzliche Materialien (Hunderter-Leiste, Hunderter-Brett), um mit ihnen noch einigermaßen schnell und präzise Zahlen und Rechenaufgaben darstellen zu können.

Fazit:

Strukturierte Materialien, mit deren Hilfe größere Zahlen durch Ganzheiten dargestellt werden, vermeiden den Zwang zur zählenden Zahldarstellung. Sie sind im Zahlenraum von 5 bis 20 gut einsetzbar. Im Zahlenraum bis 5 sind sie dagegen nicht so flexibel wie unstrukturierte Materialien und bei der Erweiterung des Zahlenraums über 20 hinaus kann es - je nach Material - Probleme geben, die entweder kaum oder nur mit merklichem (auch finanziellen) Aufwand gelöst werden können.

Mischformen

Die Mischformen versuchen die jeweiligen Nachteile der unstrukturierten und der strukturierten Materialien zu vermeiden, gleichzeitig aber die Vorteile beider Typen zu nutzen.

Die Zahlenstreifen als zu größeren Einheiten zusammengefasste Wendeplättchen bilden zusammen mit diesen einzelnen Plättchen ein aufeinander abgestimmtes System von Materialien. Im Zahlenraum bis 5 wird mit den Wendeplättchen gearbeitet. Als unstrukturierte Materialien entfalten sie gerade in diesem Zahlenraum ihre Stärken wie simultane Zahlauffassung, somit auch schnelle Zahldarstellung, flexible Handhabung und leichte Übersetzbarkeit auf die ikonische Ebene. Für größere Zahlen werden die Zahlenstreifen verwendet, die aufgrund ihrer Fünfergliederung quasi-simultan als Ganzheiten erfasst werden können. Allerdings ist der Übergang von den Wendeplättchen zu den Zahlenstreifen nicht ganz nahtlos; die Zahlenstreifen weisen ein zusätzliches und damit auch neu zu lernendes Merkmal auf (mit/ohne Loch), das die Wendeplättchen nicht hatten.

Auch die Rechenschiffchen sind Weiterführungen der Wendeplättchen; jeweils 5 solche Plättchen passen in ein Schiffchen, so dass Zahlen bis 10 mit einem Schiffchen und weiteren (simultan überschaubaren) Einzelplättchen recht schnell erfasst werden können. Beim Arbeiten mit Zahlen über 20 müssen die Rechenschiffchen durch ein anderes Material (z. B. Hunderter-Tafel) abgelöst werden.

Der Rechenrahmen fasst einzelne Perlen zu einem strukturierten Ganzen mit Fünfergliederung zusammen. (Rechenrahmen ohne diese Gliederung, z. B. die im Spielwarenhandel verbreiteten „Russischen Rechenmaschinen" mit Perlen einer Farbe auf einer Stange oder - schlimmer noch - mit vielen unterschiedlich gefärbten Perlen nebeneinander sollten im Unterricht nicht eingesetzt werden.) Kleinere Zahlen können am Rechenrahmen wie unstrukturierte Materialien simultan überblickt, mit einem Griff dargestellt und flexibel zerlegt werden; die Übersetzung in Kringelbilder ist problemlos. Das Material vereint in diesem Zahlenraum alle Vorteile der unstrukturierten Materialien auf sich, hat zusätzlich die aus unterrichtspraktischer Sicht nicht zu vernachlässigenden Vorteile, dass die Perlen nicht einzeln unter den Tisch fallen können und dass das ganze Arbeitsgerät aus nur einem Teil besteht, das ohne mühsames Einpacken schnell geholt und wieder weggestellt werden kann.

Die Darstellung von Zahlen zwischen 5 und 20 gelingt - wie bei den strukturierten Materialien - ebenfalls sehr schnell und ohne Abzählen. Die Zahl 8 wird quasi-simultan als 5+3 erkannt, so dass 8 Perlen nicht einzeln abgezählt, sondern mit einem „Fingerstreich" dargestellt werden können. Entsprechend stellt sich die Zahl 17 als 10+5+2 dar. Die Erweiterung des Zahlenraums bis 100 ist ohne Um- oder Neulernen möglich; für diesen Zahlenraum gibt es strukturgleiche Rechenrahmen.

Alle drei beschriebenen Mischformen haben die Vorzüge der unstrukturierten Materialien im Zahlenraum bis 5. Alle drei bieten im Zahlenraum bis 20 die Chance zählende Zahldarstellungen durch quasi-simultane abzulösen. Ob dies im Unterricht aber auch tatsächlich geschieht, hängt entscheidend davon ab, ob solche Zahldarstellungen „mit einem Griff" auch eingeübt werden. Wenn die Vorteile dieser Materialien bei der Behandlung der Zahlen bis 20 zum Tragen kommen sollen, dann müssen die Kinder davon überzeugt werden, dass es viel leichter und schneller geht 8 Perlen mit einem „Fingerstreich" zu verschieben als sie einzeln abzählend zu bewegen. Geeignet sind dafür tachistoskopische Übungen zur Zahlauffassung und Zahldarstellung (vgl. S. 71), Übungen also, bei denen den Kindern zu wenig Zeit für zählende Lösungen eingeräumt wird. Beispiele: Am Rechenrahmen wird - für die Kinder verborgen - eine Zahl dargestellt. Diese Zahldarstellung wird den Kindern etwa 1 bis 2 Sekunden lang gezeigt. Wer hat die Zahl erkannt? Nun umgekehrt: Wer kann ganz schnell die Zahl 8 am Rechenrahmen zeigen?

Fazit:

Die drei näher beschriebenen Mischformen haben sich den Vorteil der unstrukturierten Materialien im Zahlenraum bis 5 erhalten. Sie bieten zudem die Möglichkeit Zahlen bis 20 quasi-simultan darzustellen. Diese „ganzheitliche" Darstellung und damit die Ablösung von sukzessiv-zählenden Darstellungen muss aber im Unterricht thematisiert und mit geeigneten Aufgabenstellungen eingeübt werden. Die Weiterführung in den Zahlenraum bis 100 ist nur mit den Rechenstäben und dem Rechenrahmen möglich. Bei Verwendung der (Spectra-) Rechenstäbe müssen eine Hunderterleiste und ein Hunderterbrett zusätzlich angeschafft werden; bei Verwendung des Zwanziger-Rechenrahmens im 1. Schuljahr ist die Anschaffung eines strukturgleichen Hunderter-Rechenrahmens für das 2. Schuljahr notwendig.

Kriterien zur Beurteilung von Arbeitsmitteln für den arithmetischen Anfangsunterricht

Bei der Beschreibung der unterschiedlichen Typen von Arbeitsmitteln für den arithmetischen Anfangsunterricht und ihrer jeweiligen Vor- und Nachteile in den unterschiedlichen Einsatzfeldern haben wir uns im Wesentlichen auf didaktische Fragestellungen konzentriert. Diese bilden auch den Kern eines Kriteriensystems zur Beurteilung solcher Materialien. Im Folgenden sollen daher die schon angesprochenen didaktischen Fragen zu einem System didaktischer Beurteilungskriterien verdichtet werden. In der Praxis spielen darüber hinaus auch andere Aspekte eine wichtige Rolle, z. B. unterrichtspraktische Überlegungen zur Handhabbarkeit und Haltbarkeit der Materialien, Kostenfragen u. ä. Auch diese Aspekte sollen berücksichtigt werden.

Didaktische Kriterien

D1 *Erlaubt das Material simultane Zahlauffassung und -darstellung bis 4?*

Zwei zueinander komplementäre Aktivitäten sind für den Ausbau des Zahlverständnisses wichtig, nämlich die Zahlauffassung und die Zahldarstellung. Diese Begriffe stammen aus der traditionellen Rechenmethodik, haben jedoch bis heute als konstituierende Elemente für das Zahlverständnis nicht an Bedeutung verloren. Unter Zahlauffassung versteht man die Fähigkeit, einer vorgegebenen Anzahl von Objekten ihre (Kardinal-)Zahl zuordnen zu können; fünf Äpfel werden als „5“ identifiziert, drei mit der Triangel erzeugten Tönen kann die Zahl 3 durch Zeichnen von 3 Strichen, durch Schreiben der Ziffer 3 oder durch Aussprechen des Zahlworts „drei“ zugeordnet werden. Mit „Zahldarstellung“ wird die Fähigkeit beschrieben einer meist sprachlich als Zahlwort oder symbolisch als Ziffer vorgegebenen Zahl eine entsprechende Anzahl von Objekten zuzuordnen, z. B. durch Hinlegen einer entsprechenden Anzahl von Gegenständen, durch entsprechend häufiges Anschlagen des Glockenspiels oder durch Malen einer entsprechenden Anzahl von Kringeln.

Übungen zur Zahlauffassung und Zahldarstellung werden im Anfangsunterricht mit vielen verschiedenen Materialien durchgeführt (vgl. dazu S. 62). Dem zentralen Arbeitsmittel kommt dabei die Aufgabe zu den Prozess der Abstraktion von den konkreten Merkmalen der Gegenstände zu unterstützen (vgl. S. 51 und 63). Die Kardinalzahl soll auf diese Weise als Klasse aller gleichmächtigen Mengen unabhängig von Art, Aussehen, Funktion und Lage der Objekte erfahren werden.

Förderlich für die Entwicklung einer solchen Zahlvorstellung ist es, wenn die Zahlauffassung und -darstellung nicht immer mit einem Zählprozess, von 1 beginnend, verbunden ist. Bei der simultanen Zahlauffassung kann die Zahleigenschaft von bis zu 4 Objekten ohne Abzählen durch Erfassen mit einem Blick erkannt werden, bei der simultanen Zahldarstellung können bis zu 4 Objekte mit einem Griff gelegt werden. Solche das Zählen vermeidende Übungen sind nicht nur aus unterrichtsökonomischen Gründen sinnvoll, sie tragen vielmehr auch zur Ablösung des Primats des Zählzahlbegriffs und zur Konstituierung des Kardinalzahlbegriffs bei. Simultane Zahlauffassungen und -darstellungen sind besonders leicht mit unstrukturierten Materialien möglich, auch mit den oben beschriebenen Mischformen. Bei strukturierten Materialien kommt es darauf an, ob die Einer noch erkennbar sind.

D2 *Erlaubt das Material quasi-simultane Zahlauffassung und -darstellung der Zahlen bis 10 bzw. 20?*

Aus empirischen Untersuchungen wissen wir, dass simultane Zahlauffassungen über 5 hinaus bei unstrukturierten Anordnungen der Objekte nicht mehr möglich sind. Beim Arbeiten ausschliesslich mit unstrukturierten Materialien führt das dazu, dass Kinder, die Übungen zur Zahlauffassung und -darstellung bis 5 schon mit der elaborierteren Simultanstrategie lösen konnten, nun wieder auf zählende Zahldarstellung und -auffassung zurückgeworfen werden.
Um dies zu vermeiden sollen Arbeitsmittel quasi-simultane Zahlauffassung und -darstellung ermöglichen. Das gelingt nur dann, wenn die Arbeitsmittel eine deutlich erkennbare Fünfer- und Zehnergliederung haben, wenn es sich also um strukturierte Materialien bzw. um Mischformen handelt. Die Kinder lernen in kurzer Zeit, dass bei dem verwendeten Material jeder Fünfer durch ein besonderes optisches Merkmal hervortritt. Zahlen über 5 können dann durch den prägnanten Fünfer und durch Simultanauffassung der restlichen Anzahl erkannt werden. Wenn auch der Zehner durch ein optisch prägnantes Merkmal hervortritt, dann lassen sich alle Zahlen bis 20 ohne Abzählen quasi-simultan erfassen und darstellen.

D3 *Erlaubt das Material Handlungen, die an das kindliche Verständnis für die mathematischen Operationen Addieren und Subtrahieren, Verdoppeln und Halbieren, Zerlegen und Zusammensetzen von Zahlen anknüpfen und dieses Verständnis stabilisieren und erweitern?*

Materialien werden im Anfangsunterricht eingesetzt in der Hoffnung, dass die Kinder mit ihrer Hilfe Grundvorstellungen arithmetischer Begriffe (insbesondere Zahlbegriff) und Operationen (Addieren, Subtrahieren, Verdoppeln, Halbieren, Zahlen zerlegen und zusammensetzen) entwickeln und diese Grundvorstellungen so weit ausbauen, dass sie letztlich auch ohne die materialen Hilfsmittel über ein fundiertes Zahlverständnis und entwickelte Rechenstrategien verfügen. Die Materialien sollen also keine Rechenhilfsmittel sein für die Lösung einzelner Aufgaben, sondern didaktische Hilfsmittel bei der Entwicklung allgemeiner mathematischer Begriffe und Verfahren. Sie sollen nicht dazu dienen das Rechnen zu externalisieren, sondern im Gegenteil die Internalisierung konkreter Handlungen zu Begriffen, Operationsverständnis und Rechenstrategien ermöglichen.
Damit Materialien diese Funktionen erfüllen können, müssen sie Handlungen ermöglichen, die zunächst an das Vorverständnis der Kinder anknüpfen, die darüber hinaus die zugehörigen mathematischen Begriffe und Verfahren möglichst prägnant und zugleich in der gesamten Breite des Begriffsumfangs und der Verfahrensmöglichkeiten repräsentieren. Dieses Kriterium scheinen auf den ersten Blick alle Materialien zu erfüllen; mit allen beschriebenen Materialien lassen sich sowohl Zahlen als auch Additions- und Subtraktionsaufgaben darstellen.

Bei einer differenzierteren Betrachtungsweise zeigen sich aber sehr wohl Unterschiede:

- Das aus konkreten Sachsituationen in der vorschulischen Zeit entwickelte Verständnis der Kinder für Addition und Subtraktion bezieht sich auf die entsprechenden Operationen mit Kardinalzahlen, evtl. noch auf den Bereich der Addition und Subtraktion von Geldwerten. Ein Verständnis für die Addition von Längen kann in der Regel noch nicht vorausgesetzt werden. Wenn das erste und zentrale Arbeitsmittel Zahlen als Längen repräsentiert, dann kann das Verständnis für dieses Modell kaum aus den kindlichen Vorerfahrungen abgeleitet werden; ein solches Längenmodell zur Veranschaulichung der Zahlen muss zunächst erlernt werden. Von sich aus wird kaum ein Kind in einem Fünferstab einen Repräsentanten für 5 Bonbons sehen.
- Nimmt man unstrukturierte Materialien als Repräsentanten für Kardinalzahlen, dann lassen sich Zahlzerlegungen an diesen Repräsentanten schnell und prägnant darstellen; fünf Plättchen können leicht so verschoben werden, dass sie Gruppen von 4+1 oder 3+2 u. ä. bilden. Bei Rechenstäben muss zunächst zerlegt, d. h. in entsprechende Stäbe umgetauscht werden, später kann dieser Prozess durch Auflegen eines Bleistiftes als „Säge“ simuliert werden. Die Mischmodelle sind dagegen wieder so flexibel wie die unstrukturierten Materialien.
- Die meisten unstrukturierten Materialien sind eindeutig Repräsentanten des Kardinalzahlbegriffs, Rechenstäbe repräsentieren dagegen den Masszahlaspekt der natürlichen Zahlen. Im Unterricht müssen diese Stäbe, wenn sie als ausschliessliches, zentrales Arbeitsmittel eingesetzt werden - und wir plädieren entschieden für die Auswahl nur eines zentralen Arbeitsmittels - dann aber auch Anzahlen aus Rechengeschichten repräsentieren. Ein Vierer-Stab muss also auch als Repräsentant für 4 Blumen, 4 Mäuse, 4 Bleistifte ... stehen können. Haben Kinder mit diesem Modellwechsel von Kardinalzahlen zum Grössenaspekt der natürlichen Zahlen Probleme? Werden die Probleme gemildert, wenn der Stab die Einheiten noch erkennen lässt? Wie lassen sich Kardinalzahlen mit Cuisenaire-Stäben darstellen?
- Wenn Steckwürfel als Einzelelemente verwendet werden, dann repräsentieren sie Kardinalzahlen. Werden sie aber zu Stangen zusammengesetzt, dann sind sie - wie Rechenstäbe - Modelle für den Längenaspekt der natürlichen Zahlen. Ist dieser doppelte Aspekt der Steckwürfel eher ein Vorteil, weil je nach dem in der Rechengeschichte angesprochenen Zahlaspekt die jeweils passende Darstellung gewählt werden kann oder ist dies eher ein Nachteil, weil die Kinder nie recht wissen, welche Darstellung zu wählen ist, die mit Einzelwürfeln oder die mit Stangen und weil sie weder eine klare Vorstellung der Kardinalzahlen noch der Maßzahlen entwickeln können?
- Additionen können mit allen Materialien durch Hinzufügen repräsentiert werden; zu 4 Wendeplättchen werden 3 dazugelegt, zu 4 Perlen des Rechenrahmens 3 weitere dazugeschoben, an den Viererstab ein Dreierstab angelegt. Das Ergebnis dieser Operation muss jedoch auf verschiedene Weise ermittelt werden. Bei den Wendeplättchen kann der Wert der Summe an der Vereinigungsmenge (in der Regel durch Abzählen) abgelesen werden, ebenso an Rechenstäben mit Einteilung; am Rechenrahmen kann der Wert der Summe sogar quasi-simultan erfasst werden; bei Rechenstäben ohne Einteilung muss erst noch ein weiterer Stab gesucht werden, der genauso lang ist wie beide Stäbe zusammen.
- Subtraktionen sind bei unstrukturierten Materialien leicht durch Wegnehmen darstellbar. Von Rechenstäben dagegen lässt sich im Unterricht nichts abschneiden oder -sägen, um zur Subtraktion passende Handlungen durchzuführen. Hier hilft man sich mit der Operation des Abdeckens oder interpretiert die Subtraktion als additive Ergänzung.
- Die Standardaufgaben der Addition und Subtraktion ($a+b= \square$ und $a-b= \square$) lassen sich mit allen Materialien relativ leicht darstellen. Wie aber sieht es aus, wenn die Platzhalter variiert werden? Wie werden die Aufgaben $a+\square=b$, $\square+a=b$, $a-\square=b$ und $\square-a=b$ mit den unterschiedlichen Materialien dargestellt?
  Wie sehen die zugehörigen Handlungen aus (vgl. dazu auch S. 77 ff.)?

D4 Ist die Übersetzung der Handlungen in Bilder und Symbole auch für Kinder leicht möglich?

Wissen kann in Form von Handlungen, Bildern und Symbolen dargestellt werden. Dabei kommt es für die (Weiter-) Entwicklung des eigenen Wissens nicht darauf an Handlungen zu beobachten, Bilder anzusehen, Sprache zu hören oder Schrift zu lesen. Zum Grundbestand der heutigen Mathematikdidaktik gehört vielmehr die Überzeugung, dass der eigenen Aktivität auf allen drei Ebenen der Wissensrepräsentation eine hervorragende Bedeutung für den weiteren Ausbau von Kenntnissen, Fertigkeiten und Fähigkeiten zukommt.

Deshalb sollen Kinder zunächst einmal selbst konkrete Handlungen mit den Materialien durchführen, sie sollen aber auch in der Lage sein diese Handlungen in Bilder zu übersetzen. Ob solche Übersetzungsaufgaben Kindern leichtfallen oder nicht, hängt auch von den jeweiligen Anforderungen an die Zeichenfähigkeit der Kinder ab. Kringel- oder Punktbilder können wohl von allen Kindern gemalt werden, die in der vorschulischen Zeit gelernt haben mit Stift und Papier umzugehen. Das Malen von Quadraten und Rechenstäben ist dagegen schon schwerer und mit Pfeildarstellungen auf einem Zahlenstrahl werden wohl die meisten Erstklässler überfordert sein.

D5 *Erlaubt das Material zählendes Rechnen?*

Materialien müssen geeignet sein die kindlichen Ablösungsprozesse vom zählenden Rechnen zu unterstützen (vgl. Kriterium D 6). Dennoch dürfen die Tatsachen nicht übersehen werden, dass erstens zählende Rechenstrategien wichtige Zwischenschritte auf dem Weg der Konstituierung heuristischer bzw. operativer Strategien sind und dass zweitens manche Kinder zum Zeitpunkt der Einschulung noch nicht genügend Erfahrungen zum zählenden Rechnen haben sammeln können, um auf dieser Basis entwickelter Zählstrategien sich allmählich vom zählenden Rechnen lösen zu können. Das zählende Rechnen scheint für alle Menschen ein wichtiger Zwischenschritt auf dem Wege der Entwicklung weiterführender Strategien zu sein. Wenn wir den Kindern die Möglichkeit nehmen, in diesem Bereich vertraut zu werden, dann nehmen wir ihnen auch die Möglichkeit eine Grundlage für weitere Entwicklungen zu schaffen. Arbeitsmaterialien sollten daher auch zählendes Rechnen für solche Kinder ermöglichen, die dieser Form des Rechnens noch bedürfen.

D6 *Unterstützt das Material die Ablösung vom zählenden Rechnen?*

Bei der Beschreibung der Vor- und Nachteile der verschiedenen Typen von Arbeitsmitteln haben wir die zentrale Bedeutung dieses didaktischen Kriteriums zu verdeutlichen versucht. Ein Arbeitsmittel, das beim Rechnen im Zahlenraum bis 20 die Kinder immer wieder zwingt, Zahldarstellungen sukzessiv aufbauend mit begleitendem Zählen von 1 an vorzunehmen, verfestigt die zählende Strategie der Zahldarstellung und legt zählende Rechenstrategien nahe - mit allen fatalen Folgen vor allem für das Rechnen im zweiten und dritten Schuljahr. Deshalb ist von einem Arbeitsmittel im arithmetischen Anfangsunterricht zu fordern, dass es quasi-simultane Zahlauffassung und -darstellung der Zahlen bis 20 ermöglicht, um auf diese Weise die Ablösung vom zählenden Rechnen zu unterstützen. Gewichtet man die verschiedenen didaktischen Kriterien, dann kommt diesem Kriterium D6 eine hohe Priorität zu.

D7 *Erlaubt das Material Handlungen, die heuristische bzw. operative Strategien des Rechnens im Zahlenraum bis 20 entwickeln helfen?*

Zählende Rechenstrategien sollen zunehmend durch heuristische bzw. operative Strategien des Verdoppelns und Halbierens, des Zerlegens und Zusammensetzens und des gegensinnigen oder gleichsinnigen Veränderns abgelöst werden. Die zugehörigen Handlungen können mit allen Materialien ausgeführt werden, wenn diese Strategien bekannt sind, also nur am Material demonstriert werden sollen. Wenn die Kinder jedoch nicht nur ihr schon vorhandenes Verständnis für diese operativen Strategien auf die Materialien anwenden sollen, sondern wenn umgekehrt dieses Grundverständnis aus den Handlungen an den Materialien entwickelt werden soll, dann ist zu fordern, dass diese Materialien Handlungen nahelegen, die gute Präfigurationen der entsprechenden Strategien sind. Aus „natürlichen", d. h. vom Material her naheliegenden Handlungen soll das Begriffsverständnis erwachsen. Stellt man diese Forderung, dann unterscheiden sich die Materialien z. T. erheblich.

- Beispiel: Verdoppeln

  Das Verdoppeln kann mit Hilfe der Steckwürfel oder anderer unstrukturierter Materialien auf verschiedene Weise durchgeführt werden. Je nach Darstellung der beiden Summanden neben- oder übereinander und je nachdem, ob beide Summanden in der gleichen oder einer anderen Farbe dargestellt werden, ergeben sich vier verschiedene Handlungs- und Darstellungsweisen.

	nebeneinander	übereinander
gleiche Farbe	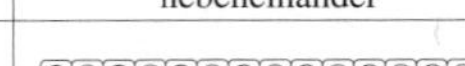	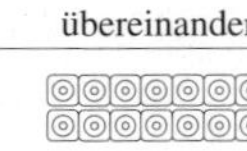
unter-schied-liche Farbe		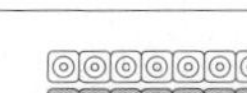

Alle vier Möglichkeiten des Verdoppelns erfordern sowohl im Herstellungsprozess als auch beim Ermitteln des Ergebnisses das Abzählen der einzelnen Elemente. Zunächst muss bei allen vier Möglichkeiten eine Siebener-Stange durch Abzählen von 1 an zusammengesteckt werden. Die zweite Siebener-Stange kann mit Hilfe der paarweisen Zuordnung hergestellt werden. Ganz gleich aber, ob diese zweite an die erste Stange angebaut wird oder neben sie gelegt wird und unabhängig davon, ob sie in der gleichen oder einer anderen Farbe gebaut wird, muss das Ergebnis auf jeden Fall durch Abzählen ermittelt werden. Günstiger noch als das Nebeneinanderlegen ist das Übereinanderlegen, weil dann das Ergebnis durch Zählen in Zweierschritten ermittelt werden kann. Handlungen an Steckwürfeln und anderen unstrukturierten Materialien vermitteln also als Grundvorstellung des Verdoppelns bestenfalls das Zählen in Zweierschritten. Nur dann, wenn die Kinder Zahlen über 5 konsequent durch unterschiedliche Farbgebung strukturiert darstellen, lässt sich der Wert der Summe über „Doppel-Fünf plus Doppel-Zwei" auch quasi-simultan ermitteln. Eine nicht zählende Darstellung der beiden Summanden ist jedoch auch in diesem Fall kaum möglich.

Beim Rechenrahmen dagegen können beide Siebener quasi-simultan dargestellt werden. Das Ergebnis ist als „Doppel-Fünf plus Doppel-Zwei" und damit als „10+4" ebenfalls quasi-simultan ablesbar.

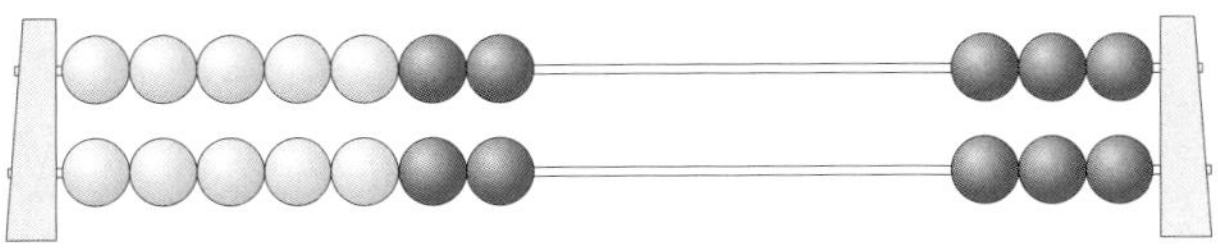

Handlungen des Verdoppelns am Rechenrahmen vermitteln damit ein Grundverständnis dieser Operation, die nicht auf Zählen in Zweier-Schritten, sondern auf das Zurückführen auf bekannte bzw. quasi-simultan ablesbare Grundaufgaben des Verdoppelns („Doppel-Fünf", „Doppel-Zwei") basiert. Diese Strategie, die beiden Summanden in gleiche, einfach zu verdoppelnde Bestandteile zu zerlegen, ist auch noch beim rechnerischen Verdoppeln im Zahlenraum bis 1000 und darüber hinaus eine tragfähige Strategie, nicht jedoch die des Zählens in Zweier-Schritten.

- Beispiel: Halbieren

Eine Reihe mit 14 Wendeplättchen kann nach bloßem Augenschein und mit Abschätzen und Probieren in zwei gleich lange Hälften zerlegt werden. Eine Vorstellung davon, wie auf arithmetischer Ebene das Halbieren von Zahlen bis 20 erfolgen kann, wird durch diese konkreten Handlungen nicht vermittelt.

Handlungen des Halbierens am Rechenrahmen vermitteln dagegen zugleich Grundvorstellungen für arithmetische Vorgehensweisen beim Halbieren. Zunächst wird die Zahl 14 quasi-simultan dargestellt.

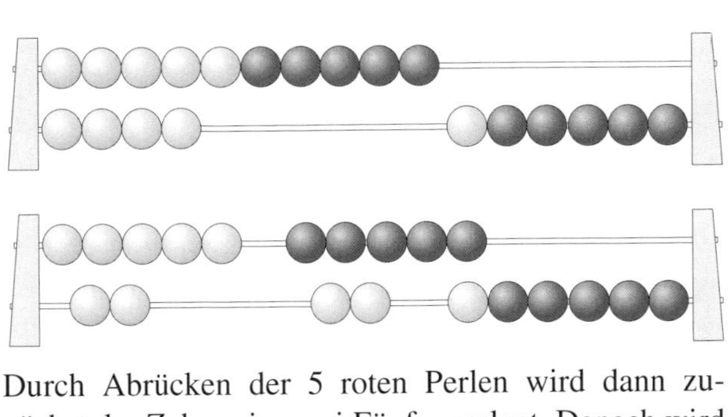

Durch Abrücken der 5 roten Perlen wird dann zunächst der Zehner in zwei Fünfer zerlegt. Danach wird der Vierer in zwei Zweier zerlegt. Für keine der Zerlegungen wird Abzählen notwendig; wenn die „Hälfte von 10" noch nicht zum auswendig gewussten Repertoire gehört, kann sie durch Überblicken dargestellt werden, ebenso die „Hälfte von 4". Die vom Rechenrahmen gleichsam „natürlich" nahegelegten Handlungen vermitteln zugleich eine Strategie für das rechnerische Halbieren.

- Beispiel: Gegensinniges Verändern bei der Addition

Im zweiten Schuljahr sollen die Kinder das gegensinnige Verändern bei der Addition als vorteilhafte Rechenstrategie anwenden lernen. Aus „27+56" soll durch gegensinniges Verändern „30+53" werden. Diese Strategie kann schon im 1. Schuljahr vorbereitet werden, wenn das geeignete Material gewählt wird.
Beim Arbeiten mit Steckwürfeln oder Wendeplättchen gibt es für die Kinder keine vom Material her naheliegenden Gründe aus der Aufgabe „8+7" die Aufgabe „10+5" zu machen.

Beim Rechnen am Rechenrahmen führt dagegen das Bemühen um eine übersichtliche Darstellung des Werts der Summe auf „natürliche" Weise zum gegensinnigen Verändern. Zunächst werden beide Summanden gesondert dargestellt, 8 auf der oberen, 7 auf der unteren Stange.

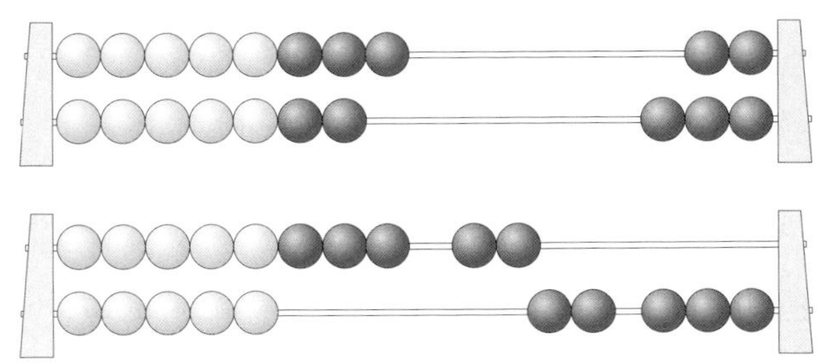

Zur Herstellung der Standarddarstellung werden dann zu den 8 Perlen 2 dazugeschoben, dafür von den 7 Perlen 2 zur Seite geschoben. Es entsteht die Standarddarstellung von 15 aus (8+2)+(7-2).

D8 *Erlaubt das Material den Kindern die Entwicklung vielfältiger individueller Lösungswege für Rechenaufgaben?*

Eines der wesentlichen Ziele des gesamten Arithmetikunterichts der Grundschule ist die Förderung der Flexibilität im Umgang mit Zahlen und bei Rechenoperationen. Gerade beim Kopfrechnen sollen die Kinder keine Standardverfahren einüben, sie sollen vielmehr lernen solche Aufgaben auf verschiedene Weise individuell zu lösen. Ob Kinder solche vielfältigen Lösungsverfahren entwickeln können, hängt auch davon ab, ob die verwendeten Materialien eine solche Vielfalt ermöglichen oder nicht.

- Beispiel: Wendeplättchen

Um die Aufgabe „7+9" mit Wendeplättchen zu lösen, müssen zunächst beide Summanden mit Hilfe des Abzählens von 1 an dargestellt werden.

Zur Veranschaulichung der Summe können nun beide Summanden hintereinander oder übereinander gelegt werden.

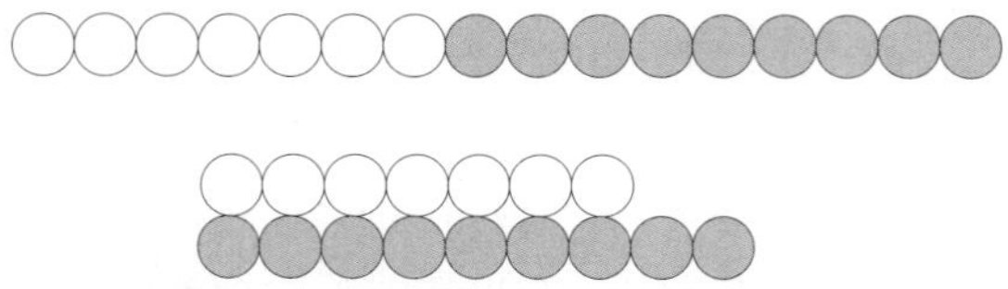

Im ersten Fall ist der Wert der Summe ausschließlich über Abzählen zu gewinnen, im zweiten Fall kann der Wert der Summe auch über „Doppel-Sieben plus zwei“ ermittelt werden, falls „Doppel-Sieben“ auswendig gewusst wird; eine optische Hilfe zum Ablesen von „Doppel-Sieben“ gibt es nicht. Die in vielen Lehrgängen als zentrales Verfahren herausgestellte Rechnung mit Zerlegen des zweiten Summanden (7+9=7+3+6) wird weder von Wendeplättchen noch Steckwürfeln nahegelegt, weil es bei diesen Materialien keine „natürliche“ Zehnergrenze gibt.

Nur dann, wenn sich die Kinder beim Arbeiten mit Wendeplättchen bzw. Steckwürfeln konstant an die Regel halten, Zahlen über 5 durch unterschiedliche Farbgebung immer in strukturierter Form darzustellen, wenn ausserdem mit den Wendeplättchen auf einem Zwanziger-Feld, mit den Steckwürfeln auf einer Zwanziger- bzw. Hunderter-Tafel gearbeitet wird, dann vermitteln diese strukturerzeugenden Verabredungen auch bei diesen unstrukturierten Materialien Vorstellungen von flexiblen Rechenstrategien. Die unterschiedliche Farbgebung ermöglicht in diesem Fall quasi-simultane Zahlauffassung, das zugrunde liegende Feld erzeugt eine Zehnergrenze.

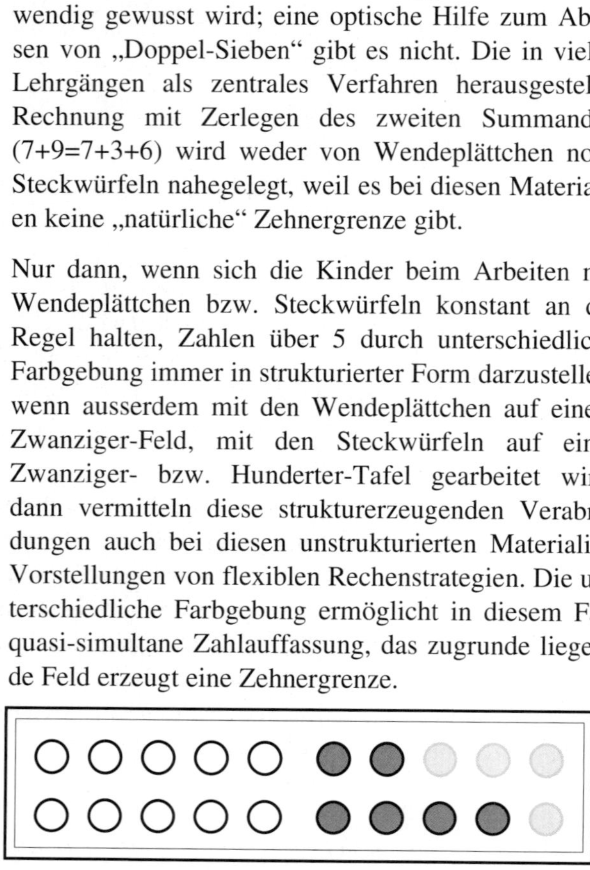

- Beispiel: Rechenrahmen
  Zählende Rechenstrategien sind selbstverständlich auch mit dem Rechenrahmen möglich. Darüber hinaus unterstützt dieses Material aber noch weitere Verfahren.

(1) Beide Summanden werden gesondert dargestellt, die 7 auf der oberen, die 9 auf der unteren Stange. Das Ergebnis ist als „Doppel-Fünf plus zwei plus vier“ oder als „Doppel-Fünf plus sechs“ erkennbar.

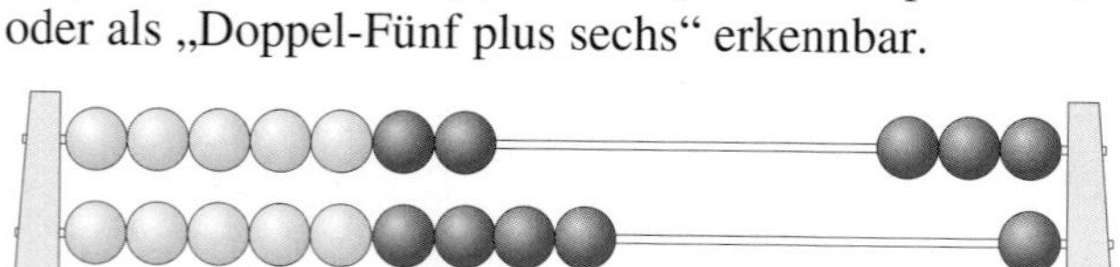

(2) Die zweite Darstellung zeigt die Lösung der gleichen Aufgabe mit Hilfe des Verdoppelns. „7+9“ wird über „Doppel-Sieben plus zwei“ gelöst, wobei die „Doppel-Sieben“ als „10+4“ erkennbar ist.

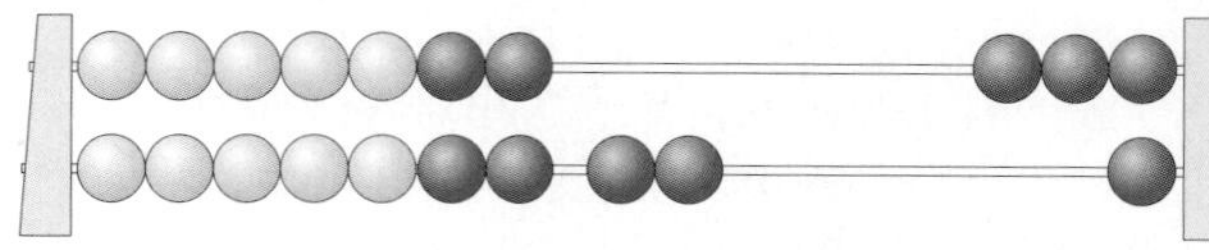

(3) Werden die beiden Summanden nacheinander dargestellt, dann führt dies zu der bekannten Zerlegungsstrategie 7+9=7+3+6. Zu den 7 Perlen werden zunächst die restlichen 3 Perlen der ersten Zehner-Stange zugeschoben, auf der zweiten Stange dann die restlichen 6 Perlen dargestellt. Das Ergebnis ist als 10+5+1 erkennbar.

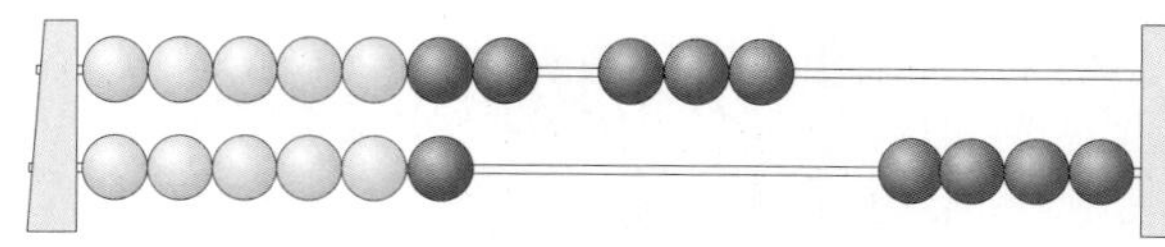

(4) Auch das Verfahren des Rechnens über einen vollen Zehner in der Nähe eines Summanden wird vom Rechenrahmen unterstützt. Zu den 7 Perlen auf der oberen Stange werden zunächst 10 Perlen auf der unteren Stange geschoben: 7+10=17. Von den 10 Perlen wird dann wieder eine zurückgeschoben: 7+9=17-1.

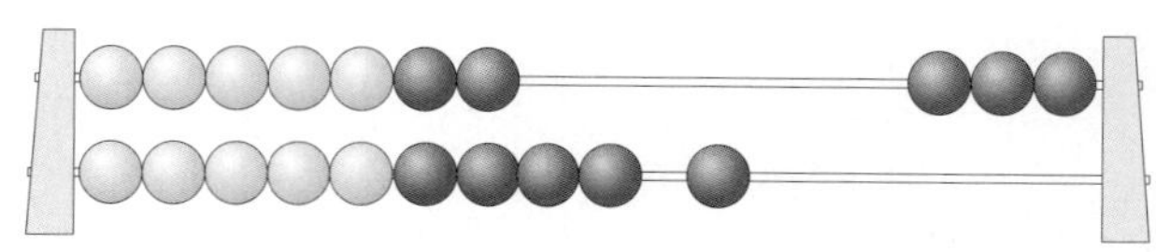

(5) Wie dieses Material die Addition mit Hilfe der gegensinnigen Veränderung unterstützt, ist bereits an anderer Stelle (vgl. S. 41) gezeigt worden.

D9 *Gibt es zu dem im Zahlenraum bis 20 eingesetzten Material strukturgleiche Fortsetzungen für das Rechnen im Zahlenraum bis 100?*

Kinder sollen kontinuierlich lernen, sie sollen ihr Wissen erweitern können, ohne umlernen zu müssen. Deshalb muss das im 1. Schuljahr eingesetze Material für das Rechnen in größeren Zahlenräumen erweiterbar sein. Ein gutes Beispiel für ein ausbaufähiges Material sind die sog. Mehrsystemblöcke. Im ersten Schuljahr kann mit den Einer-Würfeln und Zehner-Stangen gearbeitet werden, im zweiten Schuljahr zusätzlich mit einer Hunderter-Platte, im dritten Schuljahr mit Tausender-Würfeln.

Ein weiteres Beispiel für eine solche Fortsetzung bzw. Erweiterung ist der Hunderter-Rechenrahmen als Nachfolger des Zwanziger-Rechenrahmens. Bei der Auswahl des Hunderter-Rechenrahmens ist darauf zu achten, dass er die vom Zwanziger-Rahmen her vertraute Fünfer-Struktur besitzt. Wir empfehlen daher für das zweite Schuljahr die zweite hier abgebildete Version, die das Hunderter-Feld in 4 Felder zu je 5x5 gliedert.

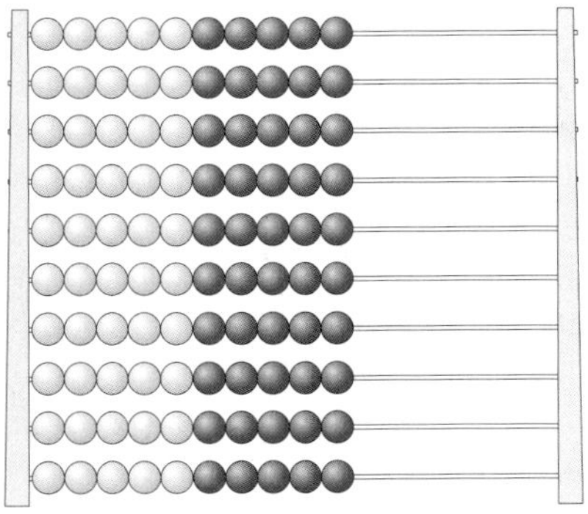

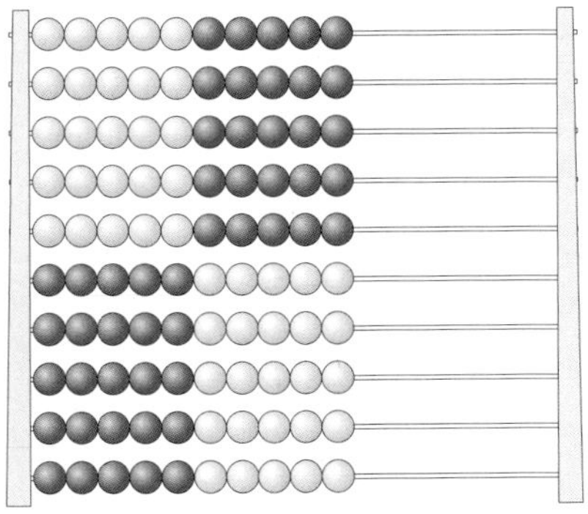

D10 *Kann das Material auch für andere Unterrichtsinhalte genutzt werden?*

Unter finanziellem Aspekt und mit Blick darauf, dass Kinder den Umgang mit Materialien häufig zunächst erlernen müssen, ist es sicher von Vorteil, wenn die Arbeitsmittel für den arithmetischen Anfangsunterricht auch für andere Unterrichtsinhalte genutzt werden können. So ermöglichen Rechenstäbe Aktivitäten zur Festigung der Längenvorstellung, mit Steckwürfeln lassen sich vor allem geometrische Aktivitäten durchführen.

Weitere Kriterien zur Beurteilung von Arbeitsmitteln für den arithmetischen Anfangsunterricht

Didaktische Kriterien sind sicher die zentralen Kriterien zur Beurteilung von Arbeitsmitteln. Darüber hinaus spielen aber auch Fragen der Unterrichtspraxis und der Ästhetik, ökologische und nicht zuletzt auch finanzielle Fragen eine wichtige Rolle.

Unterrichtspraktische Fragen

P1 *Ist das Material für die Kinder leicht handhabbar?*

Die Kinder sollen die mit den Materialien notwendigen Handlungen leicht und schnell ausführen können. Diese Forderung scheint selbstverständlich, sind doch alle hier untersuchten Materialien speziell für die Hände kleiner Kinder geschaffen worden. Wer jedoch schon einmal Kinder bei den Versuchen beobachtet hat, neue und zu eng aneinander angepasste Steckwürfel zusammenzustecken, der weiß, dass dieses so selbstverständlich erscheinende Kriterium nicht immer erfüllt ist.

P2 *Kann das Material auch von Erstklässlern schnell bereitgestellt und geordnet wieder weggeräumt werden?*

Das Arbeiten mit Materialien ist zeitaufwendig, das kann auch das beste Material nicht verhindern. Je nach Beschaffenheit kann aber der Zeitaufwand für das Bereitstellen, das Einsortieren und Wegräumen mehr oder weniger groß sein. Als Faustregel kann sicher gelten, dass der für diese Vor- und Nachbereitungsphasen notwendige Zeitaufwand um so größer ist, aus je mehr Einzelteilen das Material besteht und je kunstreicher die Einzelteile in die Verpackung einzupassen sind. Viele kleine Wendeplättchen oder Steckwürfel müssen eben erst wieder einzeln eingepackt werden; Rechenstäbe müssen nicht selten nach einem genauen Plan in die Packung gelegt werden, weil sie sonst nicht alle hineinpassen. Außerdem haben die aus vielen Einzelteilen bestehenden Materialien zur Freude mancher Kinder und zum Leidwesen der Lehrerinnen die verhängnisvolle Tendenz immer wieder vom Tisch zu fallen und in entlegene Winkel zu rollen. Materialien, die aus einem Teil bestehen und daher mit einem Griff herbeigeschafft und ohne mühsames Einsortieren wieder weggeräumt werden können, verhindern dagegen diese Störfälle und minimieren den Zeitaufwand für die organisatorischen Tätigkeiten.

P3 *Ist das Material haltbar?*

Mit dieser Frage ist zunächst einmal die Stabilität des Materials gegenüber den so erfindungsreichen kindlichen Versuchen der sachfremden Verwendung gemeint. Zu einer langen Lebensdauer gehört aber nicht nur die Unempfindlichkeit gegen mancherlei Belastungsversuche, sondern auch die gegen Verlust einzelner Teile. Besonders schlimm wird es, wenn das ganze Materialpaket nicht mehr richtig eingesetzt werden kann, weil ein Teil (z. B. der Achter-Stab) verloren gegangen ist.

P4 *Gibt es zu dem Schülermaterial passendes Demonstrationsmaterial?*

Auch ein offener Unterricht kann auf frontale, demonstrierende Unterrichtsphasen nicht verzichten. Neben der Darbietung von Sachverhalten durch die Lehrerin sollen auch Kinder die Möglichkeit haben ihren Mitschülern ihre Lösungswege vorzustellen. Ein zum Arbeitsmittel der Kinder passendes Demonstrationsmaterial ist daher notwendig.

Ästhetische und ökologische Fragen

Ä *Ist das Arbeitsmittel aus Naturprodukten hergestellt?*

Unter ästhetischen und ökologischen Gesichtspunkten sollten Arbeitsmittel für Kinder heute nach Möglichkeit aus Naturmaterialien hergestellt sein. Materialien aus Holz sind häufig ästhetisch ansprechender und angenehmer zu handhaben. Auch ökologische Überlegungen sprechen für solche Naturmaterialien und gegen Kunststoffprodukte.

Finanzielle Fragen

F *Ist das Material seinen Preis wert?*

In manchen Bundesländern können Arbeitsmaterialien für Kinder aus der Lernmittelfreiheit beschafft werden, in anderen Bundesländern beschaffen die Schulen oder die Eltern diese Materialien. Unnötige Ausgaben und nicht angemessene Preise will und muss jeder vermeiden. Daher sollte sehr kritisch der Nutzen der Materialien (didaktische Vorteile, Haltbarkeit ...) in Beziehung zu ihren Preisen gesetzt werden.

Beurteilung ausgewählter Arbeitsmittel

Mit den beschriebenen Kriterien steht ein recht differenziertes Verfahren zur Bewertung von Arbeitsmitteln für den arithmetischen Anfangsunterricht zur Verfügung. Diese Kriterien helfen, wichtige Aspekte bei der Beurteilung zu berücksichtigen, sie helfen jedoch nicht, eine objektive, von subjektiven Einflüssen freie Bewertung der Materialien vorzunehmen. Die Antworten auf die einzelnen Fragen sind immer auch von den eigenen Vorerfahrungen mit den Materialien, von der unterschiedlichen Gewichtung verschiedener Aspekte und von vielen anderen subjektiven Kriterien abhängig. Mit Hilfe des Kriterienkatalogs (Kopiervorlage AM1) können Kollegien oder Fachkonferenzen eine konkrete Bewertung durchführen, die etwa so aussehen kann, wie es der untenstehende Auszug zeigt.

Jede Frage dieses Kriterienkatalogs wird wie folgt beantwortet:

- ++ Trifft immer bzw. in besonderem Maße zu.
- \+ Trifft meistens bzw. eher zu.
- o Trifft teilweise zu, teilweise nicht bzw. ist nicht eindeutig entscheidbar.
- \- Trifft meistens bzw. eher nicht zu.
- \- - Trifft nie bzw. in keiner Weise zu.

In der zusammenfassenden Bewertung wird die Zahl der Plus-Zeichen mit der der Minus-Zeichen verrechnet; „o“ bleibt unberücksichtigt. Auf diese Weise kann in der zusammenfassenden Bewertung ein arithmetischer Wert als Maß für die Gesamtbewertung ermittelt werden.

Für Beratungen in Konferenzen empfehlen wir, zunächst jeden Teilnehmer eine individuelle Bewertung mit Hilfe der Kopiervorlage AM1 vornehmen zu lassen, anschließend alle Bewertungen zusammenzufassen.

Notlösungen: Was ist zu tun, wenn in der Schule nicht das ideale Material eingeführt ist?

Für wohl alle Schulen ist die Einführung eines neuen Materials eine Entscheidung, bei der finanzielle Überlegungen eine zentrale Rolle spielen. Das kann zur Folge haben, dass die Schule bei dem schon vorhandenen Arbeitsmaterial bleiben muss, obwohl alle Beteiligten sich ein anderes Material wünschen. In diesen Fällen gibt es Möglichkeiten die Nachteile einzelner Materialien abzumildern.

	Kriterien	Steckwürfel	Rechenrahmen (Betzold, Typ Oehl)	abaco 20 (Schubi)
D	**Didaktische Kriterien**	++/+/o/-/- -	++/+/o/-/- -	++/+/o/-/- -
D 1	Erlaubt das Material simultane Zahlauffassung und -darstellung bis 4?	+ +	+ +	+ +
D 2	Erlaubt das Material quasi-simultane Zahlauffassung und -darstellung der Zahlen bis 10 bzw. 20?	- -	+ +	+ +
D 3	Erlaubt das Material Handlungen, die an das kindliche Verständnis für die mathematischen Operationen Addieren und Subtrahieren, Verdoppeln und Halbieren, Zerlegen und Zusammensetzen von Zahlen anknüpfen und dieses Verständnis stabilisieren und erweitern?	+	+ +	+
D 4	Ist die Übersetzung der Handlungen in Bilder und Symbole auch für Kinder leicht möglich?	o	+ +	+ +

Ausschnitt eines beispielhaft ausgefüllten Kriterienkataloges (vgl. Kopiervorlage AM 1)

Steckwürfel

- Steckwürfelstangen

Der entscheidende Nachteil der Steckwürfel ist der, dass sie immer wieder zum zählenden Rechnen verführen. Dieser Nachteil kann dadurch verringert werden, dass Steckwürfelstangen hergestellt werden. Ein Satz Steckwürfelstangen sollte aus mindestens je zwei Zweier-, Dreier-, ..., Zehner-Stangen bestehen; außerdem werden weiterhin einige einzelne Steckwürfel benötigt, so dass insgesamt aus etwa 116 Steckwürfeln ein solcher neuer Satz von Steckwürfelstangen entwickelt werden kann. Wichtig ist, dass diese Stangen tatsächlich als nicht mehr zerlegbare Einheiten durch Zusammenkleben mit einem geeigneten Kunststoffkleber hergestellt werden. Außerdem ist für die quasi-simultane Zahlerfassung eine deutliche Fünfer-Gliederung notwendig.

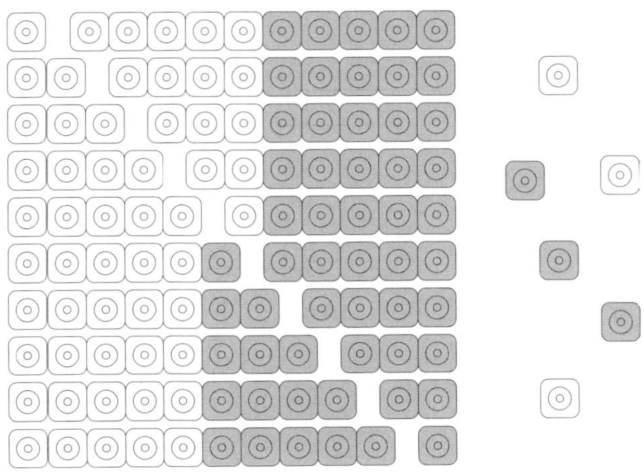

Auch der Einsatz einer Grundplatte mit der Möglichkeit, eine Fünfer-Gliederung zu unterlegen, mildert die Nachteile dieses Materials ab. Durch die Grundplatte wird die Zehnergliederung erzwungen.

- Steckwürfel-Rechenketten

Mit Steckwürfeln lassen sich durch Auffädeln auf einen haltbaren Faden recht leicht Rechenketten herstellen. Dabei ist darauf zu achten, dass durch die unterschiedliche Farbgebung eine Fünfer-Struktur erzeugt wird und dass die Fäden mindestens doppelt so lang sind wie 20 Steckwürfel.

- Steckwürfel-Rechenrahmen

Die technisch aufwendigste Verbesserung ist sicher die Herstellung eines Rechenrahmens mit Steckwürfeln. Dazu werden zwei Seitenteile aus Holz benötigt und zwei Holzstäbe, die doppelt so lang sind wie 10 Steckwürfel. Diese Stäbe sollten so dünn sein, dass die Würfel mühelos aufgezogen werden können und sich leicht hin und her schieben lassen. Zur Stabilisierung des Rahmens können die Seitenteile zusätzlich mit einer schmalen Holzleiste verbunden werden. Es empfiehlt sich diese Stabilisierungsleiste am Fußteil anzubringen, damit die Kinder die Würfel ohne Behinderung anfassen können.

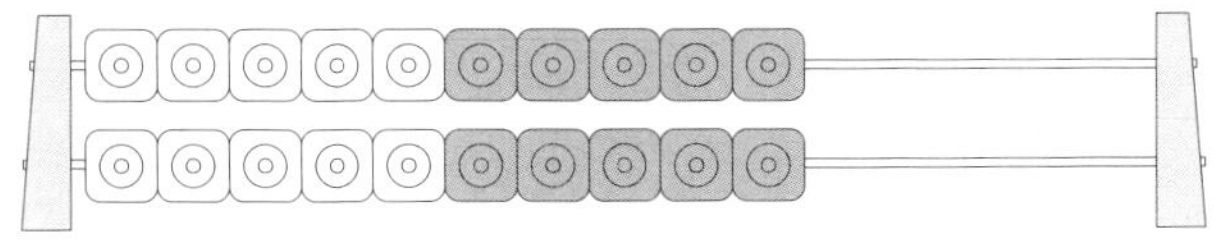

Wendeplättchen

Die Wendeplättchen haben mit den Steckwürfeln den Nachteil gemeinsam, dass auch sie im Zahlenraum ab 5 immer wieder zum zählenden Rechnen verleiten. Das Verfahren, diesen Nachteil zu verringern, ist vom Grundsatz her das gleiche wie bei den Steckwürfeln; es muss versucht werden die Wendeplättchen zu größeren Einheiten zusammenzufassen, die eine quasi-simultane Zahlauffassung der Zahlen über 5 ermöglichen. Als käuflich erwerbbare Materialien bieten sich hier entweder die Rechenschiffchen oder die Zahlenstreifen (vgl. auch S. 34) an.

Möglich - aber recht aufwendig - ist auch die Wendeplättchen nach dem oben beschriebenen Muster der Steckwürfelstangen auf Papp- oder gar Holzstreifen zu kleben. Wem dieser Aufwand zu groß ist, der sollte aber mindestens das Zwanziger-Feld mit der in der Abbildung dargestellten Vor- und Rückseite herstellen.

Zwanziger-Feld Vorderseite

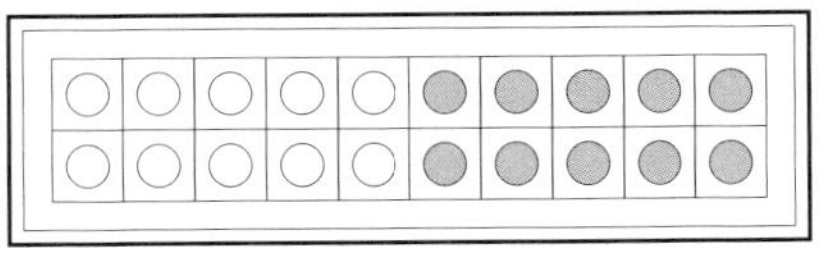

Zwanziger-Feld Rückseite

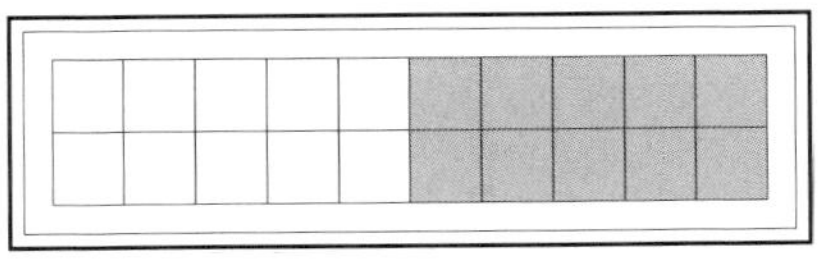

Rechenaufgaben können auf diesem Feld mit Wendeplättchen gelegt werden, vor allem aber können die Kinder nach einiger Zeit auch mit diesem Zwanziger-Feld rechnen, ohne Wendeplättchen legen zu müssen, indem sie einfach auf die entsprechenden Felder zeigen. Bei der Aufgabe „7+2“ zeigen die Kinder (ohne abzählen zu müssen) auf das Feld 7, gehen dann um einen Zweierschritt weiter zum Feld 9. Bei der Aufgabe „6+8“ zeigen die Kinder zunächst auf das Feld 6, füllen in einem Schritt um 4 weitere bis 10 auf und müssen dann noch einen Viererschritt bis zum Feld 14 machen.
Selbstverständlich muss auch der Umgang mit dem Zwanziger-Feld eingeübt werden, um zählendes Rechnen an diesem Material zu verhindern bzw. abzulösen.

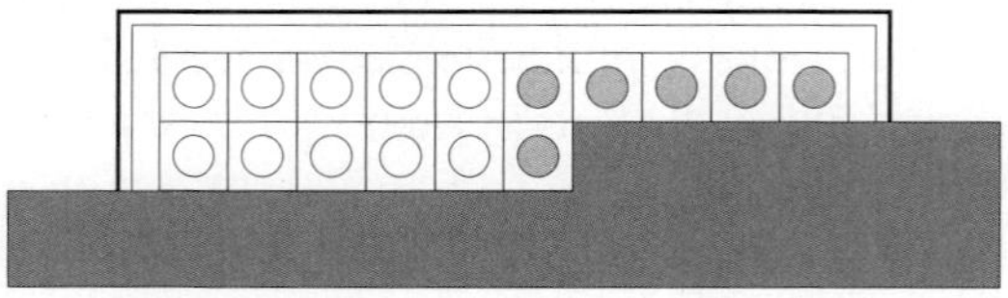

Geeignet sind Übungen zur Zahldarstellung und -auffassung, bei denen mit einem Pappstreifen oder -winkel Teile des Feldes abgedeckt werden. Wer kann ganz schnell und ohne Abzählen sagen, welche Zahl hier dargestellt ist? Wer kann ganz schnell die 12 darstellen?

Zur Herstellung des Zwanziger-Feldes kopieren Sie die Vorlage (Kopiervorlage AM2) in der benötigten Anzahl, legen zwischen Vor- und Rückseite eine stabile Pappe, färben die Felder blau und rot ein und umkleben alles mit einer Klarsichtfolie. Wenn Sie dies auf einem Elternabend von den Eltern machen lassen, haben Sie zugleich Gelegenheit Ihre Planungen zum Mathematikunterricht vorzustellen.

4. Arithmetik

Die Arithmetik ist trotz aller Bemühungen um stärkere Berücksichtigung geometrischer und sachrechnerischer Fragestellungen weiterhin das zentrale Thema des Mathematikunterrichts der 1. Klasse. Im Mittelpunkt steht die Behandlung der Zahlen bis 20. Die meisten Länderrichtlinien und -bildungspläne sehen darüber hinaus die Erarbeitung der Zehnerzahlen bis 100 vor.

Sieht man ab von konzeptionellen Veränderungen insbesondere einiger extremer Vertreter der sog. Reform des Mathematikunterrichts („Mengenlehre") und lässt man weiterhin didaktische Gegenentwürfe unberücksichtigt, die sich in der Praxis nicht nachhaltig durchgesetzt haben (z. B. „ganzheitlicher Rechenunterricht"), dann kann festgestellt werden, dass der Aufbau des arithmetischen Anfangsunterrichts seit fast einem Jahrhundert weitgehend die gleiche Struktur aufweist. Der Zahlenraum bis 20 wird in Stufen erarbeitet, zunächst die Zahlen bis 5 oder 6, dann die Zahlen bis 10 (selten bis 12), danach bis 20. Innerhalb des Zahlenraums bis 10 werden die Zahlen gemäßigt-monographisch behandelt, d. h. jede Zahl wird ausgehend von einer geeignet erscheinenden Sach- oder Spielsituation („Die 7 Zwerge"; Kegeln zur Einführung der 9 u. v. a. m.) einzeln erarbeitet, mit Hilfe von Zerlegungsübungen in ihrer operativen Struktur durchdrungen und später dann zum Rechnen verwendet. Hinter diesem Konzept steht die - meistens unausgesprochene - Grundannahme, dass die Zahlen bis 10 tatsächlich noch „erarbeitet", noch „eingeführt" werden müssen, weil die Kinder noch nicht über „den Zahlbegriff", noch über keine bzw. keine hinreichend tragfähigen Vorstellungen dieser Zahlen verfügen.

In neuerer Zeit gibt es Ansätze zur Überwindung dieses tradierten Stufengangs. Die in zahlreichen Untersuchungen belegten Vorkenntnisse der Kinder (vgl. auch S. 19 ff.) sollen im Curriculum angemessen berücksichtigt werden. Dies führt zu einem stärker ganzheitlich ausgerichteten Unterricht, in dem die Kinder ihre Vorkenntnisse im Rahmen von Untersuchungen, Vorhaben und „Projekten" in Gebrauch nehmen können. In einem solchen Unterricht dürfen auch Zahlen verwendet werden, die noch nicht „eingeführt" wurden. Die systematischere Behandlung der Zahlen, die Analyse ihrer operativen Struktur, die Betrachtung von Größer-, Kleiner- und Nachbarschaftsbeziehungen, die Thematisierung von Addition und Subtraktion einschließlich der Behandlung verschiedener Rechenwege bis hin schließlich zum Erlernen des kleinen Einspluseins erfolgen erst in einer nachgeschalteten Phase.

In diesem Handbuch machen wir Vorschläge für beide Vorgehensweisen, trotz unserer Sympathie für die neueren, flexibleren Ansätze also durchaus auch Vorschläge für den tradierten Weg. Dahinter steht unsere Grundüberzeugung, dass der Wechsel zu einem Unterricht, der die Kinder die Arithmetik eher in ganzheitlichen Sach- und Sinnzusammenhängen in Gebrauch nehmen lässt, sich vor allem für die beteiligten Lehrkräfte nicht als Bruch vollziehen darf. Die Flexibilisierung des Mathematikunterrichts, seine behutsame Öffnung und damit verbunden die Fähigkeit der Lehrerin, sich zunehmend selbst zurücknehmen zu können, um den Kindern mehr Kompetenz und Eigenständigkeit zuzumuten, müssen gelernt werden. Mit den Anregungen (auch) in diesem Kapitel wollen wir mit vielen praktischen Hinweisen Mut machen einen solchen Weg der behutsamen Flexibilisierung des Mathematikunterrichts zu beschreiten.

4. 1 Rahmenbedingungen des Arithmetikunterrichts in Klasse 1

Viele Schulanfänger bringen z. T. erhebliche arithmetische Vorerfahrungen mit in die Schule. Diese Erkenntnis ist nicht neu. Neu ist jedoch, auf dieser Ausgangsbasis die Struktur des arithmetischen Anfangsunterrichts ernsthaft neu zu bedenken. Zwei große Gruppen von Zielen bestimmen Stoffauswahl und -anordnung des Unterrichts, nämlich das Ziel der Stabilisierung und Erweiterung der informellen Vorkenntnisse der Kinder einerseits und das Ziel der Systematisierung der Vorkenntnisse in Richtung der Erarbeitung der formalen Sprache der Mathematik andererseits. Diese verschiedenen Ziele haben unterschiedliche Schwerpunktsetzungen des Unterrichts zur Folge, wobei die Grenzen zwischen einem stärker auf Systematisierung ausgerichteten Lehrgang und einem eher ganzheitlich auf Erkundungen und „Projekte" angelegten Unterricht fließend sein können. Im Idealfall werden beide Schwerpunkte angemessen berücksichtigt. Aktivitäten in komplexeren Sachzusammenhängen erweitern die mathematischen Vorerfahrungen der Kinder und stellen damit eine breitere Ausgangsbasis für die Entwicklung abstrakter mathematischer Begriffe bereit (vgl. Mitchelmore 1995).

4.1.1 Ausgangslage und Ziele

Kinder haben auch schon vor ihrer Einschulung vielfältige Zahlerfahrungen gesammelt:

- Wohl alle Kinder kennen ihr Alter; viele wissen, dass eine Woche 7 Tage hat; beim Anlegen von Fußballtoren haben sie die Entfernung zwischen den Torpfosten in Schritten ausgemessen.
  - Zahlen als *Maßzahlen* für Größen
- Fast jeder Schulanfänger kann bis 10 zählen, mancher sogar schon bis 100 und darüber hinaus.
  - Zahlen als *Zählzahlen*
- Im Supermarkt stellt Jan fest, dass er in der Schlange vor der Kasse der Sechste ist; Jans Schwester ist gestern beim Schwimmwettbewerb Zweite geworden.

   - Zahlen als *Ordnungszahlen* zur Kennzeichnung des Rangplatzes eines Elements in einer Reihe
- Die meisten Kinder kennen ihre Hausnummer, viele wissen - zum Leidwesen ihrer Eltern - die Telefonnummer der besten Freundin auswendig.
   - Zahlen als *Kodierungszahlen* zur Kennzeichnung von Objekten und Sachverhalten
- Ganz stolz verkünden Schulanfänger, dass sie schon rechnen können: „tausend und tausend gleich zweitausend“. Das haben sie gehört und tragen es nun zum Beweis ihres Könnens vor.
   - Zahlen als *Rechenzahlen*
- Vera kennt die Welt, sie war mit ihren Eltern schon dreimal auf Teneriffa.
   - Zahlen als *Operatoren* zur Bezeichnung der Vielfachheit einer Handlung
- Selbstverständlich weiß Maren, dass ihre Familie aus 4 Personen besteht, dass sie schon 6 Barbie-Puppen hat, dass sie 5 Paar Schuhe besitzt und dies 10 Schuhe sind.
   - Zahlen als *Kardinalzahlen* zur Beschreibung der Anzahl der Elemente einer Menge

Die meisten Schulanfänger sind erfahrene „Straßenmathematiker“. Auch wenn sie noch keine formalen Gleichungen wie „3+4= □ “ lösen können, verfügen sie doch schon häufig über informelle Strategien zur Lösung von Alltagsproblemen. Wenn 3 Kinder im Kletterhaus sitzen und noch 4 Kinder dazukommen, dann kann Mehmed durchaus (z. B. durch Abzählen) feststellen, dass es nun zusammen 7 Kinder sind. (Zur Frage der Vorkenntnisse der Schulanfänger und der Konsequenzen für den arithmetischen Anfangsunterricht vgl. auch Kapitel 2, S. 19 ff.)

Der arithmetische Anfangsunterricht hat diesen Vorkenntnissen der Kinder auf zweifache Weise Rechnung zu tragen, nämlich einerseits dadurch, dass er diese Vorkenntnisse aufgreift, stabilisiert und erweitert, andererseits dadurch, dass er diese Vorkenntnisse systematisiert und in die Sprache und Methode der Mathematik überführt.

Stabilisierung und Erweiterung der Vorkenntnisse

Die arithmetischen Kompetenzen der Kinder sind in der vorschulischen Zeit situationsgebunden. Arithmetische Probleme lösen sie nicht durch „Übersetzung“ in die formale Sprache der Arithmetik, sondern durch ein dem konkreten Problem angepasstes, flexibles Lösungsverfahren, häufig durch verschiedene Strategien zählenden Rechnens. Die Lösung wird ganz von der spezifischen Struktur des Problems gesteuert. Um festzustellen wie viele Puppen Iris und Jens zusammen haben, wird der ganze Puppenreichtum zusammengelegt und abgezählt. Paarweises Zuordnen und Abzählen des „überzähligen“ Restes hilft festzustellen, wer mehr Puppen hat und wie viel mehr es sind.

Eine wichtige Aufgabe des arithmetischen Anfangsunterrichts ist es, diese Vorerfahrungen der Kinder und die mit ihnen verbundenen informellen Rechenstrategien aufzugreifen, zu stabilisieren und zu erweitern. Denn diese Vorerfahrungen in unterschiedlichen Sachkontexten, z. B. zu Anzahlen, schaffen die Grundlage für ein Verständnis abstrakter Begriffe, z. B. des Zahlbegriffs. Solche konkreten Erfahrungen können aber nicht in Form eines Lehrgangs vermittelt werden, Ausgangspunkte müssen vielmehr komplexe, ganzheitliche Sach- und Sinnzusammenhänge, „Projekte“, „Mini-Projekte“, Vorhaben sein. Die Aufgabe der Kinder besteht im Beobachten, Erkunden und Untersuchen der Welt ringsum und in der Notation und Mitteilung ihrer Erkenntnisse. Die Wahl der Mittel zur Lösung solcher Probleme klären die Kinder untereinander. Selbstverständlich werden sie nicht allein gelassen, wenn sie Hilfe benötigen. Die Aufgabe der Lehrerin in einem solchen Unterricht besteht einerseits in der Auswahl und Anregung geeigneter Problembereiche und in der Bereitstellung der Hilfsmittel, die zu ihrer Lösung benötigt werden, andererseits in der Begleitung und Unterstützung der kindlichen Lösungen. Rigide Steuerungsversuche mit dem Ziel die Kinder möglichst bald zu Standardlösungen zu führen, sind dieser Art des Unterrichts nur abträglich. Zahlreiche Anregungen für solche ganzheitlichen Zugänge zur Mathematik finden Sie in den Kapiteln 2.2, 4.2.1, 5 und 6.

Systematisierung der Vorkenntnisse

Die zweite wichtige Aufgabe des arithmetischen Anfangsunterrichts ist die Systematisierung dieser Vorkenntnisse mit dem Ziel der Erarbeitung der formalen Sprache der Mathematik. Die Kinder sollen in die abstrakte Welt der Mathematik eingeführt werden. Auch ein an diesem Ziel orientierter Unterricht versucht, an die Vorkenntnisse der Kinder anzuknüpfen, entwickelt aber über die informellen Strategien hinausgehend mathematische Begriffe, Standardverfahren und -notationen.

Die Systematisierung im arithmetischen Anfangsunterricht zielt vor allem in die folgenden Richtungen:

- Informelle Rechenstrategien zu mächtigeren, d. h. schnelleren und auf einen größeren Bereich anwendbaren Strategien ausbauen: von der Lösung einzelner Sachprobleme (z. B. durch Abzählen) in konkreten Einzelfällen hin zur Lösung durch Anwendung des auswendig gewussten Zahlensatzes „3+4=7“ auf eine ganze Klasse von Anwendungsfällen

- Die Zahl- und Operationseigenschaften realer Sachverhalte unserer Welt interpretieren, in das formale System der Mathematik übersetzen, dort lösen und die Lösung wieder auf den realen Sachverhalt anwenden können: „Melanie hat 2 Bleistifte und 8 Buntstifte; 2+8=10; sie hat 10 Stifte.“

- Die Fachsprache der Mathematik entwickeln: „plus" statt „und" und „minus" statt „weg".
- Komplexere Sachverhalte mit Hilfe mathematischer Strukturen übersichtlich darstellen können: Pfeilbilder für Operationen, Tabellen und Diagramme für Sachverhalte
- Die einzelnen Aspekte der Zahlen und die Unterschiede zwischen diesen Aspekten einschließlich der damit verbundenen unterschiedlichen Verwendungen bewusst machen: Niemand addiert Telefonnummern!
- Die (Kardinal-) Zahlen über ihre Verwendung zur Beschreibung der Anzahl von Elementen einer Menge („5 Bälle") hinaus in ihrer operativen Struktur erfassen: 5 = 3+2 = 1+4 = 5+0
- Das Beziehungsgeflecht der Zahlen untereinander erarbeiten: 6 als Nachfolger von 5, als „Doppel-Drei", als „4 kleiner als 10" auffassen
- Das Beziehungsgeflecht der Operationen erarbeiten und nutzen: 9-6=3, weil 6+3=9; 4+5=9, denn „Doppel-Vier" plus eins ist neun
- Mathematische Strukturen und Gesetzmäßigkeiten entdecken und auf kindlichem Niveau begründen: das Kommutativgesetz der Addition erkennen, als Rechenvorteil anwenden und begründen können; dekadische Analogien erkennen und deren Allgemeingültigkeit an geeigneten Veranschaulichungen „beweisen" können u. v. a .m.

4.1.2 Inhalte und Methoden

Im Rahmen des systematischen Lehrgangs wird die Auswahl der Inhalte von den Zielen der Systematik bestimmt. Bei der schrittweisen Einführung der Zahlen wird darauf geachtet, den bereits „eingeführten" Zahlenraum nicht zu überschreiten, und neue mathematische Inhalte, Begriffe und Verfahren nur behutsam und in einem genau festgelegten didaktischen Stufengang einzuführen. Dieser Ansatz führt seit Jahrzehnten zu dem schon beschriebenen Aufbau:

- die Zahlen bis 5 (bzw. bis 6),
- die Zahlen bis 10,
- die Zahlen bis 20,
- Zehnerzahlen bis 100.

In einem stärker ganzheitlich ausgerichteten Unterricht tritt diese fachliche Systematik in den Hintergrund. Auswahlkriterium für Unterrichtsinhalte sind nun deren Möglichkeiten, Erkundungen anzuregen, die Kinder zu forschenden Aktivitäten zu veranlassen, spielerisch mit Zahlen und deren Eigenschaften und Operationen umzugehen und nicht zuletzt auch Möglichkeiten der Bearbeitung von Inhalten, die auch Erstklässlern Sinn machen und bei denen die Mathematik hilft Fragen aus dem Alltagsleben zu beantworten. Ein rigoros diesem Konzept verbundener Unterricht müsste von Anfang an die Behandlung der Zahlen bis 20 oder gar bis 100 thematisieren. In diesem Handbuch setzen wir uns für einen Kompromiss, für eine moderate Berücksichtigung ganzheitlicher Zugänge ein. Aus diesem Grunde gliedern wir die Behandlung der Arithmetik in drei Bereiche:

- die Zahlen bis 10,
- die Zahlen bis 20,
- erste Schritte in den Zahlenraum bis 100.

Zu den o. g. ganzheitlichen bzw. systematischen Vorgehensweisen gehören nicht nur verschiedene methodische Verfahren, sondern auch ganz andere Unterrichtskulturen. In einem stärker an komplexen Fragestellungen und „Projekten" orientierten Unterricht stehen die (relativ) selbstständigen Aktivitäten der Kinder im Vordergrund. Sie planen ihre Untersuchungen in Absprache mit den anderen Kindern und der Lehrerin weitgehend selbstständig, wählen ihre Vorgehensweisen und die Art der Darstellung ihrer Ergebnisse selbst aus - selbstverständlich immer mit Hilfe ihrer Lehrerin, falls dies notwendig ist. Hauptaufgabe der Lehrkraft ist die Auswahl und Anregung geeignter Problemstellungen und die Bereitstellung geeigneter Hilfsmittel zu ihrer Lösung. Darüber hinaus steht sie selbstverständlich für notwendige Hilfen zur Verfügung. Insgesamt zeichnet sich ein solcher Unterricht durch große methodische Offenheit aus; im Mittelpunkt stehen die Lernprozesse der Kinder, weniger ihre Lernprodukte. Diese methodische Offenheit macht zugleich die Schwierigkeit dieses Unterrichts aus. Er lässt sich nicht einer detaillierten Vorausplanung entsprechend durchführen. Daher erfordert er ein hohes Niveau fachlichen, methodisch-didaktischen und pädagogischen Könnens, um die Beiträge der Kinder anregen, verschiedene Lösungswege voraussehen, die Fortschritte der Kinder beurteilen, Sackgassen erkennen und den Kindern helfen zu können, ohne ihnen die Chance für eigene Entdeckungen durch zu strikte Führung zu nehmen. Nicht zuletzt dieser Schwierigkeiten wegen empfehlen wir denjenigen Lehrerinnen und Lehrern, die bisher nur Erfahrungen mit einem stärker lehrgangsorientierten Unterricht gemacht haben, einen vorsichtigen Beginn bei der Öffnung des Unterrichts. Wie ein solcher Anfang mit kleinen Schritten organisiert werden kann, ist im Kapitel 1 (S. 7 ff.) beschrieben.

Der Unterricht im Rahmen eines systematischen Lehrgangs ist dagegen auch methodisch weitaus festgelegter. Idealtypisch lassen sich drei Phasen des methodischen Stufengangs unterscheiden.

1. Phase: Sammlung konkreter Grunderfahrungen
Auch im systematischen Arithmetiklehrgang sollen die Vorerfahrungen der Kinder und ihre informellen Lösungsstrategien aufgegriffen werden. Der Lernprozess soll an das Vorwissen anknüpfen. Der Unterricht beginnt daher mit einer Sammlung von Grunderfahrungen zu dem jeweiligen Thema.

- Der Bericht eines Kindes im Morgenkreis passt zufällig zum gewählten Thema. Er wird aufgegriffen, die für das Thema wichtigen Aspekte werden durch die Gesprächsführung der Lehrerin behutsam herausgearbeitet.
  Beispiel:
  Annika hat ein Haustier bekommen, einen Hamster.
  - Wie alt ist er, wie alt wird er wohl werden? Wie alt ist Annika dann?
  - Wovon ernährt sich ein Hamster? Wie viel Futter braucht er täglich? Was kostet das?
  - Hamster brauchen Pflege. Annika hat sich fest vorgenommen den Käfig einmal in der Woche selbst zu reinigen. Was muss sie tun? Wie lange dauert das ?
- Die Lehrerin erzählt eine auf das Thema hinführende Geschichte. Die Kinder berichten über ihre eigenen Erfahrungen dazu, schlagen Lösungen für konkrete Aufgaben vor, spielen die Problemlösungen durch.
  Beispiel:
  Das Märchen von den Bremer Stadtmusikanten diente schon in den zwanziger Jahren der Einführung der Zahl 4. Das Märchen wird nachgespielt. Zerlegungen der Zahl 4 kommen ins Spiel bei der folgenden Überlegung: Auf dem Weg zum Haus gehen die Tiere in zwei Gruppen, z. B. Hund, Esel und Katze zusammen, der Hahn allein. Welche Möglichkeiten gibt es noch?
- Eine den Kindern vertraute Alltagssituation wird in der Klasse durchgespielt; die arithmetischen Aspekte werden nach und nach in den Vordergrund gestellt.
  Beispiel:
  Wohl jedes Kind war schon mit den Eltern beim Einkaufen. Die Situation des Herausgebens von Wechselgeld wird als Konkretisierung der additiven Ergänzung (6 € + □ = 10 €) durchgespielt.
- Eine konkrete Situation oder ein Bild von ihr ist Ausgangspunkt für die Berichte der Kinder und für ihre weiteren Aktivitäten, für Spiele oder für Handlungen des Ordnens, Sortierens, Zerlegens in Teilmengen, für Simulationen der Situation.
  Beispiele:
  Der Vorplatz der Schule wird mit quadratischen Platten ausgelegt. Wie viele Platten und wie viele Randsteine benötigen wir? Beim Nachlegen im Unterricht beginnen wir mit ganz kleinen „Plätzen“:
  1 Platte - 4 Randsteine
  2 Platten - 6 Randsteine
  3 Platten - 8 Randsteine
  4 Platten - 10 Randsteine
  Maik braucht für seinen Platz mit 4 Platten nur 8 Randsteine. Wie hat er das gemacht?

Alle diese Gespräche und Aktivitäten stehen im Spannungsfeld zwischen der Spontaneität der Kinder und der zielgerichteten Steuerung durch die Lehrerin. Einerseits sollen die Vorerfahrungen der Kinder ernst genommen werden. Die Kinder sollen sich in die Situation hineinleben können, die Gespräche und (Spiel-) Handlungen nicht nur als eigentlich lästigen oder gar überflüssigen Zwischenschritt in Richtung auf das mathematische Ziel erleben. Die Kinder sollen ihr Denken, ihr Wahrnehmen, ihr Fühlen auf die konkrete Situation konzentrieren. Eine verfrühte Aufmerksamkeitsfokussierung auf die mathematischen Aspekte verhindert die Bereitstellung der Vorerfahrungen. Andererseits gehört zum Mathematikunterricht aber durchaus eine behutsame Konzentrierung der Wahrnehmung auf die mathematischen Aspekte der Situation, die es ja aufzugreifen, zu systematisieren und zu abstrahieren gilt. Fehlende oder zu geringe Steuerung der Aufmerksamkeitsfokussierung auf die in der Situation enthaltene Mathematik führt zu ziellosem Aktionismus. Für den richtigen Weg zwischen diesen beiden Polen gibt es kein Patentrezept; hier ist das „Fingerspitzengefühl“ der Lehrerin gefordert. Das Bewusstsein über diese Gratwanderung zwischen Spontaneität der Kinder einerseits und notwendiger, das Ziel anstrebender Steuerung andererseits kann aber helfen, in der konkreten Situation jeweils die richtige Entscheidung zu treffen.

2. Phase: Übergang von der konkreten Situation zur Arbeit mit abstraktem Material: Legen und Zeichnen
Während in der ersten Erarbeitungsphase noch mit dem kontextgebundenen Material, mit Spielzeugautos, mit Puppen ... gearbeitet wird, werden die Erfahrungen aus dieser Phase nun auf das abstrakte, sog. „didaktische“ Material übertragen. (Im Kap. 3, S. 34 ff. werden diese Materialien und Kriterien zu ihrer Beurteilung vorgestellt.)

- Aus den 6 Apfelsinen werden 6 Wendeplättchen. Die Körbe, auf die die Apfelsinen verteilt wurden, sind nun zwei gezeichnete Kringel, in die die Wendeplättchen gelegt werden.
- Aus den 5 Spielzeugautos, die auf zwei verschiedene Parkplätze gefahren sind, wird eine Steckwürfelstange; nur noch ein aufgelegter Bleistift zeigt, welche „Autos“ auf den linken, welche auf den rechten Parkplatz fahren.
- Die Kinder der Klasse, die sich zuvor zu Dreier- oder Fünfergruppen zusammengefunden haben, werden nun zu Perlen auf dem Rechenrahmen, die zu solchen Gruppen zusammengeschoben werden oder gar nur zu Strichen auf dem Papier; die Gruppenbildung erfolgt durch Einkringeln.

In dieser Phase wird die Stärke dieser sog. didaktischen Materialien besonders deutlich. Gerade die Merkmalsarmut der Plättchen, Würfel, Stäbe, Perlen, ... erlaubt es, dass sie zu Stellvertretern für alle möglichen konkreten Objekte werden können. Der Umgang mit ihnen lässt immer wieder eine Interpretation der Handlung in Bezug auf die reale Situation zu: Steckwürfel werden zu Häusern, die ohne Mühe auf dem Tisch verschoben, zu Gruppen zusammengestellt werden können, Rechenplättchen werden zu Autos, zu Schwänen auf dem Teich, zu Mäusen, die vor der Katze in zwei verschiedene Mauselöcher fliehen.
Die Merkmalsarmut dieser Materialien ermöglicht aber nicht nur die Rückinterpretation auf die realen Situationen, sondern zugleich auch die Abstraktion von ihnen. 5 Perlen auf dem Rechenrahmen sind eben nicht nur 5 Apfelsinen, 5 Autos, 5 Frösche, sie stehen vielmehr für die (Kardinal-)Zahl 5 als Klasse aller gleichmächtigen Mengen. Die abstrakte Vorstellung von der Zahl 5 entsteht auf der Grundlage der Erkenntnis, dass alle diese konkreten Situationen etwas Gemeinsames haben, nämlich die Zahleigenschaft 5. Die Aufteilung von 5 Perlen in eine 2er- und eine 3er-Gruppe zeigt nicht nur, dass man von 5 Apfelsinen 2 in den linken Korb, 3 in den rechten legen kann, sie steht vielmehr für alle möglichen konkreten Aufteilungsmöglichkeiten von 5 Objekten in eine 2er- und eine 3er-Gruppe, sie steht für die Aufteilung der Zahl 5 in 2+3 schlechthin.

Drei Aspekte sind in diesen beiden ersten Phasen wichtig für das kindliche Lernen:

- Die vielfältigen Handlungserfahrungen in unterschiedlichen Sachkontexten zeigen den Umfang, den Anwendungsbereich des abstrakten Begriffs auf. Nur dann, wenn diese Erfahrungen gesammelt wurden, kann von ihnen der abstrakte Begriff gebildet werden. Nur dann, wenn die Zahl 5 im Zusammenhang mit vielfältigen unterschiedlichen Situationen erfahren wurde, kann der abstrakte Begriff „5" gebildet werden.
- Die konkreten Handlungen sind die Grundlage für die Entwicklung der Fähigkeit, solche Handlungen nur noch in der Vorstellung durchführen zu können. Das konkrete Operieren soll zu einem verinnerlichten Operieren mit visuellen Vorstellungsbildern führen. Wie dieser Prozess der Verinnerlichung gefördert werden kann, ist im Kap. 5.5.3 (S. 142 ff.) beschrieben.
- Das Arbeiten mit dem eingeführten „didaktischen" Material (Rechenrahmen, Wendeplättchen o. ä.) soll dazu beitragen, dass im kindlichen Denken Prototypen für Zahlen und für Operationen mit ihnen entstehen, also schematische Vorstellungen von Zahlen und Rechenoperationen allgemeiner Art, die wiederum für eine große Anzahl von Konkretisierungen stehen können (vgl. dazu Lorenz 1992).

3. Phase: Symbolische Notation der Zahleigenschaften und Zahlbeziehungen
Am Ende dieses dreiphasigen Stufengangs zunehmender Abstraktion sollen die Kinder die Zahleigenschaften von Mengen mit Ziffern notieren können, Addition und Subtraktion mit den entsprechenden Rechenzeichen „+" und „-" kennzeichnen und Zahlbeziehungen mit „=", „<" und „>" aufschreiben können. Diese symbolischen Notationen stehen aber erst am Ende einer ganzen Reihe anderer Notationsverfahren, die diesen letzten Abstraktionsschritt vorbereiten. So kann z. B. die Zahleigenschaft einer Menge notiert werden durch Legen bzw. Malen einer entsprechenden Zahl von Plättchen, durch Zuordnen (Legen/Malen) eines Standard-Würfelzahlbildes oder durch Herstellen einer entsprechenden Strichliste (vgl. dazu Kap. 4.2.3, S. 77 ff.).

4.2 Die Zahlen bis 10

4.2.1 Ganzheitliche Zugänge zu den ersten Zahlen

Nimmt man den Anspruch ernst an die Vorerfahrungen der Kinder anknüpfen zu wollen, dann darf die erste schulisch vermittelte Mathematik nicht zu einem Bruch mit allen bisherigen Erfahrungen mit Mathematik führen. Am Anfang stehen daher ganzheitliche Zugänge, die den Kindern erlauben im Rahmen von Beobachtungen, Erkundungen und Untersuchungen ihre bisherigen Erfahrungen fortzuführen.

Beobachten, Erkunden und Untersuchen

Das Leben ringsum und das Leben in der Schule liefern zahlreiche Anregungen für solche herausfordernden Situationen, die Gelegenheiten zum Beobachten und Erkunden, zum Fragen und Forschen und zum Darstellen der Ergebnisse geben. Nur selten sind solche Erkundungsaufgaben einem eng begrenzten Themenbereich der Mathematik zuzuordnen, etwa dem Thema „Zahlenraum bis 10" oder „Rechnen mit Geldwerten bis 20" o. Ä. Der Regelfall ist vielmehr, dass in solchen „Projekten" verschiedene Themenbereiche der Mathematik und außermathematische Themen eine Rolle spielen. Entsprechend sind solche Anregungen in diesem Handbuch nicht nur in diesem Kapitel zu finden. Weitere Anregungen finden Sie in den Kapiteln 2, 5 und 6.

Schulanfänger gehen mit großen Erwartungen in die Schule. Vieles Neue stürzt auf sie ein, Neues, das für sie von großer Bedeutung ist, über das sie mehr erfahren wollen. Die Anregungen für Erkundungen entnehmen wir deshalb zunächst dem neuen Lebensbereich Schule, erweitern die Themen dann zunehmend in Richtung schulisches und außerschulisches Umfeld.

Wir und unsere Klasse

Viele Kinder der Klasse kennen sich schon vom Kindergarten oder vom Spielen auf der Straße her. Es gibt aber auch „neue Gesichter“. Die neue Klassengemeinschaft ist ein neuer Lebensraum, der Anlass für viele Fragen und Erkundungen ist.

- Wie viele Kinder gehen in die Klasse 1b? Wer kann sie schon zählen? Marion zählt 23 Kinder, Karen zählt sogar 24. Wer hat Recht? Wie können wir das Zählen übersichtlicher machen? (Aufstellen in einer Reihe und abzählen; Paare oder Fünfer-Gruppen bilden u. Ä.)
- Jedes Kind darf an die Tafel gehen und einen Strich in ein vorbereitetes Kästchen malen. Mit 5 Strichen ist ein Kästchen voll. Jetzt ist das Zählen ganz einfach.

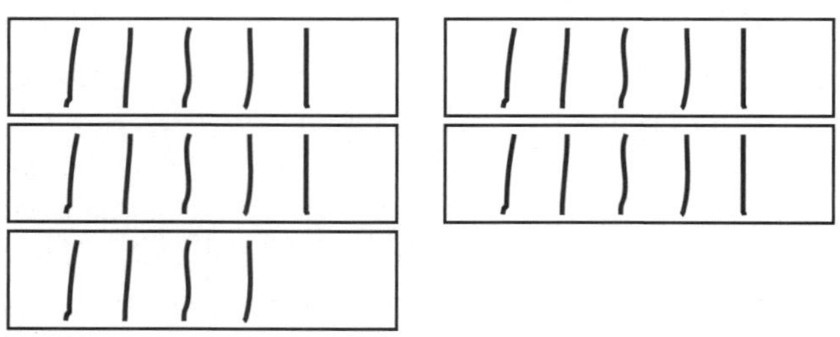

- 24 Kinder gehören zu unserer Klasse. Heute fehlen Maren und Erkan. Wie viele Kinder sind heute gekommen?
- Gibt es in unserer Klasse mehr Mädchen oder mehr Jungen? Vanessa schlägt vor Paare zu bilden. Silke und Irene haben keine Partner bekommen. Kannst du jetzt etwas über die Anzahl der Jungen und Mädchen sagen?
- Wir wollen genauer wissen, wie viele Mädchen und Jungen es sind. Wieder kommt jedes Kind an die Tafel und malt einen Strich, oben die Mädchen, unten die Jungen.

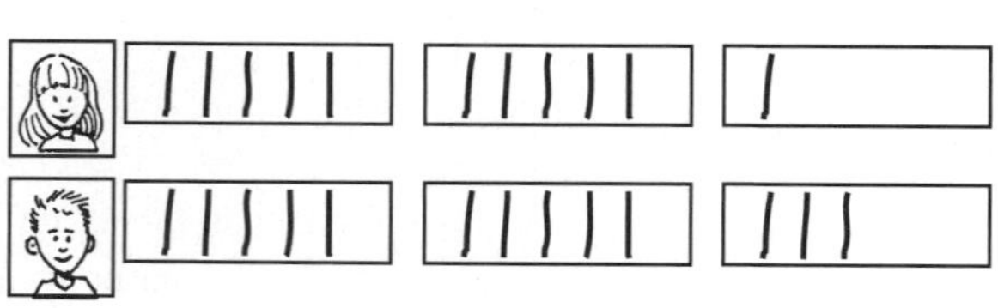

- Jedes Kind bringt ein Foto von sich mit. Später werden die Fotos für den Klassen-Geburtstagskalender benötigt. Zuvor müssen wir uns aber gegenseitig genauer kennen lernen. Wer erkennt das Mädchen auf dem Foto? Wie alt ist Mareike? Wer ist ebenfalls 6 Jahre alt? Wir sortieren unsere Bilder nach dem Alter der Kinder. Die Punkte auf den Würfelbildern zeigen, wohin jeder sein Bild legen muss.

- Es ist ein erstes Säulendiagramm entstanden, das Anlass für weitere Fragen und für neue Aufgaben ist: Warum gibt es so wenige Fünfjährige in der Klasse? Wann werden diese Kinder 6 Jahre alt? Wir sortieren die Bilder nach den Geburtsmonaten, 3 Kinder im Januar, 1 Kind im Februar, 5 Kinder im März ... Natürlich muss auch die Lehrerin ein Foto für den Geburtstagskalender mitbringen. Wie viele Fotos haben wir jetzt?
- In unserer Klasse sitzen wir in Tischgruppen zusammen. An der Pinnwand sind die Namen der Tischgruppen mit einem Symbol gekennzeichnet. Über jedem Symbol stehen die Namenskärtchen der Kinder dieser Gruppe. So kann jeder ablesen, dass Sven, Ismihan, Deniz und Marja zur Dino-Gruppe gehören. Mit weiteren Symbolen kann gekennzeichnet werden, welche Gruppe in dieser Woche welche Klassenaufgaben zu erledigen hat.
  Veränderungen der Zusammensetzung der Tischgruppen werden zunächst am Plan durchgespielt. Maik schlägt Tischgruppen mit 6 Kindern vor. Wie viele Tischgruppen haben wir dann?

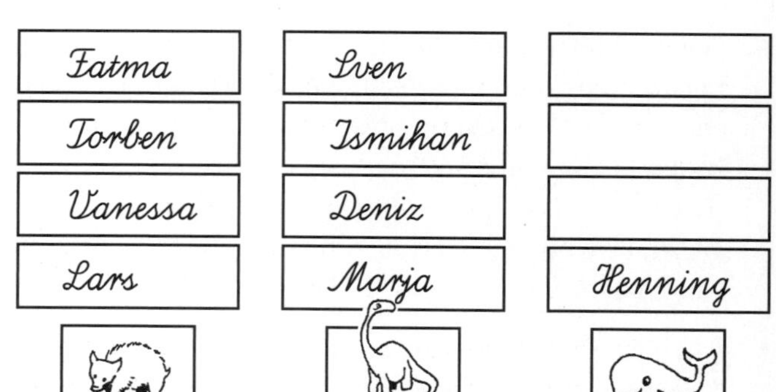

Strichlisten und Säulen- oder Balkendiagramme, die durch konkrete Gegenstände wie Bilder oder Namenskärtchen hergestellt werden, sind erste Möglichkeiten, Informationen komprimiert und übersichtlich zugleich darzustellen. Ist diese Form der Notation erst einmal bekannt, dann steht sie für die Präsentation zahlreicher weiterer Erkundungsergebnisse zur Verfügung. Hier einige weitere Anregungen für solche Erkundungen zum Rahmenthema „Wir und unsere Klasse“:

- Wo wir wohnen: Ganz viele Kinder wohnen in der Bahnhofstraße, nur ein Kind kommt aus dem Waldweg ...
- Unsere Augenfarbe: Wie viele Kinder haben grüne, blaue, graue, braune Augen? Jeder malt ein Auge seines Nachbarn.
- Unsere Haarfarbe
- Unsere Lieblingssänger, -schauspieler, -sportler ...
- Am liebsten hätte ich folgendes Haustier ...
- Diese Spiele spielen wir am liebsten: Memory, Mensch-ärgere-dich-nicht ...
- Diese Sportarten mögen wir besonders gern: Fußball, Schwimmen ...
- Wie viele Kinder können schon schwimmen?
- Wie viele Geschwister hat jedes Kind? (vgl. auch Kap. 6.2.1, S. 152)
- In der Schule kann jeder Milch oder Kakao oder Apfelsaft zum Frühstück bekommen. An der Pinnwand kann abgelesen werden, wer sich für welches Getränk entschieden hat. Die Bären-Gruppe verteilt die Getränke.
- Diese Eissorten mögen wir besonders gern: Vanille, Zitrone, ...

Weitere, vor allem auf den Klassenraum bezogene Fragestellungen finden Sie in den Kapiteln 5 (S. 119 ff.) und 6 (S. 150 ff.).

Unsere Schule
Je sicherer die Kinder sich im vertrauten Kreis der eigenen Klassengemeinschaft fühlen, desto mehr kann der Horizont für Beobachtungen und Erkundungen erweitert werden.

- Die Partnerklasse
  Hat jeder von uns in der Partnerklasse seinen eigenen Partner? Wie viele Kinder gibt es dort, wie viele Mädchen, wie viele Jungen? Wie sieht der Stundenplan der Partnerklasse aus? Wie alt sind die Kinder? Was können wir gemeinsam unternehmen?

- Die Parallelklassen
  Wie viele erste Klassen gibt es an unserer Schule? In welchen Räumen sind diese Klassen? Gibt es in den Parallelklassen wohl mehr oder weniger Kinder als bei uns? Welche Hobbys haben die Kinder? Welche Fernsehprogramme sehen sie am liebsten? Kann wohl schon jemand herausfinden, wie viele Kinder unserer Schule eine 1. Klasse besuchen?

- Lehrerinnen und Lehrer unserer Schule
  Wer kennt sie schon alle mit Namen? In welchen Klassen unterrichten sie? Wie viele sind es insgesamt? Wo hat die Schulleiterin ihr Büro, wo die Schulsekretärin? Wie sieht der Stundenplan der Schulleiterin aus? Warum unterrichtet sie weniger Stunden als andere Lehrerinnen?

- Das Schulgebäude
  Wie viele Räume hat unsere Schule? Warum gibt es mehr Räume als Schulklassen? Wie viele Stufen haben die Treppen? Wer kann immer 2 Stufen auf einmal nehmen und die Stufen trotzdem richtig abzählen? Beschreibe den Weg von unserem Klassenzimmer zum Büro der Schulleiterin. Wege im Kopf: Aus unserem Klassenraum heraus, nach rechts durch den Flur, am Ende des Flurs nach links, dann die dritte Tür rechts; wo bist du? In der Aula stehen die Stühle aufgestapelt; wie viele sind es?

- Auf dem Schulhof
  Welche Spielgeräte gibt es dort, wie viele? Wie viele Kinder spielen auf dem Klettergerüst, wie viele im Sandkasten? Welches Spielgerät ist in unserer Klasse am beliebtesten? Was machen die Kinder in der Pause? Welche Spiele spielt ihr in der Pause am liebsten? Wie lange dauert eigentlich eine Pause?

- Auf dem Lehrerparkplatz
  Wie viele Autos stehen dort? Wer kennt die Autotypen? Wie viele von jeder Sorte gibt es? Wie viele rote, weiße, blaue ... Autos gibt es? Wer weiß, wem die Autos gehören? Was bedeuten die Nummernschilder? Wer findet die größte Zahl auf einem Nummernschild? Kannst du sie auch schon lesen? Wer ist denn mit dem Fahrrad gekommen?

- Der Schulweg
  Wer kann seinen Schulweg beschreiben? Was siehst du unterwegs? Wann gehst du zu Hause los, wann bist du an der Schule, wie lange dauert der Schulweg? Wer hat den längsten, wer den kürzesten Weg und warum kommt Verena trotzdem so häufig zu spät? Wo überquerst du die Hauptstraße? Welche Verkehrsschilder siehst du unterwegs? Wie sehen sie aus? Was bedeuten sie? Bei einem Unterrichtsgang erstellt jedes Kind eine Strichliste für „sein Verkehrsschild“.

Außerdem sammelt jedes Kind unterwegs einen Gegenstand, der möglichst genau 30 Gramm wiegen soll. Wer hat am besten geschätzt? Mike hat unterwegs eine Eintrittskarte gefunden. Was erzählt sie uns? Was bedeutet die Zahl auf der Karte?

Erkundungen in der näheren und weiteren Umgebung
Das schulische Umfeld, das Elternhaus, der Stadtteil, Speisen und Getränke, Geschäfte, Zeitungen und Kataloge, sportliche Aktivitäten und viele andere Themen mehr können Anlass für weitere Entdeckungen sein. Aus der Vielzahl der Möglichkeiten hier nur eine kleine Auswahl:

- Bei uns zu Hause
  Ich bin 6 Jahre alt, meine große Schwester ist schon 9 Jahre alt. In einem Jahr bin ich 7 Jahre alt. Wie alt ist dann meine Schwester? Wie ist das in 2, 3, 4, ..., 10 ... Jahren? Wie alt ist meine Mutter, wie alt ist sie in 2, 3 ... Jahren?
  Ich bin jetzt 1 Meter und 25 Zentimeter groß, mein Vater ist schon 1 Meter und 82 Zentimeter groß. Kann man auch sagen, wie das in 1, 2, 3 ... Jahren ist?
- Obst, Gemüse und andere Speisen
  Haben Äpfel immer gleich viele Kerne?
  Haben alle Apfelsinen (Mandarinen) gleich viele Stücke?
  Wie viele Kerne hat eine Gurke?
  Wie schwer ist eine Kartoffel?
  Wie schnell wächst eine Bohne?
  Wie viele Stückchen hat eine Tafel Schokolade? Ist das bei allen Sorten gleich?
- Zeitungen, Zeitschriften und Kataloge
  Wer findet Bilder von Doppelpackungen, Dreier-, Vierer-Packungen ...?
  Wer findet etwas für ungefähr 1 €, 2 € ...?
  Was bedeuten die Angaben „S, M, L, X, XL, XXL"?
  Wie viele Kinder tragen ein T-Shirt der Größe „S", „M" ...?
  Kirsten hat Bilder von 6 Paar Schuhen aus dem Katalog ausgeschnitten; wie viele Schuhe sind das? 8 Paar Socken - wie viele Socken? 5 Spielzeugautos - wie viele Räder?
- Sportliche Leistungen
  Wer kann länger auf einem Bein stehen?
  Wie oft kannst du in einer Minute (Stoppuhr!) auf einem Bein hüpfen, wie oft seilspringen, wie viele Kniebeugen machen, wie oft den Ball prellen, wie häufig den Tischtennisball auf dem Schläger hüpfen lassen ...?

Schätzen, Zählen, strukturiertes Zählen

Die Geschichte des Zählens und der Versuche, die Zählergebnisse dauerhaft festzuhalten, ist ca. 10.000 Jahre alt. Ab etwa 9.000 vor unserer Zeitrechnung wurde in Mesopotamien das Zähl- bzw. Messergebnis bei der Mengenbestimmung von Wirtschaftsgütern mit Hilfe von Rechensteinen aus Ton repräsentiert. Diese Steine wurden in versiegelten Tonbehältern aufbewahrt, der Inhalt der Tongefäße wurde zusätzlich außen in die Tongefäße geritzt - eine frühe Form der doppelten Buchführung. Die Steine selbst repräsentierten mit der Anzahl zugleich auch die Waren: 3 Scheffel Korn. Abstrakte Zahlen, Zahlen also, die sich nicht zugleich auch auf Dinge bezogen, gab es noch nicht. Die Entwicklung solcher „unbenannten Zahlen" dauerte annähernd 6.000 Jahre. Über die Jahrtausende hin sind zahlreiche Notationsformen für Zählergebnisse entwickelt worden, Keilschriften, Kerbhölzer, Finger- und Körperzahlen (bis 10.000 !), Rechenstäbe, -steine und -bretter, ja selbst Schnüre sind mit kunstvollen Knoten versehen worden, um so das Ergebnis des Zählens zu notieren (vgl. Ifrah 1991). Alle diese Entwicklungen sind getragen von dem Bemühen immer übersichtlichere und ökonomischere Notationsformen zu entwikkeln, kurz: den Zahlen eine Struktur zu geben.

Aus kulturgeschichtlicher Perspektive ist die Entwicklung des Zählens, der Zahlen und ihrer Notationsformen unbestritten ein wichtiger Aspekt der Entwicklung der Menschheit. In didaktischer Hinsicht ist der Stellenwert des Zählens bei weitem nicht so eindeutig. Es hat Zeiten in der Geschichte der Rechenmethodik gegeben, in denen versucht wurde, den gesamten Rechenunterricht vom Zählen und zählenden Rechnen her zu entwickeln, aber auch Zeiten, in denen das Zählen nicht nur verpönt war, sondern den Kindern regelrecht verboten wurde.

Den Stellenwert des Zählens im arithmetischen Anfangsunterricht sehen wir heute differenzierter. Ein kleines *Experiment* soll dies deutlich machen.

Für dieses Experiment ist Ihre aktive Mitarbeit notwendig. Sie sollen rechnen, ganz einfache Aufgaben, allerdings nicht mit den Ihnen vertrauten Zahlen, sondern mit Buchstaben: a steht für 1, b für 2, c für 3 usw. Rechnen Sie bitte die Aufgabe „e+f".

Vielleicht haben Sie die Übersetzungsstrategie gewählt. Durch Abzählen haben Sie festgestellt, dass e für 5 steht, f also für 6. „5+6=11", das wissen Sie auswendig. Nun mussten Sie nur noch durch Abzählen ermitteln, dass der Buchstabe k der Zahl 11 entspricht. Kleinen Kindern, die die ersten Zahlen lernen und die ersten Rechenaufgaben zu lösen versuchen, steht eine solche Übersetzungsstrategie in einen vertrauteren Bereich nicht zur Verfügung.

Vielleicht haben Sie auch so gerechnet: Den ersten Summanden „e" haben Sie durch Abzählen an den Fingern einer Hand dargestellt: „e" ist „eine Handvoll", „f" ist die andere Hand und ein weiterer Finger. Nun konnten Sie von vorne auszählen und dabei die Finger ausstrecken oder sie ansehen (und vielleicht begleiten Sie ja - wie kleine Kinder - diesen Zählprozess durch Kopfnicken): a, b, c, ... k. Diese Vorgehensweise nennt man die Strategie des „Alles-Zählens". Sie ist eine erste Strategie zählenden Rechnens, die in allen Kulturen zu beobachten ist, bei den Kindern in New York ebenso wie bei den Papua auf Neu-Guinea.

Warum haben Sie Zuflucht zu einer solch „primitiven" Strategie genommen, warum haben Sie die Aufgabe nicht wenigstens durch die etwas anspruchsvollere Strategie des Weiterzählens gelöst? Versuchen Sie es einmal: e ... f ist a – g ist b – h ist c – i ist d – j ist e – k ist f. Sie müssen das Zählen zählen. Von Kindern in der ersten Klasse erwarten wir noch weitaus anspruchsvollere Strategien, z. B. das Verdoppeln: Doppel-e ist j; j+a ist k.

Dieses Beispiel soll zwei Aspekte verdeutlichen:

(1) Die Kenntnis der Zahlwortreihe ist eine unabdingbare Voraussetzung für das erste (zählende) Rechnen. Je sicherer die Zahlwortreihe beherrscht wird (vor- und rückwärts; in Zweier-, Dreierschritten; vorwärts ab x, rückwärts ab y), desto leichter fällt das zählende Rechnen und die Ablösung von zählenden Strategien des Rechnens.

(2) Heuristische bzw. operative Strategien (Verdoppeln; Zerlegen und Zusammensetzen u. ä.) sind nur dann möglich, wenn die Zahlwortreihe Struktur bekommen hat, wenn z. B. solche „Stützpunktzahlen" wie 5 („e") und 10 („j") fest im Denken verankert sind, wenn ihre Beziehungen untereinander bekannt sind (z. B. „Doppel-Fünf ist Zehn") und wenn die „Entfernung" der anderen Zahlen von diesen Stützpunktzahlen „auf einen Blick" erkannt wird.

Überspitzt formuliert: Die Thematisierung des Zählens im arithmetischen Anfangsunterricht ist eine notwendige Voraussetzung für die Überwindung des zählenden Rechnens. Dies setzt allerdings flankierende Maßnahmen voraus:

- Auswahl eines zentralen Arbeitsmittels, das den Zahlen eine Struktur gibt und den Kindern so bei der Entwicklung einer Vorstellung von „Stützpunktzahlen" und bei der Ablösung vom zählenden Rechnen hilft (vgl. Kap. 3, S. 35 ff.)
- Zählübungen in Zahlenräumen, in denen die Zahlwortreihe noch nicht so vertraut ist
- Kurzzeitübungen zur quasi-simultanen Zahlauffassung mit dem Ziel die Ablösung von der zählenden Zahlauffassung zu erreichen: Am Rechenrahmen wird hinter einem Karton verborgen die Zahl 8 dargestellt. Diese Zahldarstellung wird den Kindern nur ganz kurz gezeigt. Wer hat sie erkannt? Wie viel fehlt bis 10?
- geschicktes Zählen durch Strukturierung der Menge
- Entwicklung zunehmend elaborierterer Formen der Notation der Zahleigenschaft
- Entwicklung einer Größenvorstellung von Zahlen durch Schätzübungen

Die im Folgenden beschriebenen Aktivitäten sollen den Kindern Gelegenheit geben zum Schätzen, zum Zählen und zum strukturierten Zählen. Dabei sollen sie ihre vorhandenen Zählfähigkeiten festigen und auf größere Zahlenräume erweitern. Darüber hinaus sollen sie Verfahren des strukturierten Zählens kennen lernen und erproben:

- Zählen in Schritten,
- Zählen mit Absonderung der schon gezählten Objekte,
- Zählen mit schriftlicher Notation von Zwischenergebnissen,
- Gruppieren bzw. Bündeln der zu zählenden Objekte (z. B. in Zweier-, Fünfer- oder Zehnerbündel) und Auszählen der Bündel und des Restes.

Schokolinsen

Wohl jedes Kind kennt sie, die „vielen, vielen bunten ...". Manche Kinder haben vielleicht schon einmal auszuzählen versucht, wie viele von diesen kleinen Schokolinsen in einer Packung sind. Sie können ja einmal selbst Ihre Schätzfähigkeit prüfen: Wie viele Schokolinsen sind in einer kleinen 40g-Rolle? Ob wohl jedes Kind Ihrer Klasse 2 Schokolinsen aus dieser Packung bekommen kann?

Die folgenden Aktivitäten müssen nicht mit den Original-Schokolinsen durchgeführt werden; allzu schnell lösen sie sich in den warmen Kinderhänden auf oder neigen dazu auf völlig geheimnisvolle Weise die von Piaget beschriebene Konstanz der Anzahl in Frage zu stellen. Alle Aktivitäten können auch mit Muggelsteinen (s. auch die Beschreibung der Materialien für die Mathe-Ecke, S. 16 ff.) simuliert werden.

- Wie viele Schokolinsen sind in einer kleinen, einer großen eckigen Packung, wie viele in einer kleinen, in einer großen Rolle? Wer weiß, was die Aufschrift „40 g" bedeutet?
- Zum Zählen können wir
  - alle Schokolinsen ausschütten und einzeln zählend wieder in die Packung geben,
  - alle Schokolinsen in eine lange Reihe legen und abzählen,
  - eine lange Doppelreihe legen und in Zweier-Schritten abzählen,
  - immer 5 Paare von Schokolinsen zu einer Zehnergruppe zusammenlegen und dann alle in Zehner- und weiteren Einerschritten abzählen,
  - immer 5 Schokolinsen in eine kleine Filmdose geben und die Gesamtzahl dann durch Zählen in Fünfer- und Einerschritten bestimmen.
- Schokolinsen gibt es in vielen Farben. Welche Farben gibt es in deiner Packung? Wie viele von jeder Sorte?

blau	rot	lila	grün	orange	braun	gelb
15	*4*	*6*	*3*	*6*	*3*	*5*

- Wie schwer sind 10 Schokolinsen? Lege sie auf eine Briefwaage. Wie schwer ist wohl eine Schokolinse?
- Alle Schokolinsen einer Packung werden dicht aneinander zu einer langen Reihe ausgelegt. Wie lang ist diese Reihe? Wie lang ist eine Reihe von 10 Schokolinsen?
- Ganz zum Schluss dürfen die (noch verbliebenen) Schokolinsen aufgegessen werden. Der Inhalt der kleinen Rolle wird an alle verteilt, zunächst bekommt jeder einen. Wie viele sind noch übrig? Reicht das noch für alle? Wie viele fehlen?

Muggelstein-Schätzwettbewerbe

- Mehr oder weniger?
  Die 1. Klasse füllt zwei kleine Glasbehälter unterschiedlicher Form (Babykost-Gläser, Reagenzgläser, Standzylinder, kleine Trinkgläser ...) randvoll mit Muggelsteinen (Erbsen, Bohnen, Legosteinen ...). Die Kinder der anderen Klassen schätzen, in welchem Behälter mehr Muggelsteine sind.

  Selbstverständlich muss die 1. Klasse anschließend selbst genau ermitteln, in welchem Gefäß mehr Muggelsteine sind. Dazu können sie sich verschiedener Techniken bedienen:
  – den Inhalt beider Gefäße dadurch genau auszählen, dass die einzelnen Objekte in Gruppen (immer 10 in eine Filmdose) zusammengefasst werden,
  – den Inhalt beider Gefäße zu einer Doppelreihe nebeneinander legen,
  – den Inhalt beider Gefäße auf die beiden Seiten einer Tellerwaage legen.
- Wie viele?
  Die Kinder füllen eine kleine Milchflasche randvoll mit Muggelsteinen und stellen diese Flasche im Lehrerzimmer aus. Alle LehrerInnen dürfen/müssen schätzen, wie viele Muggelsteine in dem Gefäß sind, die Schätzung wird schriftlich bei der 1. Klasse abgegeben.

  Welche(r) Lehrer(in) hat am besten geschätzt?

  Zunächst einmal müssen die Kinder selbst die genaue Anzahl ermitteln. Wie können wir sicher sein, dass wir richtig gezählt haben? Die Kinder geben immer 10 Muggelsteine in ein Fach eines Kleinteile-Magazins (bei allen Baumärkten) und können dann in Zehnerschritten zählen. Danach muss ermittelt werden, wer am besten geschätzt hat. Selbstverständlich darf auch die Lehrerin helfen, wenn die Kinder sich nicht einigen können, ob „87“ oder „96“ näher an 91 ist.

  Die Lehrerin mit der besten Schätzung bekommt eine selbst gemalte Urkunde mit vielen Muggelsteinen verziert, der schlechteste Schätzer als Trostpreis einen Muggelstein.

Viele weitere Dinge zum Schätzen und Zählen
Zum Schätzen, Zählen und strukturierten Zählen gibt es nahezu unbegrenzt viele Möglichkeiten. Wichtig ist, dass das Zählen nicht zum Selbstzweck wird, nicht zu einer von der Lehrerin verordneten Aufgabe, deren Bedeutung die Kinder nicht erkennen können. Diese Aktivitäten müssen vielmehr für die Kinder im wahrsten Sinne des Wortes sinnvoll sein, d. h. sie müssen eingebettet sein in eine Rahmenhandlung bzw. in einen Sachkontext, der für die Kinder bedeutsam ist. Das Schätzen und Zählen muss zur Beantwortung einer (die Kinder interessierenden) Frage beitragen. Sicher ist es individuell sehr unterschiedlich, welche Fragen für welche Kinder interessant sind, - selbstverständlich sollen auch nicht alle Kinder zur gleichen Zeit das Gleiche tun - es kann aber angenommen werden, dass die Fragen für die Einzelnen um so interessanter werden, je intensiver die persönlichen Bezüge zu dem Kontext sind. Das können eigene Fundstücke oder Sammlungen sein, die ausgestellt werden sollen, aber auch spielerische Aktivitäten oder Wettbewerbe. Dazu einige weitere Anregungen:

- Von den Sommerferien an der Ostsee hat Ines ganz viele Muscheln mitgebracht. Zusammen mit Marion, Jörg und Werner bereitet sie eine Muschel-Ausstellung vor. Wie viele verschiedene Sorten hat sie gefunden, wie viele von jeder Sorte, wie viele insgesamt?
- Für die Kerzen am Adventskranz hat die Lehrerin eine Schachtel Streichhölzer mitgebracht. Wie viele Streichhölzer sind in der Schachtel? Sind in jeder Schachtel gleich viele?

- Vera sammelt Sticker-Bilder und sortiert sie nach ihrem eigenen System. Besonders umfangreich ist ihre Tierbilder-Sammlung. Neben Affen, Igeln und vielen anderen Tieren hat sie ganz viele Hasen, insgesamt 15, nämlich 4 große und 11 kleine, 6 auf Glanzpapier, 9 aus Filz, 7 Hasenkinder, 5 hoppelnde und 10 hockende Hasen ...
- Irene sammelt dagegen Abziehbilder, Jens, der kleine Drahtige, natürlich Fußballbilder, Fritz vertieft sich in seine Briefmarkensammlung ...
- Karen hat einen Zweig von einem Ahornbaum mitgebracht. Wie viele „Finger“ hat ein Ahornblatt? Wie viele Blätter sind an dem Zweig? Wie viele Blätter hat ein Farnwedel, wie viele Zacken jedes Blatt? In wie viele Teile kannst du einen Ackerschachtelhalm zerlegen? Wie viele Blütenblätter hat eine Kornblume? Wie viele Samenkörner hat eine Bechermalve, wie viele findest du in der Samenkapsel der Stiefmütterchen-Blume? Wie viele Kastanien braucht man zum Basteln eines Kastanien-Männchens, wie viele für die ganze Klasse? Volker hat die ganze Hosentasche mit Eicheln gefüllt; wie viele sind es?
- Torsten durfte die Knöpfe-Sammlung seiner Oma mitbringen, große und kleine Knöpfe, mit 2 oder mit 4 Löchern, weiße, rote, blaue, gelbe, mit Stoff bezogene, manche aus Holz, viele aus Kunststoff und sogar noch einige aus Perlmutt ...
- Jessica bekommt zu Hause häufiger eine „Buchstabensuppe“. Das Essen dauert immer etwas länger, weil sie gern wissen möchte, wie viele Buchstaben von jeder Sorte sie mit einem Löffel aufgenommen hat. In der Schule wird besser mit den ungekochten Buchstabennudeln gearbeitet. Diese Tabelle zeigt, wie viele Buchstaben und Zahlen Jessica mit einem kleinen, gestrichen vollen Eierlöffel aufgenommen hat.

A	B	C	D	E	F	G	H
—	2	4	2	3	—	3	5

W	X	Y	Z	1	2	3	4
4	1	2	—	—	3	1	5

- Insgesamt hat sie 49 Buchstaben und Zahlen gefunden, darüber hinaus 12 Stückchen von zerbrochenen Buchstaben und Zahlen, die sie nicht in ihre Tabelle aufnehmen konnte.
- Maik mag lieber Spaghetti. Wie lang ist eine solche Nudel, wie viele sind in einer Packung?
- Die Schätz- und Zählaufgabe der Woche:
  Wie viele Reiskörner passen auf einen Teelöffel, wie viele Linsen in einen Fingerhut? Wie viele Erbsen sind in dem ganz kleinen Glas, wie viele Heftzwecken in einer Schachtel? In eine ausgelegte Liste tragen die Kinder ihre Schätzungen bzw. ihre Zählergebnisse ein. „Werkzeuge“ zum Zählen (Dosen, Schachteln, Gläser, Zählbretter, Kleinteile-Magazine ...) stehen bereit. Wer hat eine Idee für die nächste Schätz- und Zählaufgabe der Woche?
- Im Baumarkt gibt es Nägel, Schrauben, Schlüsselringe und vieles mehr in durchsichtigen Kunststoffpackungen. Wie viele Teile sind in einer Packung?
- Geschenkpapier zeigt oft interessante Motive und Muster. Wie viele Weihnachtsbäume stehen in einer Reihe, wie viele große, wie viele kleine? Wer kann mit Kartoffeldruck selbst solches Weihnachtspapier herstellen? Muster auf Kindertapeten zeigen viele Clowns, die mit Bällen spielen. Wie viele Sorten von Clowns gibt es, wo findest du sie auf der Tapete, erkennst du ein Muster, wie müsste das Muster weitergehen?

Systematische Zählübungen

Der Begriff „Zählen“ ist ein Sammelbegriff für ein breites Spektrum verschiedener Tätigkeiten mit unterschiedlichem Schwierigkeitsgrad. Zunächst ist zu unterscheiden zwischen dem konkreten *Abzählen* von Gegenständen und dem *verbalen Zählen*, also dem Aufsagen der Zahlwortreihe. Innerhalb der Abzählprozesse unterscheidet die traditionelle Rechendidaktik zwischen *Zahlauffassung* und *Zahldarstellung*. Bei der Zahlauffassung ist eine Menge von Dingen vorgegeben; das Kind zählt diese Dinge ab und stellt z. B. fest, dass auf dem Tisch 8 Bücher liegen. Eine typische Aufgabe, die zur Zahldarstellung führt, ist folgende: „Gib deinem Nachbarn 5 Steckwürfel.“ Hier steht die Zahl im Vordergrund; aus einem größeren Vorrat von Steckwürfeln sind genau 5 auszusondern.

Die Rechenmethodik hat bei der zählenden Zahlauffassung und -darstellung noch weiter differenziert.
Einen Überblick vermittelt die folgende, in Anlehnung an Kühnel (1916) entwickelte Tabelle mit aktualisierten Beispielaufgaben. Diese Tabelle ist nicht zur „Abarbeitung“ im Unterricht gedacht, sie soll vielmehr der Lehrerin einen Einblick in die differenzierte Betrachtungsweise auch schon der älteren Rechenmethodik vermitteln, zugleich soll sie Hintergrundwissen bereitstellen über verschiedene Aspekte des (Ab-)Zählens und die Lehrerin damit in die Lage versetzen, sich anbietende Gelegenheiten zum Zählen auch zu nutzen.

Zählen			
Zahlauffassung		Zahldarstellung	
Zählen wirklicher Dinge			Zählen wirklicher Dinge
• mit Ortsveränderung	• Abzählen der gelieferten Milch- und Kakaoflaschen; jede gezählte Flasche wird aus dem Korb genommen.	• 10 Sprungseile auf einen Haken hängen, 5 Bälle in einen Korb legen	• mit Ortsveränderung
• ohne Ortsveränderung			• Dinge malen
– bloß mit Tippen	• Die Bilder einer Seite im Sammelalbum abzählen; jedes Bild wird beim Abzählen angetippt.	• 4 Bälle malen, 3 Häuser, 8 Sterne . . .	
– bloß mit Zeigen	• Die Spielgeräte auf dem Schulhof abzählen; dabei jeweils auf das gezählte Gerät zeigen	• „In die Luft malen“: 2 Äpfel, 7 Autos . . .	• Zählen mit pantomimischer Darstellung
– ohne Zeigen, nur mit Anschauen			• eine bestimmte Anzahl von Dingen vorstellen
(a) statische Objekte	• Die Fahrräder im Fahrradständer abzählen; beim Zählen wandert der Blick von Fahrrad zu Fahrrad (und manchmal wird das Zählen durch Kopfnicken begleitet).	• Stelle dir 7 Autos auf einem Parkplatz vor. Welche Farbe haben sie? Wie viele von jeder Farbe? Wie viele stehen rechts, wie viele links?	
(b) bewegte Objekte	• Die vorbeifahrenden Fahrräder abzählen		
Zählen „dinglicher Zahlsymbole“ Untergliederung wie oben (mit und ohne Ortsveränderung; mit und ohne Antippen usw.)	• Als Zählobjekte werden keine Alltagsgegenstände mehr genommen, sondern sogenannte didaktische Materialien, also Rechenplättchen, Stäbe usw.	• Als Zählobjekte werden keine Alltagsgegenstände mehr genommen, sondern sogenannte didaktische Materialien, also Rechenplättchen, Stäbe usw. Mit diesen Materialien wird gelegt, gemalt, sie werden vorgestellt ...	**Zählen „dinglicher Zahlsymbole“** Untergliederung wie oben (mit Ortsveränderung; Dinge malen usw.)
Zählen nur vorgestellter Objekte	• Stelle dir dein Kinderzimmer vor. Zähle die Bilder an der Wand.	• Stelle dir 5 Puppen vor ...	**Zählen nur vorgestellter Objekte**

Einige Beispiele für Zählaufgaben:

– Verbales Zählen
  Wie weit kannst du schon zählen?
  Zähle vorwärts ab 5, rückwärts ab 23.
  Zähle vorwärts von 7 bis 18, rückwärts von 35 bis 19.
– Dinge auszählen
  Wie viele Tische, Stühle, Kinder, Bilder, Kleiderhaken ... gibt es in unserer Klasse?
  Wie viele Autos stehen auf dem Lehrerparkplatz, wie viele Fahrräder im Fahrradständer?
  Wie viele Latten hat ein Zaunfeld von Pfosten zu Pfosten?
  Wie viele Fenster hat unsere Schule, unten, oben, auf der Vorder- und auf der Rückseite des Gebäudes?
– Abgedecktes Zählen
  „Abgedecktes Zählen“ ist eine Übungsform, die von den Kindern das Zählen nicht sichtbarer, nur noch

vorgestellter Objekte fordert und zugleich die Addition vorbereitet. Mit der entsprechenden unterrichtlichen Dramaturgie kann diese Form zu einer spannenden Übung im Rahmen des sog. „Fünf-Minuten-Rechnens“ werden.
Alle Kinder schließen die Augen. Die Lehrerin legt eine Reihe von Plättchen auf den Tageslichtprojektor, 3 von ihnen deckt sie mit einem Blatt ab. Nun dürfen die Kinder die Augen öffnen und zunächst feststellen wie viele Plättchen zu sehen sind. Dann wird ihnen die Information gegeben, dass 3 Plättchen unter dem Blatt versteckt sind. Wie viele sind es zusammen?

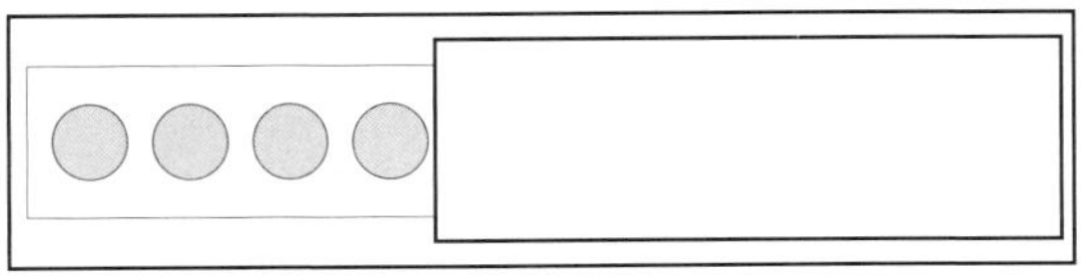

Varianten:

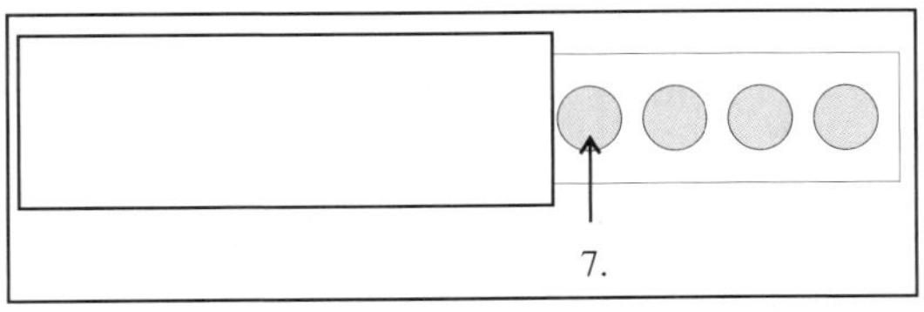

Dies ist der 7. Punkt. Welche Punkte kannst Du sehen? Wie viele Punkte sind abgedeckt?

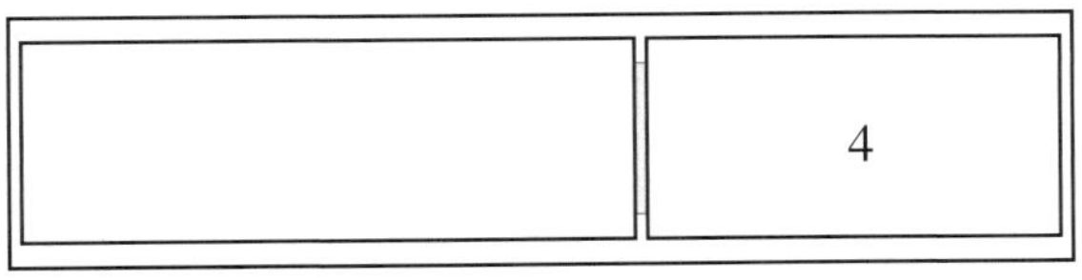

Insgesamt sind 9 Punkte abgedeckt. Unter dem rechten Blatt liegen 4 Punkte. Wie viele liegen unter dem linken Blatt?

– Zählverse und -lieder, Abzählreime
In Zählversen, Abzählreimen und Zählliedern wird die Reihenfolge der ersten Zahlen gedächtnismäßig eingeübt. Manche dieser Lieder und Verse kennen die Kinder, zusammen mit den begleitenden Spielhandlungen, schon aus ihrer Kindergartenzeit. Recht bekannt ist der folgende Zählvers von den „Zehn kleinen Zappelmännern“, der mit entsprechenden Fingerbewegungen begleitet wird (Guder 1988).

Zehn kleine Zappelmänner

Zehn kleine Zappelmänner
zappeln hin und her.
Zehn kleinen Zappelmännern
fällt das gar nicht schwer.

Zehn kleine Zappelmänner
zappeln auf und nieder.
Zehn kleine Zappelmänner
tun das immer wieder.
Zehn kleine Zappelmänner
zappeln ringsherum.
Zehn kleinen Zappelmännern
scheint das gar nicht dumm.

Zehn kleine Zappelmänner
spielen mal Versteck.
Zehn kleine Zappelmänner
sind auf einmal weg.

Zehn kleine Zappelmänner
gibt´s wohl gar nicht mehr.
Zehn kleine Zappelmänner
rufen wir jetzt her:

Der erste kommt,
der zweite kommt,
der dritte kommt,
der vierte kommt,
der fünfte kommt,
der sechste kommt,
der siebte kommt,
der achte kommt,
der neunte kommt,
der zehnte kommt.

Zehn kleine Zappelmänner
fehlten mir und dir.
Zehn kleine Zappelmänner
sind schon wieder hier.

Die Finger

Meine Hand hat viele Finger,	*Die rechte Hand zeigen.*
lauter lust´ge kleine Dinger:	*Die Finger zappeln lassen.*
Daumen heißt der dicke Mann,	*Entsprechend dem Text die einzelnen Finger der rechten Hand mit dem Zeigefinger der linken Hand berühren. (Abb.)*
Zeigefinger folgt ihm dann.	
Mittelfinger ist recht groß.	
Dieser trägt ein Ringlein bloß.	
Und der Kleinste kommt zuletzt.	
Zählen wir die Finger jetzt:	
eins,	*Den Daumen der rechten Hand berühren.*
zwei,	*Den Zeigefinger berühren.*
drei,	*Den Mittelfinger berühren.*
Ringfinger vier,	*Den Ringfinger berühren.*
fünf ist dieser Kleine hier.	*Den kleinen Finger berühren*
Darum hat die Hand fünf Finger,	*Die rechte Hand zeigen.*
lauter lust´ge kleine Dinger.	*Die Finger zappeln lassen.*

Quelle unbekannt

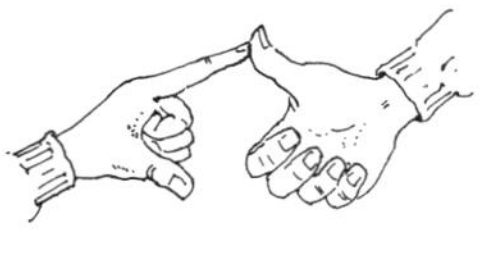

Mit der bekannten Begleitmelodie ist das folgende Lied zu singen:

10 kleine Zwergelein

Ein Gedicht zum Lesen, Spielen, Malen, Rechnen

Ein kleines Zwergelein,
das war so sehr allein,
in der 1_ beim Z da fand´s noch eins,
da war´n sie schon zu zwein.

2 kleine Zwergelein,
die tanzten Ringelreihn,
da kam der Tanzzwerg noch dazu,
da waren sie zu drein.

3 kleine Zwergelein,
die spielten gern Klavier,
der Trommelzwerg hat auch noch Lust,
da waren sie schon vier.

4 kleine Zwergelein,
die hatten keine Strümpf´,
da kam der Strickzwerg, brachte welche,
da waren sie schon fünf.

5 kleine Zwergelein,
besuchten die Zauberhex´,
und hokus pokus fidibus,
da waren sie schon sechs.

6 kleine Zwergelein,
die hab´n ein Lied geschrieben,
das gefiel dem kleinen Gartenzwerg,
da waren sie schon sieben.

7 kleine Zwergelein,
die schliefen jede Nacht,
im Traum erschien der Geisterzwerg,
da waren sie schon acht.

8 kleine Zwergelein,
die konnten sich nicht mehr freu´n,
der Kitzelzwerg erlöste sie,
da waren sie schon neun.

9 kleine Zwergelein,
die konnten gar nichts seh´n,
der Brillenzwerg bracht´ Brillen ihnen,
da waren sie schon zehn.

10 kleine Zwergelein,
die hatten sehr viel Mut,
sie sangen, malten, lernten fein
und allen ging es gut.

10 kleine Zwergelein,
die tanzten Ringelreihn,
da kam die Katz´, hat eins verjagt,
da warens´s nur noch neun.

9 kleine Zwergelein,
die haben laut gelacht,
das eine fiel dabei vom Ast,
da waren´s nur noch 8.

8 kleine Zwergelein,
die hab´n ein Buch geschrieben,
das eine fiel in´s Tintenfass,
da waren´s nur noch 7.

7 kleine Zwergelein,
besuchten die Rechenhex´,
und größer, kleiner, minus, plus,
da waren´s nur noch 6.

6 kleine Zwergelein,
die gingen ohne Strümpf´,
ein´s nieste laut und wurde krank,
da waren´s nur noch 5.

5 kleine Zwergelein,
die spielten gern´ Klavier,
doch eines wollte Trommler werden,
da waren´s nur noch 4.

4 kleine Zwergelein,
die aßen heißen Brei,
ein´s hatte sich dabei verschluckt,
da waren´s nur noch 3.

3 kleine Zwergelein,
die spielten Polizei,
ein´s wollte lieber Räuber sein,
da waren´s nur noch zwei.

2 kleine Zwergelein,
die fuhr´n vergnügt nach Mainz,
das eine blieb beim Karneval,
da war es nur noch eins.

1 kleines Zwergelein,
das ist jetzt ganz allein,
es schaut sich um und ruft ganz laut:
„Wo seid ihr Zwergelein?"

Alle kleinen Zwergelein,
die laufen, schreien, flehn:
wir woll´n jetzt immer zusammensein,
denn in der Schule ist es schön.

Aus: *Die Grundschulzeitschrift (1994), Heft 72, S. 22.*

Weitere Zähl- und Abzählverse:

Eins, zwei, drei,
bist dabei
vier, fünf, sechs,
geh zur Hex.

1, 2, 3, 4, 5, 6, 7,
wo ist meine Frau geblieben?
Ist nicht hier, ist nicht da,
ist wohl in Amerika.

1, 2, 3, 4, 5, 6, 7,
in der Schule wird geschrieben,
in der Schule wird gelacht,
wenn der Lehrer Witze macht.

1, 2, 3, 4, 5, 6, 7,
meine Mutter kochte Rüben,
meine Mutter kochte Speck
und du bist weg.

Ein Lied mit Zahlen:

1,2,3 im Sauseschritt

Text: Lore Kleikamp/Musik: Detlev Jöcker
Aus: *Buch, CD und MC „1, 2, 3 im Sauseschritt“. Münster: Menschenkinder*

Viele weitere Anregungen für Lieder, Verse und Abzählreime finden Sie in Guder 1988.

4.2.2 Die Zahlen bis 10 strukturieren und ordnen

Der arithmetische Anfangsunterricht hat einerseits die Aufgabe, die Kinder zu befähigen, konkrete Sachsituationen mit arithmetischen Mitteln zu bewältigen, er soll andererseits die Kinder aber auch in die Lage versetzen, die mathematischen Werkzeuge selbst, die Zahlen und die Rechenoperationen, genauer kennen zu lernen, sie nicht nur in ihrem ganzen Anwendungsreichtum, sondern auch als abstrakte Begriffe zu verstehen. Zahlen sollen nicht nur in Gebrauch genommen werden, sondern sie sollen auch selbst zum Gegenstand genauerer Analyse und Reflexion werden. Diesem Ziel dient die systematische Behandlung der Zahlen. Im Einzelnen geht es dabei um folgende Ziele:

(1) Erweiterung und Vertiefung der Vorkenntnisse
- Erweiterung der Erfahrungen im Umgang mit Zahlen und Rechenoperationen mit dem Ziel, den Anwendungsbereich dieser abstrakten Begriffe zu erweitern;
- Auffassung der Zahlen mit allen Sinnen;
- Stabilisierung und Erweiterung der Zähl- und Rechenkompetenz;
- Festigung der Größenvorstellung von Zahlen.

(2) Systematisierung der Vorkenntnisse
- Erarbeitung der operativen Struktur der Zahlen: Zahlen zerlegen und zusammensetzen, vergrößern und verkleinern, halbieren und verdoppeln;
- Kenntnis der Zahlbeziehungen: Zahlen miteinander vergleichen, die Zahlvergleiche mit den Zeichen „<“, „>“ und „=“ notieren können;
- Zahlen miteinander verknüpfen können (addieren und subtrahieren) und diese Verknüpfungen mit Hilfe der Symbole „+“ und „-“ notieren können.

(3) Die für den Mathematikunterricht notwendigen Arbeitstechniken erwerben
- Im Kontext von Handlung, Bild, Sprache und geschriebenem Symbol Zahlen auffassen und darstellen können; dazu gehört auch Ziffern schreiben zu können;
- Die Handlungs- und Bildersprache der Mathematik verstehen lernen: Handlungen mit Material und Bildern aus Mathematikbüchern (sog. Veranschaulichungen) hinsichtlich ihres mathematischen Gehalts interpretieren lernen und, umgekehrt, Mathematik in Handlungen und Bildern darstellen können.

Diese Ziele können und sollen auch mit Hilfe der Angebote der Schulbücher verfolgt werden. Dazu müssen diese Bücher aber nicht Seite für Seite „abgearbeitet“ werden. Vielmehr sind die Mathematikbücher zu betrachten als Fundgrube für unterrichtspraktische Anregungen und - das ist die ursprüngliche Funktion von Schulbüchern für die Hand der Kinder - als Aufgabensammlung.

An diesen Zielen des arithmetischen Anfangsunterrichts orientiert sich auch der folgende Aufbau. Die Anregungen für die „Einführung“ von Zahlen und deren systematische Behandlung im Sinne der Schulbuchvorgaben sind hier knapp gehalten. Die Schulbücher selbst und die zugehörigen Lehrerhandbücher geben dazu vielfältige Hinweise.

Ausführlicher dargestellt werden dagegen Anregungen für Aktivitäten, die den Lehrgang begleiten können und sollen, Anregungen, wie typische Notationen in Schulbüchern durch konkrete Handlungen vorbereitet werden können, Anregungen, Zahlen mit allen Sinnen zu erfassen, Anregungen für spielerische Übungsformen u. v. a. m.

Die Erarbeitung der Zahlen bis 10 im Rahmen eines systematischen Lehrgangs

Die „Einführung" einer Zahl bis 10 erfolgt im Schulbuch häufig durch eine großflächige Situationsdarstellung. Das Bild zeigt einen Handlungskontext, in dem die „einzuführende" Zahl eine Rolle spielt: Ein Kind wird 6 Jahre alt und feiert seinen Geburtstag mit 5 Gästen; der Tisch ist mit 6 Tellern, 6 Bechern, 6 Kuchengabeln gedeckt; es gibt 6 Stücke Torte und an der Wand hängen 6 Luftballons. Eine solche Abbildung soll Anregung für konkrete Handlungen sein. Vielleicht wird ein Kind der Klasse gerade 6 Jahre alt, sonst wird diese Situation im Rahmen eines Rollenspiels simuliert. Die Geburtstagsfeier wird geplant. Jedes Kind überlegt sich ein kleines Geschenk, das zur Geburtstagszahl passt, ein Bild mit 6 Blumen, 6 Fußballbilder für den Sammler, ein Geburtstagslied zur Zahl 6 u. ä. Am Geburtstagsmorgen werden diese Geschenke im Morgenkreis überreicht und erläutert. Das Geburtstagsfrühstück in der Klasse wird vorbereitet, natürlich an Sechsertischen mit 6 Tellern, 6 Tassen, 6 (Papier-)Blumen für jeden Tisch, 6 Stühlen ...

Bei allen diesen Aktivitäten werden Zahlen in konkreten (Spiel-)Handlungen in Gebrauch genommen, sie sind nicht nur Gegenstand eines Gesprächs *über* eine Situation, sondern wesentlicher Bestandteil *in* der Situation. Das später folgende Gespräch über das Bild im Schulbuch hat dann eine unmittelbar erfahrene Handlungsgrundlage. Es bündelt die Erfahrungen und führt zugleich ein Stück weiter in Richtung einer gezielteren, systematischeren Behandlung der Zahl 6 bei gleichzeitiger „Übersetzung" in die ikonische Ebene: Während zuvor 6 Tassen konkret auf den Tisch gestellt, 6 Luftballons aufgeblasen wurden, werden nun Bilder von 6 Tassen eingekreist, werden die 6 Luftballons gemalt, kurz: Es folgt ein Abstraktionsschritt von der Handlung zum Bild. Die zuvor mit dem Zahlwort „sechs" sprachlich beschriebene Zahleigenschaft wird nun schriftlich symbolisiert mit Hilfe von 6 Strichen, 6 Punkten oder mit der Ziffer 6.

Bei diesem Zusammenspiel von Handlung, Bild, Sprache und schiftlichem Symbol lernen die Kinder jeweils die „Übersetzungen" von der einen Ebene in die andere. Das Zusammenstellen von 6 Tassen wird in das Malen von 6 Tassen „übersetzt", das sprachliche Abzählen der 6 Tassen wird durch 6 Striche, später durch die Ziffer 6 symbolisiert. Bilder werden zu Notationen von Handlungen; nur wenn sie aus Handlungen erwachsen, sind sie auch auf dem Bedeutungshintergrund der Handlung interpretierbar.

In der Praxis kommt der für den Lernprozess grundlegende Aspekt der konkreten Handlungen der Kinder häufig zu kurz. Im Rahmen einer kleinen Studie (Wienecke 1983) sind Grundschullehrerinnen und -lehrer befragt worden, welche Funktion für sie die Veranschaulichungen in Schulbüchern für den arithmetischen Anfangsunterricht haben. Für 40% der befragten Lehrerinnen und Lehrer sind die Schulbuchbilder Anlässe für Gespräche mit den Kindern, 34% nehmen sie als Stützen für Lehrererklärungen und nur 26% sehen in den Bildern eine Aufforderung, die Kinder konkrete Handlungen durchführen zu lassen. In diesen Zahlen spiegelt sich die weit verbreitete Praxis wider, die Bilder in Schulbüchern nur anzusehen und über sie zu sprechen, statt sie als Anregungen für konkrete Handlungen der Kinder zu nehmen. Lernen erfolgt aber nicht durch die Interpretation bildlicher Darstellungen, sondern auf der Grundlage aktiv-handelnder Durchdringung der Realität und der Übersetzung der so gewonnenen konkreten Erfahrungen in Bilder und Symbole.

Das Wechselspiel zwischen Handlung, Bild und Symbol ist für den Lernprozess konstitutiv. Allerdings darf dieser Prozess weder als Einbahnstraße von der Handlung über

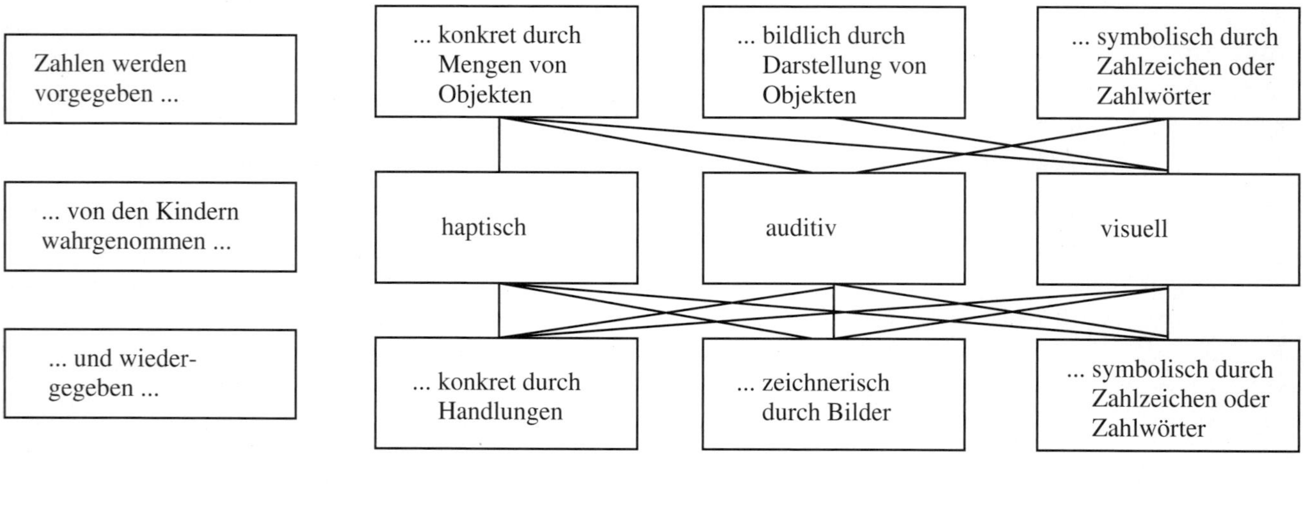

das Bild zum Symbol gesehen werden, noch reicht ein einmaliger Durchlauf aus. Zentrale Aufgabe des Lehrgangs zur Erarbeitung der Zahlen bis 10 ist vielmehr, den Kindern Gelegenheit zu geben für vielfältige Aktivitäten der im vorangegangenen Netz dargestellten Art. Dieses Netz unterscheidet drei wesentliche Aspekte, nämlich erstens die Art der Vorgabe der Zahlen, zweitens die Sinne, mit denen die Kinder diese Vorgaben wahrnehmen und drittens die Art der Wiedergabe der Wahrnehmungen.

In o. g. Darstellung wird deutlich, warum das Medium Schulbuch nur beschränkte Möglichkeiten hat, den Prozess des flexiblen Umgangs mit Zahlen zu fördern. Die Anzahl konkret vorgegebener Objekte können Kinder (z. B. im „Zauberbeutel“; vgl. S. 64) ertasten, sie können sie durch Anschauen der Objekte ermitteln, sie können sie sogar hören, wenn die Gegenstände vom Partner nicht zu behutsam auf den Tisch gestellt werden. Symbole für Zahlen sind nur noch auf zwei Kanälen zu empfangen, Zahlwörter kann man hören, Zahlzeichen sehen. Bilder dagegen können nur noch visuell wahrgenommen werden. Ein ausschließlich auf das Schulbuch fixiertes Arbeiten mit den dort vorgegebenen bildhaften Darstellungen verschließt den Kindern die Möglichkeiten auch auf haptischen und auditiven Wegen zu lernen.

Viele Schulbücher kompensieren diesen Mangel durch besonders zahl- und variantenreiche Aufgabenstellungen mit bildhaften Vorgaben und vielen unterschiedlichen Formen der Notation der Zahleigenschaft.

Einige Beispiele:

- Vorgegebenen Mengen die Anzahlen in Form von Strichlisten zuordnen

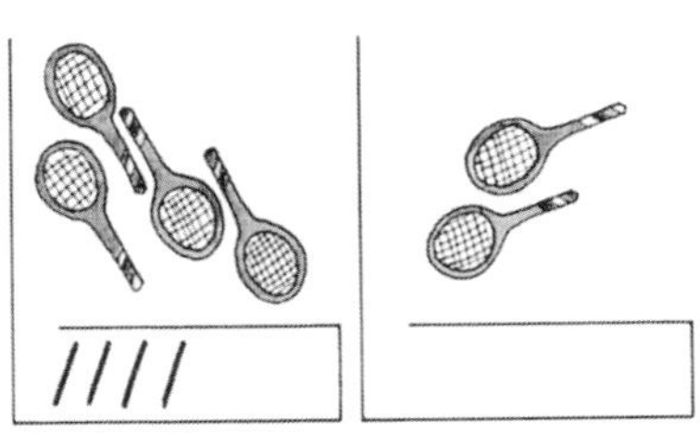

- Zu vorgegebenen Strichlisten entsprechende Menge von Objekten malen

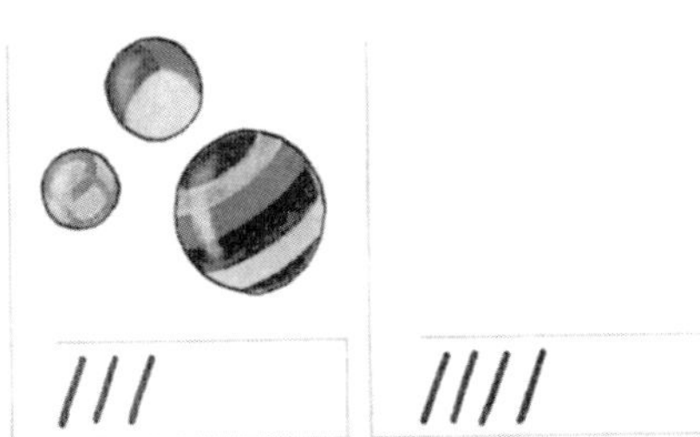

- Einer vorgegebenen Anzahl von Objekten die zugehörigen Würfelzahlbilder zuordnen bzw. passende Würfelzahlbilder malen und umgekehrt zu dem vorgegebenen Würfelzahlbild die entsprechende Anzahl von Objekten malen

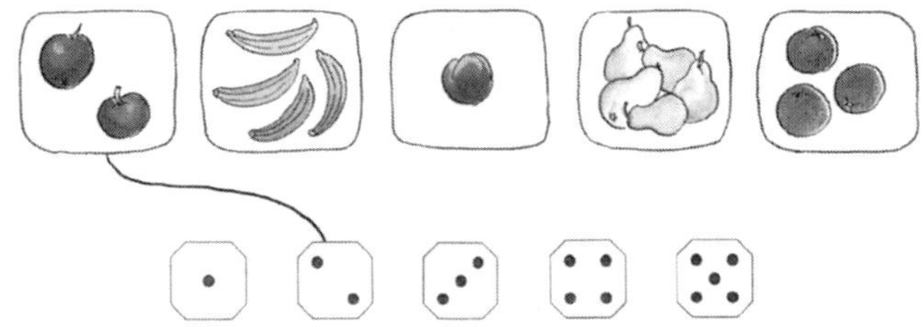

- Eine vorgegebene Anzahl von Objekten mit der zugehörigen Zahl verbinden und umgekehrt zu einer vorgegebenen Zahl die entsprechende Anzahl von Objekten malen

- Zu einer vorgegebenen Anzahl von Objekten die passende Zahl schreiben und umgekehrt zu der vorgegebenen Zahl die entsprechende Anzahl von Gegenständen malen

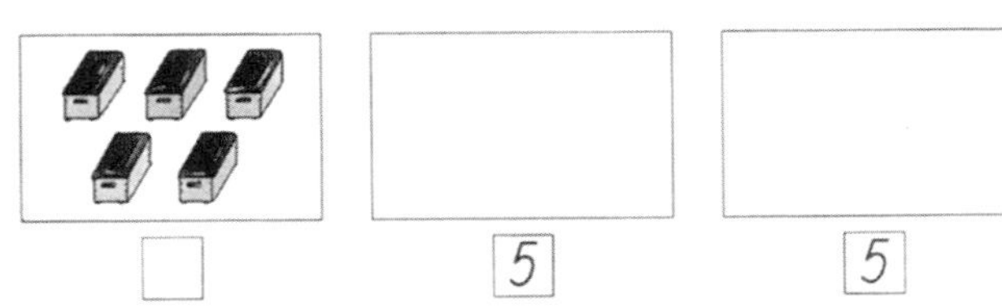

Auffällig ist bei diesen Beispielen, dass die Variation der Aufgabenstellung im Wesentlichen eine Variation der Art der Notation der Zahleigenschaft ist, der Weg durch das o. g. Netz jedoch immer der gleiche ist. Die Kinder lernen dabei also die Zahleigenschaft auf vielfältige Art zu notieren, sie lernen jedoch nicht, Zahlen in ihrer Welt zu entdecken, sie im wahrsten Sinne des Wortes zu begreifen, sie durch Tasten und Fühlen zu erobern. Deshalb ist es Aufgabe der Lehrerin, viele weitere Aktivitäten zu einem solchen Lernen mit allen Sinnen anzuregen.

Zahlen fühlen, greifen, ertasten, hören und sehen

Streng genommen kann man Zahlen weder sehen, hören noch fühlen. Mit unseren Sinnen können wir immer nur konkrete Dinge unserer Welt wahrnehmen, Kinder in einer Klasse, Glockenschläge der Uhr u. Ä. Wir können aber die Anzahl (die Kardinalzahl) der Personen und Töne bestimmen. Dies ist gemeint mit der Kurzformulierung „Zahlen sehen, hören, fühlen“. In diesem Sinne können Zahlen zum Sehen, Hören, Fühlen in den Klassenraum geholt werden. Wie dies in Form des Arbeitens an Stationen geschehen kann, wird im Abschnitt 1.3.2 (S. 11 ff.) beschrieben.

Klopfzeichen
Alle Kinder schließen die Augen und hören genau zu. Die Lehrerin gibt Klopfzeichen: ● ● ● ●
Wie oft hat sie geklopft? Größere Zahlen bekommen eine Struktur: ● ● ● ● ● ●
Auch Rechenaufgaben können geklopft werden:
● ● ● ● ●
Wie viele waren es zuerst, wie viele dann, wie viele zusammen?

Nun als Partnerübung: Ein Kind legt den Kopf auf einen Arm, öffnet die andere Hand. Der Partner klopft in die Handfläche. Wenn die Zahl richtig „geraten" wurde, geht es mit vertauschten Rollen weiter.
Auf die gleiche Weise können Zahlen auch geklatscht oder ins Ohr gepustet, mit der Zunge geschnalzt oder mit den Fingern geschnipst, an der Gitarre gezupft, an der Triangel oder am Glockenspiel geschlagen werden. Natürlich dürfen auch die Kinder diese Instrumente benutzen; wer die Anzahl der Töne richtig gehört hat, darf als nächster den Tonmeister spielen.

Weitere Anregungen zum Hören von Zahlen
- Ein Kind spielt den „Schrittmacher", alle anderen Kinder schließen die Augen und hören genau zu, wie viele Schritte dieses Kind macht.
- In einer verschlossenen Schachtel sind einige Gegenstände. Die Schachtel wird in die Hand genommen, geschüttelt, vorsichtig gekippt usw. Wie viele Gegenstände sind in der Schachtel?

Versteckte Zahlen
Auf den Tageslichtprojektor werden 8 Wendeplättchen offen in eine Reihe gelegt. Wie viele sind es? Nun schließen alle Kinder die Augen. Mit einer Pappe, werden 3 Plättchen abgedeckt, mit der anderen Pappe die restlichen 5. Alle Kinder sehen wieder auf. Nach „Achtung, fertig, los!" wird eine Pappe ganz kurz zur Seite genommen, dann sofort wieder auf die Plättchen gelegt. Wie viele Plättchen hast du gesehen? Wie viele Plättchen liegen unter der anderen Pappe?

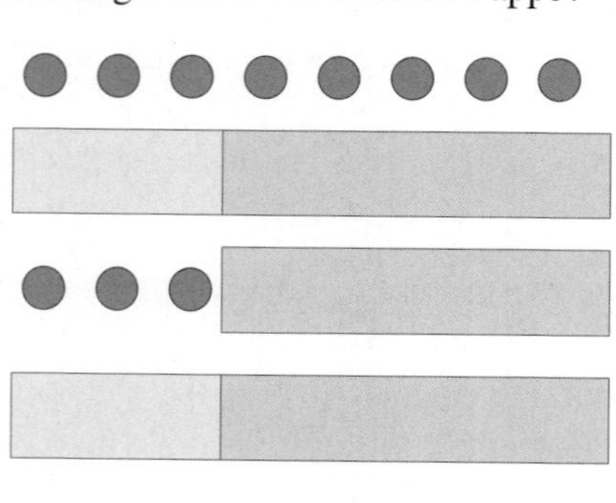

Praktikabler wird diese Übungsform mit der Demonstrationsausführung des 20er-Rechenrahmens (Betzold). Durch die Strukturierung mit 5 weißen und 5 roten Kugeln lassen sich auch Zahlen über 4 quasi-simultan erfassen. Für das Arbeiten im Zahlenraum bis 10 wird eine Zehnerstange entfernt. Zum Abdecken der Perlen nehmen wir eine grüne und eine gelbe Pappe. Wie viele Kugeln sind unter der grünen Pappe versteckt, wie viele unter der gelben?

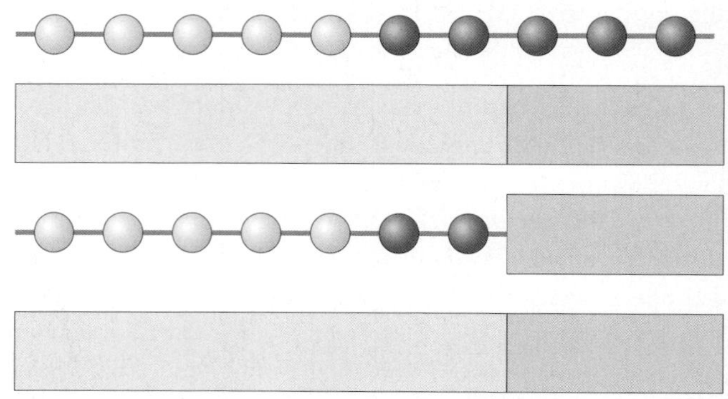

Richtig, 7 bei grün, drei bei gelb. Ohne dass ihr es sehen könnt, schiebe ich jetzt eine Kugel von grün nach gelb. Wie viele sind jetzt unter der grünen, wie viele unter der gelben Pappe? (vgl. auch S. 71)

Der Zauberbeutel
Der Zauberbeutel darf in keiner ersten Klasse fehlen. Auf den ersten Blick recht schlicht erscheinende Aufgaben werden für die Kinder durch den Zauberbeutel zu einer magischen Angelegenheit. Für den Erwachsenen ist der Zauberbeutel ein ganz profaner Stoffbeutel mit Schnürverschluss, dessen Stoff so dicht ist, dass man nicht durchsehen kann. Notfalls reicht auch ein einfacher Turnbeutel, mit schwarzem Stoff und Zauberapplikationen übt er jedoch eine ganz andere Wirkung aus.

In den Beutel werden einzelne Gegenstände zum Ertasten gegeben große, kleine, rauhe, glatte, spitze, harte, weiche ... Wer hat Mut hineinzugreifen? Der ertastete Gegenstand wird nicht sofort verraten; das Kind beschreibt ihn, die anderen Kinder dürfen weitere Fragen stellen und raten.

Später kommen mehrere Gegenstände hinein. Zunächst wird geraten, wie viele es sind, dann wird die Anzahl durch Tasten ermittelt. Mit einer Hand kann das sehr schwer sein, daher dürfen beide Hände zum verdeckten Abzählen benutzt werden. (Deshalb muss der Beutel auch groß genug sein!) Auch hier wird das Ergebnis nicht sofort verraten; die anderen Kinder sollen die Anzahl durch geschicktes Fragen herausbekommen: Sind es weniger als 10, mehr als 5 ...?

5 Bälle sind im Beutel. Passt genau auf. Ich lege noch 4 Bälle hinein. Wie viele sind es jetzt? Prüfe nach! Nimm nun 3 Bälle heraus. Wie viele sind jetzt noch im Zauberbeutel? Richtig, 6 Bälle. Jetzt darf Katrin einige Bälle herausnehmen, ohne dass die anderen Kinder sehen können, wie viele sie nimmt. Olaf prüft, wie viele noch im Zauber-

beutel sind: nur noch 2. Wie viele Bälle hat Katrin genommen? - Einige Bälle sind im Beutel, keiner weiß wie viele. Ines legt jetzt 4 dazu, Markus stellt fest, wie viele es nun sind: 10 Bälle. Wie viele waren dann zu Anfang im Beutel? Zu schwer? Gut, nimm die 4 Bälle wieder heraus und zähle nach.
In den Beutel werden einige Geldstücke gegeben. Durch Fühlen wird die Anzahl der Geldstücke ermittelt:
Es sind drei Münzen. Welcher Betrag kann es sein, 3 Cent, 8 Cent, 20 Cent ... ? Leichter wird diese Übung, wenn vorher geklärt wird, welche Münzen „mitspielen", z. B. nur 1- und 2-Cent-Stücke oder nur Fünfer und Zehner oder ... Wie eine solche Aufgabe dann auch schriftlich weitergeführt werden kann, zeigt die Kopiervorlage A1.
Diese Beispiele zeigen, dass der Zauberbeutel in mehreren Bereichen des Anfangsunterrichts eingesetzt werden kann:
- Dinge und ihre Eigenschaften wahrnehmen und beschreiben,
- Anzahlen taktil wahrnehmen,
- die 6 Grundaufgaben der Addition und Subtraktion konkret handelnd durchführen, nämlich

  $a + b = \square \qquad a - b = \square$

  $a + \square = b \qquad a - \square = b$

  $\square + a = b \qquad \square - a = b$
- kombinatorische Überlegungen anstellen,
- geometrische Eigenschaften erkunden (vgl. S. 121 ff.).

Geld hören
Die mit dem Zauberbeutel beschriebenen Aktivitäten zum „Fühlen von Geld" können auch als Übungen zum „Hören von Geld" durchgeführt werden. Alle Kinder schließen die Augen und konzentrieren sich auf die Geräusche. In eine Saftflasche mit großer Öffnung lässt die Lehrerin einige Geldstücke fallen: kling - kling - kling. „Das waren drei Geldstücke." - Diese Antwort ist noch leicht. Aber: Wie viel Geld ist jetzt in der Flasche? Mit Rechengeld werden mögliche Lösungen gelegt. Wer die richtige Lösung erraten hat, darf die nächste Aufgabe stellen.

Barbara	①①①	*3 ct*
Ilse	①②②	*5 ct*
Heinke	②②②	*6 ct*
Steffi	②①①	*4 ct*
Rudolf	⑤⑤⑤	*15 ct*

Gezieltere Überlegungen werden gefordert, wenn nach dem Fallenlassen der Münzen auch der Betrag in der Flasche verraten wird:
4 Münzen in der Flasche, zusammen 8 Cent. Das können vier 2-Cent-Stücke oder ein Fünfer und drei 1-Cent-Stücke sein.

Zahlen-Fühlkarten und Fühlschnüre
Bei Zahlen-Fühlkarten sind Anzahlen von Gegenständen (Holzstäbe, Sonnenblumen-Kerne, Musterbeutel-Klammern) zu ertasten, die auf Karten geklebt oder anders befestigt wurden. Bei Ziffern-Fühlkarten (vgl. S. 76) sind dagegen die Formen der Ziffern zu ertasten.

Zahlen-Fühlkarten können fertig gekauft (z. B. bei Betzold), aber auch leicht selbst bzw. mit den Kindern in vielen verschiedenen und damit unterschiedlich schwierigen Varianten hergestellt werden. Benötigt werden 11 stabile Pappen im Format DIN A6, Klebstoff und Gegenstände zum Ertasten. So kann ein Kind die „Sonnenblumenkern-Serie" erstellen: Auf die 11 Pappen werden 0 bis 10 Sonnenblumenkerne geklebt. Nach dem Aushärten des Klebstoffs sind die ersten Karten für den Einsatz fertig. André und Stefanie arbeiten zusammen. Ein großes Tuch verbindet Stefanies Augen, André sucht eine Karte aus. Wenn Stefanie die Anzahl der Sonnenblumenkerne richtig ertastet hat, dann geht es mit vertauschten Rollen weiter.

Weitere Serien von Zahlen-Fühlkarten können hergestellt werden z. B. mit Linsen, Wendeplättchen, Stückchen von Schleifpapier oder - viel weicher - von Velours, mit Streichhölzern, Büro- oder Musterbeutelklammern und vielen anderen Materialien, aber auch mit Löchern, die mit Hilfe eines Locheisens in die Pappen gestanzt werden.
Leichter noch als Fühlkarten lassen sich Fühlschnüre herstellen. In die Schnüre werden einfach unterschiedlich viele Knoten gemacht.

Stille Post
Alle Kinder stehen dicht an dicht im Kreis und fassen sich hinter ihrem Rücken an den Händen an. Christoph schickt die Zahl vier ab, indem er seinem Nachbarn viermal die Hand drückt. Welche Zahl kommt wohl bei Christoph wieder an?

Zahlen mit Bewegungen verbinden
Recht bekannt ist der folgende Vorschlag, den Bewegungsdrang der Kinder mit Zahlen in Verbindung zu bringen. Alle Kinder laufen (am besten in der Turnhalle) umher, bis die Lehrerin dreimal die Trommel schlägt. Dies ist für die Kinder das Zeichen, sich in Dreiergruppen zusammenzufinden. Wer keinen Partner bekommen hat, hat vielleicht in der nächsten Runde mit 5 oder 2 oder 6 Trommelschlägen mehr Glück.
Eine einfache Übungsform ist auch die folgende: Die Kinder stehen im Kreis, die Lehrerin wirft dem ersten Kind einen Ball zu und ruft dabei „Drei!". Das Kind prellt dreimal den Ball, wirft ihn dann einem nächsten Kind zu und ruft dabei eine neue Zahl. Natürlich kann das Prellen des Balles auch durch viele andere Bewegungen ersetzt werden:

Hüpfen mit beiden Beinen oder auf einem Bein; Springen und dabei in die Hände klatschen; den Ball hochwerfen, sich um die eigene Achse drehen und den Ball nach Möglichkeit wieder auffangen u. v. a. m. Manche dieser Übungen sollten allerdings besser nicht im Klassenraum durchgeführt werden. Natürlich kann diese Übungsform auch mit Rechenaufgaben verbunden werden. Gerufen wird eine Aufgabe, z. B. 4+3 oder 7-2; an der Zahl der Hüpfsprünge kann abgelesen werden, ob das Kind richtig gerechnet hat.

Solche Einzelübungen können zu ganzen Bewegungsketten verbunden werden. „Drehbücher" helfen, den Überblick zu behalten:

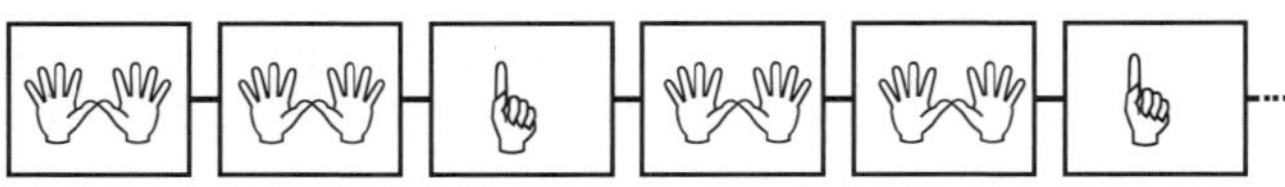

Dieses Drehbuch bedeutet: „Klatsche zweimal in die Hände, schnalze dann einmal mit dem Finger, klatsche wieder zweimal in die Hände und immer so weiter."

Solche Drehbücher lassen sich selbstverständlich auch mit einfacheren Zeichen herstellen; es muss nur die Bedeutung der Zeichen geklärt werden. Hier ist das oben beschriebene Drehbuch mit Zeichen, die auch Kinder malen können:

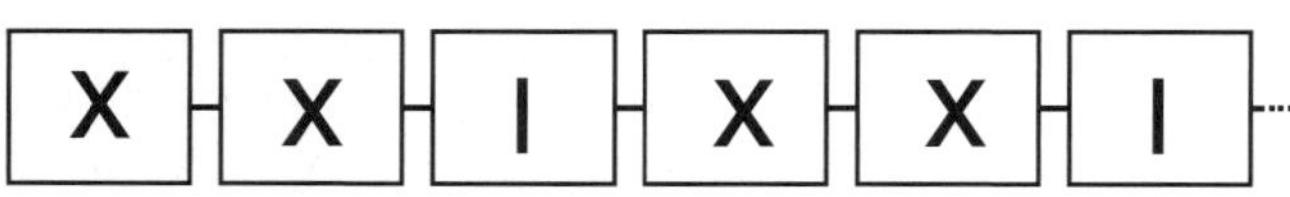

Ist erst einmal die Rhythmisierung bekannt, dann lassen sich die Drehbücher noch weiter vereinfachen:

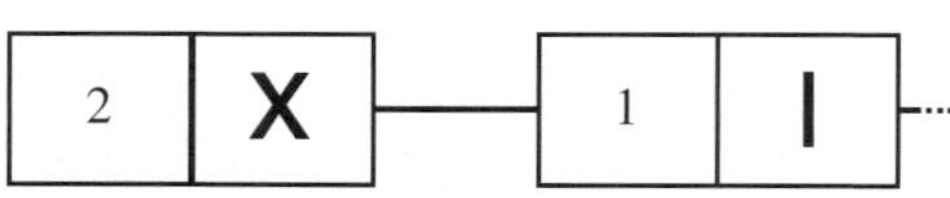

Auch dieses Drehbuch bedeutet: „Klatsche zweimal in die Hände, schnalze dann einmal mit dem Finger und immer so weiter."

Dieses Drehbuch hat Martin geschrieben:

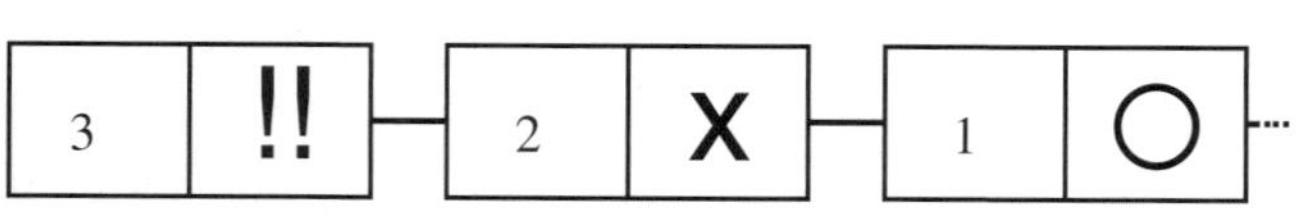

Es bedeutet: „Hüpfe dreimal mit beiden Beinen, klatsche dann zweimal in die Hände und drehe dich einmal um die eigene Achse; beginne dann wieder von vorn."
Wer erfindet weitere Drehbücher?

Zahlenmuster bauen, legen, kleben, malen, verändern

Zum Zahlverständnis gehört die Einsicht, dass gleiche Anzahlen auf völlig unterschiedliche Art und Weise dargestellt werden können. Auch wenn nicht die Art des Materials variiert, sondern unstrukturiertes Material zur Zahldarstellung genommen wird, können die gleichen Zahlen durch verschiedene Muster repräsentiert werden. Das Bauen, Legen, Kleben, Malen und Verändern von Mustern ist geeignet, diesen Aspekt des Zahlverständnisses zu fördern. Zugleich werden mit diesen Aktivitäten Einsichten in Zahlzerlegungen und -zusammensetzungen vorbereitet.

Würfelbauwerke
Große Holzwürfel (Kantenlänge mindestens 3 cm) sollten in keiner Mathe-Ecke fehlen. Sie können (z. B. bei Wehrfritz) käuflich erworben oder von geschickten Eltern aus einem Holzstab mit quadratischer Grundseite geschnitten werden.
Jedes Kind erhält 6 Würfel und erstellt daraus ein Bauwerk eigener Wahl. Die Bauten werden miteinander verglichen. Viele Kinder haben einen Sechser-Turm gebaut, einige haben den Sechser-Turm gelegt. Katrin hat ein Vierer-Haus mit zwei Schornsteinen gebaut, Florian drei zweistöckige Reihenhäuser erstellt.

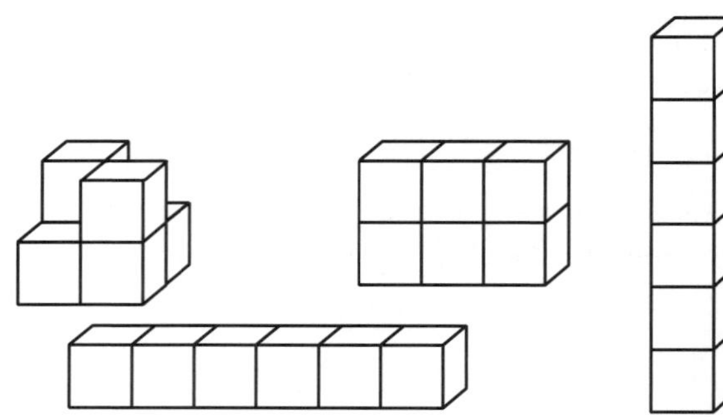

Sarah hat ihr Bauwerk mit einem Tuch abgedeckt. Sie beschreibt es: „Vorne zwei Würfel nebeneinander, dahinter zwei Würfel nebeneinander und auf diesen beiden die restlichen Würfel." Wer kann Sarahs Haus nachbauen?

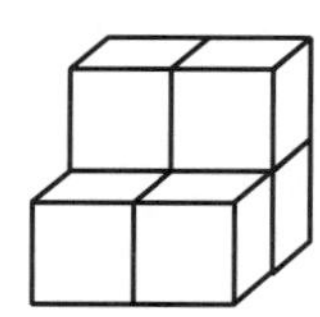

Veronika kann ihre Bauwerke sogar aufmalen. Wer kann die Häuser nach diesen Plänen nachbauen (vgl. dazu auch S. 133 ff.)? Wer malt Baupläne für Achter-Häuser? Wie viele verschiedene Baupläne gibt es für Dreier-Häuser? Was heißt eigentlich „verschieden"?

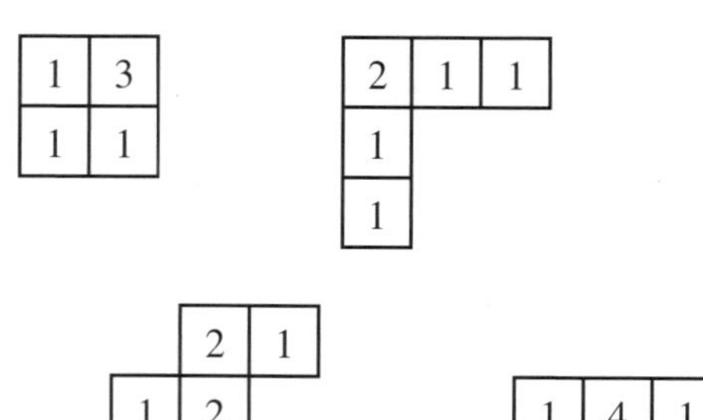

Muster auf Karopapier

Viele Muster zur Zahl 5; wer findet noch weitere?

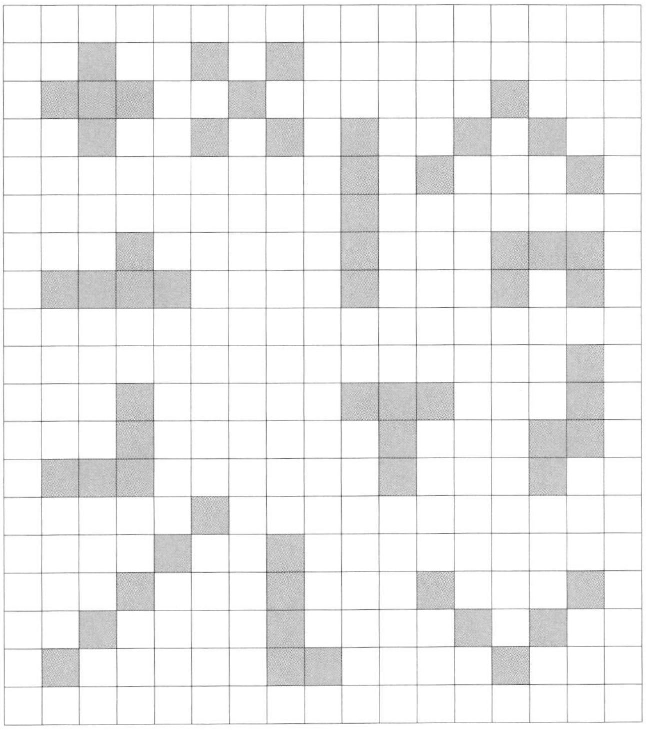

Muster, die immer größer werden

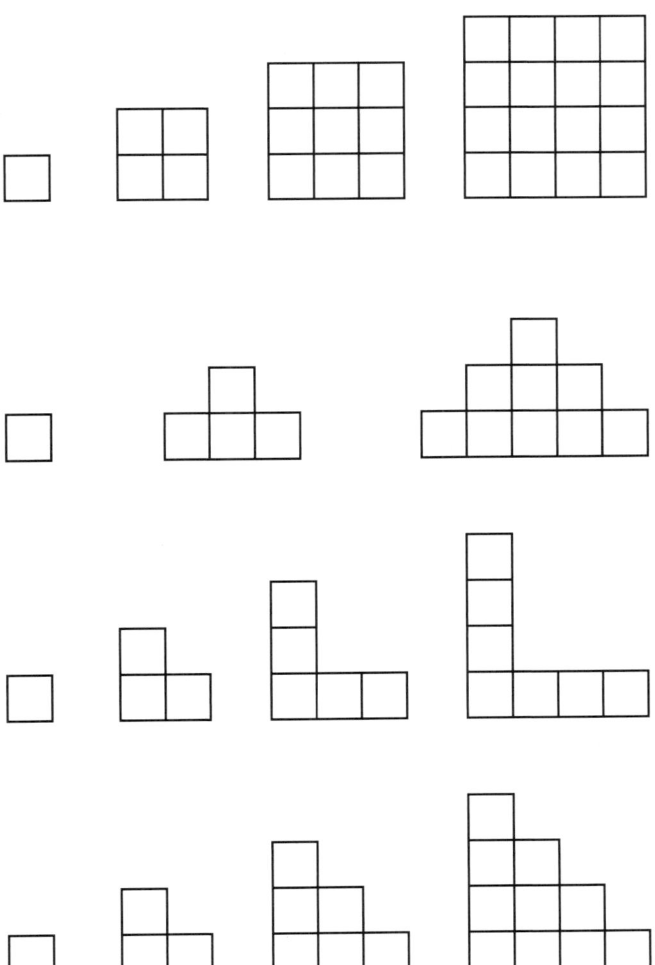

Muster auf Dreieckspapier

Viele andere Muster ergeben sich, wenn Dreieckspapier (Kopiervorlage A 2) zum Malen genommen wird

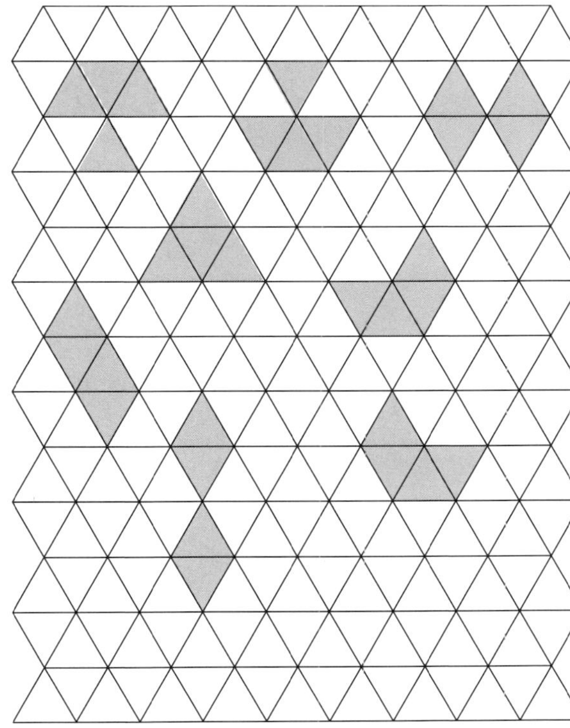

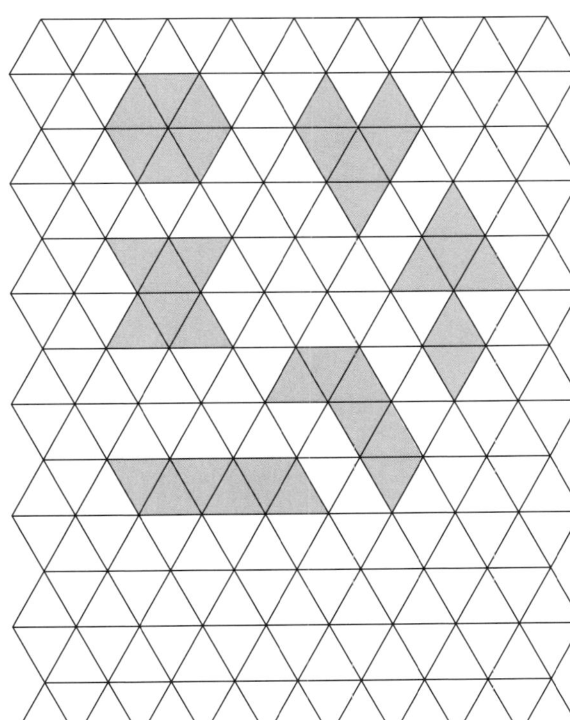

Muster mit Wendeplättchen

Viele Achter-Muster

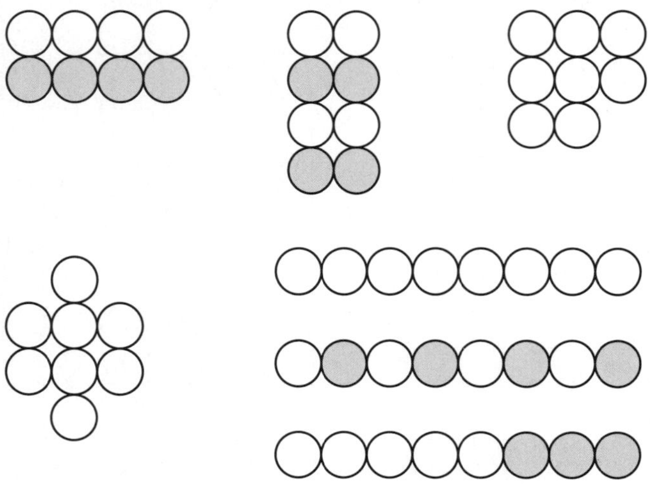

Gemalte Wendeplättchen auf Karopapier

Immer 4

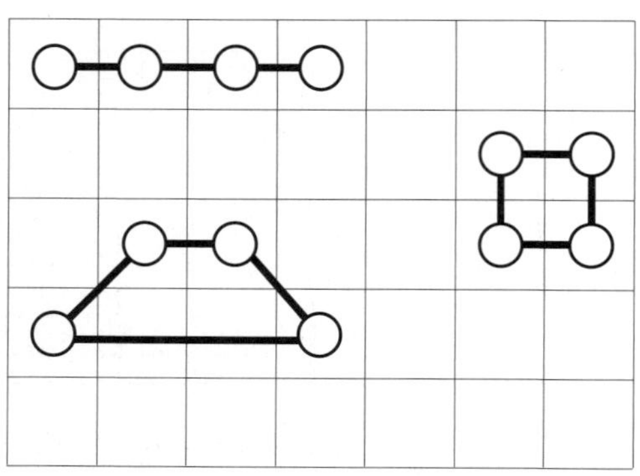

Immer 5

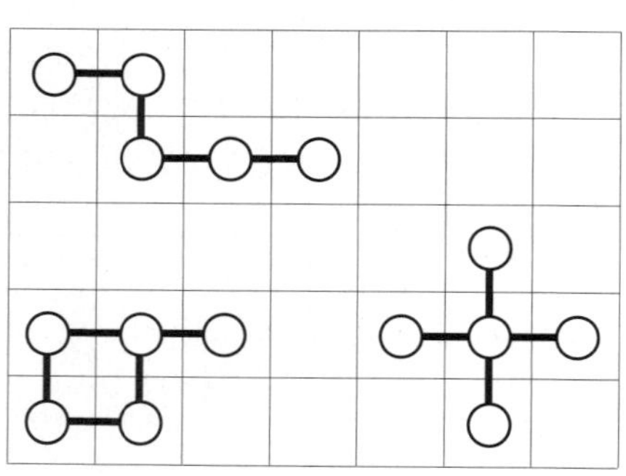

Muster auf Punktgittern

Leichter als das Malen von Wendeplättchen auf Karogittern ist das Verbinden von Punkten zu Mustern auf einem fertigen Punktgitter (Kopiervorlage A3).

Immer 5 Punkte

Immer 7 Punkte

Zahlen auf dem Geobrett
Mit dem Geobrett (vgl. S. 136 f.) lassen sich geometrische und arithmetische Aspekte gut verknüpfen.

Immer 6 Nägel

Spanne das Gummiband so, dass immer 6 Nägel eingeschlossen sind. Die Lösungen werden auf das Arbeitsblatt (Kopiervorlage A4) übertragen.

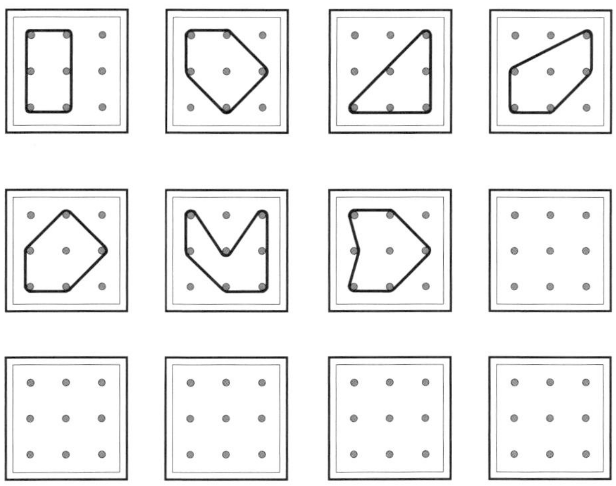

Immer 6 Dreiecke

Weitaus anspruchsvoller ist die Aufgabe, immer 6 Dreiekke zu umspannen. Die einzelnen Dreiecke müssen in der Gesamtfigur identifiziert werden (vgl. auch die Hinweise zur Figur-Grund-Unterscheidung auf S. 140). Die Übertragung auf das Arbeitsblatt mit Einzeichnen von Hilfslinien macht die Aufgabe etwas leichter.

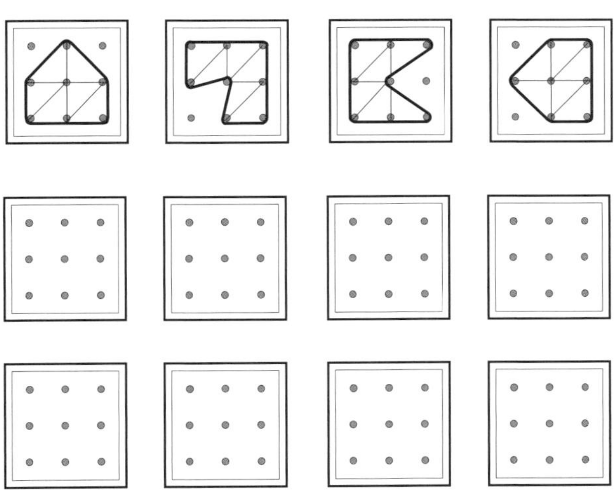

Muster im Feld
Erste kombinatorische Überlegungen kommen bei dieser Aufgabe ins Spiel. Gegeben ist ein Spielplan mit einer quadratischen Anordnung von 4 Ablagefeldern für Wendeplättchen (Kopiervorlage A 5). Wie viele verschiedene Möglichkeiten gibt es, auf diesen Plan ein Wendeplättchen abzulegen? Probiere es aus und übertrage deine Lösungen auf das Arbeitsblatt (Kopiervorlage A 6).

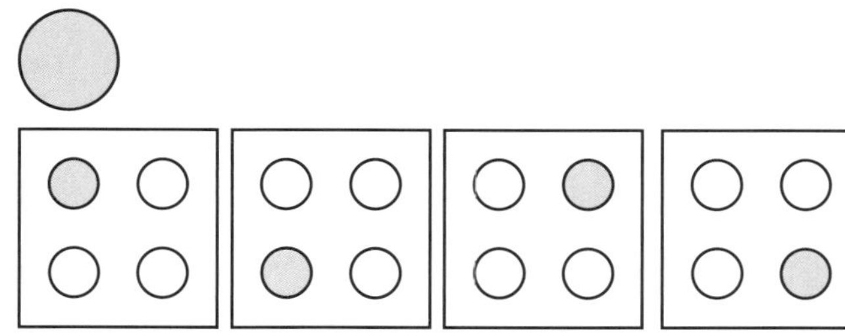

Mit 2 Wendeplättchen wird es schon schwieriger. Zunächst muss verabredet werden, wie die Plättchen gelegt werden dürfen.

1. Regel: Immer nur 1 Plättchen auf 1 Feld.
2. Regel: Ein neues Plättchen muss immer an ein schon liegendes angelegt werden.
3. Regel: Das Anlegen darf nur „gerade“ (waagerecht oder senkrecht), nie „schräg“ (diagonal) erfolgen.

Auch jetzt gibt es 4 Möglichkeiten.

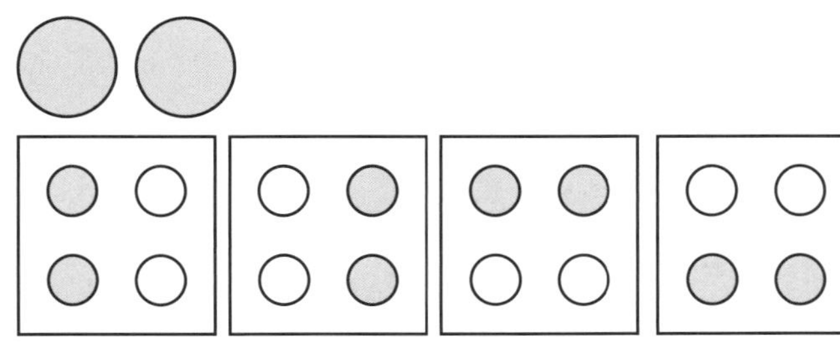

Wie viele Möglichkeiten gibt es bei 3, bei 4 Wendeplättchen?

Nun verändern wir den Spielplan. Wie viele Möglichkeiten gibt es, auf dem 2x3-Spielplan (Kopiervorlage A 5) 1, 2, ..., 5, 6 Wendeplättchen nach den o.g. Regeln abzulegen? Probiere es aus und übertrage die Lösungen auf das Aufgabenblatt (Kopiervorlage A 7).

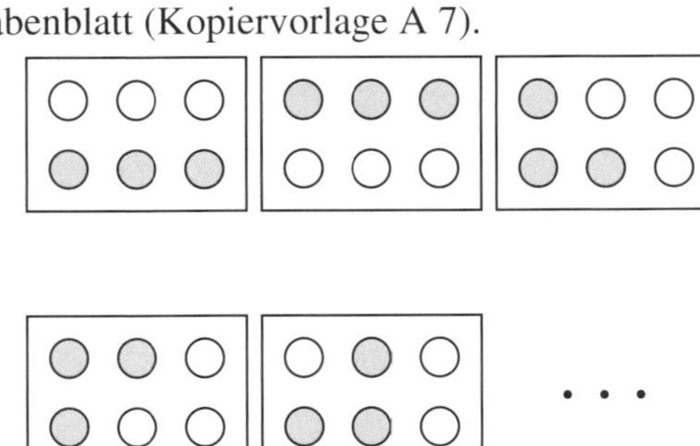

Besonders viele Lösungen gibt es bei dem 3x3-Feld (Kopiervorlage A 8).

Reihen fortsetzen
Auch beim Fortsetzen von Reihen entstehen Muster mit einer arithmetischen Struktur. Darüber hinaus fördert dieser Aufgabentyp in besonderem Maße die Fähigkeit der Kinder, Gesetzmäßigkeiten zu entdecken und im Sinne dieser Gesetzmäßigkeit eine Reihe fortzusetzen.

Die Zahl der möglichen Variationen ist nahezu unbegrenzt, angefangen bei einfachen alternierenden Mustern (z. B. + o + o + o ...) über Muster mit noch deutlich erkennbarer Struktur (z. B. + + - o o o - + + - o ...) bis hin schließlich zu Zahlenfolgen, die auch Erwachsenen Mühe machen: Sie können ja 'mal versuchen, diese Reihe fortzusetzen: 1, 2, 4, 6, 10, 12, 16, 18, 22, 28 ...

Im Unterricht beginnen wir mit Reihenfolgen mit sehr einfachen Gesetzmäßigkeiten. Am besten werden sie zunächst konkret handelnd durchgespielt, entweder als Spiele mit Bewegung (vgl. die „Drehbücher" auf S. 66) oder als Reihenfolgen, die zunächst mit Plättchen gelegt werden. Erst danach werden solche Aufgaben zeichnerisch bearbeitet. Als Muster bieten sich alle Zeichen an, die die Kinder leicht malen bzw. schreiben können. Hier einige Beispiele:

0	0	□	0	0	□	0					

F	U	F	U	F	U						

7	4	3	3	7	4						

Mit der Kopiervorlage A 9 können Sie selbst weitere Aufgaben zum Fortsetzen von Reihen entwickeln, selbstverständlich dürfen auch Kinder für andere Kinder solche Muster erfinden.

Mein erstes Zahlenalbum

Bei den oben beschriebenen Übungen zum Bauen, Legen und Malen von Mustern lernen die Kinder die Zahlen in vielen verschiedenen Erscheinungsformen kennen. Weitere Repräsentanten von Zahlen begegnen ihnen in ihrer Lebenswelt und als Bilder in Zeitungen, Zeitschriften und Katalogen. „Mein erstes Zahlenalbum" ist eine Anregung, die Kinder solche Repräsentanten von Zahlen als Abbildungen entsprechender Anzahlen von konkreten Objekten in alten Zeitschriften und Katalogen suchen, ausschneiden und in ihr erstes Zahlenalbum einkleben zu lassen. Ausführlicher wurde das Thema „Zahlenalbum" bereits im Kapitel 2, Seite 20 ff. behandelt.

Mit der Idee des Zahlenalbums kann selbstverständlich auch eine Wandzeitung für den Klassenraum erstellt werden.

Zahlen zerlegen und zusammensetzen

Das Zerlegen und Zusammensetzen von Zahlen gehört zu den wichtigsten Aktivitäten im Anfangsunterricht. Mit ihnen erschließen sich die Kinder die operative Struktur der Zahlen und schaffen sich so die notwendigen Grundlagen für flexible und anspruchsvolle Rechenstrategien. Nur wenn beispielsweise die Zahl 8 den Kindern mit ihrer ganzen operativen Struktur als 1+7, 2+6, 4+4 usw. im Bewusstsein ist, dann gelingen auch Rechenoperationen mit der 8 schnell und mühelos über Zahlzerlegungen und -zusammensetzungen. Dieses Beherrschen der Zahlzerlegungen ist für den weiteren Arithmetikunterricht so wichtig, dass es durch ständige Wiederholung und variantenreiche Übung neben dem kleinen Einspluseins zum automatisierten Wissensbestand der Kinder werden muss. Sowohl der Einführung als auch der ständigen Übung des Zerlegens von Zahlen ist daher im Unterricht besondere Aufmerksamkeit zu schenken.

Einführungssituationen

4 Kinder spielen im Garten. Sie haben die Möglichkeit, im Sandkasten zu spielen oder in das Planschbecken zu gehen. Wie würdet ihr euch entscheiden?

Die Situation wird in der Klasse durchgespielt. Ein großes mit Kreide auf den Fußboden gemaltes Quadrat ist der Sandkasten, ein großer Kreis das Planschbecken. Vier Kinder verteilen sich auf diese beiden Spielmöglichkeiten, das Ergebnis wird zeichnerisch und symbolisch an der Tafel festgehalten.

Weitere Möglichkeiten werden konkret durchgespielt und ebenfalls an der Tafel notiert.

Es ist auf die Erarbeitung aller Möglichkeiten einschließlich der beiden mit Null zu achten.

Weitere Beispiele für Einführungssituationen:
- 4 Kinder verteilen sich auf 2 Boote.
- 5 Äpfel werden in 2 Körbe gelegt.
- 6 Kinder trinken Milch oder Kakao.
- 8 Wendeplättchen werden gleichzeitig auf einen Teller geworfen; einige bleiben auf dem Teller liegen, andere fallen neben den Teller.

Von der konkreten Situation zur symbolischen Notation
Die erste Umsetzung der Spielhandlung orientiert sich in der zeichnerischen Darstellung noch ganz an den beteiligten Personen bzw. Gegenständen (s. o.). In einem nächsten Schritt wird diese Situation mit Plättchen nachgespielt, zunächst konkret-handelnd, dann wieder in Zeichnungen umgesetzt.

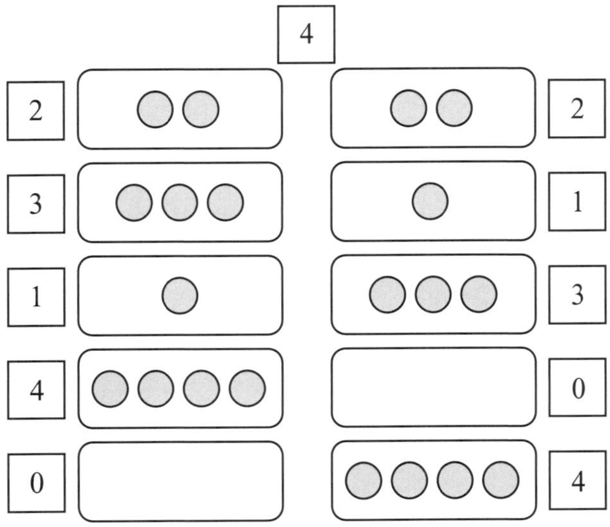

Als rein symbolische Notationsform bietet sich schließlich die Hausdarstellung an. Selbstverständlich dürfen die Kinder sich bei der Lösung dieser Aufgaben auch weiterhin der Plättchen bedienen, sofern sie diese Hilfe noch benötigen.

Im letzten Schritt schließlich wird die Zahlzerlegung als Additionsterm in der Hausdarstellung notiert.

8	
7	1
2	6
5	3
8	0
4	4
6	2

5
3 + 2
4 + 1
5 + 0
0 + 5
1 + 4
2 + 3

Die Kopiervorlage A 11 ist für konkrete Plättchenverteilungen vorgesehen. Wenn sie immer wieder benutzt werden soll, dann sollten Sie die Vorlage auf Pappe kleben und mit Klarsichtfolie überziehen. Mit wasserlöslichen Filzstiften können die Kinder dann die Zahlen eintragen.

Mit Hilfe der Kopiervorlage A 10 können Sie selbst weitere Aufgaben in der Hausdarstellung in den beiden beschriebenen Formen der Notation der Zerlegungen entwickeln. Für die erste Form muss die senkrechte Unterteilung noch nachgetragen werden.

Übungen
- Kurzzeitübungen am Rechenrahmen
  Vom Demonstrations-Rechenrahmen wird eine Zehnerstange entfernt. Alle Kinder schließen die Augen. Die 10 Kugeln werden von der Lehrerin unter zwei aufgehängten Pappen verborgen, z. B. 6 unter der linken, 4 unter der rechten Pappe.

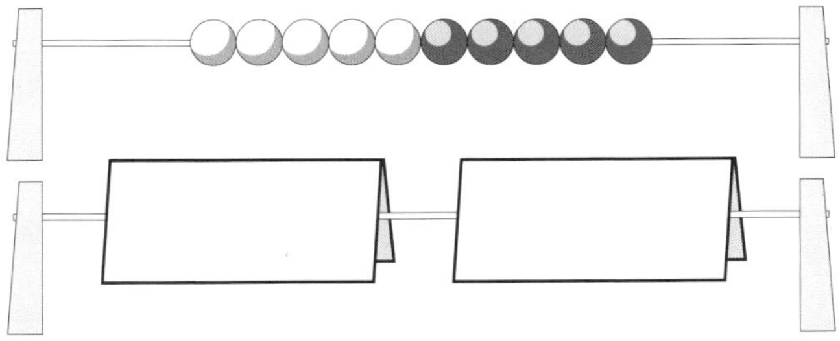

Nun dürfen wieder alle Kinder aufsehen. Mit „Achtung, fertig, los!" wird eine Pappe für ganz kurze Zeit angehoben. Wie viele Kugeln hast du gesehen, wie viele verbergen sich unter der anderen Pappe?

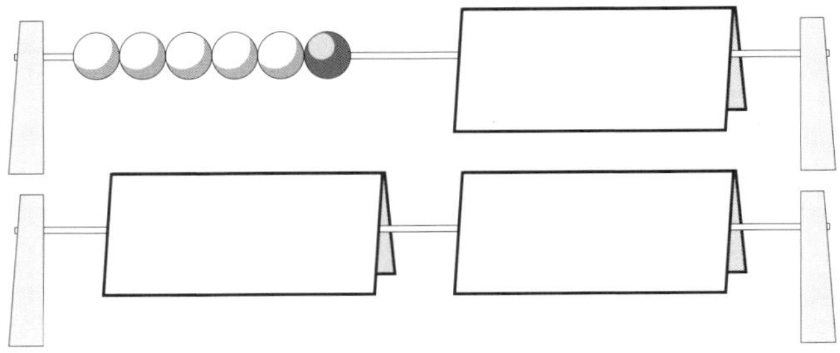

- Zahlzerlegungen mit dem Bleistift:

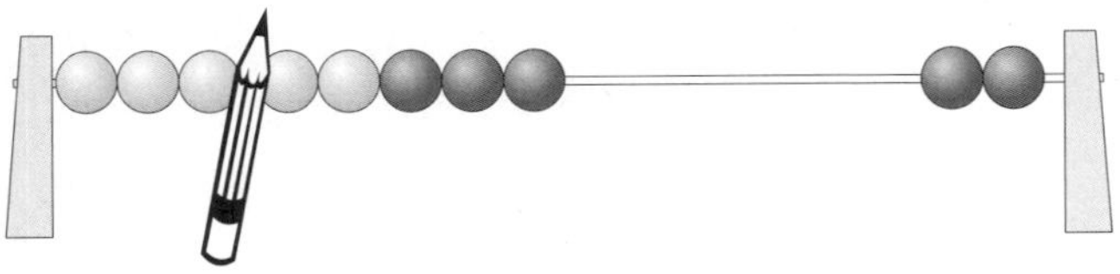

Die Zahl 8 wird am Rechenrahmen eingestellt. Ein Kind zerlegt mit einem Bleistift den Achter in zwei Teilmengen, das andere Kind sagt den Additionsterm: 3+5. Dann geht es mit vertauschten Rollen weiter.

- Zahlzerlegungen mit Sprechen und Zeigen
Eine Zahl wird groß an die Tafel geschrieben, z. B. die 7. Die Lehrerin sagt eine Zahl, das Kind die additive Ergänzung. Wenn zu Beginn dieser Übung geklärt wird, dass alle Kinder der Reihe nach immer eine Lösung zu sagen haben, dann können diese Aufgaben ganz schnell durch die Klasse laufen: 5 — 2, 3 — 4 usw. Selbstverständlich ist die gleiche Übung auch als Partnerübung möglich.

Alle Kinder sind beteiligt, wenn die gleiche Übung statt mit Sprechen nun mit Zeigen durchgeführt wird. Die Lehrerin zeigt die erste Zahl mit ausgestreckten Fingern, alle Kinder zeigen so schnell wie möglich (ohne Abzählen von 1 an) die additive Ergänzung ebenfalls durch das Ausstrecken ihrer Finger.

- Schüttelkästen
Schüttelkästen für Zahlzerlegungen gibt es in vielen verschiedenen Ausführungen im Handel (z. B. bei spectra, Neuer Finken Verlag, Wehrfritz), sie können aber auch mit ein wenig Geschick selbst hergestellt werden. Für die einfache Ausführung benötigt man kleine Klarsicht-Kunststoffpackungen, z. B. von einer bestimmten Kräuterkäsesorte, deren Namen wir hier nicht verraten, um uns nicht dem Verdacht der Schleichwerbung auszusetzen. So verraten wir auch nicht den Namen der beiden Brüder, in deren zahlreichen Filialen in ganz Deutschland dieser Käse - und vor allem die Verpackung - zu kaufen ist.
Ein Teil des inneren Zwischenstegs wird herausgeschnitten bzw. -gebrochen, so dass zwei Felder mit einer so großen Verbindung entstehen, dass die eingelegten Perlen leicht von Feld zu Feld rollen können. Die Schachtel wird dann mit (z. B. 8) Perlen gefüllt und zugeklebt.
Wenn der Kasten in der oben beschriebenen Form hergestellt wird, dann können die Kinder die Zerlegungen der 8 direkt ablesen. Deshalb empfehlen wir, zusätzlich eine Hälfte der Vorderseite abzukleben und die Zahl der Perlen auf die Schachtel zu schreiben. Nun können die Kinder sich selbst Zerlegungsaufgaben stellen und ihre Lösung durch Drehen der Schachtel kontrollieren bzw. dies vom gegenübersitzenden Partner machen lassen.

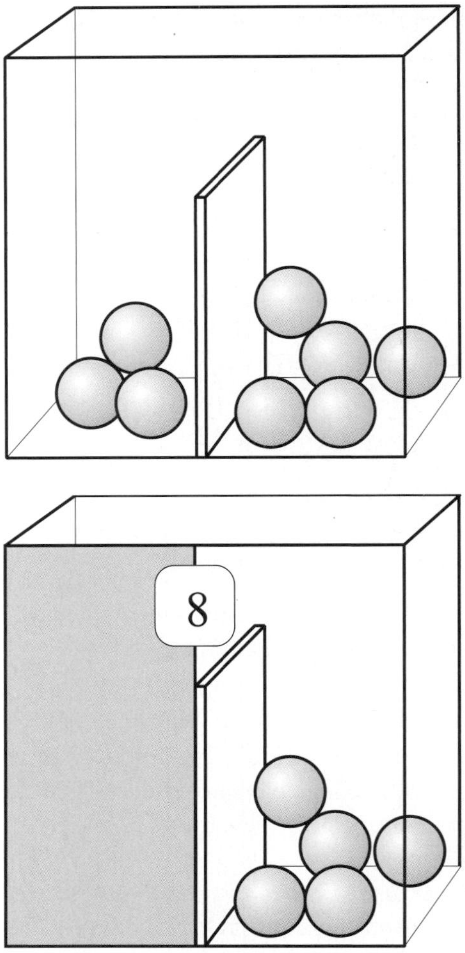

Noch einfacher in der Herstellung sind Schüttelkästen aus Streichholzschachteln. In das Innere der Schachtel wird ein etwa 1cm hoher, 2 cm langer und 5 mm breiter Holzsteg als Teiltrennung der beiden Hälften geklebt. Die Hülle der Schachtel wird mit Papier beklebt und mit der Zahl der Perlen beschriftet. Nach dem Schütteln öffnen die Kinder nur eine Hälfte der Schachtel, bestimmen die Anzahl der Perlen und berechnen durch additive Ergänzung die Zahl der Perlen in der anderen Hälfte der Schachtel. Ihre Lösung können sie kontrollieren, indem sie die ganze Schachtel öffnen.

Nach dem grundsätzlich gleichen Verfahren lassen sich edlere Ausführungen solcher Schüttelkästen aus vollkommen durchsichtigen Toncassettenschachteln herstellen; die Schwierigkeit ist das Einpassen eines Steges. Geeignet, wenn auch nicht so haltbar, sind auch die Klarsichtschachteln einer bestimmten, mit Kirschen gefüllten Pralinensorte, die - wenn man der Werbung glauben darf - nur zu bestimmten Jahreszeiten angeboten wird. Anregungen zum Bauen der ultimativen Edelfassung aus Holz und Glas finden Sie in der *Grundschulzeitschrift*, Heft 82 (1995), S. 38.

- Die Zahlenraupe

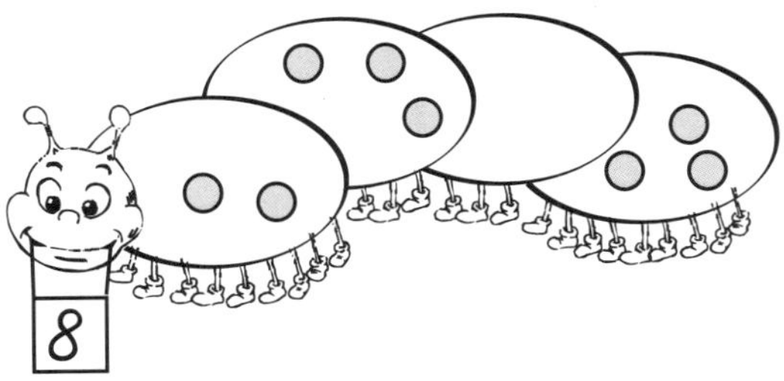

2 + 3 + 0 + 3 = 8

Mit der Zahlenraupe können Zahlen auch in mehr als zwei Teilmengen zerlegt werden. Im Mund trägt die Raupe ein Schild, auf dem die Zahl eingetragen ist, die zerlegt werden soll. Die Kinder nehmen entsprechend viele Plättchen, verteilen sie auf die Segmente der Raupe (Kopiervorlage A 12) und notieren die Verteilung als Additionsaufgabe auf dieser Kopiervorlage.

- Schachteln füllen
Die gleiche Idee, nämlich eine Zahl in mehrere Teile zu zerlegen, liegt auch dieser Übung zugrunde. Es gibt dreieckige und viereckige „Schachteln" (Kopiervorlage A 13). In die Mitte der Schachtel wird eine Zahlenkarte (Kopiervorlage A 14) gelegt, dann nimmt das Kind eine entsprechende Anzahl von Plättchen und verteilt diese auf die drei bzw. vier Felder der Schachtel. Nach der konkreten Verteilung wird das Ergebnis schriftlich festgehalten.

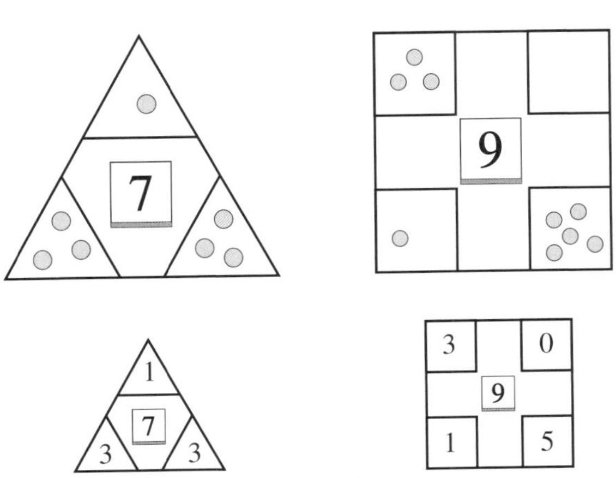

7 = 3 + 3 + 1 9 = 1 + 3 + 0 + 5

Auf die Kopiervorlage A 15 wird das Ergebnis der konkreten Verteilung übertragen, zunächst in einer an die Handlung erinnernden Schreibweise, dann in Gleichungsform. Dem Vorgang des Verteilens entsprechend wird dabei der Wert der Summe an den Anfang geschrieben.

- Der Zehnerkreis
Auf ein quadratisches Holzbrett mit mindestens 20 cm Kantenlänge werden mit Hilfe der Schablone (Kopiervorlage A 16) die Markierungspunkte für die Nägel übertragen. Etwa 2 bis 3 cm lange Nägel werden an den markierten Stellen ca. einen halben Zentimeter tief eingeschlagen. Anschließend müssen noch der Kreis und die Zahlen übertragen werden.

Mit einer Zahlenkarte (Kopiervorlage A 14) wird gekennzeichnet, welche Zahl zerlegt werden soll. Mit Hilfe von Gummibändern werden die Zahlzerlegungen dargestellt. Dabei entstehen überraschende Muster.

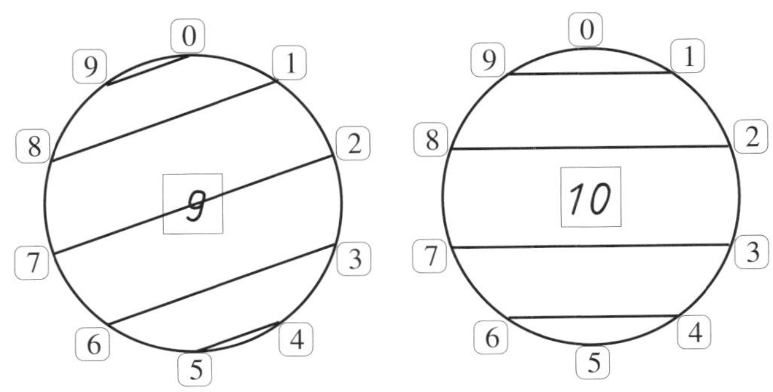

Die Symmetrie des Musters verführt zu Fortsetzungen auch dann, wenn zu der entsprechenden Zahl keine weiteren Zerlegungen möglich sind. Was geschieht bei solchen Fortsetzungen?

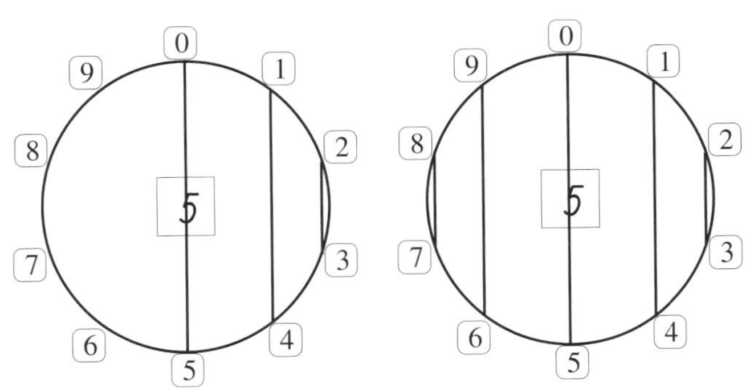

Zur Zahl 5 sind nur die Zerlegungen 0+5, 1+4, 2+3 (und die entsprechenden Tauschaufgaben) möglich. Wenn zusätzlich die beiden Zahlenpaare (6, 9) und (7, 8) miteinander verbunden werden, dann haben diese Zahlen zwar nicht die Summe 5, aber die Summe hat eine 5 an der letzten (Einer-)Stelle. Gilt das immer, wenn man unvollständige Muster vervollständigt?

Mit dieser „Endstellenregel" können nun auch Additions-Kettenaufgaben gerechnet und aufgespannt werden. An der Null wird ein langer Wollfaden befestigt.

Nun addieren wir immer 3. Die „12“ als Ergebnis von „9+3“ markieren wir an der 2 usw. Welches Muster entsteht? Wie verändert sich das Muster, wenn ich bei der Eins beginne? Welches Muster entsteht, wenn ich zu einer anderen Zahl eine Rechenkette rechne?

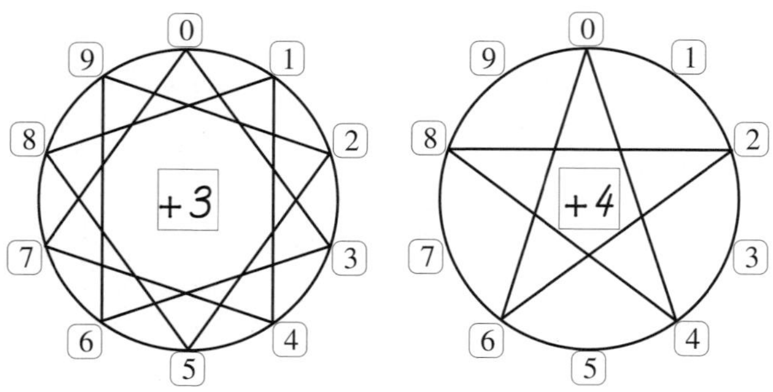

Mit dem Zehnerkreis steht ein Arbeitsmittel zur Verfügung, das im zweiten Schuljahr beim Einüben des kleinen Einmaleins eingesetzt werden kann. Insofern lohnt sich die sicher etwas aufwendige Herstellung bestimmt.

- Dominosteine
  Wir sortieren alle Dominosteine nach der gleichen Summe und legen sie, mit der kleinsten Summe beginnend, zu Türmen aus. Was fällt auf?

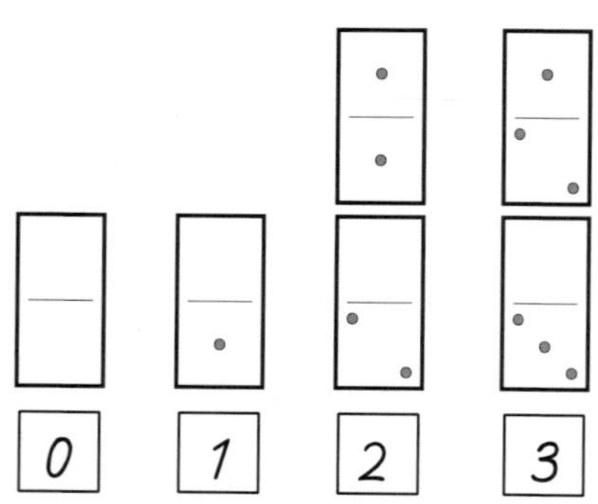

Zahlen vergleichen und der Größe nach ordnen

Die Zahl 4 ist kleiner als die Zahl 6, weil
- beim Einpacken von 4 Eiern in eine 6er-Schachtel Plätze frei bleiben,
- ein Turm aus 4 Steckwürfeln niedriger ist als ein Turm aus 6 Steckwürfeln,
- man mit 4 € nicht so viel einkaufen kann wie mit 6 €,
- 4 Nägel einer Sorte weniger wiegen als 6 Nägel der gleichen Sorte,
- 4 Minuten kürzer als 6 Minuten sind.

Allen diesen Begründungen ist gemeinsam, dass der Vergleich der Zahlen zurückgeführt wird auf einen Vergleich entsprechender Repräsentanten der Zahlen bzw. Größen; der Größenvergleich im Abstraktionsbereich Zahlen beruht auf Vergleichen von Repräsentanten der Zahlen. Entsprechend wird auch im Unterricht der Vergleich von Zahlen auf der Grundlage konkret-handelnder Vergleiche von Repräsentanten der Zahlen bzw. Größen durchgeführt.

Ein intuitives Verständnis für die Kleiner-Relation von Zahlen ist sicher schon bei vielen Schulanfängern vorhanden. In konkreten Sachsituationen („Heike ist 1 Jahr älter als Torsten.“) und in Handlungszusammenhängen mit konkreten Materialien (z. B. bei Zahlzerlegungen) wird dieses Verständnis weiter gefestigt. Das Hauptproblem bei der systematischen Behandlung dieses Themas resultiert daraus, dass die beiden Zeichen „< “ und „ > “ von den Kindern leicht verwechselt werden. Hier hilft als „Eselsbrücke“ eine zeichnerische Interpretation, die deutlich macht, dass an der geöffneten Seite des Zeichens immer die größere Zahl, an der Spitze immer die kleinere Zahl steht.

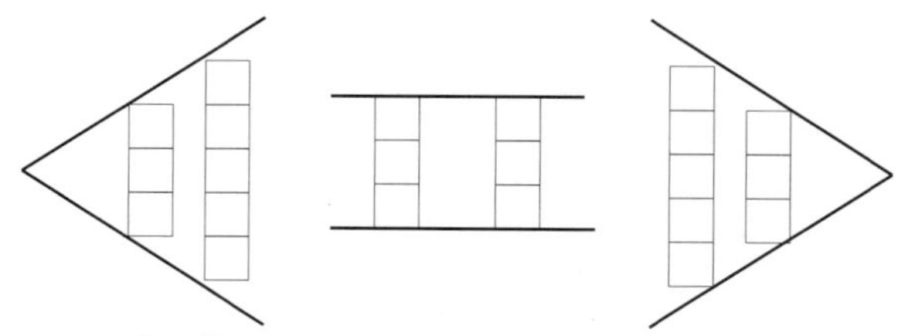

3 < 5 3 = 3 5 > 3

Die gleiche „Eselsbrücke“ wird nicht selten auch in einer etwas weniger sachlichen Form mit dem geöffneten Schnabel eines Vogels oder dem geöffneten Maul eines Krokodils dargestellt.

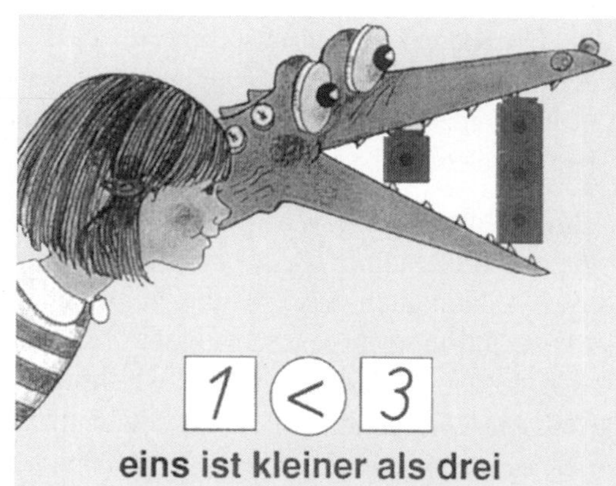

Übungen

- Hoch gewinnt
  Mehrere Sätze der Zahlenkarten von 0 bis 10 (Kopiervorlage A 14) werden gemischt und zu gleichen Teilen an die Mitspieler verteilt. Jeder stapelt seine Karten verdeckt vor sich auf. Dann legen alle Mitspieler die oberste Karte offen aus. Wer die größte Zahl hat, gewinnt; bei Gleichstand entscheidet der nächste Stich. Wer hat am Ende des Spiels die meisten Karten gewonnen?

- Kinderreihen
  11 Kindern werden große Zahlenkarten von 0 bis 10 umgehängt. Aufgabe der Kinder ist es, sich der Größe der Zahlen nach aufzustellen. Besonders spannend wird diese Übung, wenn die Zahlenkarten den Kindern auf den Rücken gehängt werden, die Kinder ihre eigene Zahl also nicht erkennen können. Diese Übung

sollte zunächst mit weniger Zahlen und entsprechend weniger Kindern durchgeführt werden.

- Ordnungsmemory
  Das Kind nimmt die Zahlenkarten von 0 bis 5, mischt sie verdeckt und legt sie verdeckt in eine Reihe. Nun nimmt es immer zwei Karten gleichzeitig auf. Liegen diese Karten schon in der richtigen Reihenfolge - links die kleinere, rechts die größere Zahl - dann werden beide Karten wieder verdeckt auf ihre Plätze gelegt, andernfalls wird die Reihenfolge der beiden Karten vor dem Ablegen ausgetauscht. Wie viele Spielzüge brauchst du, bis alle Karten von 0 bis 5 geordnet von links nach rechts liegen?

  Wird dieses Ordnungsmemory als Partnerspiel gespielt, dann kann vereinbart werden, dass derjenige gewonnen hat, der als erster sagen kann, dass alle Karten in der richtigen Reihenfolge liegen.

- Von 0 bis 10 ohne Kreuzung
  Wer kann alle Zahlen von 0 bis 10 der Reihe nach verbinden, ohne eine schon gezogene Linie zu kreuzen?

Hier ist es noch ganz einfach . . .

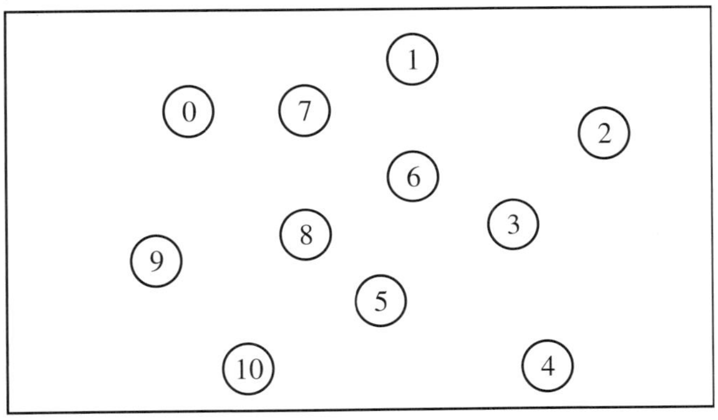

. . . hier schon viel schwerer.

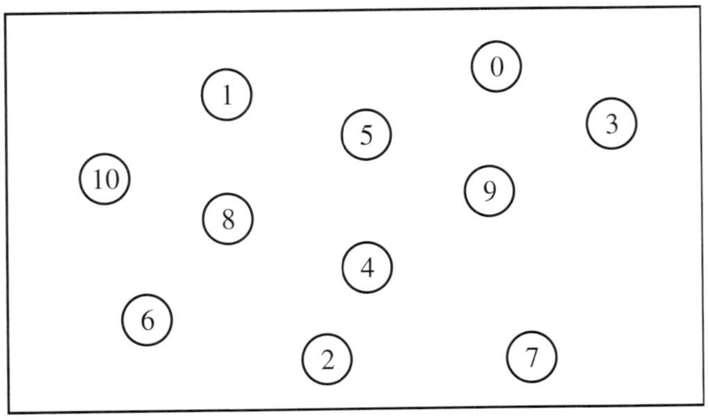

Wer kann sogar schon die Zahlen von 0 bis 20 mit möglichst wenigen Überkreuzungen der Reihenfolge nach verbinden?

Irrgärten dieser Art können leicht selbst hergestellt werden. Wenn ein Leerschema erstellt wird, dann können auch Kinder für andere Kinder der Klasse konkrete Aufgaben entwickeln.

- Fehlende Zahlen

  Der Grundgedanke dieser Übungsform ist denkbar einfach: Trage die fehlenden Zahlen ein. Der Schwierigkeitsgrad kann jedoch dadurch vielfach variiert werden, dass die Reihenfolge der Zahlen in unterschiedlichen Mustern aufgeschrieben wird. Recht einfach sind noch diese Muster.

		2	3					8		

		8			5				1	

Hier wird es etwas schwerer.

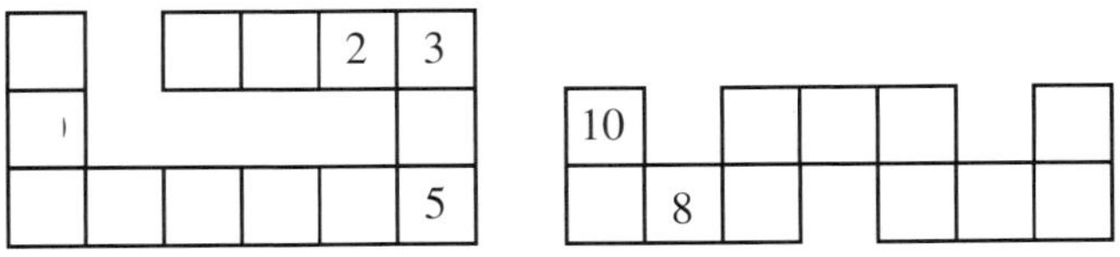

Hier müssen die Kinder schon genau hinsehen.

1	2	3
	5	6
7		

	4	3
	5	
7		1

9	2	3
	1	

9		
2	3	6
1		

1		9	
2	7	10	15
4	5	12	

			13
			12
	7		5
	2	3	

Mit Hilfe der Kopiervorlage A 9 können Sie selbst weitere Arbeitsblätter in linearer Anordnung erstellen, mit Hilfe der Kopiervorlage A 17 Anordnungen in Neuner- bzw. Sechzehner-Quadraten. Natürlich dürfen auch Kinder für andere Kinder solche Aufgaben entwickeln.

Weitere Anregungen für Übungen zur Ordnung der Zahlen finden Sie im Kapitel 4.3.2 (S. 99 ff.).

Ziffern schreiben

Die Zahleigenschaft einer Menge lässt sich auf verschiedene Weise durch Handlungen, durch Sprache und mit Hilfe schriftlicher Symbole notieren. Vor der Einführung der Ziffern sind im arithmetischen Anfangsunterricht u.a. folgende Notationsverfahren gebräuchlich (vgl. auch S. 63):

- Zuordnung einer entsprechenden Anzahl von Plättchen
  Für jeden Gegenstand wird ein Plättchen gelegt oder ein Punkt gemalt.
- Zuordnung von Würfelzahlbildern
  Nahezu alle Schulanfänger kennen die Würfelzahlbilder und ihre Namen. Die Zahleigenschaft einer Menge

kann daher durch Legen eines Würfels oder durch Malen eines entsprechenden Würfelbildes gekennzeichnet werden.

– Zuordnung durch Zeigen einer entsprechenden Anzahl von Fingern
  Die Kinder zeigen mit ausgestreckten Fingern die Anzahl der Elemente einer Menge.
– Strichlisten
  Für jedes Objekt wird ein Strich gemalt. Fünferbündel helfen, den Überblick zu behalten.

In der Praxis sollten diese Hilfsverfahren keine dominante Rolle spielen, nicht zuletzt auch deshalb, weil für die Kinder zur „richtigen Mathematik" auch das Schreiben der Ziffern gehört. Mit der sog. „Einführung" einer Zahl in dem heute in den meisten Schulbüchern üblichen gemäßigt-monografischen Aufbau wird auch die Ziffer und ihre Schreibweise eingeführt. Da jeder Praktiker weiß, dass die von den Schulbüchern angebotenen Übungen zum Schreiben der Ziffern nicht ausreichen, sollte in jeder ersten Klasse (und manchmal auch noch in den weiteren Schuljahren) ein hinreichender Vorrat von Arbeitsblättern zur Festigung der Schreibweise der Ziffern vorhanden sein.

Das Einüben der Schreibweise einer Ziffer beginnt mit großen Bewegungsübungen:

- Die Ziffer wird groß an die Tafel geschrieben; die Kinder spuren sie mit Kreide in verschiedenen Farben nach.
- Alle Kinder schreiben die neue Ziffer in die Luft und mit dem Finger auf den Tisch.
- Auch die schriftlichen Übungen folgen diesem Weg von großen zu immer kleiner werdenden Bewegungen. Die große Ziffer wird zunächst mit dem Finger nachgespurt, dann mit Buntstiften verschiedener Farbe ausgemalt. Erst danach werden die kleineren Ziffern nachgespurt, schließlich frei geschrieben.

Die Abbildung zeigt am Beispiel der Ziffer 2 diesen typischen Aufbau einer Seite zum Einüben der Ziffernschreibweise. Verschiedene Lehrmittelverlage bieten solche Ziffernschreibkurse in den verschiedenen Ausgangsschriften an, u. a. auch der Schroedel-Verlag im Rahmen seiner LUMATRIX-Reihe. Ergänzend oder alternativ dazu können mit Hilfe des Leerschemas von Kopiervorlage A 18 selbst Arbeitsblätter zum Einüben der Ziffernschreibweise erstellt werden.

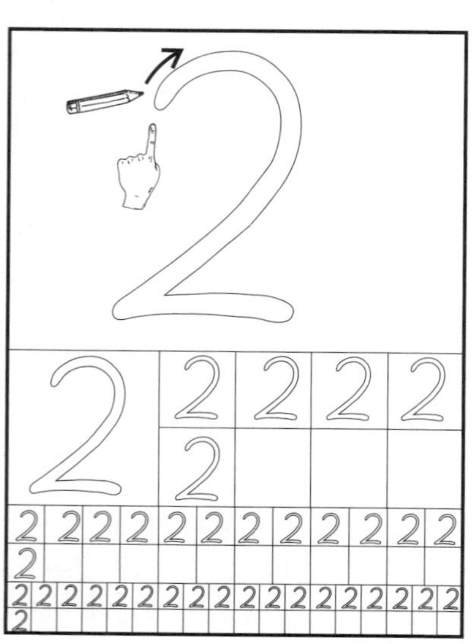

Den Schreiblehrgang ergänzende Übungen

- Ziffern-Fühlkarten
  Ziffern-Fühlkarten in Druck- und Schreibschrift gibt es im Fachhandel, z. B. bei Betzold. Für die eigene Herstellung werden zunächst ausreichend große Muster in der gewünschten Normschrift benötigt. Wer einen Fotokopierer mit der Möglichkeit zum Vergrößern zur Verfügung hat, kann sich solche Muster in Druckschrift aus der Kopiervorlage A 14 erstellen. Als Fühlmaterial empfehlen wir Schleifpapier, Velours und/oder dünnes Schaumstoffmaterial, das sich leicht schneiden und dann aufkleben lässt. Solche Karten können aber auch dadurch erstellt werden, dass die Form der Ziffer mit einer Kordel nachgelegt oder mit einer Sticknadel nachgestochen wird. Aus Knete können die Kinder selbst große Ziffern formen. Übungen mit diesen Ziffern-Fühlkarten können die Kinder allein, besser noch mit einem Partner gemeinsam durchführen. Ein Kind wählt eine Karte aus, das andere ertastet die Ziffer mit verbundenen Augen. Danach geht es mit vertauschten Rollen weiter.
  Wenn Zahlen-Fühlkarten (vgl. S. 65) und Ziffern-Fühlkarten zur Verfügung stehen, dann ist es für die Kinder eine besondere Herausforderung, mit verbundenen Augen allen Zahl-Fühlkarten die passsenden Ziffern-Fühlkarten zuzuordnen.

- Ziffern legen und kneten
  Mit Schnüren, Bleiband, Bindfäden lassen sich Ziffern legen und nachspuren. Balancieren auf dem dicken Seil aus der Turnhalle lässt die Ziffern vom Fuß in den Kopf wandern. Knetmasse wird zunächst zu „Würsten" gerollt, dann zu Ziffern geformt.

- Ziffern-Puzzle
  Postkarten oder Kalenderblätter sind für die Herstellung von Puzzles gut geeignet. Eine Ziffer wird per Fotokopie vergrößert und auf die Bildrückseite der Postkarte bzw. des Kalenderblatts geklebt, anschließend wird das Blatt in Teile zerschnitten und in einem Briefumschlag oder einer Rezepthülle aufbewahrt. Das Zusammenlegen sollte möglichst auf einer Klarsichtfolie erfolgen. Das fertige Puzzle kann dann mit einer weiteren Folie oder einer Pappe abgedeckt und vorsichtig umgedreht werden, sodass das Bild des Kalenderblatts oder der Postkarte zu erkennen ist.
  Eine besonders anspruchsvolle Aufgabe: Wer kann von einem einzelnen Puzzle-Teil sagen, zu welcher Ziffer es gehört?

- Rücken-Ziffern
  Ein Kind schreibt dem anderen mit großen Bewegungen eine Ziffer auf den Rücken. Hast du meine Ziffer erkannt?
  Wie beim Einüben der Ziffernschreibweise im Rahmen einer Arbeit an Stationen alle Sinne beteiligt werden können, ist in Abschnitt 1.3.2 (S. 11 ff.) beschrieben.

4.2.3 Addieren und Subtrahieren

In Inhaltsverzeichnissen von Schulbüchern, Lehrerhandbüchern und Didaktiken ist nicht selten die Überschrift „Einführung in die Addition und Subtraktion" zu finden. Diese Formulierung suggeriert, dass Erstklässler tatsächlich noch in diese beiden mathematischen Begriffe „eingeführt" werden müssten. Wenn mit „Einführung" der erste Einstieg in einen neuen Bereich gemeint ist, dann ist diese Formulierung falsch. Schulanfänger müssen in Addition und Subtraktion nicht „eingeführt" werden, sie haben vielmehr schon zahlreiche, wenn auch sehr unterschiedlich breite und intensive Erfahrungen zu diesen Begriffen gesammelt. So wissen wir aus empirischen Untersuchungen, dass etwa 90% der Schulanfänger Aufgaben wie „2+7", „8-5" oder gar „14-8" lösen können, wenn sie ihnen erstens in einem vertrauten Sachkontext als Rechengeschichte („Du hast 14 Murmeln. Wenn du mir 8 davon abgibst, wie viele hast du dann noch?") gestellt werden und wenn zweitens die Kinder die Möglichkeit haben, die Lösung mit Hilfe konkreter Materialien zu erarbeiten.

Dass Schulanfänger unter den genannten Voraussetzungen schon solche Aufgaben lösen können, macht erneut (vgl. Kap. 2) deutlich, dass die Hauptaufgabe des ersten Arithmetikunterrichts im Aufgreifen der Vorerfahrungen der Kinder besteht, in der Erweiterung dieser Vorerfahrungen und dann erst in ihrer Systematisierung. Gerade die Erweiterung der Vorerfahrungen ist beim Addieren und Subtrahieren von großer Bedeutung, weil zu diesen beiden mathematischen Konzepten eine Vielzahl unterschiedlicher Sachsituationen gehört. Recht vertraut sind Schulanfängern Additionssituationen des Hinzukommens („Thomas hat 3 Bonbons; er bekommt noch 2 dazu.") und Subtraktionssituationen des Wegnehmens bzw. Weggebens („Thomas hat 5 Bonbons; 3 davon gibt er seiner Schwester."). Zum Begriffsumfang von Addition und Subtraktion und damit zum Verständnis dieser Begriffe gehören jedoch noch zahlreiche weitere Situationen, die im folgenden Abschnitt unter „Aspekte von Addition und Subtraktion" beschrieben sind. Mit dem Ziel der Erweiterung des Vorverständnisses ist es eine wichtige Aufgabe des Anfangsunterrichts, solche verschiedenen Aspekte von Addition und Subtraktion in Form einfacher Rechengeschichten mit den Kindern zu bearbeiten.

Die oben genannten Voraussetzungen, unter denen Schulanfänger solche Aufgaben lösen können, geben zugleich einen entscheidenden Hinweis darauf, wie solche Rechengeschichten im Unterricht zu behandeln sind. Die Kinder müssen die Gelegenheit haben, die in den Rechengeschichten präsentierten Sachsituationen mit konkretem Material zu simulieren. Nur auf dieser Grundlage gelingt die Erweiterung des Verständnisses von Addition und Subtraktion.

Die Systematisierung dieser Kenntnisse, die Übersetzung einer Sachsituation in die formale Gleichungsschreibweise ($3 + \square = 7$) und die zunehmende Sicherheit beim Lösen von in Gleichungsform vorgegebenen Additions- und Subtraktionsaufgaben mit Hilfe heuristischer Strategien (vgl. S. 82 ff.) und Auswendigwissen sind gegenüber der o. g. Erweiterung des Verständnisses nachgeordnete Ziele.

Aspekte von Addition und Subtraktion

Die syntaktische Struktur einfacher Additions- und Subtraktionsaufgaben ist noch sehr übersichtlich. Es gibt insgesamt je 3 Typen von Additions- und Subtraktionsaufgaben, nämlich

$a + b = \square$	$a - b = \square$
$a + \square = b$	$a - \square = b$
$\square + a = b$	$\square - a = b$

Dabei sind mit „a" und „b" gegebene Zahlen und mit „□" die gesuchte Zahl bezeichnet. Die Beherrschung dieser 6 Grundaufgaben ist Ziel zahlreicher, insbesondere operativer Übungen im arithmetischen Anfangsunterricht (vgl. S. 84 ff.).

Die semantische Struktur von Addition und Subtraktion ist dagegen auch bei Rechengeschichten mit einfachsten Zahlbeispielen höchst komplex. Die Gleichung „3+4=7" kann für eine Vielzahl verschiedener Sachsituationen stehen. Konstituierend für ein breites Verständnis von Addition und Subtraktion ist die Fähigkeit der Kinder, die Struktur dieser unterschiedlichen Sachsituationen zu erkennen und eine konkrete, zur Struktur passende Handlung zur Lösung der Aufgabe durchzuführen.
Zur Beschreibung des komplexen Feldes verschiedener Aspekte von Addition und Subtraktion bedient man sich der folgenden ordnenden Kriterien (vgl. dazu Carpenter/Moser 1982; Fuson 1992).

(1) Dynamik der Situation (dynamisch vs. statisch)
Manche Sachsituationen enthalten dynamische Beziehungen zwischen den Mengen bzw. Objekten: Zu 3 Kindern kommen 4 weitere dazu, von 5 Keksen werden 3 aufgegessen. Andere Situationen dagegen sind statisch: Zwei Mengen sind gegeben, deren Summe oder Differenz zu bestimmen ist, ohne dass die eine Menge von Objekten explizit zu der anderen hinzugefügt oder von ihr abgetrennt wird. Beispiel: Im Etui sind 3 Buntstifte und 2 Bleistifte; wie viele Stifte sind im Etui?

(2) Beziehung der Mengen untereinander (Teil-Teil-Ganzes vs. disjunkte Mengen)
In einigen Sachsituationen sind die beiden gegebenen Mengen Teilmengen einer Gesamtmenge. Diese Teil-Teil-Ganzes-Beziehung gilt z. B. für folgende Sachsituation: Knut hat 3 lange und 4 kurze Hosen. Wie viele Hosen hat er insgesamt?
In anderen Sachsituationen sind die vorgegebenen Mengen disjunkt zueinander, eine Mengenvereinigung findet nicht statt, wohl aber werden die Mengen, z. B. im Rahmen eines Mengenvergleichs, miteinander in Verbindung gebracht. Beispiel: Veronika hat 5 Murmeln, Jens hat 8 Murmeln. Wie viele Murmel hat Jens mehr?

(3) Richtung der Veränderung (ansteigend vs. abfallend)
Dieses Kriterium ist im Sinne einer echten Veränderung nur auf dynamische Situationen (vgl. Punkt 1) anwendbar, weil es bei den statischen keine Veränderung gibt. Die Richtung der Veränderung kann ansteigend (Zu den 3 Kindern kommen 4 dazu.) oder abfallend (Von 5 Keksen werden 3 aufgegessen.) sein. Beim statischen Vergleich kann allerdings die Berechnung des Unterschieds mit einer Frage nach „mehr“ oder „weniger“ angeregt werden.

(4) Gesuchter Wert (Ergebnis oder Veränderung oder Ausgangslage gesucht)
Bei Situationen vom Typ „Teil-Teil-Ganzes“ gibt es hinsichtlich des gesuchten Wertes nur zwei Möglichkeiten. Entweder wird der Wert des Ganzen gesucht (3 Bleistifte und 2 Buntstifte; wie viele zusammen?) oder ein Teil wird gesucht (Zusammen 5 Stifte, davon 2 Bleistifte; wie viele andere Stifte?). Bei allen anderen Situationen sind der oben beschriebenen syntaktischen Struktur entsprechend drei Grundaufgaben zu unterscheiden, je nachdem, ob das Ergebnis (3 + 4 = □), die Veränderung (3 + □ = 7) oder die Ausgangslage (□ + 4 = 7) gesucht sind.

Mit Hilfe dieser Kategorien lassen sich insgesamt 20 verschiedene Sachsituationen zur Addition und Subtraktion unterscheiden. Die folgende Tabelle gibt einen Überblick über die 20 Typen von Aufgaben. Dabei haben wir einzelnen Gruppen von Aufgaben möglichst charakterisierende Namen gegeben. In der anschließenden Auflistung werden diese Namen für Gruppen von Aufgaben wieder aufgegriffen. Zu jeder Gruppe werden konkrete Beispiele unter Berücksichtigung der möglichen Variationen hinsichtlich der Kategorie „Gesuchter Wert“ angegeben.

<table>
<tr><td rowspan="4"></td><td colspan="6">Dynamische Situationen</td><td colspan="6" rowspan="3">Statische Situationen</td></tr>
<tr><td colspan="6">Verändern</td></tr>
<tr><td colspan="3">ansteigend</td><td colspan="3">abfallend</td></tr>
<tr><td colspan="3">Dazugeben</td><td colspan="3">Weggeben</td><td colspan="6">Vereinigen (Teil-Teil-Ganzes)</td></tr>
<tr><td>2 Mengen sind Teilmengen einer dritten Menge.</td><td>Ergebnis unbekannt</td><td>Veränderung unbekannt</td><td>Ausgangslage unbekannt</td><td>Ergebnis unbekannt</td><td>Veränderung unbekannt</td><td>Ausgangslage unbekannt</td><td colspan="3">Das Ganze ist unbekannt.</td><td colspan="3">Ein Teil ist unbekannt.</td></tr>
<tr><td rowspan="3">Die Mengen sind disjunkt.</td><td colspan="3" rowspan="2">Ausgleichen nach oben</td><td colspan="3" rowspan="2">Ausgleichen nach unten</td><td colspan="6">Vergleichen</td></tr>
<tr><td colspan="3">mehr</td><td colspan="3">weniger</td></tr>
<tr><td>Ergebnis unbekannt</td><td>Veränderung unbekannt</td><td>Ausgangslage unbekannt</td><td>Ergebnis unbekannt</td><td>Veränderung unbekannt</td><td>Ausgangslage unbekannt</td><td>Ergebnis unbekannt</td><td>Veränderung unbekannt</td><td>Ausgangslage unbekannt</td><td>Ergebnis unbekannt</td><td>Veränderung unbekannt</td><td>Ausgangslage unbekannt</td></tr>
</table>

Die semantische Struktur erster Additions- uns Subtraktionsaufgaben

Die folgende Tabelle enthält Beispielaufgaben für alle diese 20 Typen. Dabei haben wir bewusst Aufgaben mit einem wenig abwechslungsreichen Kontext („Kekse") und den gleichen Personen („Ernie und Bert") gewählt, um die strukturellen Unterschiede deutlicher werden zu lassen. In einer zusätzlichen Spalte ist - soweit untersucht - angegeben, wie viel Prozent der Erstklässler einer in Deutschland durchgeführten empirischen Untersuchung (Stern 1992) diesen Aufgabentyp richtig gelöst hat. Dabei ist zu beachten, dass diese Angaben sich erstens nicht auf diese „Ernie-und-Bert-Keksaufgaben" beziehen, sondern auf strukturgleiche „Hans-und-Maria-Murmeln-Aufgaben", dass zweitens die Zahlen in den hier dargestellten Rechengeschichten geringfügig von denen der Originaluntersuchung abweichen.

Die in der Tabelle angegebenen Prozentsätze richtiger Lösungen sind Ergebnisse einer Untersuchung mit 88 Erstklässlern aus vier Münchener Grundschulen; sie sind sicher nicht repräsentativ, können aber auf einige wichtige Tendenzen aufmerksam machen.

Schwierigkeit von Addition und Subtraktion
Die Subtraktion wird in vielen Schulbüchern in deutlichem zeitlichen Abstand zur Addition behandelt. Dahinter steht die Annahme, die Subtraktion sei „schwerer" als die Addition. Diese Annahme wird durch diese Untersuchun-

Aufgabentyp	Beispielaufgabe	Prozentsatz richtiger Lösungen
Dazugeben		
Ergebnis unbekannt	Ernie hat 4 Kekse. Bert gibt ihm noch 3 Kekse dazu. Wie viele Kekse hat Ernie jetzt?	89%
Veränderung unbekannt	Ernie hat 4 Kekse. Dann gibt Bert ihm weitere Kekse. Jetzt hat Ernie 7 Kekse. Wie viele hat Bert ihm gegeben?	52%
Ausgangslage unbekannt	Am Anfang hatte Ernie einige Kekse. Dann gab Bert ihm 3 Kekse dazu. Jetzt hat Ernie 7 Kekse. Wie viele hatte er zu Anfang?	49%
Weggeben		
Ergebnis unbekannt	Ernie hat 7 Kekse. 3 Kekse gibt er an Bert ab. Wie viele Kekse hat Ernie jetzt noch?	95%
Veränderung unbekannt	Ernie hat 7 Kekse. Davon gibt er einige an Bert ab. Dann hat er noch 4 Kekse. Wie viele hat er Ernie gegeben?	49%
Ausgangslage unbekannt	Ernie hat einige Kekse. Dann gibt er 3 Kekse an Bert ab. Jetzt hat er noch 4 Kekse. Wie viele hatte er zu Anfang?	38%
Vereinigen		
Das Ganze ist unbekannt.	Ernie hat 3 Kekse. Bert hat 4 Kekse. Wie viele Kekse haben sie zusammen?	87%
Ein Teil ist unbekannt.	Ernie und Bert haben zusammen 7 Kekse. Ernie hat 3 Kekse. Wie viele Kekse hat Bert?	55%
Ausgleichen nach oben		
Ergebnis unbekannt	Ernie hat 3 Kekse. Er bekommt 4 Kekse dazu. Jetzt hat er genau so viele Kekse wie Bert. Wie viele Kekse hat Bert?	
Veränderung unbekannt	Ernie hat 3 Kekse. Bert hat 7 Kekse. Wie viele Kekse muss Ernie noch bekommen, damit er genau so viele Kekse wie Bert hat?	96 %
Ausgangslage unbekannt	Ernie hat einige Kekse. Bert hat 7 Kekse. Nun bekommt Ernie 4 Kekse dazu. Dann hat er genau so viele Kekse wie Bert. Wie viele Kekse hatte Ernie zu Anfang?	

Aufgabentyp	Beispielaufgabe	Prozentsatz richtiger Lösungen
Ausgleichen nach unten		
Ergebnis unbekannt	Ernie hat 7 Kekse. Er gibt 3 Kekse ab. Jetzt hat er genau so viele Kekse wie Bert. Wie viele Kekse hat Bert?	
Veränderung unbekannt	Ernie hat 7 Kekse. Bert hat 3 Kekse. Wie viele Kekse muss Ernie abgeben, damit er genau so viele hat wie Bert?	96 %
Ausgangslage unbekannt	Ernie hat einige Kekse. Bert hat 3 Kekse. Nun gibt Ernie 4 Kekse ab und hat genau so viele wie Bert. Wie viele Kekse hatte Ernie zu Anfang?	
Vergleichen („mehr")		
Ergebnis unbekannt	Ernie hat 3 Kekse. Bert hat 4 Kekse mehr als Ernie. Wie viele Kekse hat Bert?	53%
Veränderung unbekannt	Ernie hat 3 Kekse. Bert hat 7 Kekse. Wie viele Kekse hat Bert mehr als Ernie?	28%
Ausgangslage unbekannt	Ernie hat 7 Kekse. Er hat 3 Kekse mehr als Bert. Wie viele Kekse hat Bert?	22%
Vergleichen („weniger")		
Ergebnis unbekannt	Ernie hat 7 Kekse. Bert hat 4 Kekse weniger als Ernie. Wie viele Kekse hat Bert?	58%
Veränderung unbekannt	Ernie hat 7 Kekse. Bert hat 4 Kekse. Wie viele Kekse hat Bert weniger als Ernie?	32%
Ausgangslage unbekannt	Ernie hat 4 Kekse. Er hat 3 Kekse weniger als Bert. Wie viele Kekse hat Bert?	16%

gen nicht bestätigt. Von der Struktur her vergleichbare Rechengeschichten (Dazugeben vs. Weggeben; Ausgleichen nach oben bzw. unten) werden von den Kindern nicht häufiger richtig gelöst, wenn es sich um Additionsaufgaben handelt. Die Art der Rechenoperation hat keinen erkennbaren Einfluss auf die Schwierigkeit der Aufgaben. Dies spricht dafür, schon frühzeitig neben Additionsaufgaben auch Subtraktionsaufgaben in entsprechenden Rechengeschichten zu behandeln.

Schwierigkeit der Grundaufgaben und ihrer Variationen
Innerhalb einer Aufgabengruppe (z. B. „Dazugeben") sind die Grundaufgaben ($a + b = \square$) erwartungsgemäß leichter als deren Variationen mit gesuchter Veränderung ($a + \square = b$) oder gar gesuchter Ausgangslage ($\square + a = b$).
Die ersten Zugänge zu den einzelnen Aufgabengruppen sollten daher - wie ja schon in der bisherigen Praxis üblich - über die Grundaufgaben erfolgen.

Die Dominanz der konkret-handelnden Bearbeitung
Ob ein Kind eine Rechengeschichte lösen kann oder nicht, hängt entscheidend davon ab, ob es die Sachsituation konkret-handelnd mit Material nachspielen kann oder nicht. Alle Rechengeschichten, die eine solche direkte Simulation der Sachsituation mit Material ermöglichen, werden in der Regel von einem hohen Prozentsatz der Kinder richtig gelöst. Besonders deutlich wird dies beim Vergleich der anscheinend sich nur geringfügig unterscheidenden Aufgabentypen „Ausgleichen nach oben/unten; Veränderung unbekannt" mit „Vergleichen mehr/weniger; Veränderung unbekannt". Während die Aufgaben vom Typ „Ausgleichen" zu konkreten Handlungen des Dazulegens bzw. Wegnehmens herausfordern, legen die entsprechenden Aufgaben des Vergleichens nicht so unmittelbar Handlungen nahe. Auf diesen Unterschied ist die mit 96% gegenüber ca. 30% deutliche Differenz der Lösungshäufigkeiten zurückzuführen.

Didaktische Grundsätze für die Behandlung von Addition und Subtraktion
(1.) Gleichzeitige Behandlung von Addition und Subtraktion
Addition und Subtraktion sollten nicht zeitlich aufeinander folgend, sondern zeitgleich behandelt werden.

(2.) Behandlung des gesamten Zahlenraums bis 10
Die Größe der Zahlen in Rechengeschichten der o. g. Art hat auf die Lösungshäufigkeit praktisch keinen Einfluss, so lange sie im Zahlenraum bis 10 bleiben; die Addition von 8 ist nicht grundsätzlich schwerer als die von 5. Es gibt daher keine Veranlassung, die Auswahl der Zahlen für solche Rechengeschichten an einem gemäßigt-monografischen Stufengang der „Einführung" der Zahlen bis 10 auszurichten. Schon im ersten Zugang sollte der gesamte Zahlenraum bis 10 ausgeschöpft werden.
Zu berücksichtigen ist dabei jedoch, dass sich Erstklässler in diesem Zahlenraum unterschiedlich sicher bewegen mit der Folge, dass zu erwarten ist, dass die Kinder einer Klasse die Lösungen mit unterschiedlichen Rechenstrategien (vgl. S. 82 ff.) gewinnen und damit auch unterschiedlich lange an ihren Lösungen arbeiten. Die Dauer der Bearbeitungszeit ist also nicht in erster Linie ein Hinweis auf eine mögliche Unfähigkeit des Kindes, die Aufgabe grundsätzlich zu lösen, sondern in der Regel ein Indikator für noch nicht sicher entwickelte schnelle Rechenstrategien. Wichtig ist daher, jedem Kind genügend Zeit für die Bearbeitung dieser Aufgaben zu geben, zugleich deren Lösungsstrategien zu beobachten und ihnen zu helfen, allmählich elaboriertere Rechenstrategien zu entwickeln.

(3.) Die zentrale Rolle von Rechengeschichten
Am Anfang und im Mittelpunkt der weiteren Behandlung von Addition und Subtraktion stehen einfache Rechengeschichten der oben beschriebenen Struktur (vgl. auch Kap. 6). Zur Festigung der Grundvorstellungen von Addition und Subtraktion sollten solche Rechengeschichten zum regelmäßigen Bestand des Morgenkreises gehören. Die Aufgabe, eine solche Geschichte zu erzählen, kann auch Kindern übertragen werden. Am besten nimmt man das Erzählen einer Rechengeschichte mit in den allgemeinen „Dienstplan" der Klasse auf, der auch das Blumengießen und viele andere Klassenaufgaben regelt.

(4.) Beginn mit leicht simulierbaren Rechengeschichten
Begonnen wird mit Rechengeschichten, deren Struktur leicht in konkrete Handlungen übersetzt werden kann. Dazu gehören zunächst die folgenden Aufgabentypen:

- Dazugeben; Ergebnis unbekannt
- Weggeben; Ergebnis unbekannt
- Vereinigen; das Ganze unbekannt
- Ausgleichen nach oben; Ergebnis unbekannt
- Ausgleichen nach unten; Ergebnis unbekannt
- Ausgleichen nach oben; Veränderung unbekannt
- Ausgleichen nach unten; Veränderung unbekannt

(5.) Primat der Handlung
Jede Rechengeschichte wird zunächst konkret handelnd durchgeführt. Auf dieser Grundlage wird die zugehörige Gleichung (z. B. 3+4=7) entwickelt.

(6.) Von realen Objekten zum Arbeitsmittel und zur Zeichnung
Die Simulation der Rechengeschichte erfolgt zunächst mit den Objekten, die in der Geschichte eine Rolle spielen, also mit Kindern selbst, mit (Spielzeug-)Autos, mit Kastanien oder Äpfeln, mit Murmeln u. v. a. m. Danach werden diese Simulationen mit dem eingeführten Arbeitsmaterial durchgeführt, anschließend auf die zeichnerische und schließlich auf die symbolische Ebene übersetzt.

(7.) Intermodaler Transfer
Die Übersetzungen von einer Form der Darstellung in eine andere werden intensiv geübt:

- Kinder spielen im Rollenspiel eine Situation vor. Wie heißt wohl die zugehörige Rechengeschichte?
- Christoph hat ein Bild mit 4 roten und 5 blauen Kugeln gemalt. Erfinde dazu eine Rechengeschichte und spiele sie durch.
- Am Rechenrahmen schiebt Ines von 9 Perlen 3 weg. Wer kann dazu eine Rechengeschichte erfinden, wer das passende Bild malen?

(8.) Rechengeschichten und Bildgeschichten
Zur Förderung der Interpretationsfähigkeit von Sachsituationen trägt auch bei, solche Rechengeschichten in Form von Bildgeschichten vorzugeben. Vereinzelt findet man geeignete Bilder in Illustrierten oder in Katalogen, jedoch sind viele dieser Abbildungen nicht brauchbar, weil sie den Zahlenraum deutlich überschreiten oder weil das Bild keine eindeutig interpretierbare Handlung zeigt. Mathematikbücher für die 1. Klasse liefern in der Regel die prägnanteren Darstellungen. Wer nicht mehr benötigte Mathematikbücher hat, kann aus ihnen solche Bildgeschichten herausschneiden und auf eine Karteikarte kleben. Auf die Rückseite der Karteikarte kommen die zugehörige Aufgabe und die Lösung.
Beispiel:

Vorderseite	Rückseite
	$5 - \square = \square$ $5 - 2 = \square$ $5 - 2 = 3$

Diese Karteikarten können auch solchen Kindern eine Anregung sein, die im nächsten Morgenkreis eine Rechengeschichte erzählen sollen. Darüber hinaus eignen sie sich selbstverständlich für Einzel- und Partnerübungen.

(9.) Primat der Handlung bei Variation der gesuchten Größe
Die schwierigeren Rechengeschichten mit Variationen der gesuchten Größe, also der Veränderung bzw. der Aus-

gangslage, werden durch Aufgaben in Form konkreter Handlungen eingeführt und erarbeitet. Gut geeignet dafür ist der „Zauberbeutel" (vgl. S. 64 f.).

Einige Beispiele:
- Alle Kinder sehen zu, wie der Zauberbeutel gefüllt wird; 6 Kastanien werden in den leeren Beutel gegeben. Nun schließen alle Kinder die Augen. Die Lehrerin gibt verdeckt 3 weitere Kastanien in den Beutel. Alle Kinder sehen wieder auf. Karola darf ertasten, wie viele Kastanien im Beutel sind: 9 Kastanien. Was ist geschehen? - „Du hast welche dazugelegt!" - „Du hast 3 Kastanien dazugelegt." 6 + 3 = 9
- Wieder schließen alle Kinder die Augen. Nach dem Öffnen sind nur noch 4 Kastanien im Beutel. 9 - □ = 4.
„Du hast 5 Kastanien versteckt." 9 - 5 = 4
- Eine neue Aufgabe. Die Lehrerin hat schon einige Kastanien in den Beutel gegeben, sie verrät aber nicht, wie viele es sind. Vor den Augen der Kinder werden nun 3 Kastanien dazugegeben. Katrin darf feststellen, wie viele jetzt im Beutel sind: 7 Kastanien. □ + 3 = 7
- Wieder weiß kein Kind, wie viele Kastanien schon im Beutel sind. Für alle sichtbar werden 3 Kastanien herausgenommen. Nun sind noch 7 im Beutel. □ - 3 = 7
Wer es gar nicht schafft, die Ausgangsmenge anzugeben, darf sie dadurch rekonstruieren, dass er die 3 Kastanien wieder in den Beutel gibt und die Anzahl durch Abzählen ermittelt.

(10.) Verzahnung mit operativen Übungen
Die eben beschriebenen Rechengeschichten mit Variation der Unbekannten werden begleitet von Übungsformen vom Typ „Versteckte Zahlen" (vgl. S. 64) und mit operativen Übungen (vgl. S. 84 ff.), um auf diese Weise die Flexibilität des Umgangs mit den Grundaufgaben und ihren Variationen zu fördern.

Rechenstrategien

Zur Komplexität des ersten Rechnens tragen nicht nur die oben beschriebenen vielfältigen Aspekte von Addition und Subtraktion bei. Vielmehr kommt hinzu, dass jede Aufgabenart mit Hilfe von drei verschiedenen Rechenstrategien gelöst werden kann. Diese Strategien sind

(1) Zählstrategien,

(2) Auswendigwissen,

(3) heuristische bzw. operative Strategien.

(1) Zählstrategien

Zählstrategien scheinen unabhängig von dem Kulturkreis, in dem die Kinder aufwachsen und unabhängig von der Frage, ob die Kinder die Schule besuchen oder nicht, die ersten „natürlichen" Strategien zur Lösung von Additions- und Subtraktionsaufgaben zu sein. So lange, wie die Zahlwortreihe noch nicht ganz vertraut, vor allem noch nicht strukturiert ist und so lange, wie die Kinder noch keine Lösungen auswendig wissen, gibt es kein anderes Rechenverfahren. Selbst Erwachsene greifen auf diese Strategie zurück, wenn sie Aufgaben in einem nicht vertrauten Bereich lösen sollen. Machen Sie die Probe und lösen Sie die folgende Aufgabe: „Heute ist Montag. Welcher Wochentag war vor vier Tagen?" Nicht wenige von Ihnen werden diese Aufgabe durch Rückwärtszählen an den Fingern lösen.

Bei den Zählstrategien sind zwei Hauptgruppen zu unterscheiden, nämlich die des Alles-Zählens und die des Weiterzählens.

Alles-Zählen
Zunächst werden beide Summanden je einzeln durch Abzählen dargestellt, anschließend wird der Wert der Summe durch Abzählen aller Objekte von vorn ermittelt.
Beispielaufgabe: 3+4

1. Schritt: Darstellen beider Summanden

1 2 3 1 2 3 4

● ● ● ● ● ● ●

2. Schritt: Abzählen von vorn

1 2 3 1 2 3 4

● ● ● ● ● ● ●

Weiterzählen
Beim Weiterzählen wird auf die zählende Darstellung des ersten Summanden bzw. des Minuenden verzichtet. Der Prozess des Weiterzählens beginnt mit der betonten Benennung des ersten Summanden bzw. des Minuenden und wird dann mit Vorwärts- bzw. Rückwärtszählen fortgesetzt. Die Hauptschwierigkeit dabei ist, dass die Kinder einen Überblick über die Anzahl der Zählschritte behalten müssen, damit sie wissen, wann sie den Weiterzählprozess abbrechen müssen. Dieses Zählen des Zählens ist häufig daran erkennbar, dass die Kinder parallel zum Zählprozess ihre Finger ausstrecken und damit an den Fingern ablesen können, wie viel Schritte sie schon gezählt haben. Bei kleineren Zahlen bis 4 kann die Anzahl der Zählschritte auch simultan überblickt werden. Eine weitere Möglichkeit, die Übersicht über das Weiterzählen zu behalten, besteht im rhythmischen Zählen.

Die Kardinalzahl des ersten Summanden wird mit Betonung gesprochen (hier fett gedruckt), dann beginnt nach einer kurzen Pause (hier mit „ - " gekennzeichnet) der Prozess des Weiterzählens, wobei - z. B. durch Ausstrekken von Fingern - das Weiterzählen selbst gezählt wird.

Beispielaufgabe 3 + 5

1. Schritt: Benennung des ersten Summanden

3 –

2. Schritt: Weiterzählen mit stillem Abzählen der Zählschritte ...

3 – 4 5 6 7 8

1 2 3 4 5

oder mit sukzessivem Aufzeigen der Finger ...

3 – 4 5 6 7 8

oder mit rhythmischem Zählen der Zählschritte ...

3 – 4 **5** 6 **7** 8

oder vom größeren Summanden aus mit simultanem Überblicken der Anzahl der Zählschritte.

5 – 6 7 8

Ein häufiger Fehler bei der Lösung von Additions- und Subtraktionsaufgaben durch Weiterzählen ist das Verrechnen um -1 bei der Addition und um +1 bei der Subtraktion. Beide Fehler entstehen dadurch, dass mit dem betonten Sprechen des ersten Summanden bzw. des Minuenden schon der erste Finger ausgestreckt, also ein erster Zählschritt angezeigt wird.

3- 4 5 6 7

Sprechweise
3 - 4, 5, 6, 7
3 + 5 = 7

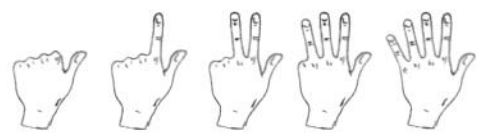

8- 7 6 5 4

Sprechweise
8 - 7, 6, 5, 4
8 - 3 = 4

(2) Auswendigwissen

Das Auswendigwissen ist eine sehr schnelle Strategie für das Lösen von Additions- und Subtraktionsaufgaben. Viele Erstklässler kennen schon einige Sätze des kleinen Einspluseins oder Einsminuseins auswendig und tragen sie mit Stolz vor: „2+2=4“, „5+5=10“ und manchmal sogar schon „1000+1000=2000“. Nicht selten hat das Aufsagen solcher Sätze den gleichen Charakter wie das Hersagen eines Ausschnittes aus einem - vielleicht sogar englischsprachigen - Lied; durch wiederholtes Hören hat sich der Satz eingeprägt, Bedeutung wird damit nicht verbunden. Daher sollten Kinder, die mit solchen Sätzen in die Schule kommen, aufgefordert werden, zu ihnen Plättchen zu legen oder Bilder zu malen, um an diesen Produkten ablesen zu können, ob sie mit diesen Gleichungen eine Bedeutung verbinden.

Am Ende des 1. Schuljahres sollen die Kinder das kleine Einspluseins und Einsminuseins im Zahlenraum bis 20 auswendig wissen. Übungen zum bewussten Einprägen dieser Zahlensätze - selbstverständlich auf der Grundlage eines Verständnisses von Addition und Subtraktion - finden Sie in den Abschnitten „Operatives Üben“ (S. 84 ff.) und „Übungen zur Festigung des kleinen Einspluseins“ (S. 89 ff.).

(3) Heuristische bzw. operative Strategien

Mit dieser Bezeichnung sind Strategien des flexiblen Umgangs mit Zahlen gemeint, insbesondere
- Verdoppeln und Halbieren,
- Zerlegen und Zusammensetzen,
- gleich- und gegensinniges Verändern.

Das Verdoppeln und Halbieren spielt auch schon im Zahlenraum bis 10 eine große Rolle. Tatsächlich gehören die Verdoppelungsaufgaben in diesem Zahlenraum zu den ersten Aufgaben, die die Kinder auswendig wissen und wissen sollen. Mit dieser Kenntnis können dann auch Nachbaraufgaben von Verdopplungsaufgaben (4+5 oder 4+3) mit Hilfe des sog. „Fast-Verdoppelns“ gelöst werden: 4+5=8+1 („Doppel-Vier plus eins“) oder 4+3=8-1 („Doppel-Vier minus eins“).

Das Zerlegen und Zusammensetzen kommt in stärkerem Maße erst beim Zehnerübergang (7+8=7+3+5) zum Tragen, sollte dort aber nicht als Standardstrategie, sondern als eine unter mehreren behandelt werden; so kann „7+8“ mindestens so einfach auch über das Fast-Verdoppeln berechnet werden. Größere Bedeutung kommt dem Zerlegen und Zusammensetzen erst beim Rechnen im Zahlenraum bis 100 zu.

Das gegensinnige Verändern bei der Addition (9+7=10+6) und das gleichsinnige Verändern bei der Subtraktion (11-7=10-6) kann beim Lösen von Aufgaben mit Hilfe von Materialien in Gebrauch genommen werden (vgl. S. 41), sollte aber im 1. Schuljahr nicht in dem Sinne thematisiert werden, dass es als Lösungsstrategie von allen Kindern gefordert wird.

Zum Verhältnis der drei Strategien zueinander

Kinder verwenden diese Strategien nicht etwa so, dass sie alle Aufgaben mit Hilfe des Zählens oder des Auswendigwissens oder nur mit Hilfe heuristischer Strategien bearbeiten, sie wechseln vielmehr je nach Größe der Zahlen und nach Vertrautheit mit der Sachsituation ihre Strategien.

Ziel des Unterrichts ist es jedoch, die Kinder ohne ein grundsätzliches Verbot der Verwendung von Zählstrategien (z. B. als Fingerrechnen) allmählich zum Auswendigwissen (zunächst einiger weniger Grundaufgaben) und zu heuristischen Strategien zu führen.

Didaktische Konsequenzen

1. *Unterschiedliche Rechenstrategien erwarten, beobachten und zunächst akzeptieren*

Es können keine einheitlichen Rechenstrategien erwartet werden. Vielmehr hat jede Lehrerin sich darauf einzustellen, dass einerseits verschiedene Kinder der Klasse die gleiche Aufgabe auf unterschiedliche Weise berechnen, dass andererseits das gleiche Kind für unterschiedliche Aufgaben verschiedene Strategien einsetzt. Diese Vielfalt ist im Anfangsunterricht zunächst einmal zu akzeptieren. Die unterschiedlichen Präferenzen für die einzelnen Strategien sind Hinweise darauf, dass die Kinder die jeweils gewählten Verfahren noch benötigen bzw. mit ihnen am besten zurechtkommen. Wichtig ist, möglichst differenziert zu beobachten, bei welchen Aufgaben das einzelne Kind welche Strategie benützt. Diese Kenntnis ist der Ausgangspunkt für die Unterstützung der Kinder bei der Ablösung von zählenden Strategien.

2. *Den Vorrat an auswendig gewussten Aufgaben erweitern*

Die Alternative zu den beiden Grundformen zählenden Rechnens, dem Alles-Zählen und dem Weiterzählen, ist im 1. Schuljahr - entgegen weit verbreiteter mathematikdidaktischer Lehrmeinung - in erster Linie nicht die Entwicklung heuristischer bzw. operativer Strategien, sondern die Erweiterung des Bestands an auswendig gewussten Aufgaben.

Betrachtet man die Häufigkeit, mit der Siebenjährige die drei verschiedenen Strategien des Rechnens im Zahlenraum bis 10 wählen, dann überrascht die vergleichsweise seltene Wahl der operativen bzw. heuristischen Strategien (vgl. Gray 1991). Kinder im 1. Schuljahr wählen im Durchschnitt in weniger als 10% der Fälle diese mit Blick auf das Rechnen im 2. Schuljahr wünschenswerte Strategie. Eine genauere Betrachtung zeigt sogar, dass leistungsschwächere Kinder gar nicht auf diese Strategie zurückgreifen; sie wählen statt dessen in 90% der Fälle Zählstrategien (80% Alles-Zählen; 10% Weiterzählen) und nur in 10% der Fälle wissen diese Kinder die Lösungen auswendig. Bei durchschnittlich und überdurchschnittlich leistungsstarken Kindern dominiert dagegen das Auswendigwissen (50% der Fälle); heuristische Strategien werden von diesen Kindern nur in etwa 10% der Fälle eingesetzt. Überraschend ist auch die Wahl der beiden Zählstrategien: Auf das Alles-Zählen verzichten diese Kinder ganz; etwa 40% der Aufgaben werden mit Hilfe des Weiterzählens gelöst.

Diese Befunde sprechen dafür dem Auswendiglernen der Grundaufgaben im 1. Schuljahr wieder einen höheren Stellenwert zukommen zu lassen. Das in der Vergangenheit nicht selten verpönte Auswendiglernen des kleinen Einspluseins und Einsminuseins hat auch in einem modernen Anfangsunterricht seine Berechtigung. Dass dies nicht in Form eines Reiz-Reaktionslernens, nicht in Form eines sturen Drills erfolgt, sondern mit Hilfe vielfältiger, auch operativer Übungen zur Förderung eines flexiblen Rechnens, versteht sich von selbst. Die folgenden Anregungen zum Üben und Spielen sollen dabei eine Hilfe sein.

4.2.4 Üben und Spielen

Operative Übungen

In einer streng an Piaget und seinen Gruppierungsbegriff angelehnten Interpretation wird mit dem Begriff „operative Übungen" die Behandlung der Tauschaufgabe, der Umkehraufgabe und der Nachbaraufgaben bezeichnet. Die Tauschaufgabe zu einer Addition (z. B. 3+5) entsteht durch Vertauschen der Reihenfolge der Summanden (5+3), die Umkehraufgaben durch Anwenden der inversen Operation (8-3; 8-5). Nachbaraufgaben werden dadurch erzeugt, dass einer der beiden Summanden jeweils um 1 vergrößert oder verkleinert wird (4+5; 2+5; 3+6; 3+4). Tauschaufgabe, Umkehr- und Nachbaraufgaben stellen die Grundaufgaben operativer Übungen dar.

In einer allgemeiner auf die genetische Erkenntnistheorie Piagets bezogenen Interpretation werden mit „operative Übungen" alle solche Übungsformen bezeichnet, die geeignet sind vielfältige Zusammenhänge und Beziehungen herauszuarbeiten und für die weiteren Aktivitäten zu nutzen. Operative Übungen fordern und fördern ein bewegliches Umgehen mit Zahlen und Rechenoperationen.
In dieser weiteren Interpretation sind insbesondere auch die Grundstrategien des operativen Übens berücksichtigt, nämlich das Zerlegen und Zusammensetzen, das Verdoppeln und Halbieren und das gegen- bzw. gleichsinnige Verändern. Dieses weite Feld operativer Übungen mit verschiedenen Grundaufgaben und Grundstrategien soll anhand der Beispielaufgabe „8+9" in der folgenden Übersicht deutlich gemacht werden.

Grundaufgaben		
Umkehraufgaben	Tauschaufgabe	Nachbaraufgaben
17 – 8 = 17 – 9 =	9 + 8 =	7 + 9 = 9 + 9 = 8 + 8 = 8 + 10 =
	Operative Übungen zur Aufgabe 8 + 9 =	
8 + 2 + 7 = 8 + 10 – 1 =	8 + 8 + 1 = 9 + 9 – 1 =	7 + 10 = [aus (8–1)+(9+1)] 10 + 7 [aus (8+2)+(9–2)]
Zerlegen und Zusammensetzen	Verdoppeln und Halbieren	Gegensinniges bzw. gleichsinniges Verändern bei Addition bzw. Subtraktion
Grundstrategien		

Grundidee der Behandlung von Tauschaufgabe, Nachbar- und Umkehraufgaben ist, eine Aufgabe nie isoliert für sich, sondern immer im Zusammenhang mit einer ganzen „Aufgabenfamilie“ zu behandeln. Auf diese Art und Weise reduziert sich die Anzahl der zu lernenden Aufgaben auf eine überschaubare Anzahl von „Aufgabenfamilien“. So gibt es mit den Summanden 0 bis 10 und Summen nicht größer als 10 zunächst einmal 66 verschiedene zweigliedrige Additionsaufgaben. Lässt man die einfachen Aufgaben mit Null als erstem oder zweiten Summanden fort, dann bleiben 45 Aufgaben. Vernachlässigt man weiterhin die Tauschaufgaben, dann bleibt ein Kern von 25 verschiedenen Aufgaben. Wenn diese 25 Aufgaben im Sinne der operativen Übungen als „Aufgabenfamilien“ zusammen mit ihrer Tauschaufgabe und beiden Umkehraufgaben erarbeitet werden, dann haben die Kinder mit diesen 25 Kernaufgaben alle Aufgaben des kleinen Einspluseins und Einsminuseins im Zahlenraum bis 10 gelernt.

+	0	1	2	3	4	5	6	7	8	9	10
0	0	1	2	3	4	5	6	7	8	9	10
1	1	2	3	4	5	6	7	8	9	10	
2	2	3	4	5	6	7	8	9	10		
3	3	4	5	6	7	8	9	10			
4	4	5	6	7	8	9	10				
5	5	6	7	8	9	10					
6	6	7	8	9	10						
7	7	8	9	10							
8	8	9	10								
9	9	10									
10	10										

Beispiele für operative Übungen

- Kleeblätter

Jeder kennt diese Frage der Kinder: „Frau Heubaum, kannst du mir mal erklären, wie das geht?“ Diese Frage ist kein Kennzeichen dafür, dass das Kind mit den zu lösenden Rechenaufgaben Probleme hat, sie dokumentiert vielmehr die Schwierigkeit des Kindes, die Form der Aufgabendarbietung zu verstehen. Jede solche Form der Aufgabendarbietung enthält Konventionen darüber, wie die Aufgaben zu bearbeiten sind, wo welche Aufgabe zu notieren ist u. v. a. m. Auch diese Konventionen sind zunächst einmal Unterrichtsinhalte, die von den Kindern erlernt werden müssen. Deshalb ist darauf zu achten, nicht zu viele verschiedene Formen der Aufgabendarbietung anzubieten. Weiterhin sollen die ausgewählten Formen Signalcharakter mit einem hohen Wiedererkennungswert haben, sodass - einmal gelernt - die Kinder mit der Aufgabendarbietung auch sofort wissen, wie sie die Aufgaben bearbeiten sollen. Ein solches Aufgabenformat für Aufgabenfamilien der oben beschriebenen Art ist das Kleeblatt.

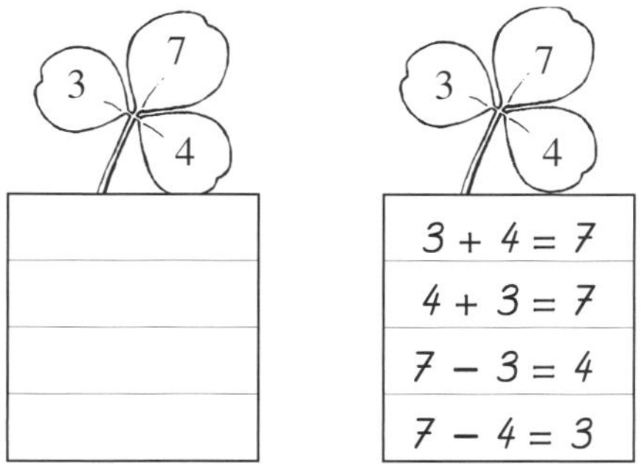

Das Kleeblatt enthält 3 Zahlen, die zu einer Aufgabenfamilie gehören. Die Kinder sollen zu diesen 3 Zahlen alle 4 Aufgaben finden.
Die Kopiervorlage A 17 enthält Leerschemata für die eigene Herstellung von Kleeblatt-Aufgaben.

Selbstverständlich ist die Behandlung von Aufgabenfamilien in der Kleeblatt-Darstellung nicht auf den Zahlenraum bis 10 beschränkt, auch im Zahlenraum bis 100 ist dieses Aufgabenformat noch gut einzusetzen.

- Vierblättrige Kleeblätter

In der Natur sind vierblättrige Kleeblätter viel schwerer zu finden als die „normalen“ dreiblättrigen. Entsprechend ist auch die Übung mit vierblättrigen Kleeblättern deutlich anspruchsvoller. Gegeben sind 4 Zahlen. Die Kinder sollen möglichst viele Aufgaben mit je 3 der 4 Zahlen finden.

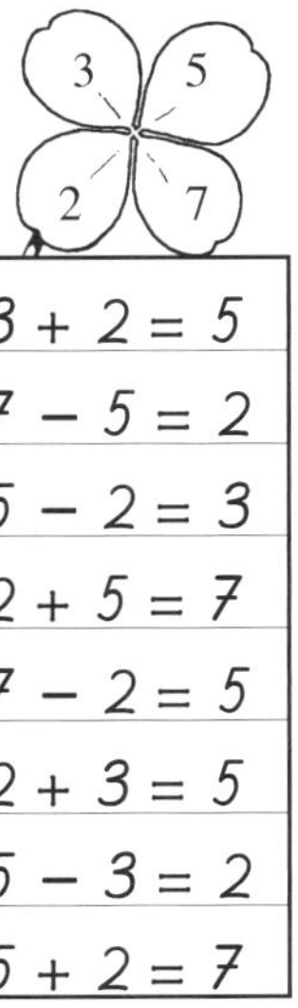

Wenn die 4 Zahlen so ausgewählt werden, dass - wie im Beispiel - je 3 von ihnen operativ zusammenhängen [(2,3,5) und (2,5,7)], dann gibt es genau 8 unterschiedliche Additions- und Subtraktionsaufgaben. Für diese Fälle hat die Kopiervorlage A 17 auch ein Kleeblattfeld mit acht Zeilen zum Eintragen.

Aus dieser Kopiervorlage lassen sich leicht auch Doppelkarteien herstellen. Auf die Vorderseite kommt ein vierblättriges Kleeblatt als Aufgabe. Die Kinder schreiben alle Lösungen mit wasserlöslichem Filzstift auf die kaschierte Vorderseite oder mit Bleistift in ihr Heft. Anschließend können sie mit Hilfe der auf der Rückseite vorgegebenen Lösungen ihre Ergebnisse kontrollieren. Selbstverständlich können solche Doppelkarten auch für mündliche Partnerübungen genommen werden.

- Aufgaben legen

Ziele dieser Übungsform sind die Förderung des flexiblen Umgangs mit Zahlen und die Entwicklung eines Gefühls für operativ zusammenhängende Zahlen.

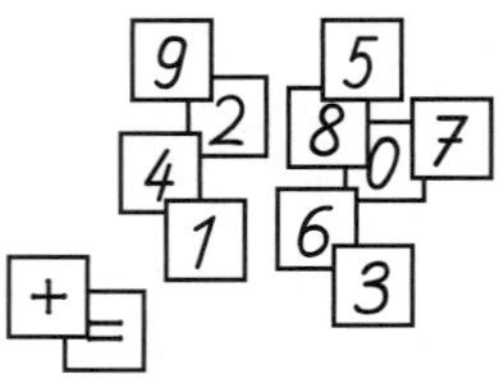

3	+	4	=	7

Immer zwei Kinder arbeiten zusammen. Sie benötigen genau einmal die Zahlenkarten von 0 bis 9 (Kopiervorlage A 14) und je eine Symbolkarte für „+“ und „=“. Die Aufgabe der Kinder besteht darin, je 3 Zahlenkarten so auszuwählen, dass sie zusammen mit den beiden Symbolkarten zu einer Additionsaufgabe zusammengelegt werden können. Aufgaben vom Typ „2+2“ sind wegen des eingeschränkten Kartenvorrats dabei nicht möglich. Warum gibt es auch keine Aufgaben mit der Null? Gefundene Gleichungen werden aufgeschrieben. Die Partnergruppen vergleichen ihre Ergebnisse. Wer hat die meisten Aufgaben gefunden? Alle Aufgaben werden auf eine große Tapetenrolle übertragen. Wie viele schaffen wir wohl insgesamt? (Hätten Sie gedacht, dass es inkl. Tauschaufgaben insgesamt 32 Aufgaben gibt?)

Bei der Suche nach weiteren Aufgaben werden die Kinder sicher auf den „Trick“ kommen, auch zweistellige Lösungen mit Hilfe der Zahlenkarte 1 und einer weiteren Zahlenkarte zu legen. Wie viele neue Lösungen finden wir nun? Jetzt kommt endlich auch die Null ins Spiel!

8	+	7	=	1	5

Nur für Unermüdliche sind Aufgaben der folgenden Art. Sie sollten eher für das zweite Schuljahr aufgehoben werden, aber auch im ersten Schuljahr nicht verboten werden, wenn ein Kind solche Aufgaben legen und - notfalls mit einem Taschenrechner - ausrechnen möchte.

3	6	+	9	=	4	5

4	6	+	1	2	=	5	8

- Additions- und Subtraktionstafeln

Additions- und Subtraktionstafeln bieten zahlreiche Möglichkeiten der Variation der Aufgabenstellung und der Differenzierung der Schwierigkeit. In der Grundform sind das Operationszeichen und die Ränder der Tafel vorgegeben; die Kinder schreiben die Lösungen in die entsprechenden Felder.

+	2	5
3		
4		

-	3	5
7		
9		

Anspruchsvollere operative Übungen entstehen durch Fortlassen einer oder mehrerer Randzahlen, die über Ergänzungsaufgaben vom Typ 3 + □ = 8 erschlossen werden.

+		6
3	8	
4		

Hier ist nur noch eine Randzahl gegeben; wie heißen die fehlenden Zahlen?

+		
1	5	3
	7	5

Besonders schwierig werden die Aufgaben, wenn alle Randzahlen fehlen. Findest du auch hier eine Lösung? Vergleiche sie mit der Lösung deines Nachbarn. Dein Nachbar hat eine andere Lösung; kann die auch richtig sein?

+		
	3	5
	6	8

Additionstafeln einer anderen Art entstehen auf folgende Weise: Zunächst werden 4 Zahlen in die 4 grau unterlegten Felder der Tafel geschrieben. Dann wird waagerecht und senkrecht addiert, schließlich wird aus den waagerechten und senkrechten Summen noch einmal die Summe gebildet.

1	3	4
4	2	6
5	5	10

Auch diese Additionstafel bietet Möglichkeiten der Variation der Aufgabenstellung und der Differenzierung der Schwierigkeit. Selbstverständlich sind solche Variationen erst dann möglich, wenn die Kinder mit dieser Form der Aufgabenstellung vertraut sind.

0		3
	7	9

- Rechenpyramiden

Die Rechenpyramide ist eine operative Übungsform, die auch noch im Zahlenraum bis 20 (vgl. S. 104) und darüber hinaus gut einsetzbar ist. Wie bei allen guten Übungsformen ist auch hier die Grundidee einfach: Die Summe zweier nebeneinander stehender Bausteine wird in den darüber liegenden Baustein geschrieben. Schon die einfachsten Pyramiden der Höhe 2 bieten Möglichkeiten der operativen Variation.

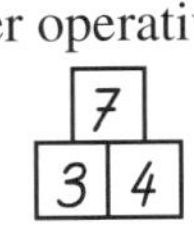

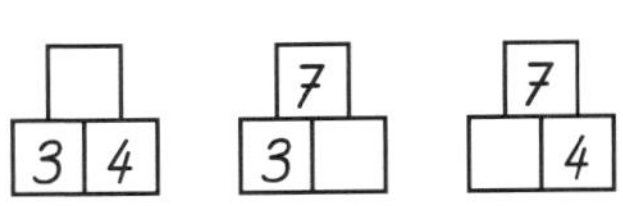

Mit wachsender Größe der Pyramide sind weitere Variationen möglich.

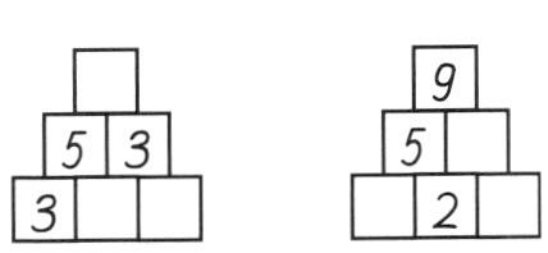

Die Kopiervorlage A 17 enthält Leerschemata von Rechenpyramiden der Höhe 3 und der Höhe 4.

- Pyramidenkönig

Dieses Spiel greift die Grundidee der Rechenpyramide auf und entwickelt sie weiter zu einem schnellen Spiel (vgl. S. 92), bei dem Strategie und Glück zum Sieg verhelfen.

2 bis 4 Kinder können mitspielen. In der einfachen Variante mit Rechenpyramiden der Höhe 3 benötigen die Kinder 3 Würfel und Leerschemata der entsprechenden Pyramiden (Kopiervorlage A 17). Wer an der Reihe ist, würfelt mit den 3 Würfeln gleichzeitig und schreibt die 3 Würfelzahlen in die unteren Bausteine. Gewonnen hat, wer die größte Pyramidenspitze errechnen konnte.

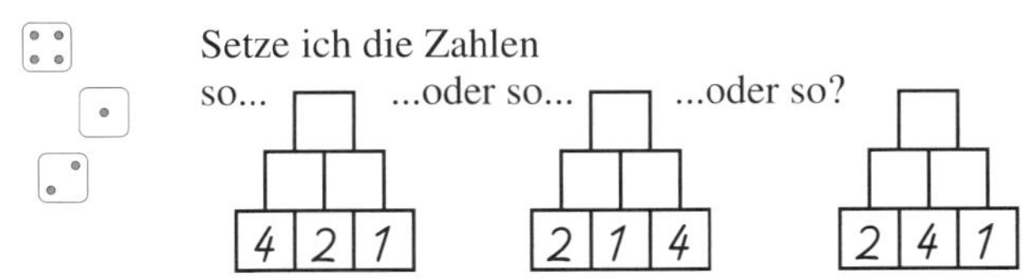

Je nach Plazierung der 3 Würfelzahlen können mit den gleichen Zahlen unterschiedliche Summen an der Pyramidenspitze errechnet werden.

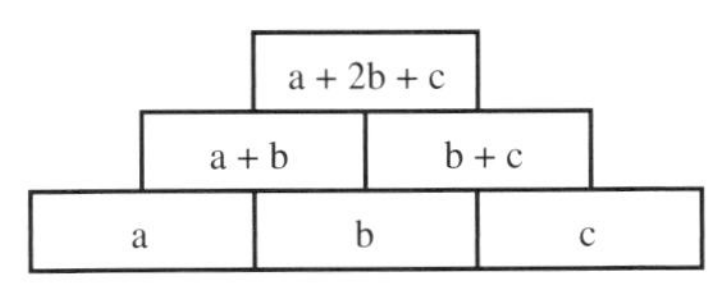

Der „Trick“ soll selbstverständlich nicht verraten, sondern im Laufe des Spiels selbst erkannt werden.

- Unterschiede, Unterschiede ...

Für diese Übungsform wird das Leerschema von Kopiervorlage A 19 benötigt. In die 4 Eckfelder werden Zahlen der eigenen Wahl oder mit einem Würfel ermittelte eingetragen. Dann wird fortlaufend der Unterschied zweier benachbarter Zahlen ausgerechnet; das Ergebnis wird in das Feld auf der Verbindungslinie dieser beiden Zahlen eingetragen. Nach der ersten Runde werden die Unterschiede der Unterschiede gebildet und immer so weiter. Landen wir immer bei der Null? Probiert es aus! Wer schafft es, 4 Zahlen von 0 bis 10 als Eckzahlen so auszuwählen, dass das Schema (Kopiervorlage A 19) nicht ausreicht, um bis zur Null zu kommen?

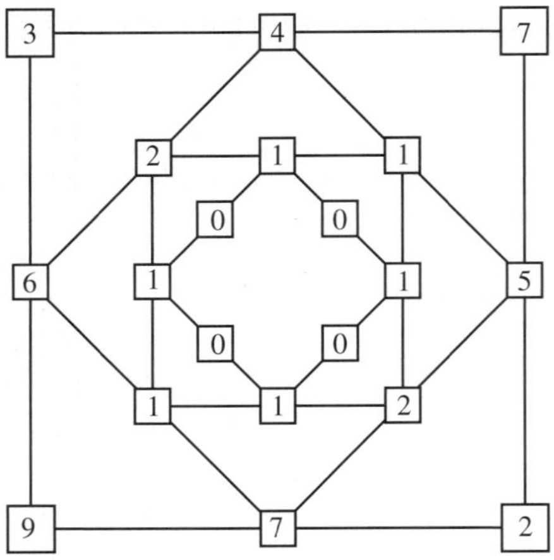

- Zielzahl

Zielzahl ist eine Übungsform, die den flexiblen Umgang mit Zahlen fördert. 3 Würfel werden gleichzeitig geworfen. Wer kommt mit den 3 Würfelzahlen möglichst nahe an die gewählte Zielzahl, z. B. 9, heran? Plus- und Minus-Aufgaben sind erlaubt. Du darfst 2 oder 3 Würfel benutzen.

Zielzahl: 9

$5 + 2 = 7$ nicht sehr gut!
$6 + 2 = 8$ schon besser!
$6 + 5 - 2 = 9$ Treffer!
$5 - 2 + 6 = 9$ Treffer!

- Wer trifft die 10 ?

Für diese Übungsform brauchen die Kinder nur ein Blatt Papier mit 4 aufeinander folgenden Kästchen, einen Bleistift und die Bereitschaft zum Probieren. Die Grundregel führt zunächst zu einfachen Additionsaufgaben. In die beiden ersten Kästchen werden Zahlen der eigenen Wahl geschrieben, in das dritte Kästchen die Summe der beiden ersten Zahlen, in das vierte Kästchen schließlich die Summe der Zahlen in den Kästen 2 und 3.

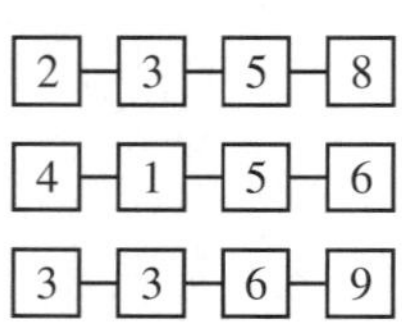

Spannend wird es mit der Umkehrung der Fragestellung: Suche zwei Zahlen für Kästchen 1 und 2 so, dass im vierten Kästchen die Summe 10 erscheint. Wer eine Lösung gefunden hat, darf sie auf die große Tapetenrolle schreiben.

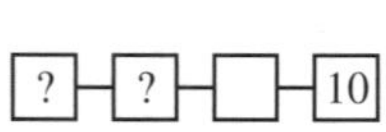

Diese Übungsform lässt sich durch Änderung der Zielzahl oder/und durch Verlängerung der Rechenkette auf 5 oder gar mehr Felder vielfältig variieren. Ein Angebot für Sie: Im fünften Feld soll die 100 erscheinen; wie heißen die beiden ersten Zahlen? Gibt es mehrere Lösungen im Bereich der natürlichen Zahlen?

- Zauberfiguren

Zauberquadrate bzw. „magische“ Quadrate sind seit Generationen für viele Menschen von besonderem Reiz. Bekannt ist das magische Quadrat aus dem Kupferstich „Melancholica I“ von Albrecht Dürer, dessen beide mittleren Felder der unteren Zeile das Jahr 1514 als Entstehungsjahr dieses Kupferstichs ausweisen.

16	3	2	13
5	10	11	8
9	6	7	12
4	15	14	1

Die Anregungen, Zauberquadrate im Unterricht zu behandeln, sind bisher kaum angenommen worden. Das liegt nicht zuletzt auch daran, dass einerseits die Entwicklung eines solchen Zauberquadrats ein sehr aufwendiges, meistens unstrukturiertes Probieren ist, andererseits nicht deutlich wird, wie das fertige Zauberquadrat wieder Ausgangspunkt für weitere Entdekkungen sein kann. Die folgenden Anregungen für die Entwicklung von Zauberfiguren beziehen ihre Bedeutung für den Unterricht einerseits aus der Tatsache, dass ihrer Entwicklung planvolle Strategien des Vorgehens zugrunde liegen, andererseits daraus, dass die fertigen Figuren Ausgangspunkt für weitere Untersuchungen sind.

Wie für alle Zauberfiguren gilt auch für die folgenden die Grundregel, dass jede Linie jeder Richtung die gleiche Summe haben soll.

Die einfachste Zauberfigur ist ein unvollständiges Dreieck, ein „V“ (vgl. Palzkill u. a. 1993). Auf die 3 Felder sollen insgesamt 4 Plättchen so verteilt werden, dass auf jeder Linie 3 Plättchen liegen.

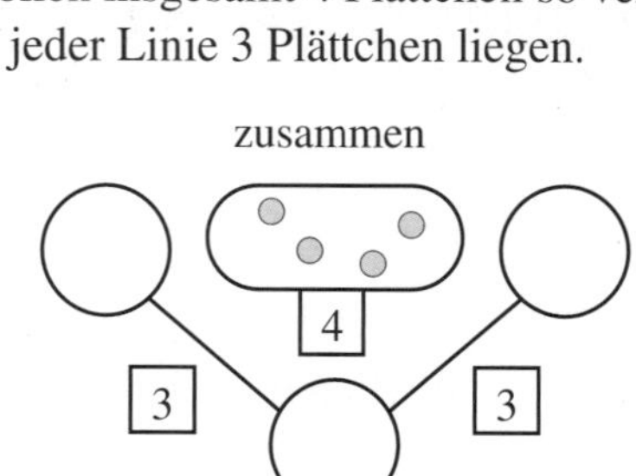

Die Lösung wird operativ entwickelt. Zunächst legen wir auf jedes Feld 1 Plättchen und überlegen dann, wie sich die Zahlen auf den Linien verändern, wenn das letzte Plättchen auf eines der Felder gelegt wird.

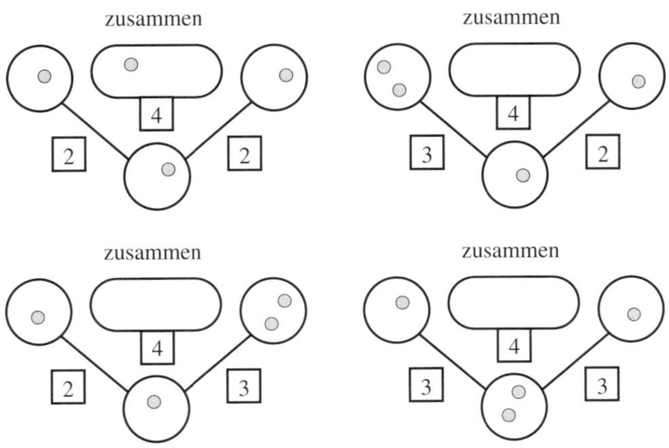

Eine neue Aufgabe:

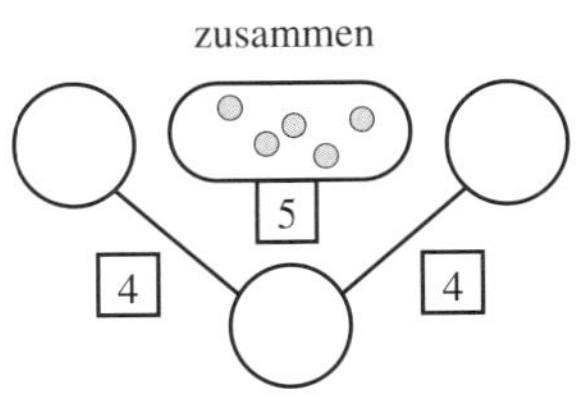

Diese Aufgabe lässt sich mit der gleichen Strategie lösen. Zunächst kommt auf jedes Feld ein Plättchen, dann auf das untere Feld ein weiteres Plättchen. Wir haben die Lösung der oberen Aufgabe: zusammen 4, auf jeder Linie 3. Wohin muss nun wohl das fünfte Plättchen gelegt werden?

Die Zusammenhänge zwischen den beiden oberen Aufgaben können Anlass für weitere Untersuchungen sein. Was geschieht, wenn ich zunächst auf jedes Feld 1 Plättchen lege, dann nach und nach auf das untere Feld immer ein Plättchen mehr?

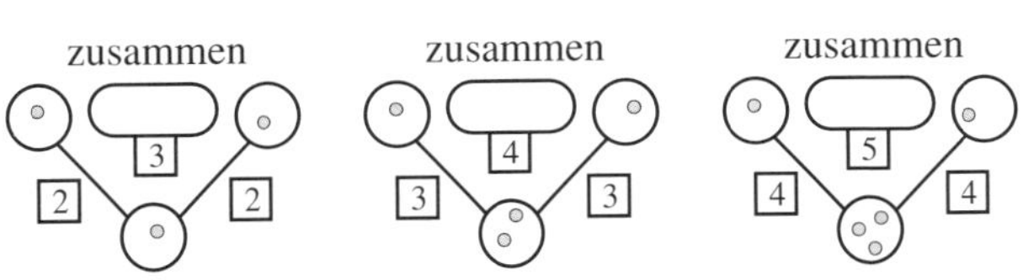

Was geschieht, wenn ich mit je 2 Plättchen auf den beiden oberen Feldern beginne?

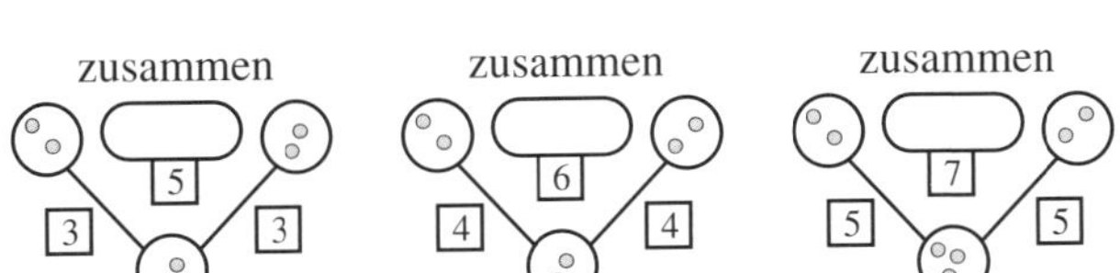

Mit Hilfe solcher systematischen Untersuchungen können (leistungsstärkere) Kinder für andere neue Aufgabenpläne entwickeln. Alle Aktivitäten können auf der Kopiervorlage A 20 durchgeführt werden. Für die Notation der Spielpläne liefert diese Kopiervorlage Leerschemata. Eine Weiterführung in Richtung „Zauberdreiecke" erfolgt in Klasse 2.

Übungen zur Festigung des kleinen Einspluseins und Einsminuseins

Dieses Thema ist die Domäne der Lehr- und Lernmittelindustrie. Die Zahl der Kopiervorlagen, Arbeitsblätter, Stöpsel- und Klammerkarten, Übungsgrundgeräte mit austauschbaren Aufgabenblättern, elektronischen und mechanischen Aufgabenstellautomaten ist kaum noch überschaubar; eine kleine Auswahl stellen wir im Kasten auf S. 90 vor. Solche Übungsblätter und -geräte werden auch gebündelt als Karteikästen, als Arbeitshefte oder als sog. Mathe-, Lern- oder Rechenkisten, gefüllt mit Dominos, Lottos, Puzzles, Lern- oder Rechenscheiben u. v. a. m. herausgegeben. Das Prinzip dieser Blätter und Geräte ist im Grunde gleich: Es werden Serien von - zumeist unzusammenhängenden - Aufgaben gestellt und es gibt für die Kinder eine mehr oder weniger erfindungsreiche Möglichkeit, ihre Lösungen selbst zu überprüfen. Mit dieser Form der Rückmeldung - Selbstkontrolle genannt - erfahren die Kinder dann, wie viele Aufgaben sie richtig bzw. falsch gelöst haben.

Der Wert solcher Übungsformen ist ambivalent zu sehen. Einerseits sind alle diese Übungen einer längst überholt geglaubten Lerntheorie verbunden, nämlich dem Reiz-Reaktions-Lernen. Auf den „Input 3+4" wird vom Kind der „Output 7" erwartet. Ob das Kind die Aufgabe zählend durch Alles- oder Weiter-Zählen löst oder mit Hilfe des Verdoppelns oder durch Auswendigwissen, spielt hier keine Rolle. Bei solchen Übungen „zählt" allein das Ergebnis, während mit Blick auf eine differenziertere Beschreibung des Lernstandes des Kindes die Beobachtung der gewählten Strategie weitaus aufschlussreicher als die Zahl der gelösten Aufgaben wäre.

Andererseits ist nicht zu leugnen, dass das Auswendigwissen der Grundaufgaben des kleinen Einspluseins und Einsminuseins eine wichtige Grundlage für den gesamten Arithmetikunterricht ist, dass somit auch Festigungsübungen zum Grundbestand des Unterrichts in Klasse 1 gehören. Aus unterrichtsorganisatorischen Gründen müssen diese häufig so geplant sein, dass die Kinder weitgehend selbstständig arbeiten und ihre Ergebnisse selbst überprüfen können. Die o. g. Übungsformen können daher nicht vernachlässigt werden. Wichtig ist jedoch, dass ihr Stellenwert im Unterricht richtig bemessen wird: Sie dienen dazu, vorhandene Kenntnisse zu festigen; sie sind jedoch in keiner Weise geeignet, fehlendes Verständnis durch Auswendiglernen nach dem Reiz-Reaktions-Muster zu ersetzen. Und - das sei auch deutlich gesagt - sie dienen nicht dazu, die leistungsstarken Schüler mit Aufgaben zu beschäftigen, die für sie schon längst keine Herausforderung mehr darstellen; dafür gibt es Alternativen (vgl. Kap. 4.5 und die Anregungen für schnellere Rechner in diesem Kapitel).

Kurzbeschreibung einiger ausgewählter Übungsgeräte

Stöpsel- oder Klammerkarten werden von verschiedenen Verlagen (z. B. Bergedorfer, Horneburg; Cornelsen, Berlin; Lehr- & Arbeitsmittel, Münster; Schroedel Verlag, Braunschweig) angeboten. Zu jeder Aufgabe gibt es mehrere Auswahllösungen; die richtige wird mit einem farbigen Stöpsel oder einer farbigen Klammer gekennzeichnet. Nach Umdrehen der Karte können die Kinder an der Farbübereinstimmung die Richtigkeit ihrer Lösungen ablesen.

Vor allem technisch erweiterte Formen dieser Übungsidee bieten „Logico piccolo" bzw. „Logico maximo" (Neuer Finken-Verlag, Oberursel) und „Paletti" (Spectra-Verlag, Essen).

Bei den „Wrap-Ups" (Verlag an der Ruhr, Mülheim a. d. Ruhr) erfolgt die Notation der Lösung durch das Wickeln eines Fadens von der Aufgabe zur Lösung, beim „Mathe-Twist" (Mildenberger, Offenburg) durch das Aufziehen eines Gummibandes zwischen Aufgabe und Lösung. In beiden Fällen können die Lösungen auf der Rückseite der Karte an den aufgedruckten Linien überprüft werden.

„Little Professor" (Texas-Instruments) ist der Klassiker unter den elektronischen Übungsgeräten. Dieser „Rechner" stellt Aufgaben unterschiedlicher Schwierigkeit zu allen vier Grundrechenarten. Inzwischen gibt es das Gerät auch mit Solarzellen statt Batterien.

Ganz ohne Elektronik kommt ein mechanischer Tischrechner" aus, „Mathe-Tip" (Neuer Finken-Verlag, Oberursel), ein Gerät mit bis zu 100 Tasten mit aufgedruckten Aufgaben. Nach dem Niederdrücken der halbtransparenten Taste ist die Lösung sichtbar.

LÜK-Kästen (Westermann, Braunschweig) und Heinevetters verschiedene Rechentrainer (Heinevetter, Hamburg) nutzen die Puzzle-Idee für ihre Übungsgeräte. Beim LÜK-System sind die Lösungen nach der Bearbeitung einer vollständigen Aufgabenserie anhand eines geometrischen Musters auf der Rückseite der Karten zu überprüfen, bei den Rechentrainern wird jede Lösung durch puzzleartige Verzahnung sofort kontrolliert.

Rechenkarteien werden von fast allen größeren Verlagen angeboten, z. B. von Cornelsen, Berlin; Klett, Stuttgart und Schroedel, Braunschweig. Eine Kartei nach dem Muster des Einübens von Vokabeln – schnell gelöste Aufgaben wandern im Karteikasten ein Fach nach hinten – wird unter dem Namen „Lernkartei – Grundlagen des Rechnens" vom Klett-Verlag, Stuttgart, angeboten.

Rechenkisten mit verschiedenen Übungs- und Spielformen gibt es ebenfalls von verschiedenen Verlagen.

Kopiervorlagen und Arbeitshefte fehlen in kaum einem Verlagsprogramm. Auf eine Beschreibung dieser Angebote muss aus Platzgründen verzichtet werden.

Dieses Handbuch für Lehrerinnen und Lehrer will nicht in Konkurrenz treten zu den Übungsprodukten der zahlreichen kleinen und großen Fachverlage. Wir verzichten daher sowohl auf eine Darstellung der - sicher weitgehend bekannten - Formen des Übens mit Memory-, Domino- und anderen Spielen als auch auf die Herausgabe zahlreicher Leerschemata zur Entwicklung solcher Übungsformen und beschränken uns auf drei kleine Anregungen.

Das Schülerhandbuch

Jede Lehrerin kennt das Lehrerhandbuch zum eingeführten Mathematikbuch. Ab Klasse 2 oder 3 enthalten viele dieser Werke neben didaktisch-methodischen Hinweisen auch die Lösungen der Aufgaben. Für die Kinder der Klasse sollte ein eigenes Schülerhandbuch erstellt werden, ein Mathematikbuch mit eingetragenen Lösungen, sodass die Kinder ihre eigenen Ergebnisse mit denen im Schülerhandbuch vergleichen können. Wenn die Art des Arbeitens mit diesem Lösungsbuch eingeführt ist, wird die Lehrerin von einem großen Teil ihrer Kontrollaufgaben entlastet werden. Analog dazu gibt es dann auch zu den eingesetzten Arbeitsblättern solche mit Lösungen.

Wendekarten

Wendekarten sind wohl die Stammform aller Übungen zur Festigung von Unterrichtsinhalten mit der Möglichkeit für Kinder, ihre Lösungen selbst zu überprüfen. Sie enthalten auf der einen Seite die Aufgaben, auf der anderen Seite die Aufgaben mit Lösungen - nicht nur die Lösungen, wie in vielen Wendekartenvarianten. Die Aufgaben der Wendekarten können von den Kindern einzeln schriftlich bearbeitet werden; nach der Bearbeitung aller Aufgaben vergleichen die Kinder ihre Ergebnisse mit den Lösungen auf der Rückseite. Wendekarten eignen sich aber auch für die mündliche Bearbeitung in Form von Partnerübungen. Das eine Kind sieht nur die Aufgaben und löst sie, das andere sieht die Aufgaben mit Lösungen und kann bei Fehlern eingreifen.

Wendekarten können leicht selbst hergestellt werden. Leerschemata für solche Karten im Format DIN A6 enthalten die Kopiervorlagen A 21 für Additions- und A 22 für Subtraktionsaufgaben. Das folgende Beispiel zeigt einen Ausschnitt aus einer Aufgabenkarte mit den entsprechenden Lösungen.

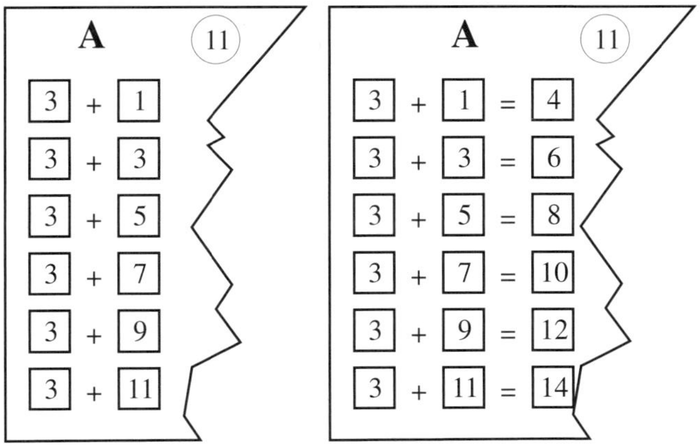

Ausschnitte aus Wendekarten
Vorderseite und Rückseite

In diesem Beispiel soll deutlich werden, dass die Aufgaben einer Karte nicht immer nur beziehungslos nebeneinander, sondern auch in einem Zusammenhang gestellt werden können.

Zwei praktische Tips:

(1) Wenn Sie Serien von Wendekarten zu verschiedenen Themen (z. B. Addition bis 10/Subtraktion bis 20) herstellen, dann sollten Sie eine Serie auf Papier einer Farbe kopieren und die einzelnen Karten einer Serie im Kreis oben auf der Karte durchnummerieren. Stellen Sie dazu in der gleichen Farbe eine Klassenliste (Kopiervorlage A 23) her, auf der die Kinder die bearbeiteten Karten ankreuzen können.

(2) Eine längere Lebensdauer haben die Wendekarten, wenn Sie sie in Klarsichthüllen legen, z. B. in Rezepthüllen. In größerer Anzahl können diese Rezepthüllen bei Händlern für Apothekenbedarf bezogen werden. Ihr Apotheker wird Ihnen sicher die Anschrift seines Händlers geben.

Schnelles Kopfrechnen

Bei der in vielen Kopiervorlagen verbreiteten Übungsform „Malen nach Farben“ müssen die Kinder zu den Lösungszahlen gehörende Farben auswählen und mit ihnen die mit den Lösungszahlen gekennzeichneten Felder eines Bildes ausfärben. Jeder Praktiker weiß, dass das Ausmalen erheblich länger dauert als das Rechnen. Als Übungsform zum Auswendiglernen, bei dem es ja gerade auf die schnelle Reproduktion der Lösungen ankommt, ist ein solches Verfahren nicht geeignet.

Betrachtet man diesen Aspekt des Zeitaufwands für solche, das eigentliche Rechnen begleitende Aktivitäten, die von der Übungsform bzw. dem -gerät gefordert werden, dann ist der oben beschriebene Nachteil bei den meisten Übungsformen und -geräten zu beobachten, wenn auch nicht so extrem. Stöpsel müssen genommen, gesteckt und hinterher wieder entfernt werden, Plättchen sind auszusuchen und an einer genau festgelegten Stelle abzulegen, Gummibänder müssen nach einem bestimmten Verfahren gespannt werden u. v. a. m.

Eine Übungsform mit (der Möglichkeit) schneller Aufgabenstellung und Rückmeldung ist dagegen die folgende. Die zu übenden Aufgaben stehen mit ihren Lösungen auf einem Blatt, am besten auf Pappe gezogen und kaschiert. Außerdem wird ein aus Pappe geschnittener Winkel benötigt, der so hergestellt ist, dass gerade die Lösung einer Aufgabe verdeckt wird. Die Kinder legen den Winkel so auf das Aufgabenblatt, dass die erste Aufgabe zu sehen, ihre Lösung aber verdeckt ist. Sie lösen die Aufgabe, ziehen dann den Winkel eine Zeile nach unten, kontrollieren ihre Lösung und bearbeiten die nächste Aufgabe usw.

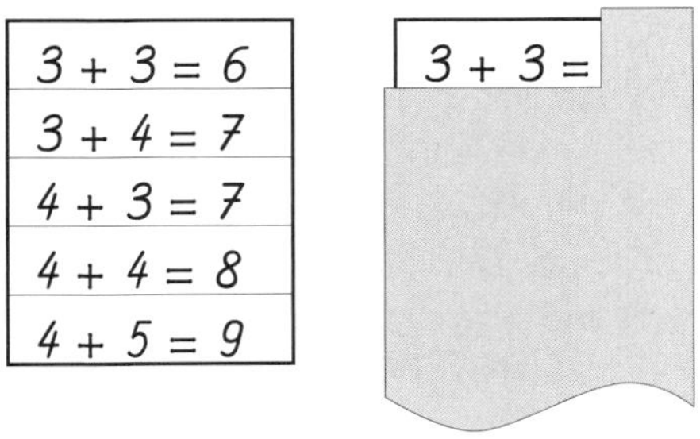

Diese Übungsidee kann zu einem Übungsgrundgerät ausgebaut werden. Die Vorderseite dieses Geräts ist so ausgeschnitten, dass genau eine Aufgabe mit Lösung und die nächste Aufgabe mit verdeckter Lösung zu sehen sind (vgl. auch Kopiervorlage A 24). Die Rückseite wird so gestaltet, dass die mit Hilfe der Kopiervorlage A 25 hergestellten Aufgabenstreifen mit Führung von unten nach oben zeilenweise durchgeschoben werden können. Dazu werden, der Skizze entsprechend, zunächst zwei Führungsleisten geklebt, die etwas dicker sein müssen als die Aufgabenstreifen. Anschließend wird die gesamte Rückseite noch einmal mit Pappe überklebt.

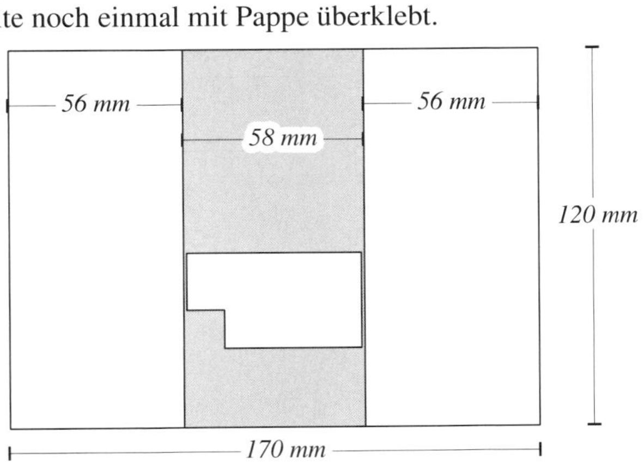

Die erste Zeile der Aufgabenstreifen ist freigelassen für eigene Kennzeichnungen von Aufgabenserien, z. B. „Addition bis 10 - Karte 1“. Elefant bzw. Schmetterling in der zweiten Zeile sind nicht nur „kindgemäße“ Verzierungen, sondern Kennzeichen für Aufgabenserien, die auch von den Kindern „gelesen“ werden können. Selbstverständlich können und sollen diese Symbole frei gewählt werden. Der Bürobedarfshandel bietet zahlreiche Aufkleber mit Motiven verschiedener Art an, die über diese beiden Vorschlagsbilder geklebt werden können.

Wenn das Grundgerät und die Aufgabenstreifen aus Pappe hergestellt bzw. auf Pappe gezogen werden, dann steht ein Gerät für Übungen zur Festigung von Unterrichtsinhalten der Klassen 1 bis 3 dauerhaft zur Verfügung, sodass sich der Aufwand der Herstellung (auf einem Elternabend) sicher lohnt. Als „Fit im Rechnen" (Schubi, Gottmadingen) und als „Mathe-Tasche" (Beenen-Lehrmittel, Alpen) wird diese Übungsidee auch kommerziell angeboten.

Spielerische Übungsformen

Die Grenzen zwischen „Üben" und „Spielen" sind fließend. Das hat den Vorteil, dass immer häufiger Übungsformen mit spielerischen Elementen angereichert werden, hat aber den Nachteil, dass nicht selten einfache Übungen den Kindern als Spiele angepriesen werden, sodass die Motivation, die die Ankündigung eines Spiels ursprünglich hervorrufen konnte, mit dem inflationären Gebrauch dieses Wortes zunehmend verlorengeht. Im Unterricht sollten wir daher mit dem Wort „Spiel" sehr zurückhaltend sein, dafür um so häufiger Übungsformen mit spielerischen Elementen anreichern.
In der Literatur gibt es zahlreiche Anregungen für spielerische Übungsformen. Deren auch nur ausschnittweise Wiedergabe würde den Rahmen dieses Handbuchs bei weitem sprengen. Interessierte seien daher auf die folgende Originalliteratur verwiesen.

Anregungen für Spiele und spielerische Übungsformen im Mathematikunterricht

Floer, J. (1985): Arithmetik für Kinder. Materialien - Spiele - Übungsformen. Frankfurt: Arbeitskreis Grundschule, Bd. 63.

Guder, R. (1988): Mathematikunterricht in der Anfangsphase des 1. Schuljahres. NLI-Berichte, Band 34. Hannover: Berenberg.

Hengartner, E./Weinrebe, H. (1987): Spiele für die Primarstufe. Zürich: Sabe.

Homann, G. (1991): Mathematik - Lernspiele. Braunschweig: Westermann.

Hönisch, K. (1989): Spielerisch üben - Mathematik. Hannover: Schroedel.

Krampe, J./Mittelmann, R. (1987): Spielen im Mathematikunterricht. Heinsberg: Dieck.

Schipper, W. u. a. (1985): Üben im Mathematikunterricht in der Grundschule. NLI-Berichte, Band 26. Hannover: Berenberg.

Spielerische Elemente lassen sich auch mit ganz geringem Aufwand in den Unterricht integrieren. Statt Rechenaufgaben mündlich zu stellen, werden sie erwürfelt, das Aufrufen der Kinder wird ersetzt durch das Zuwerfen eines Softballs. Jede Lehrerin kennt solche und ähnliche Aktivitäten, die den Mathematikunterricht zwar nicht zum Spiel machen, die aber zu einer abwechslungsreichen und spielerischen Atmosphäre im Klassenraum beitragen.

Schnelle Spiele
Etwas ausführlicher soll an dieser Stelle nur eine Spielform beschrieben werden, die wir „Schnelle Spiele" genannt haben. Diese Spiele sind entstanden auf dem Hintergrund der Erfahrung, dass manche Spiele bzw. spielerische Übungsformen im Regal verstauben, weil sie zu lange dauern oder Vor- und Nachbereitung zu aufwendig sind, weil also insgesamt der organisatorisch-zeitliche Aufwand in keinem Verhältnis zum Spielvergnügen und zum Lernerfolg steht. „Schnelle Spiele" sollen dagegen auch in kurzen Unterrichtsphasen einsetzbar sein, etwa dann, wenn einige Kinder mit ihren Aufgaben schneller fertig sind als andere, in der Phase offenen Unterrichtsbeginns oder wenn während der Wochenplanarbeit eine kurze Abwechslungsphase zwischen der Bearbeitung zweier Arbeitsblätter eingelegt werden soll.

„Schnelle Spiele" dauern nicht länger als 10 Minuten, ihre Vor- und Nachbereitungszeit ist kurz. Sie haben ein einfaches Regelwerk, das Kinder schnell verstehen und gut behalten können. Nicht zuletzt sind sie nicht nur schlichte Rechenspiele, sondern fordern und fördern die Flexibilität im Umgang mit Zahlen oder anderen mathematischen Objekten.

Für die Herstellung der Spiele muss zunächst ein wenig Zeit geopfert werden. Es muss verhindert werden, dass die Kinder die Einzelteile des Spiel jeweils zusammensuchen müssen. Jedes Spiel kommt in eine eigene Schachtel, die außen mit einem Signet so gekennzeichnet ist, dass die Kinder sofort „ihr" Spiel wiedererkennen. Die Einführung in ein neues Spiel muss nicht im Klassenverband erfolgen. Wenn erst einmal zwei oder drei Kinder die Regeln eines Spiels kennen, dann verbreiten sich diese Regeln durch Mitspielen schnell in der Klasse.

Zielzahl

Die Grundidee dieser Übungsform ist bereits auf Seite 88 beschrieben worden:
- Die Mitspieler legen gemeinsam eine Zielzahl fest.
- 3 Würfel werden gleichzeitig geworfen.
- Aus den 3 Würfelzahlen wird durch Addition und/oder Subtraktion eine Zahl errechnet, die möglichst nahe an der Zielzahl liegt. Wer am nächsten an die Zielzahl herangekommen ist oder sie gar trifft, hat gewonnen.

Aus dieser Idee wird leicht ein „schnelles Spiel", wenn in die Spielebox noch je 15 rote und blaue Spielmarken (Halmafiguren o. Ä.) gegeben werden. Zu Beginn des Spiels nimmt ein Kind die roten, das andere die blauen Spielsteine. Der Unterschied zwischen der berechneten eigenen Zahl und der Zielzahl muss in Form von Spielmarken in die „Kasse“ zurückgegeben werden. Wer zuerst keine Spielmarken mehr hat, hat verloren.

Statt die Differenzen in Spielmarken auszuzahlen, können die Kinder sie selbstverständlich auch in jeder Spielrunde aufschreiben. Wer nach 3 bis 5 Runden die niedrigste Summe aus diesen Differenzen hat, der hat gewonnen.

Pyramidenkönig
Auch dieses Spiel greift eine Übungsidee auf, die schon beschrieben wurde (S. 87). Für die Variante mit Pyramiden der Höhe 3 werden 3 Würfel und mehrere Exemplare von Leerschemata dieser Dreiertürme (Kopiervorlage A 17) in eine Schachtel gegeben. Damit können die Kinder jederzeit auf diese Übungsform zurückgreifen.

Alle Neune
Alle Neune ist ein preiswertes MB-Spiel, das in einer Holzausführung von Wehrfritz als „Klappenspiel“ angeboten wird. Es fördert insbesondere die flexible Zerlegung von Zahlen.

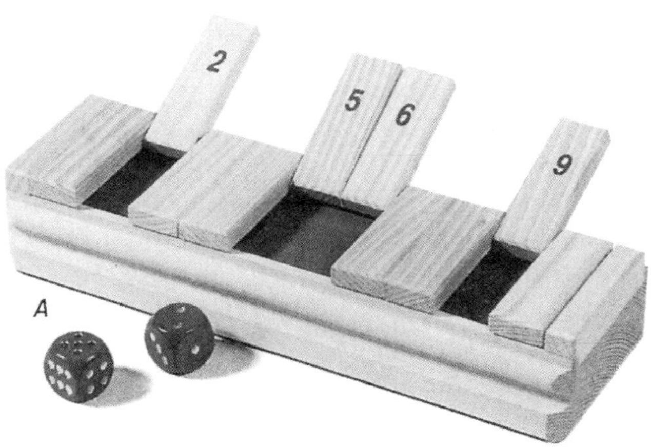

Die von 1 bis 9 durchnummerierten Hebel bzw. Klappen werden zu Beginn des Spiels aufgestellt. Gewürfelt wird mit 2 Würfeln gleichzeitig. Der Spieler kann nun die eine zur Augensumme passende Klappe umlegen oder 2 oder 3 zu einer beliebigen Zerlegung der Augensumme passende Klappen. Wirft das Kind also 5 und 4, dann kann es die Neunerklappe umlegen oder die Klappen 8 und 1, 7 und 2 oder auch 1 und 2 und 6 usw. Das Kind darf solange weiterwürfeln, bis es zu der Augensumme keine Zerlegung derart mehr findet, dass es weitere Klappen umlegen könnte. Die Augensumme muss dabei immer vollständig verbraucht werden. Die restlichen hochstehenden Klappen zählen als Minuspunkte und werden aufgeschrieben. Dann ist das andere Kind an der Reihe. Gewonnen hat, wer die niedrigste Zahl aufschreiben konnte.

15 gewinnt
Für dieses Spiel benötigen die Kinder Zahlenkarten von 1 bis 9 (Kopiervorlage A 14) und einen zu den Karten passenden 3x3-Spielplan als Ablagefeld. Die Karten mit den geraden und ungeraden Zahlen sollten der besseren Unterscheidung wegen unterschiedlich eingefärbt sein. Das erste Kind nimmt die ungeraden Zahlen, das andere die geraden. Das Kind mit den ungeraden Zahlen beginnt und legt eine Karte auf ein Feld seiner Wahl. Dann geht es abwechselnd weiter. Gewonnen hat, wer eine dritte Karte in eine waagerechte, senkrechte oder diagonale Reihe so legen kann, dass die Summe der Zahlen dieser Reihe genau 15 ist. Im folgenden Beispiel hat „Ungerade“ eine Reihe so weit vorbereitet, dass sie mit der nächsten 1 gewinnt. „Gerade“ ist aber mit dem Legen von 4 schneller gewesen.

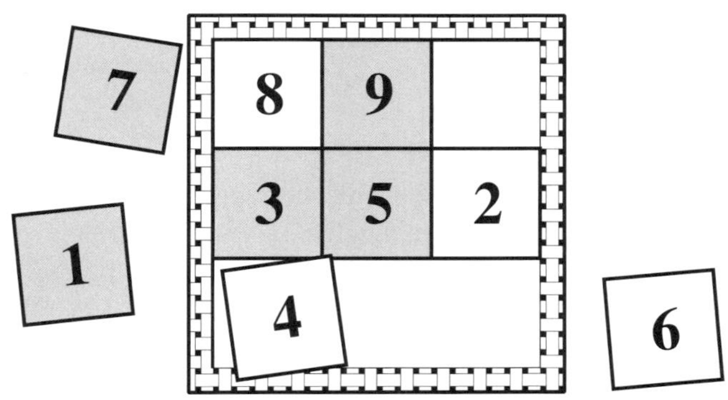

Drei in einer Reihe
Die beiden Mitspieler benötigen Spielsteine in 2 Farben (z. B. Wendeplättchen), einen Spielplan (Kopiervorlage A 26) und 3 Würfel. Wer an der Reihe ist, würfelt mit den 3 Würfeln gleichzeitig und berechnet aus den Würfelzahlen durch Addition bzw. Subtraktion eine Zahl von 0 bis 9. Diese Zahl wird auf dem Spielfeld mit dem eigenen Spielstein belegt. Gewonnen hat, wer zuerst 3 zusammenhängende Felder in einer waagerechten, senkrechten oder diagonalen Reihe belegt hat.

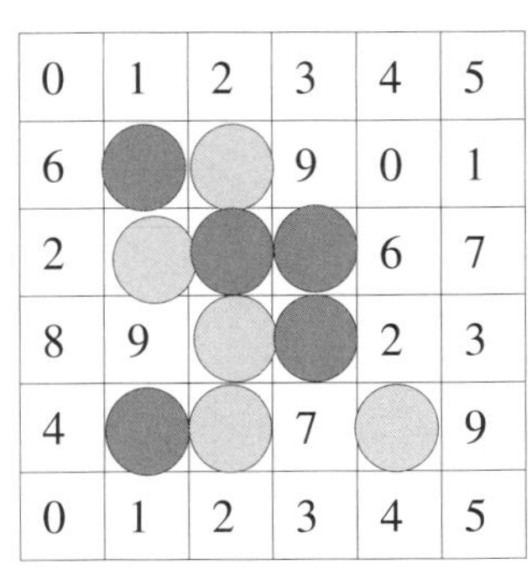

Quadrat-Puzzle
Hier ein nicht-arithmetisches schnelles Spiel:

Jede dieser Figuren ist genau der vierte Teil eines Quadrates. Wer kann 4 Teile von der gleichen Sorte zu einem Quadrat zusammenlegen?
Mit der Kopiervorlage A 27 können diese 6 Quadrat-Puzzle hergestellt werden. Das Puzzlen wird für die Kinder viel leichter, wenn passend zu den Teilen ein quadratischer Rahmen (8 cm Kantenlänge) als Auslegehilfe beigelegt wird.

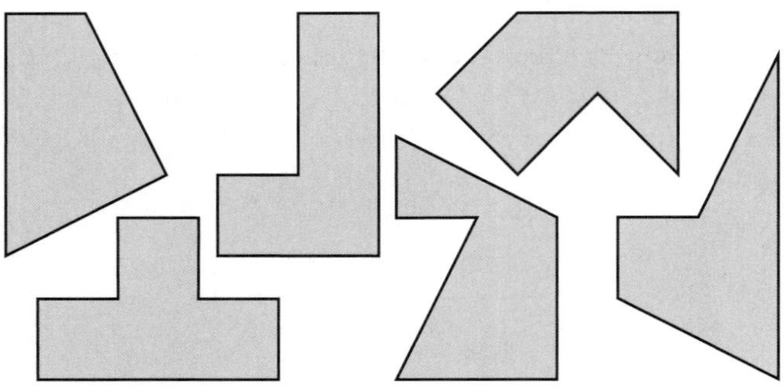

Schatztruhe
Für dieses Spiel benötigen die beiden Mitspieler einen Spielplan (Kopiervorlage A 28), 3 Würfel und mehrere Spielsteine (Halmafiguren, Wendeplättchen o. Ä.) in 2 verschiedenen Farben. Abwechselnd werden die 3 Würfel gleichzeitig geworfen. Aus den Würfelzahlen wird durch Addition und/oder Subtraktion eine der Zahlen 1 bis 12 berechnet. Das entsprechende Feld wird mit einem eigenen Spielstein besetzt. Wer zuerst alle 3 Zahlen zu einem Schlüssel besetzt hat, gewinnt diesen Schlüssel und darf als Sieger die Schatztruhe öffnen.

Die Plus-Tafel
Spielplan ist eine vollständig ausgefüllte Additionstabelle der Zahlen 1 bis 6 (Kopiervorlage A 26). Weiterhin benötigen die Kinder 2 Würfel und Spielsteine unterschiedlicher Farbe. Wer an der Reihe ist, wirft beide Würfel gleichzeitig, berechnet die Augensumme und belegt ein entsprechendes Feld mit einem Spielstein seiner Farbe. Wer zuerst 3 Felder (4 Felder; ein Fünfer-Kreuz) in einer Reihe belegen konnte, hat gewonnen. Eine Sammlung von 15 Spielen für das erste Schuljahr, darunter z. B. Das Spiel „15 gewinnt", finden Sie in LUMATRIX-Spielekartei „Spiele mit Zahlenplättchen" vom Schroedel Verlag.

4.3 Die Zahlen bis 20

4. 3. 1 Die Zahlen bis 20 in Gebrauch nehmen - Anregungen, Projekte, Untersuchungen -

Die im Kapitel 4.2 beschriebenen Ziele und Prinzipien des Rechenlehrgangs haben auch in Kapitel 4.3 Gültigkeit. Beide Kapitel sind eng miteinander verflochten und die Übergänge im Zahlenraum fließend. Wegen der oft sehr entwickelten Vorkenntnisse bzw. des breiten Leistungsspektrums der Kinder wird die Lehrerin jede Gelegenheit nutzen, in einem ganzheitlichen Sinne frühzeitig Aufgabenstellungen über den Zahlenraum bis 10 hinaus anzubieten. Nach diesen eher ganzheitlichen Zugängen müssen jedoch im Laufe eines Lehrgangs die Erfahrungen und Entdeckungen strukturiert und systematisiert werden. Diese Systematik ist im Zahlenraum von 10 bis 20 bei den meisten Lehrplänen/ Schulbücher weitgehend gleich:

(1) Die Zahlen von 11 bis 20 bündeln, darstellen, vergleichen und ordnen,
(2) Zahlbeziehungen erkennen und nutzen,
(3) Lösungsstrategien zum Addieren und Subtrahieren entwickeln,
(4) Wege und Hilfen bei der Zehnerüberschreitung,
(5) Rechenfertigkeiten erwerben (kleines Einspluseins, Einsminuseins),
(6) Anwendungsmöglichkeiten erproben und erfahren.

Anregungen und Untersuchungen in Ergänzung zum Schulbuch

Einige Anregungen aus dem Kapitel 6 (Sachrechnen und Größen) können zu diesem Zeitpunkt des Rechenlehrgangs aufgegriffen werden, z. B. aus den Abschnitten 6.2.4 (Themenkreis: Untersuchungen an „Sachen") und 6.2.5 (Themenkreis: Größen).

- Ein Wegespiel

Anzahl der Spieler: 2 - 4
Benötigtes Material: Je Spieler ein Spielwürfel und ein Setzstein; ein Spielplan wie nachfolgend abgebildet in der Größe DIN A4
Regeln: Es beginnt, wer beim ersten Würfeln die größte Zahl erreicht. Dann geht es reihum weiter. Die ausgewählten Felder im Spielplan bestimmen das Vor- oder das Zurückrücken mit dem Setzstein. Gewonnen hat, wer als erster *genau* das Feld „25“ erreicht.
Variante: Wie bei „Mensch ärgere dich nicht“ kann ein Spieler den Setzstein eines anderen herauswerfen, wenn er genau dessen Feld erreicht. Der herausgeworfene Spieler muss wieder beim Startfeld „1“ beginnen.

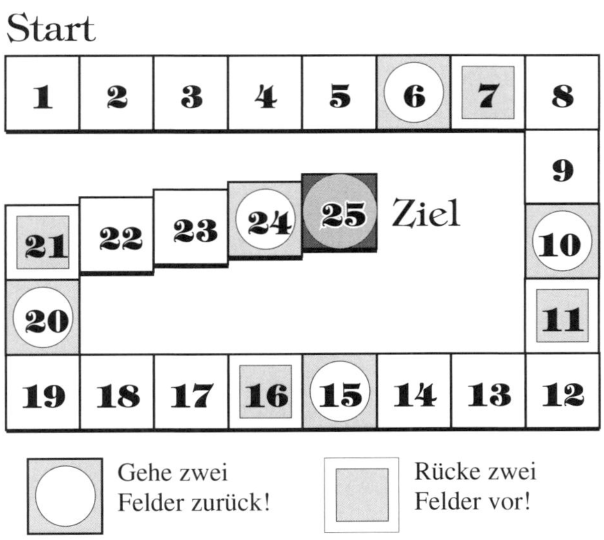

- Centbeträge hören und zusammenstellen

Gemeinsame Übungen:
In eine Saftflasche mit großer Öffnung lässt die Lehrerin einige Geldstücke fallen. Im Sitzkreis schließen alle Kinder dabei die Augen und konzentrieren sich auf die Geräusche. „Wie viele Geldstücke sind das?“ „Das waren drei Geldstücke!“ - „Wie viel Geld ist jetzt in der Flasche?“ Mit Rechengeld werden mögliche Lösungen gelegt und an der Tafel in Tabellenform festgehalten. Wer die richtige Lösung erraten hat, darf mit der Saftflasche und den Münzen die nächste Aufgabe stellen.

Ilse		15 ct
Jan-Felix		7 ct
Eva		4 ct
Werner		21 ct
Astrid		16 ct

Variante 1: Nach dem Fallenlassen der Münzen wird auch der Betrag verraten: „Es sind 4 Münzen in der Flasche, zusammen sind es 13 Cent. Welche Münzen können das sein?“

Variante 2: Von jeder Münzsorte gibt es nur ein Exemplar, das die Lehrerin in die Saftflasche fallen lassen kann.

Einzelarbeit
Jedes Kind hat ein 10-Cent-, ein 5-Cent-, ein 2-Cent- und ein 1-Centstück.
Welche Centbeträge kannst du mit zwei deiner Münzen legen? Welche Beträge mit drei Münzen? Welche Beträge mit allen Münzen? - Notiere die möglichen Centbeträge in einer Liste.
Welche Centbeträge kannst du mit den vier Münzen nicht legen? Welche Münze fehlt, damit du diese Beträge (4 ct, 9 ct, 14 ct, 19 ct) auch legen kannst?

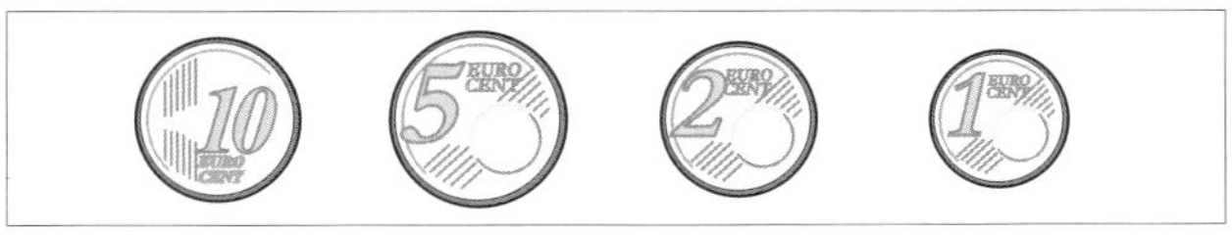

- Erzähl- und Zählbilder

Im Sitzkreis mit einem vergrößerten Foto oder zu guten Kopien kleinerer Fotos wird erzählt, gezählt, es werden Sachen untersucht, beschrieben und verglichen. Diese Fotos von bis zu 20 Gegenständen, Personen oder Tieren kann jede Lehrerin leicht selber herstellen und sammeln. Man findet entsprechende Fotos zum Ausschneiden auch in Illustrierten, Katalogen oder alten Schulbüchern.

- Unser Adventskalender
  Rechtzeitig im November stellen wir einen Adventskalender für unsere Klasse her. Jedes Kind hat dabei zwei Aufgaben zu erfüllen:
  - Auf einen normalen Briefumschlag (11,5 x 16 cm) soll es das Datum eines der 24 Vorweihnachtstage besonders groß und schön schreiben bzw. zeichnen, evtl. ein wenig mit gemalten Tannen o. a. verzieren.
  - Genau in der Größe des Briefumschlages zeichnet das Kind dann ein kleines Bild mit einem weihnachtlichen oder vorweihnachtlichen Motiv auf eine Briefkarte. Auf dieses Bild kommt außerdem klein nochmals das Datum.

Alle Adventsbilder in den zugeklebten Briefumschlägen werden dann zu einem großen Adventskalender zusammengestellt (gemischt verteilt auf einem großen Karton oder Tapetenrest).

An jedem Tag wird ein Briefumschlag geöffnet, das Bild betrachtet und besprochen. Die Adventsbilder werden nach Datum von 1 - 24 geordnet und angeheftet, sodass die geordnete Zahlenfolge von 1 bis 24 im Laufe der Wochen entsteht. Für auftretende Schwierigkeiten in der Schulrealität (Samstag/Sonntag, Ferienbeginn vor dem 24., mehr oder weniger als 24 Kinder in der Klasse), sind individuelle Lösungen zu finden.

4.3.2 Die Zahlen bis 20 erarbeiten, strukturieren und ordnen

Bei der systematischen Erarbeitung des Zahlenraums bis 20 lassen sich die folgenden vier Teilschritte unterscheiden:

- Bündeln von Mengen und Notation als Zehner und Einer,
- Zahlen bis 20 auf verschiedene Weise herstellen, darstellen und erkennen,
- Zahlen nach ihrer Größe miteinander vergleichen und ordnen,
- Zahlen bis 20 lesen und schreiben.

Um größere Zahlen zu notieren, wird die dezimale Schreibweise der Zahlen verwendet. Ihr liegen zwei Prinzipien zugrunde, zu denen die Kinder ausreichende Handlungserfahrungen sammeln sollten: das *Prinzip der Bündelung* und das *Prinzip des Stellenwertes*. Die Zahlwörter Null, Eins, Zwei, ..., Neun werden durch die Ziffern 0, 1, 2, ..., 9 symbolisiert. Um weitere Ziffern (Symbole) bei der Darstellung größerer Zahlen zu vermeiden, fassen wir zehn Einheiten zu einem Bündel erster Stufe, einem Zehner, zusammen. Bei noch größeren Zahlen werden dann zehn Zehner zu einem Hunderter, zehn Hunderter zu einem Tausender usw. gebündelt.

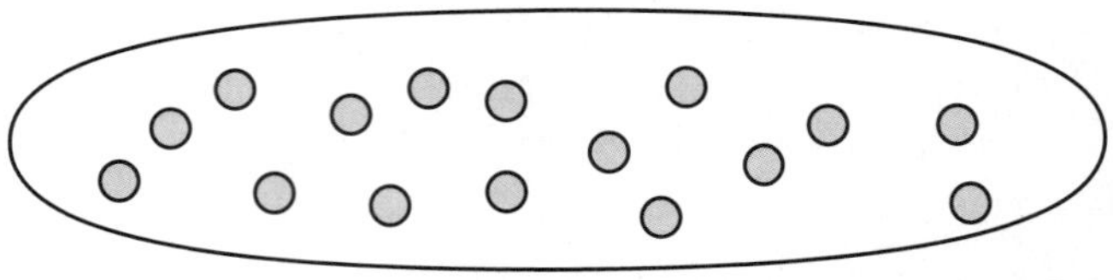

Werden in dieser Menge zehn Elemente zu einem Bündel zusammengefasst, entstehen ...

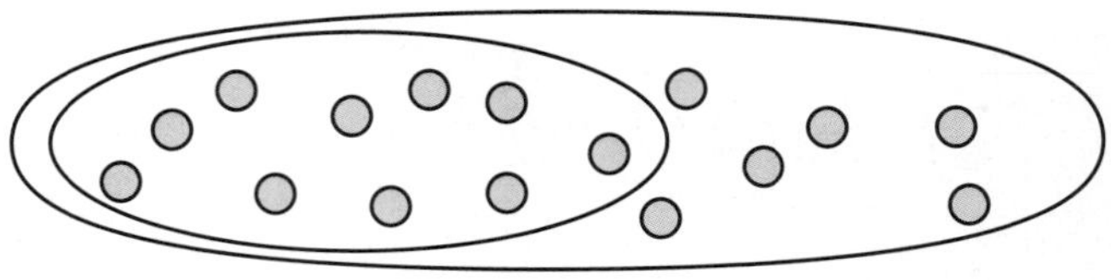

1 Zehner und 6 Einer, kurz notiert: 16

So kommt man im Zehnersystem mit den zehn Symbolen von 0 bis 9 aus, um alle möglichen Bündelungen (Zahlen) notieren zu können. Wichtig ist dabei, dass die Bündel (Einer, Zehner ...) nach ihrer Größe geordnet werden, wobei der Wert der Bündel von rechts nach links zunimmt. Die Ziffer der ersten Stelle von rechts hat den Wert „Einer“, die Ziffer an der zweiten Stelle von rechts hat den Wert „Zehner“ usw. Je nachdem, an welcher Stelle sie steht, gibt eine Ziffer einen bestimmten Zahlenwert („Stellenwert“) an. Wenn den Kindern das Prinzip des Stellenwertes über das Bündeln und die bewusste Notation der Bündelungsergebnisse nicht deutlich wird, kann es im Laufe des Rechenlehrgangs immer wieder zu Schwierigkeiten beim Lesen und Schreiben von Zahlen kommen, aber auch Rechenfehler wie 47 - 23 = 15 (gerechnet: 4-3 und 7-2) oder 47 - 28 = 21 (gerechnet: 4-2 und 8-7) können auftreten. Eine zusätzliche Schwierigkeit ergibt sich aus der deutschen Sprache, in der die Reihenfolge der Zehner und Einer im Vergleich zur Schreibweise vertauscht wird. 934 wird gesprochen als „neun-hundert-vier-und-dreißig“.

Die nachfolgenden Übungen sind für diejenigen Kinder besonders wichtig, deren Vorkenntnisse und Erfahrungen im Umgang mit größeren Zahlen noch unsicher und begrenzt sind.

Übungen zum Bündeln

Als Ergebnisse der nachfolgenden Übungen werden die Zahlen notiert. Das geschieht anfangs in eine kleine Stellenwerttafel, in der deutlich Zehner (Z) und Einer (E) gekennzeichnet sind. Muster:

Z	E
1	4

- Bündelungsspiel

  Auf dem Schulhof laufen die Kinder einer Klasse. Auf ein Zeichen der Lehrerin fassen sich genau zehn Kinder zu einem Kreis an den Händen. Wie viele Kinder bleiben übrig? Wie viele Kinder sind wir (z. B. 2 Zehner, 3 Einer, also 23)? Wir spielen das Spiel jetzt mit weniger Kindern (18, 15, 11, 10, 7 ...). Wie viele Zehnerkreise, wie viele „Einzelkinder"?

- Wir packen ein

  10 bis ca. 23 Kastanien, Bohnen, Nüsse o. a. werden von den Kindern in Beutel verpackt. Immer zehn in einen Beutel. Wie viele Beutel entstehen, wie viele Kastanien o. a. können nicht verpackt (gebündelt) werden? Wir schreiben die Zahl dazu!
  Besonders schön lassen sich die Gegenstände mit Hilfe von 10er-Eierverpackungen bündeln.

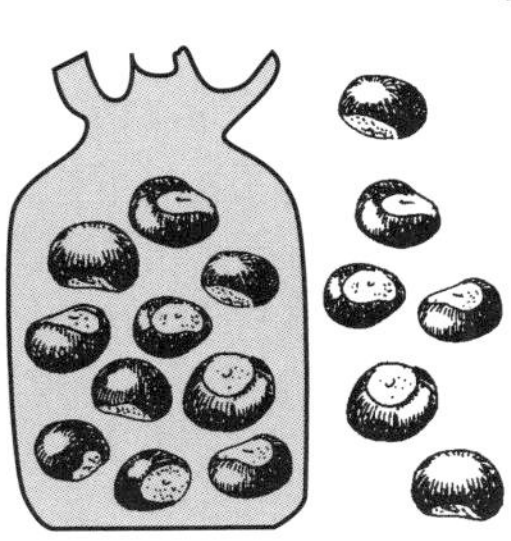

- Wir tauschen Geld

  Mit Spielgeld wird gebündelt. Zum Beispiel werden 18 Einzelcent gebündelt und umgetauscht in ein 10-Centstück und 8 einzelne Cent. Wie viele einzelne Cent haben wir?

Entsprechende Übungen sind mit Eurostücken und 10-€-Scheinen möglich.

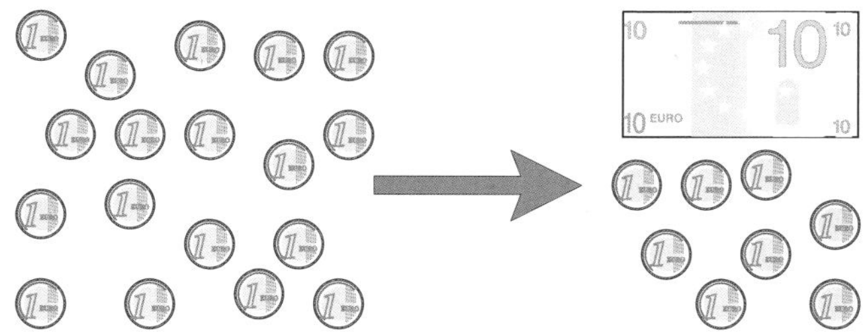

- Bündeln mit Material

  Mit Einerwürfeln und Zehnerstangen (auch mit Steckwürfeln oder mit den farbigen Stäben) lassen sich Bündelungsübungen durchführen. Dabei sollte man die Aufgaben nicht unbedingt auf den Zahlenraum bis 20 beschränken. Einmal verstanden, ist das Prinzip des Bündelns leicht auf größere Anzahlen anwendbar.

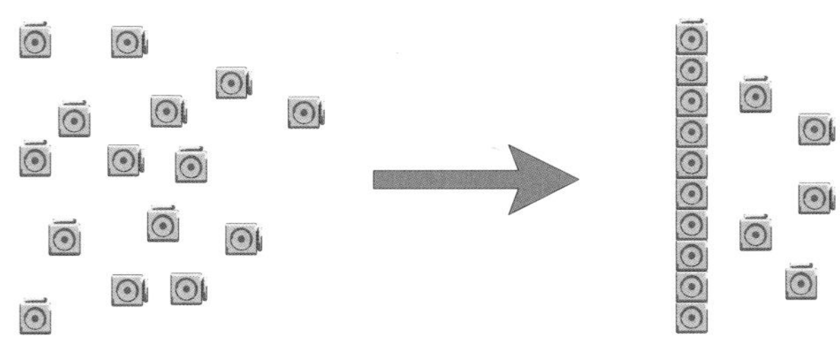

- Zeichnerisches Bündeln

  Beim zeichnerischen Bündeln bieten sich mehrere Möglichkeiten an, wobei jeweils das Bündelungsergebnis als Zahl notiert wird.

  Übung 1: Bündeln durch Umfahren von 10 Elementen mit einem Stift.

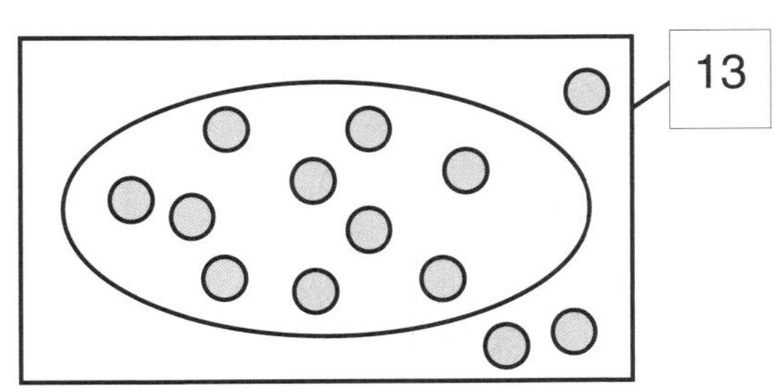

  Übung 2: Bündeln über das Durchstreichen von Elementen und Übertragen in eine Liste, die dem Zwanzigerrahmen bzw. dem Zwanzigerfeld entspricht.

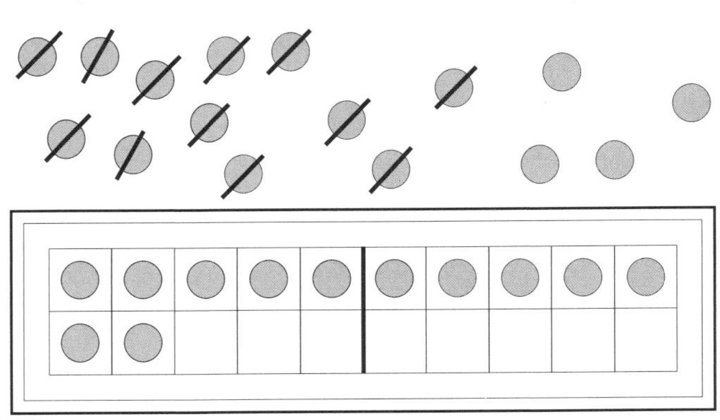

Übung 3: Elemente einer Menge bündeln und die Zahl bestimmen.

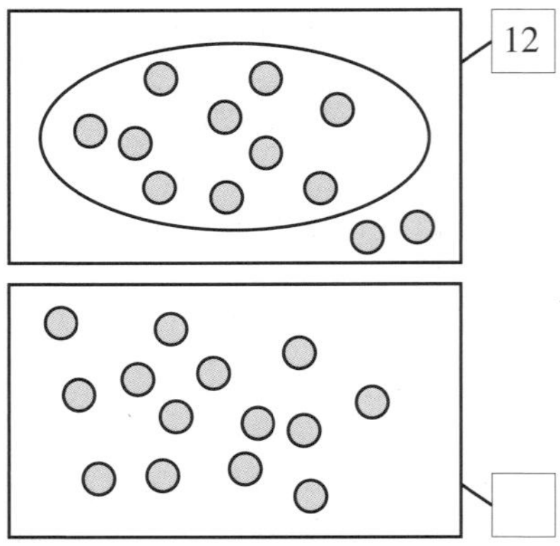

Übung 4: Zu vorgegebenen Zahlen ein Bündelungsbild zeichnen.

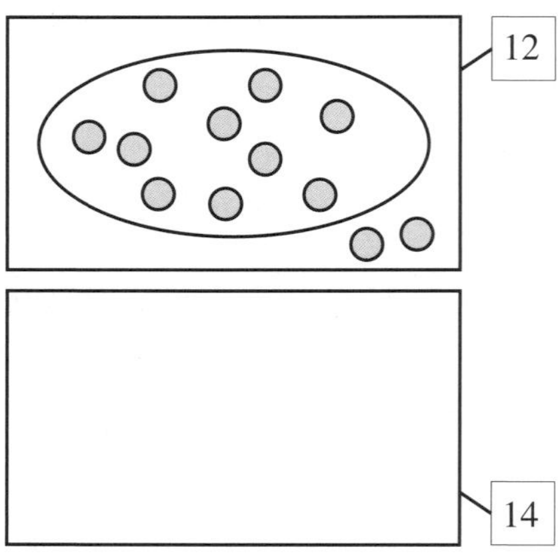

Zahlen erkennen und darstellen

Die wichtige Fünfer- und Zehnerstrukturierung an den Arbeitsmitteln (vgl. Kap. 4.2) wird genutzt, um Zahlen bis 20 an Arbeitsmaterialien schnell zu erkennen und darzustellen. Auch hier ist es notwendig, auf langsamere und schnellere Lerner differenziert einzugehen.

- Übungen am Rechenrahmen (oder am Zwanzigerfeld)

  Welche Zahl ist dargestellt?

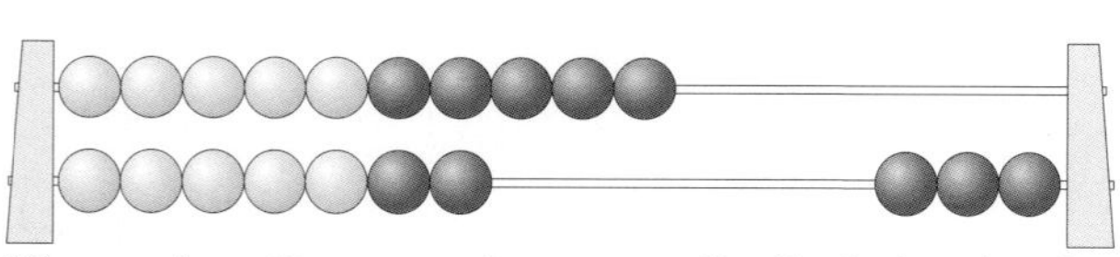

Hinter einer Pappe verborgen stellt die Lehrerin eine Zahl dar, zeigt sie dann nur ganz kurz. Wer hat die Zahl erkennen können?

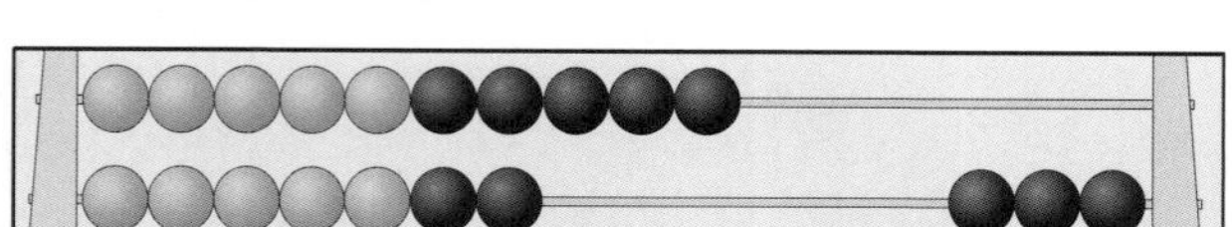

Zeige die Zahl 15 (11, 19, ...) am Rechenrahmen. Wer kann das schon ohne Zählen, nur mit zwei Fingerbewegungen?

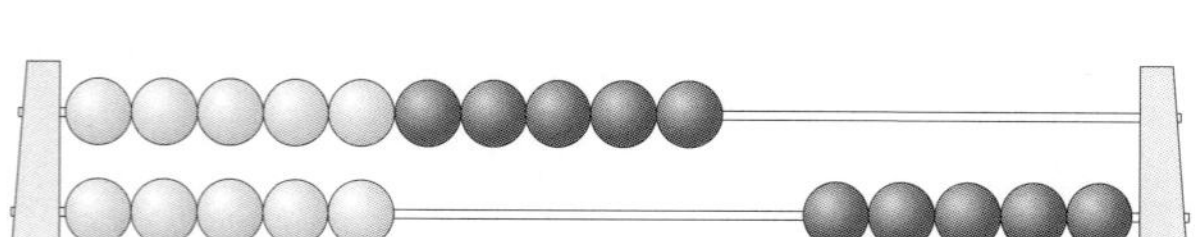

Decke das Zwanzigerfeld so ab, dass die Zahl 14 (11, 19 ...) zu erkennen ist.

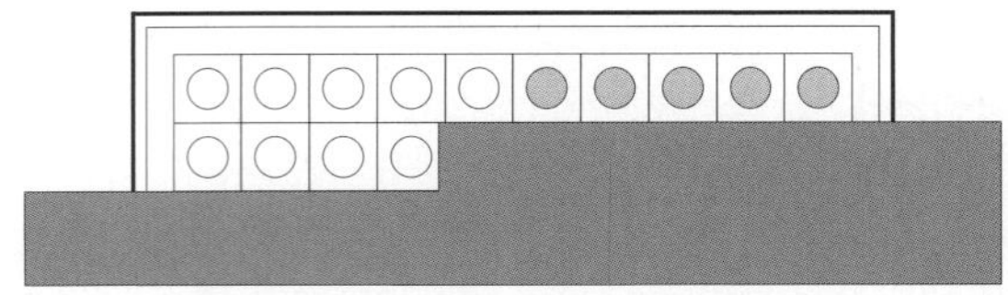

Welche Zahl ist zu sehen? Welche Zahl ist abgedeckt?

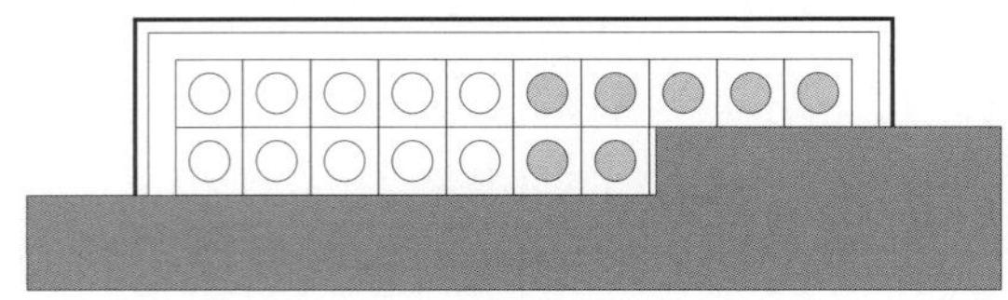

Eine Partnerübung:
Ein Kind hält sich die Augen zu, das andere stellt am Zwanzigerfeld durch Abdecken mit einem Streifen eine Zahl dar und verdeckt alles mit einer großen Pappe oder einem Tuch. Nun darf das erste Kind wieder aufsehen. Ganz kurz wird die dargestellte Zahl gezeigt. Wenn das Kind sie erkannt hat, darf es anschließend die nächste Aufgabe stellen. (Zu sachstrukturellen Übungen vgl. die Anregungen im Kapitel 6.2.1)

Zahlen bis 20 lesen und schreiben

Es ist nicht selbstverständlich, dass alle Kinder die Zahlen von 10 bis 20 richtig lesen. So kann es einmal sein, dass die Zahl 13 als „Zehn-Drei" gelesen wird; zum anderen können die beiden besonderen Zahlnamen zur 11 und zur 12 als „Eins-Zehn" oder „Zwei-Zehn" gelesen werden. Das Lesen der Zahlen wird thematisiert und dabei den Kindern die Zahlnamen bewusst gemacht: „18" wird gelesen als „acht-zehn", weil die Zahl aus einer „Zehn" und einer „Acht" besteht. Neben der 11 und der 12 gibt es noch die folgenden Besonderheiten bei Zahlnamen: „sechzehn" statt „sechszehn", „siebzehn" statt „siebenzehn" und natürlich „zwanzig" statt „zweizehn".
Nicht selten wird den Kindern im ersten und im zweiten Schuljahr von den Lehrerinnen geraten, die Zehnerzahlen so zu schreiben „wie man spricht", also bei der 13 zunächst die 3 und dann die 1. Dieser „Trick" ist keine Hilfe! Spätestens im dritten Schuljahr zeigen sich dann bei vielen Kindern Schwierigkeiten beim Lesen und Schreiben von größeren Zahlen, wenn sie die empfohlene Schreibweise „wie man spricht" verfestigt haben. Darum:

> Zahlen mit mehr als einer Stelle stets und von Anfang an von links nach rechts schreiben!

Ein Hinweis auf mögliche Schwierigkeiten in der Zukunft überzeugt die Kinder selber vielleicht nicht. Motivieren können dagegen sachbezogene Anwendungen des Zahlenschreibens

- auf einer Schreibmaschine,
- am Taschenrechner,
- bei der Fernseh- (Radio-, CD- , Satelliten ...) Fernbedienung.

Zahlen ordnen und vergleichen

Übungsanregungen:

- Die Zwanzigerreihe wird hergestellt
  Über die Kopiervorlage mit 20 leeren Zahlenfeldern (vgl. Kopiervorlage A 29) wird zu jeder Zahl von 1 bis 20 durch Einfärben einer entsprechenden Anzahl von Kringeln gesonderte Zahldarstellungen hergestellt. Zusätzlich können alle Zahlen bis 10 als Addition zur Null, die Zahlen von 11 bis 20 als Addition zur 10 notiert werden. Mit diesen „Zahlbildern" können dann besonders einfach die oben genannten tachistokopischen Übungen durchgeführt werden.

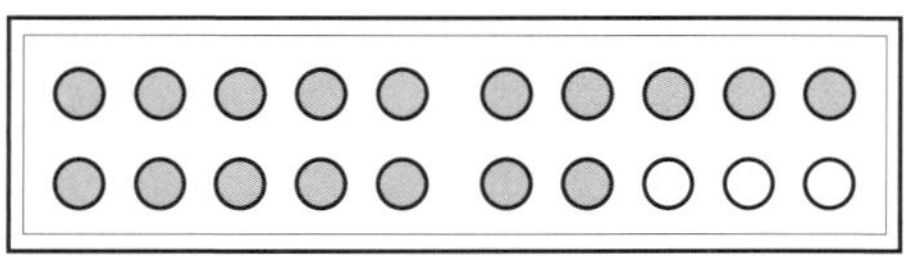

17 = 10 + 7

- Zahlen hören (vgl. die entsprechende Übung im Zehnerraum in Kap. 4.2)
- Zählübungen (mit bzw. ohne Rechenrahmen):
  - vorwärts zählen bis 20,
  - vorwärts zählen ab 7 (ab 9, 11 ...),
  - rückwärts zählen ab 20 (ab 18, 12 ...),
  - in Fünfersprüngen vorwärts zählen (0, 5 ...),
  - in Fünfersprüngen rückwärts zählen (20, 15 ...),
  - in Zweiersprüngen vorwärts zählen ab 2 (ab 3 ...),
  - in Zweiersprüngen rückwärts zählen ab 20 (ab 19 ...).
- Übungen mit dem Zentimeterband
  Vorbereitend auf den Zahlenstrahl und das Arbeiten mit dem Lineal können die Kinder die folgenden Übungen im Zahlenraum bis 20 durchführen. Dazu wird die Kopiervorlage A 29 angeboten. Sicher ist es einfacher, wenn die Kinder ihren 20 cm-Streifen auf festeren Karton kleben.
  - Zeige am Zentimeterstreifen 8 cm (12 cm, 19 cm, 20 cm ...).
  - Wir messen! Wie lang ist (etwa/genau) dein Bleistift (dein Zeigefinger, das Radiergummi ...)? Wie breit ist deine linke Hand (dein Schulheft, der Mund deiner Nachbarin ...)?
  - Zeichne mit einem Bleistift und deinem Zentimeterstreifen einen 9 cm (12 cm, 16 cm ...) langen Strich in dein Schulheft.
  - Zeichne einen 11 cm langen und einen 15 cm langen Strich genau untereinander. Wie viel Zentimeter ist der Unterschied?
- Vorgänger und Nachfolger einer Zahl werden bestimmt
  - Für jedes Kind ein Zahlenschild!
    Die Kinder heften sich Zahlenschilder mit den Zahlen von 1 bis ... (je nach Größe der Klasse) an. Wir spielen Polonäse in der Klasse. Wer geht vor Jan? Wer geht hinter Jan? Wir tauschen die Zahlenschilder aus und spielen nochmals Polonäse.
  - Gemischte Zahlenkarten von 1 bis 20 ordnen und in die richtige Reihenfolge bringen
  - Mit dem 20er-Würfel würfeln und die Zahl vor bzw. nach der gewürfelten Zahl nennen und aufschreiben
  - Welche Zahlen fehlen?

		15		17	

	17			20	

- Die Zeichen „<" und „>" verwenden
  - Mit dem Zwanzigerwürfel zwei Zahlen würfeln und an die Tafel schreiben, zwischen die beiden Zahlen das Zeichen oder einsetzen
  - Setze passende Zahlen ein:
    □ < 17, 17 > □, □ < 13 > □
    □ < 17, 17 > □, □ < 13 > □
    □ < 17, 17 > □, □ < 13 > □
  - Partnerspiel zu geraden/ungeraden Zahlen
    Material: Wendeplättchen und verschiedene „Spielpläne" dieser Art:

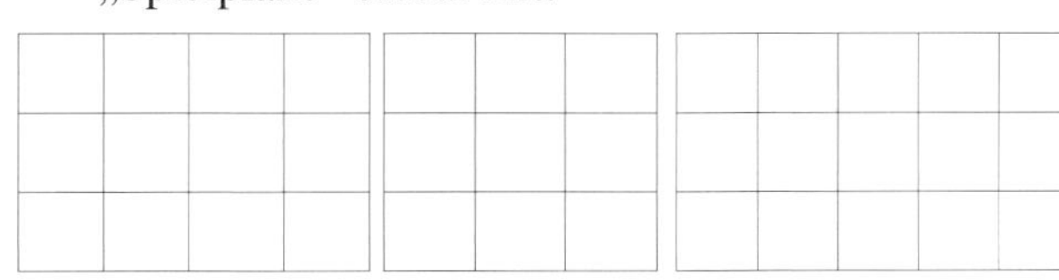

Spielregel:
Spieler 1 wählt den Spielplan aus.
Spieler 2 entscheidet, wer mit dem Spiel anfängt.
Abwechselnd wird von den Spielern ein Plättchen gelegt. Wer das letzte Plättchen legt, hat gewonnen (verloren).
Wie kann Spieler 2 entscheiden, sodass er gewinnt?

Ordnungszahlen

- Geheimschrift
  Die Buchstaben unseres Alphabets werden mit Hilfe von Ordnungszahlen durchnummeriert:

A	B	C	D	E	F	G	H	

1	2	3	4	5	6	7	8	

Wir stellen Worte in der Zahlengeheimschrift dar, z.B. Haus als

8	1	21	19

Wir lesen Worte in der Zahlengeheimschrift.
Was bedeutet | 9 | 3 | 8 | ?

- Perlenketten werden gefärbt und durchnummeriert
  Einfach gefärbte Muster:

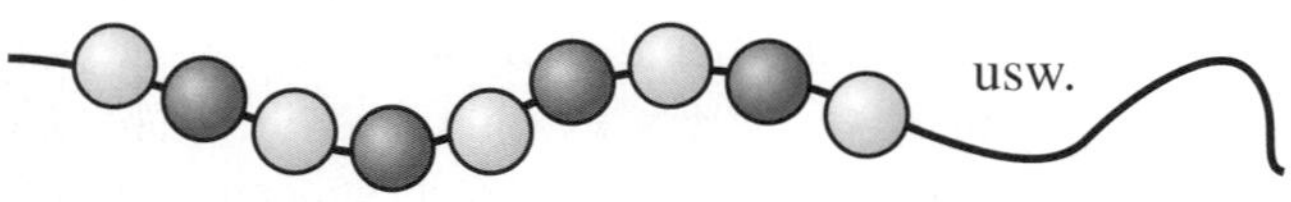

Welche Farbe hat die 2., die 5. ... Perle?

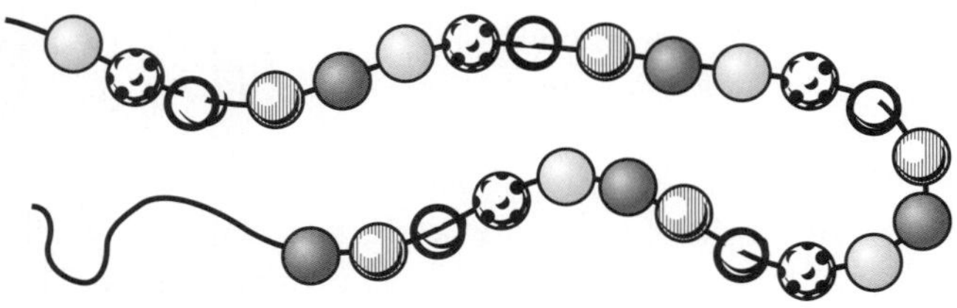

Welche Farbe hat die 7. (11., 15. ...) Perle?

Färbe entsprechend der Anweisung ein!

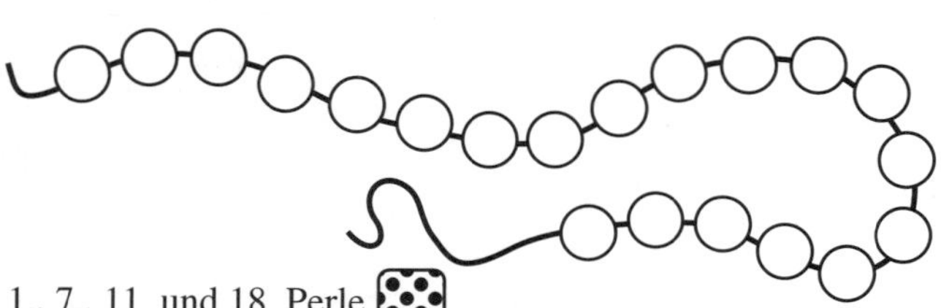

1., 7., 11. und 18. Perle

3., 9., 13. und 20. Perle usw.

4.3.3 Addition und Subtraktion

Analogien nutzen

Bei der systematischen Erweiterung der Rechenfähigkeiten auf den Zahlenraum bis 20 bildet das Nutzen von dekadischen Analogien eine der ersten Phasen. Allen Kindern muss bewusst werden, dass man bei Aufgaben wie 14+3 (später: 24+3, 74+3 ... oder auch 40+30) „nicht neu zu rechnen braucht", wenn man die Grundaufgabe 4+3 beherrscht bzw. schon auswendig kann. Diese Erkenntnis ist für Kinder nicht selbstverständlich. Häufig wird die Lehrerin beobachten, dass Kinder die Analogien nicht nutzen bzw. immer wieder neu rechnen.

Der Rechenrahmen oder auch das Zwanzigerfeld sind besonders gut geeignet, die dekadischen Analogien deutlich zu machen. Im Sitzkreis an einem oder zwei großen Demonstrationsmodellen werden an einigen Aufgabenpaaren die Analogiebeziehungen erarbeitet, ehe alle Kinder entsprechende Aufgaben mit ihrem Arbeitsmittel bearbeiten. Wichtig ist dabei in der Anfangsphase, dass die beiden Analogieaufgaben genau untereinander notiert werden.

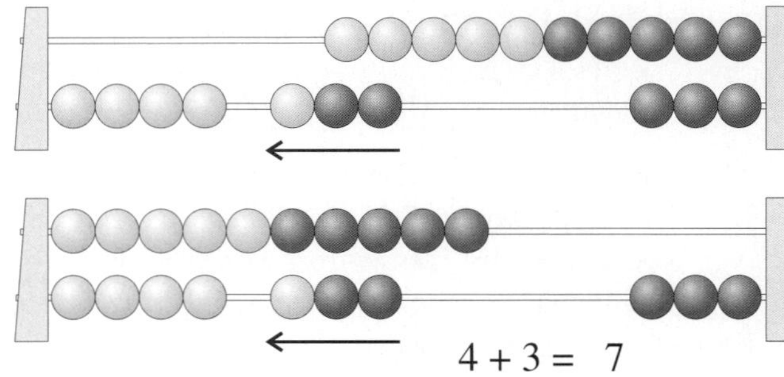

4 + 3 = 7
14 + 3 = 17

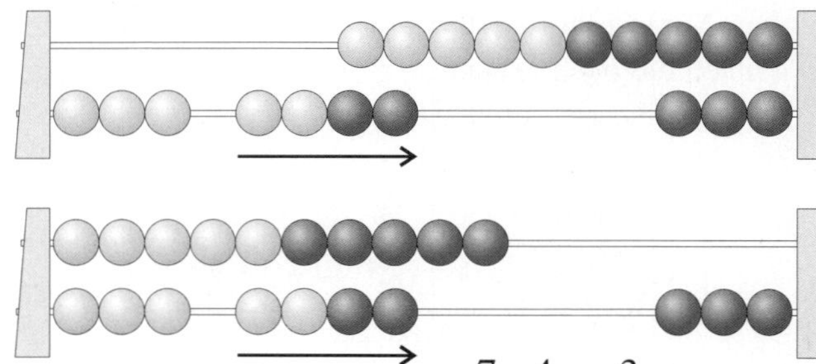

7 - 4 = 3
17 - 4 = 13

Bietet das Schulbuch Analogieaufgaben nicht in ausreichender Anzahl an, müssten Arbeitsblätter erstellt werden, zunächst mit den oben beschriebenen Aufgabenpaaren und schließlich zur Addition/Subtraktion im zweiten Zehner ohne Zehnerüberschreitung.

Verdoppeln und Halbieren

Verdoppeln und Halbieren sind zwei wichtige Operationen, die beim Lösen bzw. beim Einprägen von Aufgaben des kleinen Eins-plus-Eins genutzt werden. Verdoppeln von Zahlen fällt den meisten Kindern deutlich leichter als das Halbieren. Eine Ursache dieser Schwierigkeit liegt oft darin, dass den Kindern der Zusammenhang beider Operationen nicht klar geworden ist, sodass sie „probierendes Verdoppeln" nicht zum Lösen von Halbierungen nutzen können. Daher sollten beide Operationen von Anfang an gleichzeitig als Umkehroperationen erarbeitet werden. Als eine weitere Schwierigkeit lässt sich beobachten, dass nicht wenige Kinder die Operationen ohne sinnvolle Vorstellungen und Handlungserfahrungen sehr formal lösen, indem sie die Ziffern an den einzelnen Stellen „verdoppeln" bzw. „halbieren". Dieses Verfahren lässt sich problemlos anwenden bei Verdoppelungen von Zahlen wie 2, 13, 42 ... oder Halbierungen von 4, 8, 24, 48 ... Es gelingt vielen Kindern aber nicht, Zahlen wie 6, 17, 28 ... zu verdoppeln oder Zahlen wie 12, 16, 32 ... zu halbieren. So scheint es sinnvoll, den Kindern nicht den „Ziffernhalbiertrick" zu erklären (diesen Trick entdecken sie recht bald bei passenden Aufgaben von selbst), sondern ausführliche Handlungserfahrungen und Hilfen bei schwierigen Verdoppelungen/Halbierungen anzubieten.

Verdoppeln und Halbieren über das Spiegeln
Untersuchungen zur Spiegelsymmetrie sind besonders gut geeignet, erste Erfahrungen zum Verdoppeln und Halbieren zu sammeln. Dabei wird das Unterrichtsziel nicht auf die exakte spiegelsymmetrische Abbildung gerichtet, sondern auf ein Verständnis der beiden Zahloperationen.

Möglichkeiten des unterrichtlichen Vorgehens:
Im Sitzkreis wird nach einer interessanten Erzählung (Häuser, Bäume, Personen oder Tiere spiegeln sich am Ufer eines Sees) die reale Sachsituation übertragen und abstrahiert auf Plättchen und einen größeren, rechteckigen Spiegel. Mögliche Schüleräußerungen: „Im Spiegel sieht man genau das Gleiche.", „Im Spiegel sieht man auch 4 Plättchen.", „Man sieht jetzt doppelt so viele Plättchen." o. Ä.
Beim Halbieren besteht die Aufgabe darin, den Spiegel so in eine geordnete Plättchenmenge zu stellen, dass die Hälfte der Plättchen zusammen mit dem Spiegelbild die Gesamtzahl der Plättchen zeigen.

Verdoppeln:

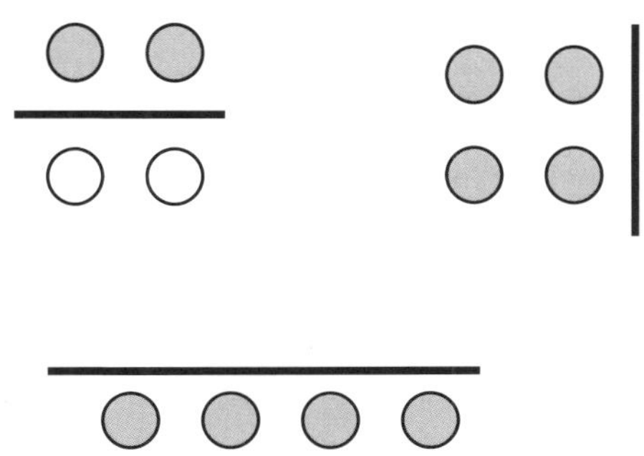

Halbieren:

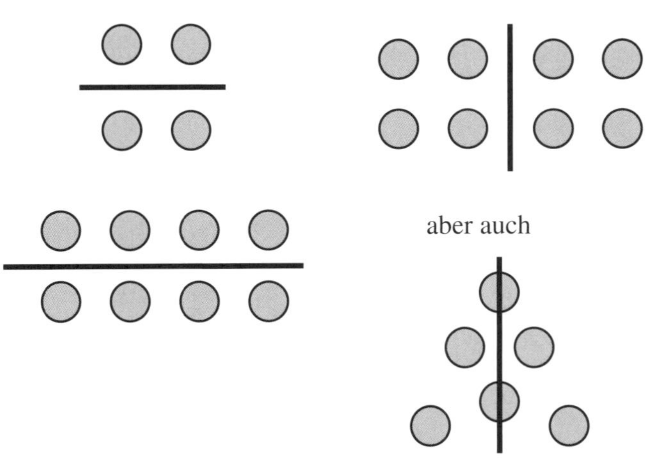

Die Untersuchungen zu beiden Operationen werden in Tabellen an der Tafel festgehalten. Diese Tabellen(form) bearbeiten die Kinder in den anschließenden Einzelübungen. Dazu benötigt werden Arbeitsblätter (siehe Kopiervorlage A 30) und für jedes Kind ein rechteckiger Taschenspiegel.

Zahl	das Doppelte	Aufgabe
2	4	2 + 2 = 4
6	12	6 + 6 = 12

Zahl	die Hälfte	Aufgabe
2	1	2 = 1 + 1
12	6	12 = 6 + 6 12 – 6 = 6

Verdoppeln und Halbieren auf Karopapier
Im Rechenheft können die Kinder Karofelder verdoppeln und halbieren. Sie werden dabei entdecken, dass nicht alle Karofelder halbierbar sind, nämlich die Karofelder mit einer ungeraden Anzahl Karos.

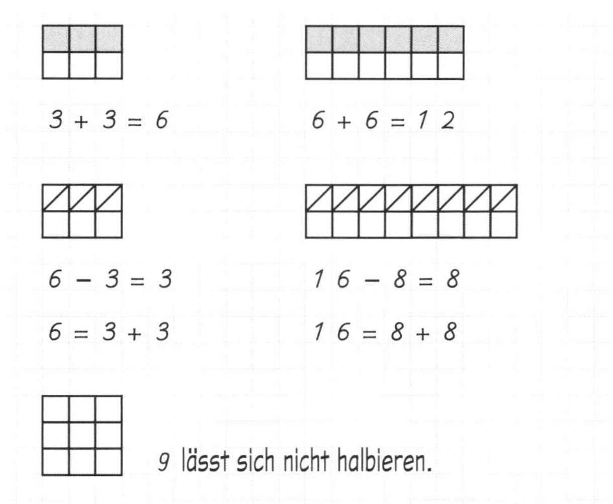

Außerdem wird bei dieser Aufgabe erkennbar, dass die Halbierung der Kästchenanzahl nicht nur über spiegelsymmetrische Zerlegungen möglich ist (siehe nachfolgendes Beispiel).

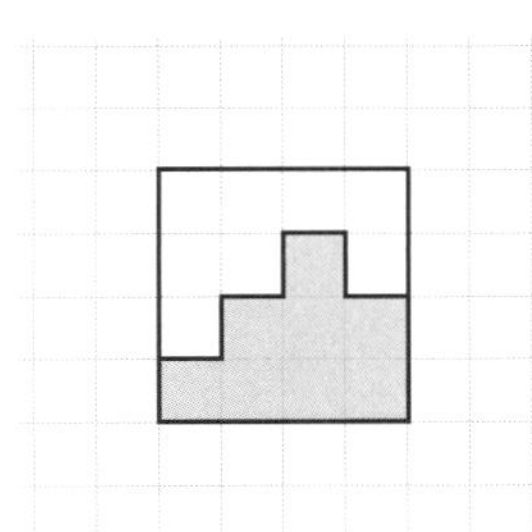

Verdoppeln und Halbieren am Rechenrahmen
Am Rechenrahmen sind die beiden Operationen auf zwei verschiedenen Wegen möglich.
Weg 1: Die zu verdoppelnde Zahl wird auf der oberen Stange nach links geschoben, die Verdoppelung darunter auf der unteren Stange durchgeführt. Beim Halbieren ist der entsprechende Prozess etwas schwieriger, da die zu halbierende Zahl über beide Stangen nach links geschoben werden soll. Weg 1 ist in Anlehnung an das oben beschriebene Spiegeln sehr anschaulich.

Verdoppeln:

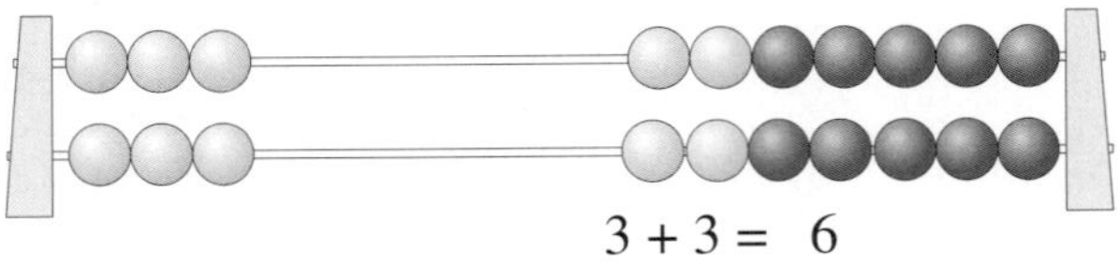

3 + 3 = 6

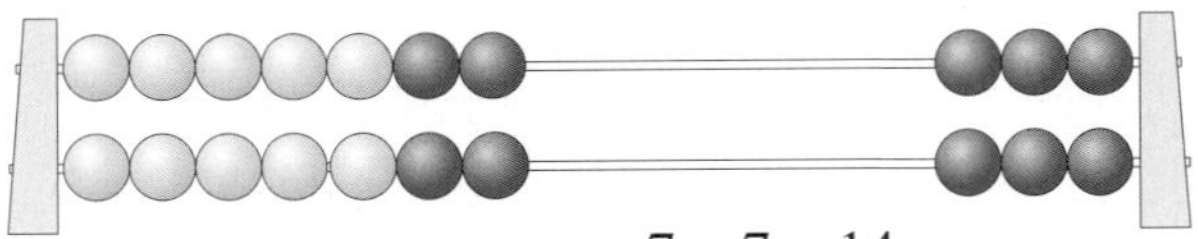

7 + 7 = 14

Halbieren:

8 = 4 + 4

12 = 6 + 6

Weg 2: Die zu verdoppelnde Zahl wird auf der oberen Stange nach links geschoben. Die Verdoppelung daran anschließend durchgeführt. Dieses Verfahren setzt eigentlich das sichere Rechnen über den Zehner voraus, verführt einige Kinder zum Abzählen. Das Halbieren erfolgt auf diesem Weg entsprechend und ist bei größeren Zahlen (10) wenig anschaulich und hilfreich.

Verdoppeln:

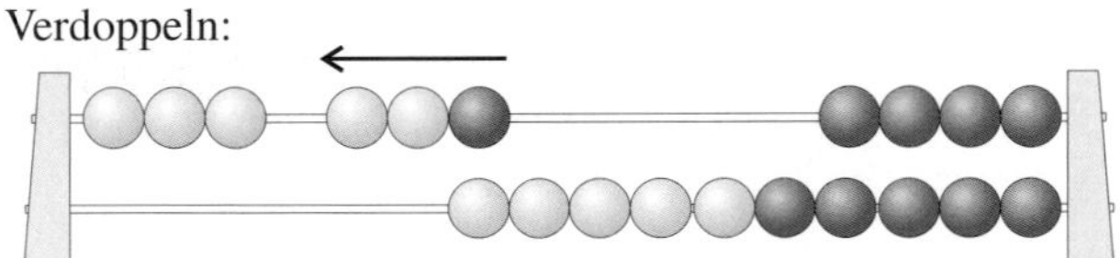

3 + 3 = 6

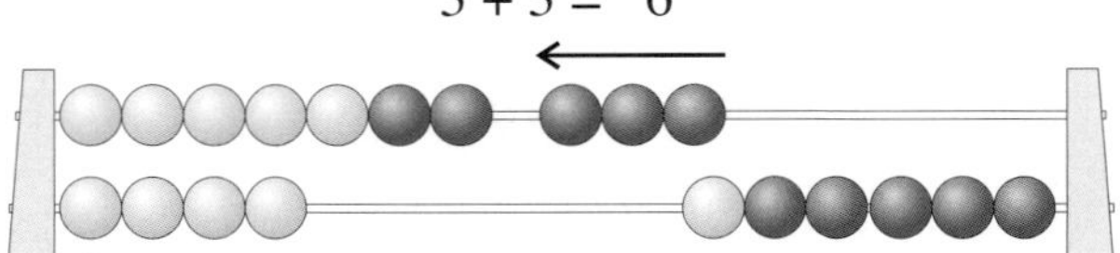

7 + 7 = 14

Halbieren:

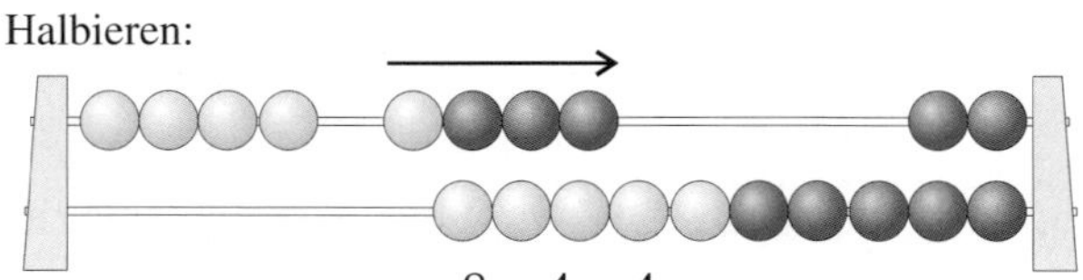

8 = 4 + 4

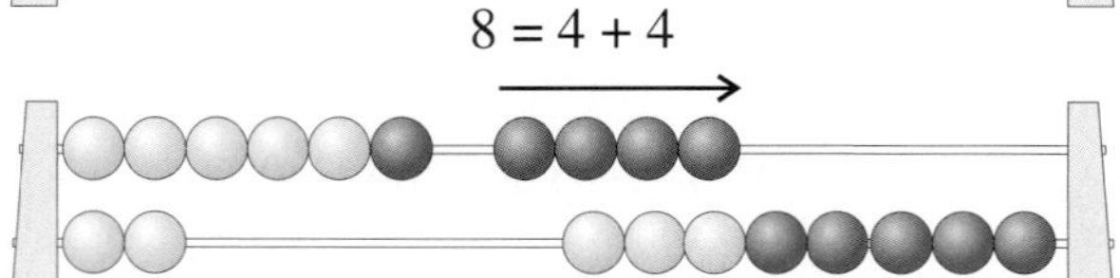

12 = 6 + 6

Rechengeschichten und Untersuchungen an Sachen

Rechengeschichten zum Verdoppeln und Halbieren lassen sich schnell bilden. Beispiele:

- Jan hat 8 Buntstifte. Steffi hat doppelt so viele Stifte.
- Jan hat 14 Haselnüsse gefunden. Die Hälfte davon gibt er seiner Freundin Anna ab.
- Über Tabellen lassen sich „Sachen" untersuchen, zu denen genau ein Paar bestimmter und charakteristischer Teile gehört, wie etwa Paar Zwillinge - Kinder, Achsen - Räder, Brillen - Gläser, Autos - Scheinwerfer, Köpfe - Ohren u. a.

Fahrräder	Räder
4	8
7	
	12
	0

Die Zehnerüberschreitung

Das Addieren und Subtrahieren über den ersten Zehner gilt seit eh und je im ersten Schuljahr als die größte Lehr- und Lernschwierigkeit. In den allermeisten Schulbüchern wird nur eine Lösungsmöglichkeit angeboten, die nicht für alle Kinder der einfachste Weg ist: das Zerlegen und Rechnen zum Zehner. Dass dieser Weg nicht der Königsweg ist, wird durch folgende Tatsachen deutlich:

Nicht wenige Kinder wenden die Zerlegungsstrategie nur widerwillig an. Die Lehrerin muss sie immer wieder anhalten und ermahnen die geforderten Teilschritte zu notieren. Ohne diese Kontrolle rechnen die Kinder zählend (z.B. 6 + 7 als 7, 8, 9, 10 ,11, 12, 13), womit sie im Zahlenraum bis 20 durchweg erfolgreich und oft auch schneller sind als diejenigen Kinder, die der Lehrerin den Gefallen tun und zerlegen. Das zählende Rechnen wird jedoch im Laufe des zweiten Schuljahres zu einem Problem, das den Erstklässlern - ohne Kenntnis der Rahmenrichtlinien - nicht bewusst ist: Verfestigtes zählendes Rechnen ist im Hunderterraum und darüber hinaus zeitaufwendig, fehleranfällig und es überfordert das Kurzzeitgedächtnis.

Es gibt auch Kinder, die andere Strategien als das Zerlegen oder das zählende Rechnen entdecken, erproben und anwenden. Diese Strategien sind zum Teil eleganter und einfacher (s. u.) als das Zerlegen. Die Zerlegungsstrategie beim Addieren und Subtrahieren setzt ganz bestimmte Kenntnisse und Fähigkeiten voraus, die nicht immer in den Lehrgängen ausreichend angebahnt werden.

Für die Addition als 6+7 = 6+4+3 müssen die Kinder beherrschen:

- Das Zerlegen von Zahlen (7 = 4+3 ...),
- die Addition/das Ergänzen zum Zehner (6 + □ = 10 ...),
- die Addition vom Zehner aus (10 + 3 = □ ...).

Für die Subtraktion als 13 - 7 = 13 - 3 - 4 muss vorausgesetzt weren:

- Die Subtraktion zum Zehner (13 - □ = 10 ...),
- das Zerlegen von Zahlen (7 = 3 + □ ...),
- die Subtraktion vom Zehner aus (10 - 4 = □ ...).

Aus diesen Gründen plädieren wir dafür, dass den Kindern die Möglichkeit geboten wird, eine sinnvolle, individuelle Lösungsstrategie zur Zehnerüberschreitung am Rechenrahmen zu entdecken.

Wichtig ist dabei, dass die Lehrerin rechtzeitig darauf achtet, dass sich das zählende Rechnen bei einigen Kindern nicht verfestigt. Ihnen müssen andere Lösungswege angeboten werden.

Nachfolgend einige Lösungsmöglichkeiten zur Addition am Rechenrahmen:

6 + 7 =

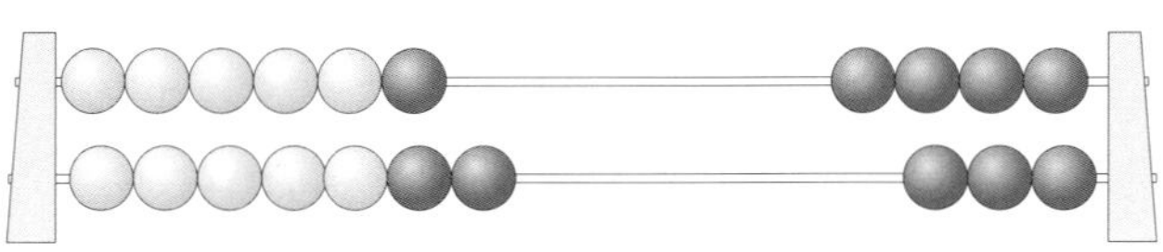

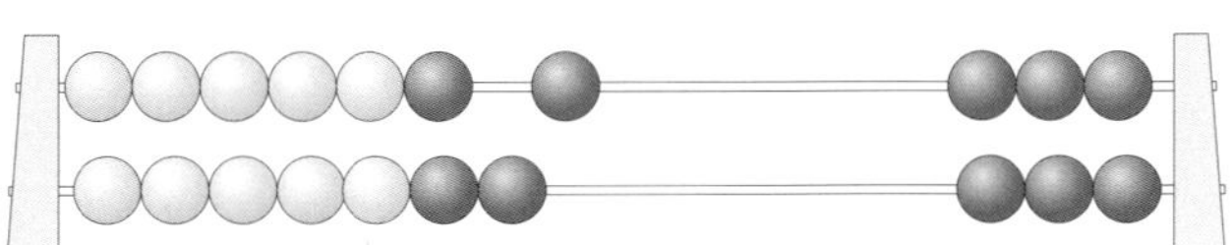

Doppel-7 minus 1

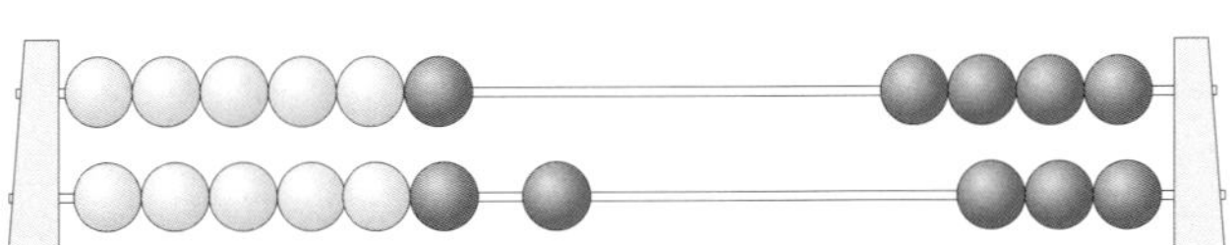

Doppel-6 plus 1

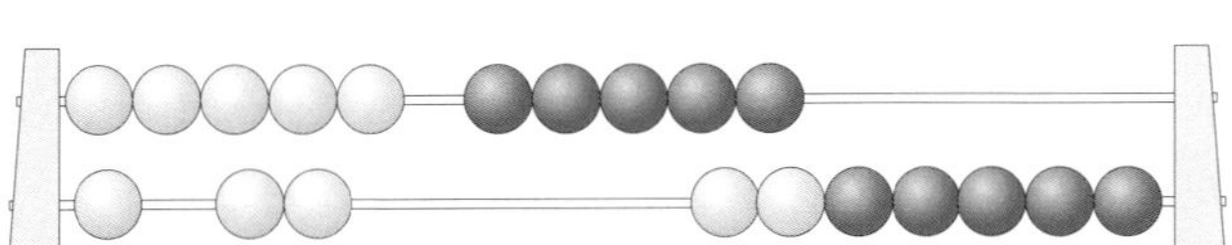

6 + 7 = 5 + 5 + 1 + 2

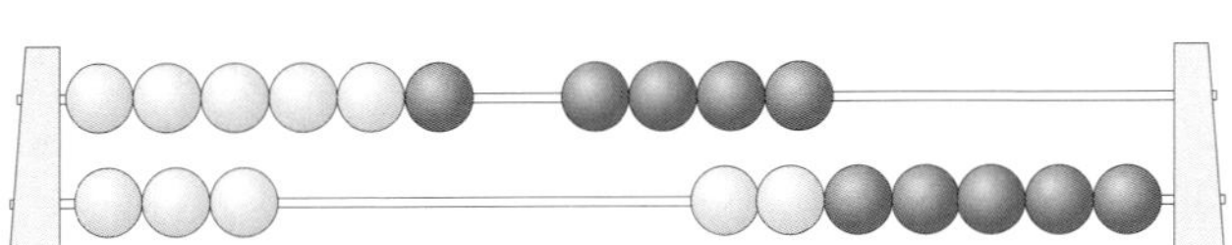

6 + 7 = 6 + 4 + 3

Die Lösungswege zur Subtraktion erscheinen komplexer, die Prozesse sind als ein statisches Bild zum Rechenrahmen nicht einfach darstellbar.

13 - 7 =

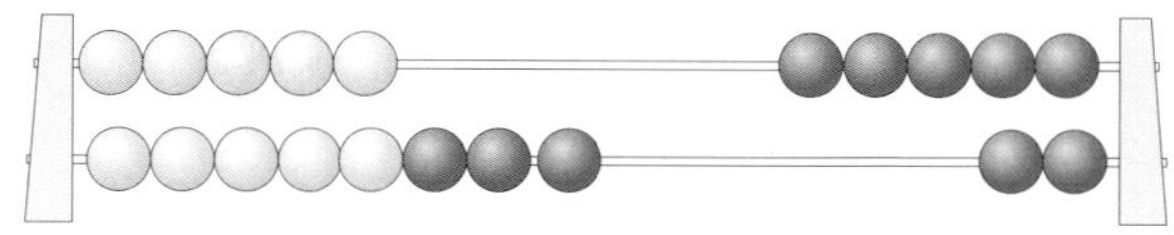

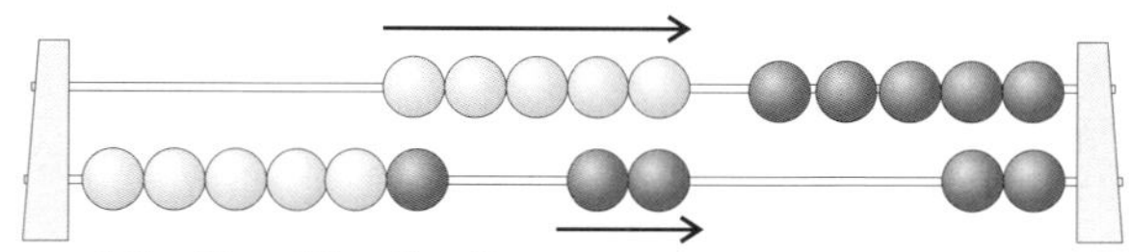

13 - 7 = 13 - 5 - 2

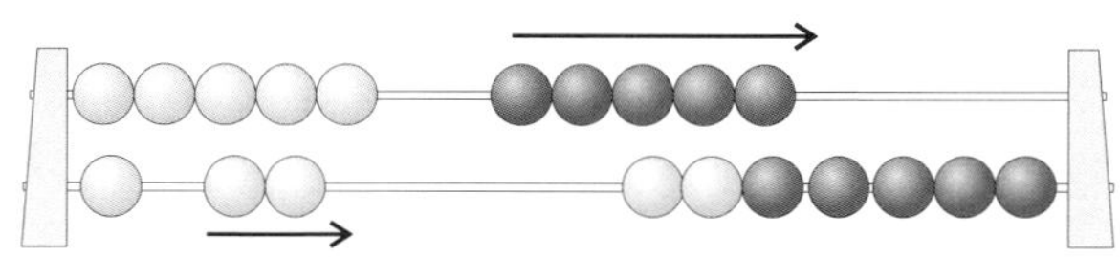

13 - 7 = 13 - 5 - 2

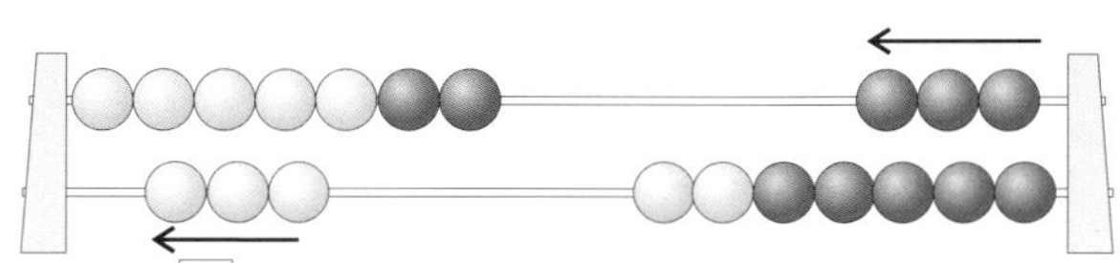

7 + □ = 13

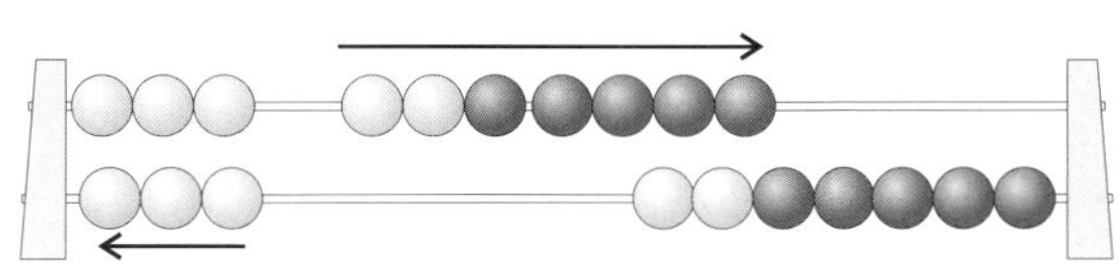

13 - 7 = 10 - 7 + 3

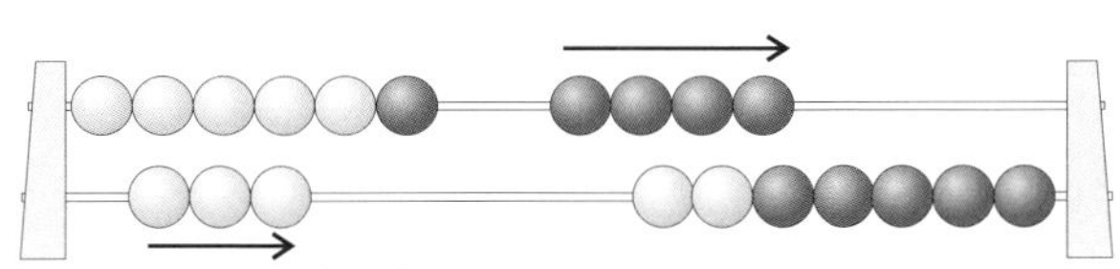

13 - 7 = 13 - 3 - 4

Übungen und Spiele

Operative Übungen

Die Grundaufgaben und Grundstrategien des operativen Übens gehören bereits zu den „Klassikern" des Mathematikunterrichts in der Grundschule. Nachfolgend einige Anregungen für operative Übungen, bei denen die in Kap. 4.2 beschriebenen Grundaufgaben bzw. Grundstrategien miteinander verzahnt werden können:

- Rechnungen verkürzen durch Entdecken von Strukturen

  Vergleiche jeweils dein Ergebnis mit der Startzahl. Was fällt dir auf?

	7	**5**	**9**	**6**	**3**	
+2	9					
+5	14					
-4	10					

- Rechenpäckchen mit Struktur
  Rechne!
  1 + 2 + 3 + 4 + 5 =
  2 + 3 + 4 + 5 + 6 =
  3 + 4 + 5 + 6 + 7 =
  4 + 5 + 6 + 7 + 8 =
  5 + ...

- Rechentabellen untersuchen
  Fülle diese Additionstafeln aus.

+	2	7
3		
5		

+	9	5
4		
8		

- Hier sind einige ausgefüllte Additionstafeln. Welche Zahlen gehören an den Rand? Vergleiche deine Lösung mit der deines Nachbarn. Eine dieser Additionstafeln ist falsch. Welche? Begründe!

+		
	6	10
	11	15

+		
	3	9
	10	13

+		7
8	4	
11	7	

- Möglichst viele Aufgaben finden
  Du hast diese 4 Zahlenkarten. Bilde Aufgaben damit.

  4 5 6 7

  z. B.: 4 + 5 + 6 – 7 =
  7 – 6 + 5 – 4 =

- Rechenpyramiden

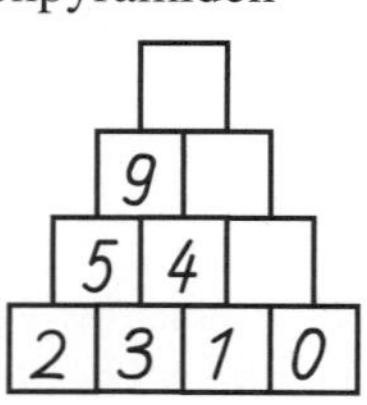

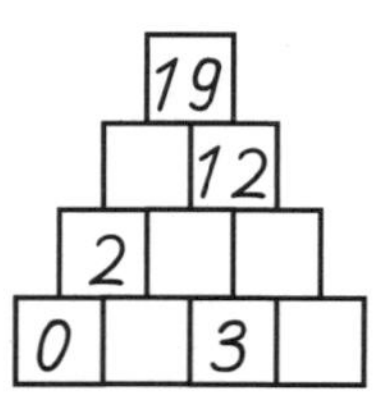

- Platzhalteraufgaben

  Mit Hilfe der Rechenwaage wird das Verständnis der Kinder von Gleichungen (und auch von Ungleichungen) vertieft, wobei es insbesondere darauf ankommt den Platzhalter (bzw. die Leerstelle) an die verschiedenen Stellen einer Aufgabe zu setzen. Wenn Kinder ausschließlich Aufgaben des Types a + b = □ oder a - b = □ bearbeiten, verfestigen sie die Gleichheitsrelation/das Gleichheitszeichen im Sinne eines „kommt raus" oder einer starren Rechenrichtung von links nach rechts. Die nachfolgenden Aufgaben zeigen exemplarisch die Möglichkeiten den Platzhalter unterschiedlich zu setzen:

  Addition
  6 + 7 = □, 6 + □ = 13, □ + 7 = 13, aber auch
  13 = 6 + □, 13 = □ + 7, □ = 6 + 7

  Subtraktion
  14 – 5 = □, 14 – □ = 9, □ – 5 = 9, aber auch
  9 = 14 – □, 9 = □ – 5, □ = 14 – 5

  Wie solche Aufgaben handelnd erarbeitet werden können, ist auf S.64 f. und S. 82 im Zusammenhang mit Aktivitäten mit dem Zauberbeutel beschrieben worden.

- Zahlen zerlegen an Zahlenstreifen

  Benötigt werden Zahlenstreifen zu Zahlen im Zahlenraum bis 20, zum Beispiel zur 13 dieser Streifen (der auch im Rechenheft leicht hergestellt werden kann):

0	1	2	3	4	5	6	7	8	9	10	11	12	13

  Mit Hilfe dieser Zahlenstreifen können alle additiven Zerlegungen erarbeitet bzw. deutlich gemacht werden.

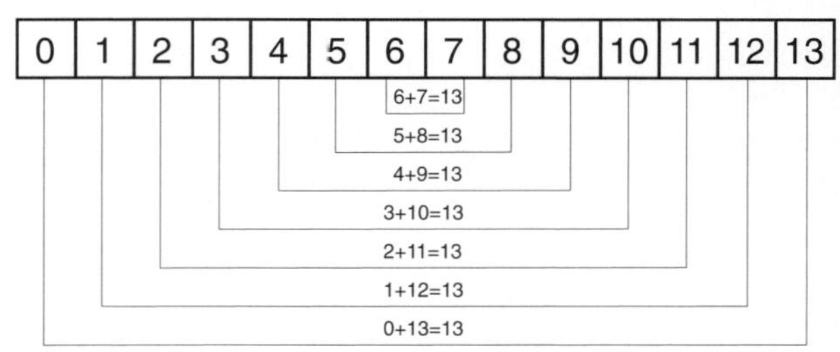

  Zur 13:

  Ein kleines technisches Problem gibt es bei den geraden Zahlen, weil die Hälfte im Zahlenstreifen nicht doppelt vorhanden ist. Vielleicht kann man sich so helfen:

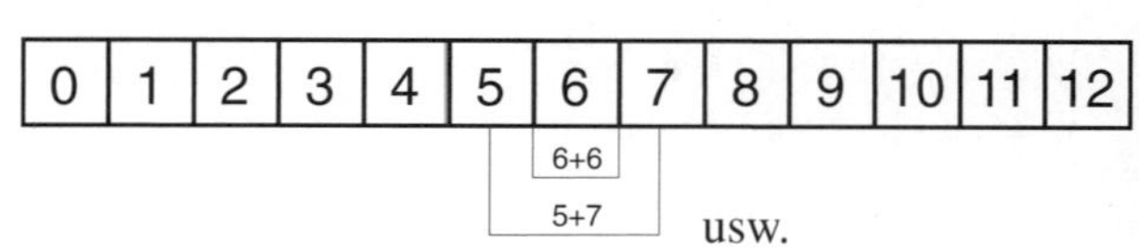

usw.

Die „Additionstafel" und die „Einspluseins - Wendekarten"
Die Additionstafel ermöglicht die erste Zusammenstellung aller Aufgaben des kleinen Einspluseins. Darüber hinaus bereitet sie das Verständnis der „Einspluseins-Tafel" (vgl. Wittmann/Müller 1990) vor, die im Unterricht erarbeitet werden kann. Die Additionstafel bietet daneben aber auch zahlreiche Möglichkeiten für Untersuchungen und Entdeckungen im Zahlenraum bis 20 (vgl. Kopiervorlage A 31).

Fülle diese Additionstabelle aus.

+	0	1	2	3	4	5	6	7	8	9	10
0											
1											
2											
3											
4											
5											
6											
7											
8											
9											
10											

Die ausgefüllte Additionstabelle ist eine (weitere) Fundgrube für zahlreiche Entdeckungen.

+	0	1	2	3	4	5	6	7	8	9	10
0	0	1	2	3	4	5	6	7	8	9	10
1	1	2	3	4	5	6	7	8	9	10	11
2	2	3	4	5	6	7	8	9	10	11	
3	3	4	5	6	7	8	9	10	11		
4	4	5	6	7	8	9	10	11			
5	5	6	7	8	9						
6	6	7									

- Warum stehen gleiche Zahlen immer in einer „schrägen Reihe“ von unten links nach oben rechts?
- Schließe die Augen. Wie oft steht die 2 im Inneren der Tabelle, wie oft die 20 (die 3, die 4 ...), wie oft die 1? Gar nicht? Warum nicht?
- Zum Rechnen öffnen wir die Augen wieder. Markiere drei Zahlen kleiner als 10 nebeneinander (untereinander) und berechne die Summe.
- Nun umgekehrt: Ich denke mir drei Zahlen nebeneinander. Die Summe ist 15. Wie heißen die drei Zahlen?

Die „1+1-Wendekarten“ (vgl. die Kopiervorlagen A 32 bis A 35) dienen dem bewussten Einprägen aller Aufgaben der Addition bis 20. Die beiden Vorlagen müssen auf ein Blatt als Vor- und Rückseite für jedes Kind kopiert werden. Diese Kopien werden dann in 66 Übungskärtchen zerschnitten. Jede Karte bietet auf der Vorderseite ein oder zwei (kommutative) Grundaufgaben an, deren Ergebnisse die Kinder ab Ende des 1. und im Laufe des 2. Schuljahres auswendig lernen sollten. Die Rückseiten der Arbeitskärtchen bieten die Lösung zur Kontrolle. Alle Aufgabenkarten, zu denen man die Ergebnisse schnell und sicher nennen kann, können für einige Zeit beiseite gelegt werden. An den Karten mit den noch nicht beherrschten Zahlensätzen wird inzwischen weiter geübt.

Ein „schnelles Partnerspiel“

Material:
Spielpläne nach untenstehendem Muster (siehe Kopiervorlage A 31), je Spieler einen Würfel

Spielregel:
Beide Spieler würfeln abwechselnd, jeder insgesamt dreimal. Die erwürfelte Zahl wird nach Wahl des Spielers jeweils in eines der drei quadratischen Felder geschrieben. Nachdem jeder Spieler seine drei quadratischen Felder belegt hat, wird nach folgendem Schema gerechnet:
- Die Summe aus dem oberen Quadrat und dem Quadrat links darunter wird in den entsprechenden Kreis geschrieben.
- Die Summe aus dem oberen Quadrat und dem Quadrat recht darunter in den entsprechenden Kreis.
- In den Kreis ganz unten kommt die Summe der beiden Summen.

Sieger ist derjenige „Spieler“, der die größte Endsumme errechnet hat.

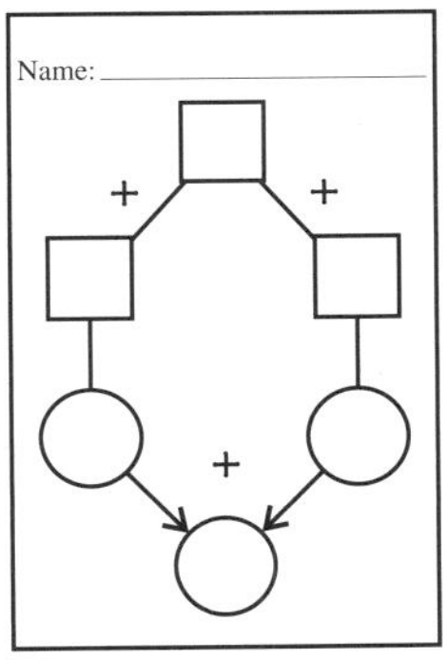

Würfelspiele

- Spiel A:
  Zwei Spieler; jeder Spieler spielt mit zwei Würfeln gleichzeitig. Es gewinnt derjenige,
  - der die größte Summe erwürfelt hat,
  - dessen Würfelzahlen den kleinsten Unterschied haben,
  - dessen Würfelzahlen die größte (die kleinste) zweistellige Zahl ergeben.

- Spiel B (hohe Hausnummer):
  - Zwei oder mehr Spieler; jeder Spieler spielt mit zwei Würfeln.
    Beim ersten Wurf werden beide Würfel gleichzeitig geworfen. Eine der beiden Augenzahlen muss als Einer oder als Zehner stehen bleiben. Der zweite Wurf entscheidet über die leere Stelle. Gewon-

nen hat der Spieler mit der größten Zahl (höchsten Hausnummer).

- Spiel C (bis zur 20):
  Zwei oder mehr Spieler; jeder Spieler spielt mit einem Würfel.
  Es wird reihum gewürfelt. Jeder Spieler notiert und addiert bzw. subtrahiert seine gewürfelten Zahlen und die Zwischensummen.

  Zum Beispiel: $\underline{5} + \underline{6} = 11$

  $11 + \underline{1} = 13$

  $13 + \underline{4} = 17$

  $17 + \underline{6} = 23$

  $23 - \underline{5} = 18$ usw.

  Gewonnen hat, wer zuerst 20 erreicht.
  Variante: Bei 20 beginnen und subtrahieren/addieren bis genau zur 0.

- Spiel D (Tauziehen):
  Zwei Spieler; jeder Spieler spielt mit einem Würfel. Benötigt werden außerdem eine Spielmarke und ein Spielfeld mit 19 Plätzen:

  – Auf das mittlere Feld wird die Spielmarke gestellt. Es wird abwechselnd gewürfelt und die Spielmarke nach jedem Wurf in Richtung des Spielers gezogen. Gewonnen hat, wer zuerst die Spielmarke in sein Ziel ziehen kann.

- Spiel E (Flucht):
  Zwei oder mehr Spieler; benötigt wird ein Spielplan wie unten abgebildet, für jeden Spieler eine Marke und ein Leerwürfel, auf dessen Flächen mit Overheadstift (permanent) folgende Operationen geschrieben werden: +4, +3, +2, +1, -1 und -2 . Es wird reihum gewürfelt und entsprechend den Operationen im „Keller“ beginnend gezogen. Wer gelangt als erster Spieler in die „Freiheit“?

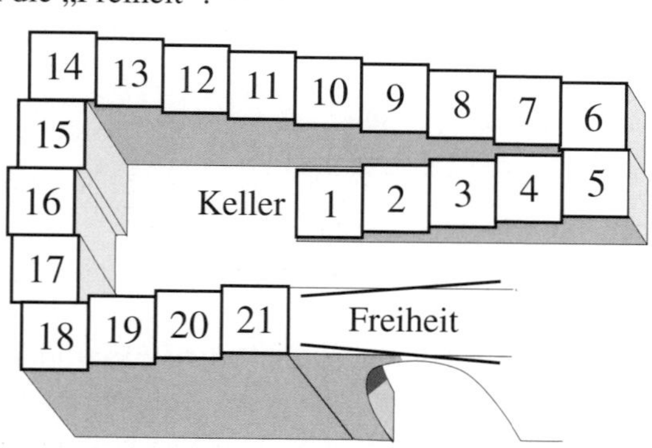

Weitere Spielanregungen finden Sie z. B. auch in der LUMATRIX-Spielekartei vom Schroedel Verlag.

Fehler entdecken und untersuchen

Die Fehleranalyse ist nicht nur ein wichtiges Prinzip für die Lehrerin bei der Planung, Durchführung und Auswertung ihres Unterrichts, um wichtige Hinweise auf mögliche Lernschwierigkeiten und Missverständnisse einzelner Schüler zu erhalten, die Analyse von einzelnen Fehlern kann auch im Unterricht für die Kinder selber bewusst thematisiert werden.
Beispiele:
„ Hier hat ein Kind falsch gerechnet! Wie mag es wohl gerechnet haben?“

- 8 + 5 = 3, 9 + 2 = 7, 10 + 5 = 5
  (Subtraktion statt Addition)
- 12 - 4 = 16, 10 - 5 = 15, 11 - 4 = 15
  (Addition statt Subtraktion)
- 8 + 3 = 10, 8 + 4 = 11, 7 + 5 = 11
  (falsche Zähltechnik)
- 11 - 2 = 10, 12 - 4 = 9, 15 - 6 = 10
  (falsche Zähltechnik)
- 10 + 5 = 51, 11 + 2 = 31, 9 + 5 = 41
  (Zahlen falsch geschrieben)
- 11 + 1 = 3, 12 + 5 = 8, 13 + 4 = 8
  (alle Ziffern addiert)

Bei der unterrichtlichen Fehleranalyse kommt es nicht auf das Finden der richtigen Lösung an, im Vordergrund des Gespräches/der Diskussion sollten Vermutungen der Kinder über die möglichen Fehlertechniken stehen. Vielleicht gelingt es über häufige Fehleranalysen zusammen mit den Kindern,

- dass diese ein entspannteres Verhältnis zu Fehlern entwickeln („aus Fehlern kann man lernen“),
- dass sie bewusster ihre Aufgabenlösungen kontrollieren.

Und natürlich ist ein Ziel dieser Übungsform, einzelnen Kindern ihre Fehlertechniken bewusst zu machen. Weitere Hinweise und Fehlerbeispiele kann die Lehrerin in Lorenz/Radatz (1994) finden.

Sachrechnen und Größen

Hier sei auf die Anregungen im Kapitel 6 verwiesen.

Problemorientiertes Üben und Entdecken

Herstellen, Verändern und Entdecken von Strukturen sind die wesentlichen Aktivitäten eines problemorientierten Übens. Damit wird diese Übungsform charakterisiert als

– konstruktiv,
– kreativ und
– auf Entdeckungen ausgerichtet.

Dazu nachfolgend einige Anregungen, weitere können dem „Handbuch produktiver Rechenübungen, Band 1“ (Wittmann/Müller 1990) entnommen werden.

- Wie geht es weiter?

  1 + 2 + 3 =
  2 + 3 + 4 =
  3 + 4 + 5 =
  4 + 5 + 6 =

- Dreien und Fünfen
  Du hast beliebig viele Zahlenkarten mit den Zahlen 3 und 5. Kannst du aus ihnen alle Zahlen von 10 bis 20 berechnen? Du darfst aber nur addieren!
  10 = 5 + 5
  11 = 5 + 3 + 3
  12 = 3 + 3 + 3 + 3
  13 = 5 + 5 + 3
  14 = 5 + 3 + 3 + 3
  15 = 3 + 3 + 3 + 3 + 3 (oder 5 + 5 + 5)

  Wie ist es mit Zahlen, die kleiner sind als 10? Wie ist es mit den Zahlen größer als 20? Kannst du sicher sein, dass du alle Zahlen über 20 durch Addition von Dreien und Fünfen erreichen kannst? Hier kommt induktives Denken ins Spiel:

  Die 10 habe ich durch 5 + 5 erreicht. Die 13 erziele ich durch Addition von 3, die 16 durch eine weitere Addition von 3, danach die Zahlen 19, 22, 25, 28 und immer so weiter. Die 11 bekomme ich durch 5+3+3, die 14 durch eine weitere Addition von 3, danach die Zahlen 17, 20, 23, 26 und immer so weiter. Mit der gleichen Überlegung erreiche ich von 12 aus die Zahlen 15, 18, 21, 24 und immer so weiter. Also bekomme ich auf diese Weise alle Zahlen, die größer sind als 20.

Zu den folgenden Aufgaben vgl. auch die Kopiervorlagen A 36 und A 37.

- Verteile die Zahlen von 1 bis 7 so auf die Felder, dass die Summe von 3 Zahlen auf jeder geraden Linie und auf jedem Kreisring genau 12 beträgt.

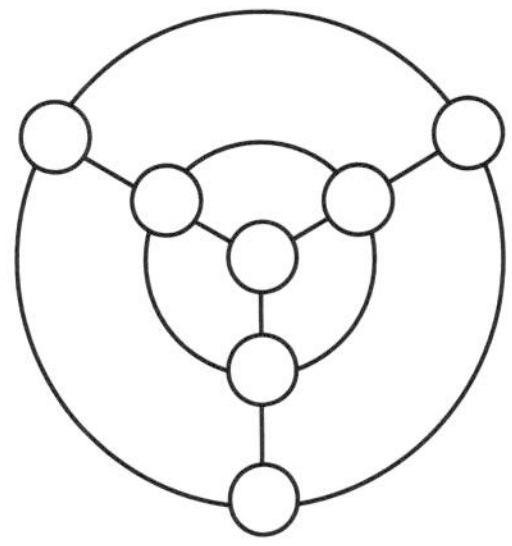

- Verteile die Zahlen von 1 bis 5 so auf die fünf Felder, dass keine zwei benachbarten Zahlen direkt durch einen Strich miteinander verbunden sind.

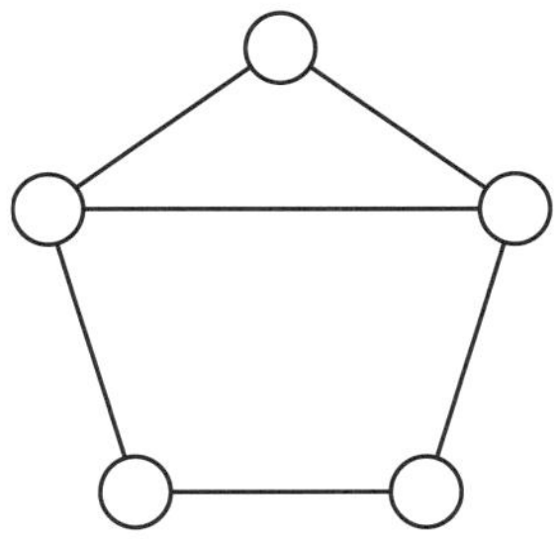

- Verteile die Zahlen von 1 bis 6 so auf diesen Plan, dass Nachbarzahlen nicht durch eine Linie direkt miteinander verbunden sind.

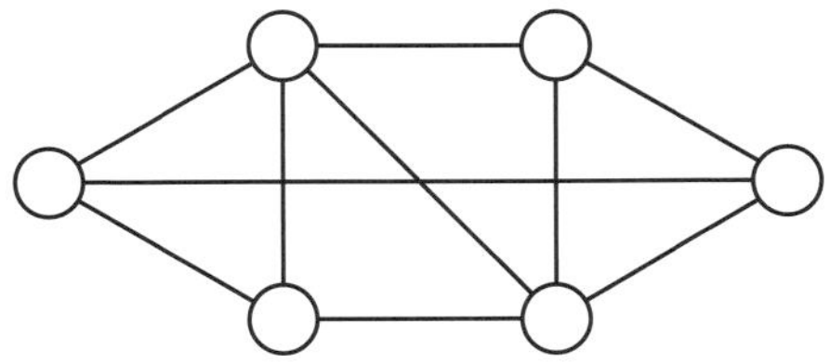

- Hier die gleiche Aufgabe für die Zahlen von 1 bis 8.

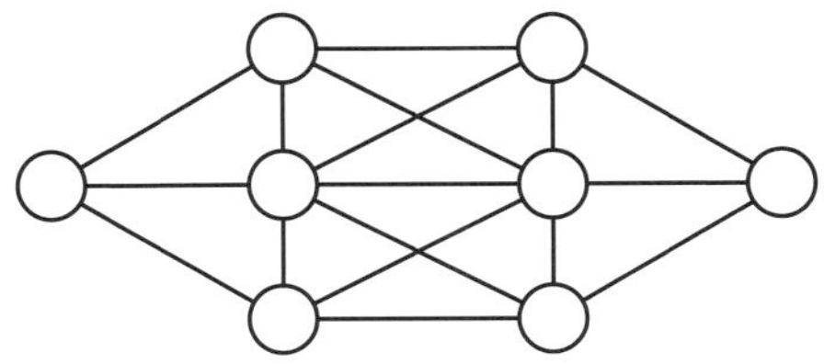

4.4 Der Ausblick in den Zahlenraum bis 100

Im Handbuch für das 1. Schuljahr wird auf eine Beschreibung des methodischen Stufenganges und der möglichen Übungen zur Zahlraumerweiterung bis 100 verzichtet. In allen Inhaltsabschnitten wurde darauf geachtet den Zahlenraum nicht „künstlich“ auf 10 oder 20 zu beschränken, weil die Kinder auf Grund ihrer außerschulischen Erfahrungen bereits vielfältige Erfahrungen im Umgang mit größeren Zahlen haben. Auf die Bearbeitung des Zahlenraumes bis 100 wird im Handbuch zum 2. Schuljahr ausführlich unter den folgenden Gesichtspunkten eingegangen:

- Das Vermitteln von Zahl- und Größenvorstellungen bis 100,
- die Orientierung im Zahlenraum bis 100 und die Ordnung der Zahlen,
- das Bündeln, der Stellenwert und die Schreibweise der Zahlen sowie
- das Rechnen mit den Zahlen bis 100.

Die Zahlen bis 100 sind im 1. Schuljahr kein Tabu, sie werden benutzt und in Gebrauch genommen.
Die systematische Untersuchung wird ein zentrales Thema des 2. Schuljahres sein. Als Lehrerin findet man in allen Schulbüchern des 1. Schuljahres für den Ausblick in den Zahlenraum bis 100 ausreichende Anregungen für den Unterricht, sofern die Zeit am Ende des Schuljahres noch ausreicht.

4.5 Fördern im Mathematikunterricht des 1. Schuljahres

Das effektive Fördern von Kindern mit Lernschwierigkeiten im Mathematikunterricht setzt bei der Lehrerin ein Wissen über mögliche Ursachen für Lernschwächen und ein Wissen über mögliche, passende Fördermaßnahmen voraus. Auf beide Aspekte kann in diesem kurzen Kapitel nur exemplarisch eingegangen werden, sodass ergänzend auf das „Handbuch des Förderns im Mathematikunterricht“ (Lorenz/Radatz 1993) sowie auf die Anregungen von Ellrott/Aps-Ellrott (1995) sowie von Schulz (1994) verwiesen werden soll. Drei Prinzipien erscheinen uns für eine sinnvolle Förderung rechenschwacher Kinder wichtig:

- Fördern setzt eine Diagnose der Ursachen, der begrifflichen Vorstellungen, der operativen Strategien, aber auch der Fehlertechniken des betreffenden Kindes voraus (Förderdiagnostik), um auf Grund dieser Kenntnisse einen Förderplan für ein Kind oder eine Kindergruppe zu entwerfen (Förderkonzept).
- Fördern sollte möglichst integriert sein in die tägliche Praxis des Mathematikunterrichts. So findet die Lehrerin in diesem Handbuch in allen Kapiteln Hinweise auf mögliche Schwierigkeiten, aber auch auf Hilfen und Fördermöglichkeiten. Die Erfahrung macht deutlich, dass der übliche Förderunterricht (einige Kinder mit sehr verschiedenen Lernschwierigkeiten werden in einer Extragruppe von einer Kollegin eine Unterrichtsstunde/Woche „beschäftigt“) nur selten erfolgreich ist. Neben die unmittelbare Förderung im Unterricht kann eine Einzelförderung treten. Das Einlassen auf die spezifischen Schwierigkeiten eines einzelnen Kindes ist wesentlich sinnvoller und von den Grundschulerlassen der allermeisten Bundesländer her auch empfohlen bzw. zumindest zulässig.
- Fördern im Mathematikunterricht muss so früh wie möglich einsetzen. Eine Rechenschwäche gibt sich im Laufe der Zeit nicht von selbst, im Gegenteil, die Spanne zwischen dem individuellen Können bzw. Wissen und den schulischen Anforderungen wird ohne rechtzeitige Förderung immer größer. Leider werden sehr viele Lehrerinnen und Eltern erst aufmerksam, wenn ein Kind deutliche Schwierigkeiten in der zweiten Hälfte des 2. Schuljahres bzw. in der ersten Hälfte des 3. Schuljahres hat. Dann wird ein Fördern wesentlich aufwendiger und auch schwieriger als bereits im 1. Schuljahr.

4.5.1 Über Ursachen für Lernschwierigkeiten beim Rechnen

Ursachen für eine Lernschwierigkeit sind niemals monokausal beschreibbar, immer sind mehrere Ursachenfelder wirksam bzw. stehen in einer Wechselbeziehung zueinander, sodass „Diagnose“ und „Therapie“ nicht nur auf der personalen Ebene des Schülers ansetzen sollten, sondern auch in den interpersonalen (z. B. Schüler-Lehrerin-Interaktion, Unterricht) und den systemischen Bereichen (z. B. schulisches Umfeld, Familienprobleme). Bezogen auf die Person des Schülers lassen sich bei einer Rechenschwäche häufig die folgenden Verursachungsbereiche beobachten:

(1) Schwierigkeiten bei der Aufnahme, der Verarbeitung und der Speicherung visueller Informationen im Rahmen des mathematischen Lehr-Lernprozesses, hervorgerufen durch Anregungsmangel oder fehlende Erfahrungen aus der Vorschulzeit („veränderte Kindheit“) oder manchmal durch neurologische Fehlleistungen (MCD). Gerade der Mathemathikunterricht in der Grundschule setzt Vorstellen- und Operierenkönnen „im Kopf“ voraus, um mathematische Begriffe zu verinnerlichen und um Einsichten in mathematische Beziehungen zu gewinnen. Man denke auch an die vielen Arbeitsmittel und Darstellungen (sog. Veranschaulichungen), die große Anforderungen an die visuellen Fähigkeitsbereiche stellen.

(2) Schwächen bei den sog. kognitiven Stützfunktionen, die besonders wichtig sind für das Lernen von Mathematik bzw. das Lösen mathematischer Aufgaben, wie das Kurzzeitgedächtnis als wichtiger Arbeitsspeicher beim Kopfrechnen und beim halbschriftlichen Rechnen, die Entwickeltheit der Einprägestrategien und die Konzentrationsfähigkeit.

(3) Mit der Zeit kommt es auch schon in der Grundschule zu psychisch-emotionalen Überlagerungen (Ängste vor Mathematik, der Mathematikarbeit, der Mathematiklehrerin, schwindendes Selbstvertrauen in die eigenen Fähigkeiten, Abnahme der Motivation zum Lernen von Mathematik ...).

Darüber hinaus gibt es im schulischen und im außerschulischen Bereich des Mathematiklernens viele andere „Mitverursacher“ für eine Rechenschwäche, z. B. das Curriculum (Stofffülle, Stoffdruck, Symbolfülle, unleserliche Schulbücher, unverständliche Aufgabenstellungen, einseitige mathematikdidaktische Prinzipien des Lernens und Übens), das außerschulische Umfeld (z. B. Anregungsmangel, keine Hilfen durch die Eltern oder aber auch zu hohe Elternerwartungen, Geschwisterrivalitäten, Probleme in der Familie) und natürlich kann auch der Unterricht der Lehrerin Lernschwierigkeiten mitverursachen durch einen zu starren Unterrichtsstil, zu grobe Ursachenzuschreibungen für Lernschwierigkeiten, mangelnde diagnostische Kompetenzen, ein nicht ausreichendes methodisch-didaktisches Wissen und somit mangelnde unterrichtliche Flexibilität bzw. Offenheit.

4.5.2 Worauf Sie achten können - mögliche Symptome für eine Rechenschwäche

Früherkennung und Frühförderung sind für ein erfolgversprechendes Fördern überaus wichtig. Allerdings muss auch auf einen problematischen Aspekt hingewiesen werden: Wie diagnostizierte Halsschmerzen nicht automatisch zu einer Mandelentzündung führen, so muss bzgl. einer Rechenschwäche die zu schnelle Festschreibung/Stigmatisierung eines Kindes auf Grund beobachteter Zeichen vermieden werden.

Nachfolgend einige auffällige Schwächen, die man bei den meisten der später rechenschwachen Schüler sehr früh (im 1. Schuljahr) beobachten kann:

- Die Mengeninvarianz (Piaget) wird noch nicht sicher eingesehen. Beispiel:
  Sind es mehr dunkle oder mehr weiße Perlen?
  Oder sind es gleich viele Perlen?

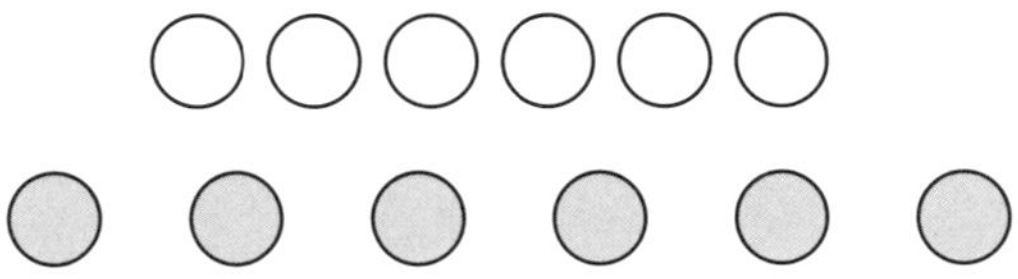

- Das Verständnis der geometrischen Lagebeziehungen (oben-unten, links-rechts ...) und der Qualitätsbegriffe (groß-klein, lang-kurz ...) sowie der entsprechenden Relationen ist unzureichend.
- Spiele wie Memory, Puzzles, Bauen mit Legosteinen ... werden gemieden bzw. fallen schwer, weil das gedächtnismässige Speichern visueller Informationen und das visuelle Vorstellenkönnen nicht ausreichend entwickelt sind.
- Das Zählen erfolgt rein mechanisch-verbal; Rückwärtszählen, Zählen in Schritten u. a. gelingen kaum.
- Das Erkennen von Zahlbeziehungen (das Doppelte-die Hälfte, Vorgänger-Nachfolger von ...) bereitet große Schwierigkeiten.
- Es zeigen sich Probleme beim Schreiben und Lesen von Zahlen (z. B. 51 statt 15) oder beim Schreiben der Zahlen in „gesprochener Reihenfolge" (z. B. bei 17 erst die 7 und dann die 1).
- Die Additions- und Subtraktionsaufgaben im Zahlraum bis 20 werden am Ende des 1. Schuljahres noch weitgehend zählend gelöst (s. u.).
- Die mathematischen Symbole (+, -, =, >,< ...) werden verwechselt, die Zeichen in einer Gleichung vertauscht (z. B. Aufgabe: 3 + □ = 6, Lösung: 3 + 9 = 6).

Bei der Frühförderung kommt besonders den ersten Wochen des 1. Schuljahres eine große Bedeutung zu (vgl. Kapitel 2). Hier müssen die Lernausgangslage der Schulanfänger erfasst und gezielt bzw. differenziert die notwendigen Voraussetzungen für den Rechenlehrgang bei einigen Kindern gefördert werden. Dabei ist insbesondere ein geometrischer Vorkurs vor der Erarbeitung des Zahlbegriffes wichtig. Schulanfänger differenzieren in diesen Leistungsanforderungen bzw. in diesem notwendigen Vorwissen für den Rechenlehrgang sehr stark.

Am auffälligsten bei rechenschwachen Schülern ist, dass sie zur Addition/Subtraktion zählende Rechner werden und oft bis zum Ende der Grundschulzeit bleiben. Damit fallen sie bis in das zweite Schuljahr in ihren Leistungen kaum auf. Sie erkennen, „sehen" oder entdecken kaum heuristische Lösungsstrategien (z. B. über das Verdoppeln/Halbieren, Zerlegen von Zahlen, Ausnutzen dekadischer Analogien). Zählende Rechner sind im 1. Schuljahr bei Aufgaben im Zahlenraum bis 20 durchweg so schnell wie andere Rechner, die heuristische Lösungsstrategien anwenden. Zählendes Rechnen führt jedoch spätestens im 2. Schuljahr für die Kinder in eine Sackgasse, es ist zeitaufwendiger, fehleranfälliger und gedächtnismässig anstrengender. Von besonderer Bedeutung ist beim Erlernen sinnvoller Rechenstrategien (oder: beim Vermeiden des zählenden Rechnens) die richtige Auswahl des Arbeitsmittels und der veranschaulichenden Darstellungen (vgl. dazu Kapitel 3).

4.5.3 Die Analyse von Schülerfehlern

Schülerfehler entstehen nicht zufällig, sie sind meistens die Ergebnisse bewusster Denkprozesse der Schüler und somit die „Bilder" individueller Lernschwierigkeiten bzw. individuell konstruierter Begriffe und Verfahren. Die Analyse der Schülerfehler ist ein wichtiges Hilfsmittel, das mathematische Verständnis der Schüler zu verstehen, um differenziert und gezielt helfen zu können. Zusätzliche Übungsaufgaben allein verfestigen nur die Fehlertechniken der Schüler.

Schülerfehler kann man nicht methodisch oder aber gänzlich „eliminieren", es kann nicht DIE beste methodische Erarbeitung oder DAS optimale Schulbuch für ALLE Schüler einer Klasse geben. Zudem haben Fehler eine ganz wichtige Funktion im Lernprozess. Aus ihrem Erkennen und Überwinden durch den Schüler kommt es zu großen Erkenntnisgewinnen und Lernfortschritten. Viele Grundschüler erkennen aber nur selten ihre eigenen Fehlertechniken, sie sind vielmehr davon überzeugt, dass sie richtig rechnen. So halten und verfestigen sich unerkannte Fehler/Fehlertechniken oft über Jahre. Hier liegt eine wichtige Aufgabe für die Lehrerin: Schülerfehler nicht nur quantitativ zum Bestimmen der Punkte bei Klassenarbeiten zu nutzen, sondern auch qualitativ als Möglichkeit der Diagnose von Lernschwierigkeiten (Fehleranalyse über gelöste Aufgaben, über „lautes Denken" des Schülers, über ein diagnostisches Einzelgespräch, über ausgewählte diagnostische Aufgabensätze u. a.).

4.5.4 Auch die guten Rechner fördern!

Fördern in der Grundschule heißt Fördern aller Kinder, der leistungsschwächeren, der durchschnittlichen wie auch der leistungsstärkeren Lerner! Eine aufschlussreiche Grundsatzdiskussion sowie zahlreiche praktische Anregungen für die zentralen Unterrichtsfächer der Grundschule bietet R. Christiani (1994) in dem Buch "Auch die leistungsstarken Kinder fördern".

Die erfahrene Grundschullehrerin kennt das Problem der starken Leistungsunterschiede in einer Klasse vom ersten Schultag des ersten Schuljahres an. Bereits Schulanfänger differenzieren heute in den Leistungsbereichen oft über mehrere Schuljahre. Diese Leistungsspanne ist u. E. in den letzten Jahrzehnten immer größer geworden und sie wird in Zukunft noch zunehmen. Die Gründe sind vielfältig, um nur einige zu nennen: die Veränderungen der Erfahrungswelten der Kinder, die Veränderungen der Familienrealität und die Veränderungen der kognitiven Entwicklung.

Das Herstellen einer Homogenität bzw. Einheitlichkeit der Leistungen in einer Klassengemeinschaft ist eine Fiktion. Mit diesem Ziel kann man so keinem Schüler gerecht werden. Bei den leistungsstärkeren Kindern müssen wir uns bewusst sein, dass ihre Einstellung zum Lernen, ihre Bereitschaft und ihre Fähigkeiten nicht selbstverständlich im Laufe der Grundschulzeit erhalten bleiben. Permanente Unterforderung führt nicht selten zu Verhaltensauffälligkeiten (z. B. den sog. Klassenkaspern), aber auch zu einem Leistungsabfall im Laufe der Schulzeit. Daraus darf jetzt nicht der Schluss gezogen werden, innerhalb der Klasse starr nach den Leistungen zu differenzieren. Differenzierender Mathematikunterricht in der Grundschule sollte gekennzeichnet sein

- durch soviel wie möglich gemeinsames Lernen in einem breiten inhaltlichen Basisbereich für alle Schüler,
- durch herausfordernde Aufgabenstellungen für alle Schüler, denn Fördern aller heißt auch Fordern aller Kinder,
- durch derart gestaltete Leistungsanforderungen, die die Leistungsbereitschaft, die Neugier, das Interesse an mathematischen Problemstellungen zumindest erhalten, und
- der Mathematikunterricht sollte auch gekennzeichnet sein durch Möglichkeiten der Selbständigkeit und insbesondere des sozialen Lernens sowie der sozialen Sensibilität.

Bezogen auf das inhaltliche Angebot für leistungsstärkere Schüler lassen sich grob drei *Differenzierungsmodelle* unterscheiden:

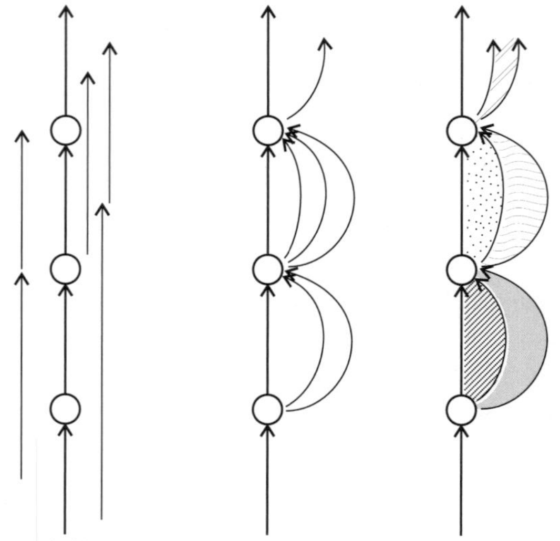

Aus verschiedenen Gründen ungeeignet wäre das *Modell A*, wonach leistungsstärkere Schüler in den schulischen Pflichtinhalten weiterlaufen bzw. ihnen gar Themen der nachfolgenden Schuljahre zur Bearbeitung angeboten würden. Sehr schnell gäbe es keine Phasen des gemeinsamen Arbeitens im Klassenverband mehr. Ein gewisses Gleichgewicht zwischen individualisierendem und gemeinsamen Lernen könnte dadurch erreicht werden, dass ein Minimalkurs verknüpft wird mit den Angeboten der Differenzierung. Diese kann im Inhaltlichen vertiefen oder auch stark erweitern *(Modell B)* im Sinne offener Problemstellungen (Anwendungen erproben, Beziehungen erkennen, Strategien entdecken u. a.). Sinnvoll wäre aber auch das *Modell C*, bei dem die Kinder „Schleifen" über Inhalte oder Aufgaben schlagen, die nicht im Lehrplan vorgeschrieben sind. Wichtig sind die Treffpunkte, die Phasen gemeinsamen Arbeitens aller Kinder, in denen Lernerfahrungen immer wieder in die gesamte Klasse eingebracht werden.

Ein derart differenzierender Mathematikunterricht führt nach H. Wielpütz (in Christiani 1994) zu einer bestimmten Unterrichtskultur, die gekennzeichnet ist durch drei Öffnungen:

- die *inhaltliche* Öffnung des Unterrichts
  Stichworte: weniger Routineaufgaben, mehr problem- und beziehungshaltige Fragestellungen, Überwinden der starren Lehrplangrenzen bei den Zeitzuweisungen und den Inhalten selbst;

- die *methodische* Öffnung des Unterrichts
  Stichworte: die Kinder eigene Wege, Erfahrungen und Problemlösungen entdecken lassen und nicht auf Standardverfahren für alle Schüler bestehen, dem Üben eine neue Rolle zuweisen, methodische Variationen zulassen;

- die *sozial-interaktive* Öffnung des Unterrichts Stichworte: alle Sozialformen ermöglichen, also auch „Tabus“ wie die Kommunikation und die Zusammenarbeit leistungsstärkerer Schüler unter sich, leistungsstarke Schüler als Helfer einsetzen oder mit besonderen Aufgaben im Gesprächskreis betrauen.

Woran erkennt man leistungsstarke, schnelle Lerner?
Diese Kinder
- interessieren sich sehr für den Prozesscharakter von Mathematik,
- arbeiten selbstständig an mathematischen Fragestellungen,
- können schnell generalisieren,
- können sich in eine mathematische Aufgabe sehr vertiefen,
- fragen selbstständig „Was geschieht, wenn ...?“.

Ziele der Arbeit mit diesen Kindern:
- Förderung der Fähigkeit, vielfältige Lösungen zu produzieren,
- Unterstützung bei selbstständigen Explorationen,
- Unterstützung bei der Produktion kreativer Ideen.

Mögliche Probleme:
- Schnelle Rechner zu unterrichten ist nicht immer einfach; die Kinder sind fordernd, aufständisch gegen Weisungen, eigensinnig, widerborstig.

Sinnvolle Lehreraktivitäten:
- ungewöhnliche Zugänge zu Problemen unterstützen,
- das Suchen nach anderen Wegen nahelegen,
- den Schülern helfen ihre Fehler zu analysieren,
- Rechenpraxis in geringem Maße bereitstellen,
- Materialien aus vielen Bereichen bereitstellen (Material für kreative Problemlösungen),
- Wahlmöglichkeiten erlauben,
- Fähigkeit entwickeln helfen Fragen zu stellen,
- die Suche nach Generalisierungen und Beziehungen unterstützen,
- den Prozess des Mathematikbetreibens höher bewerten als das Produkt.

Die Inhaltsbereiche für Förderaufgaben sind so weit gestreut wie das gesamte mathematische Grundschulcurriculum: die Geometrie, die Arithmetik und die Größen/das Sachrechnen. Hinzu kommen zahlreiche Aufgaben- und Problemstellungen zu mathematischen Inhaltsbereichen (zur Topologie, zu den Relationen, zur Logik, zur Kombinatorik ...), die zu Unrecht nach den Reformwirren Mitte der siebziger Jahre gänzlich aus dem schulischen Lern- und Erfahrungsangebot verschwunden sind.

Anregungen und Kopiervorlagen zum Fördern leistungsstärkerer Kinder findet die Leserin z. B. in Burton (1985), Matthews (1991) oder in Radatz/Rickmeyer (1995). Wir beschränken uns hier auf einige Beispiele:

Einige Aufgabenstellungen bzw. „Schleifen“ für schnelle Rechner

- Saufze
  „Saufze“ steht für „Summe aufeinanderfolgender Zahlen“ (vgl. Bauersfeld 1978, S. 254): Manche Zahlen lassen sich als Summe von zwei oder mehr aufeinander folgende Zahlen schreiben.
  Welche?

  1+2 = 3
  7+8 = 15
  3+4+5 = 12
  7+8+9 = 24
  4+5 = 9
  2+3+4 = 9

  Schwieriger wird die umgekehrte Fragestellung: Wer findet eine Lösung für die Zahl 18? Gibt es mehr als eine Lösung? Besonders anspruchsvoll: Welche Zahlen von 10 bis 30 lassen sich als Saufze darstellen?

- Knobeleien
  - Wenn du ein 10-ct-Stück, ein 5-ct-Stück, ein 2-ct-Stück und ein 1-ct-Stück hättest: Welche verschiedenen Preise könntest du damit bezahlen?
  - Vier Personen treffen sich und jeder schüttelt mit den drei anderen die Hand. Wie viele Händeschütteln gibt es bei diesem Treffen? Wie viele bei 5 (10, 20) Personen?
  - Ein Fußballspiel ist 2:2 ausgegangen. Wie stand es wohl zur Halbzeit?
  - In einem Fußballwettbewerb muss jede Mannschaft gegen jede andere genau einmal spielen. Ist es möglich, eine Reihenfolge der Spiele zu erstellen, so dass keine Mannschaft zweimal hintereinander spielen muss?
    In der folgenden Tabelle bedeuten Buchstaben Mannschaften und Zahlen Reihenfolge der Spiele.

	A	B	C
A		1	2
B	1		3
C	2	3	

    Untersuche Lösungen für 4, 5 oder 6 Mannschaften!
  - Du willst die Zahlen von 1 bis 100 aufschreiben. Wie oft brauchst du die (Ziffer) 5?

- Muster und Zahlenfolgen fortsetzen
  - Setze die Muster in deinem Heft auf Karopapier fort. Was fällt dir auf? Kannst du die Zahlenfolgen auch ohne weitere Zeichnungen fortsetzen?

a) 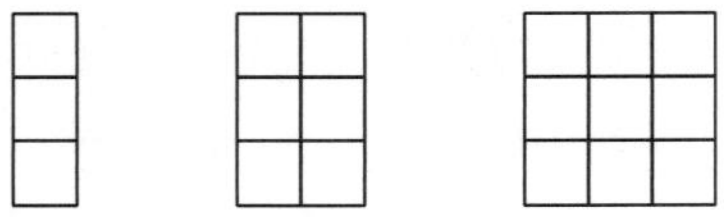

3 6 9 ...

b) 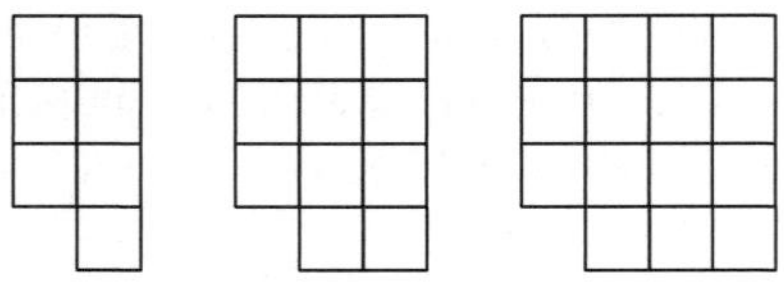

7 11 15 ...

c) 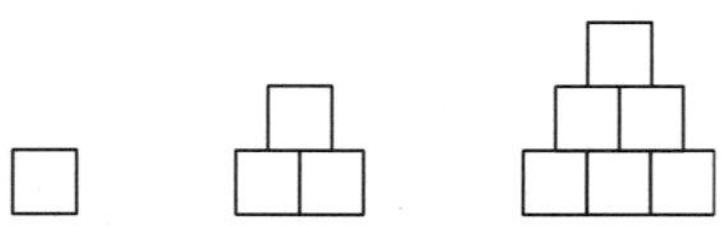

1 3 6 ...

d) 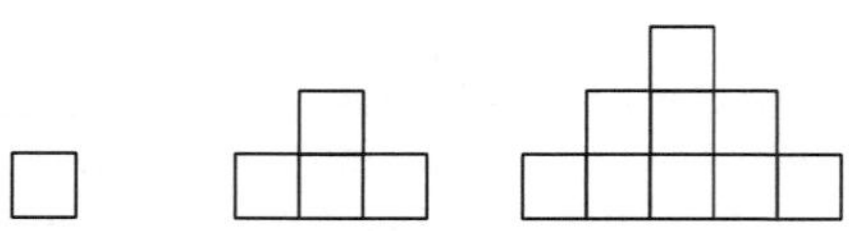

1 4 9 ...

  - Lege mit Streichhölzern Quadrate, immer eins an das andere.

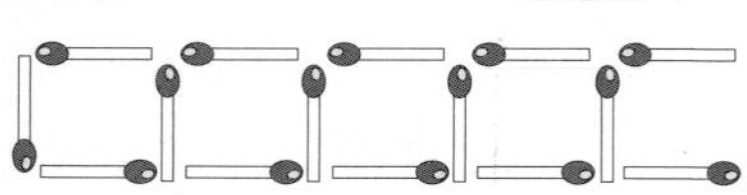

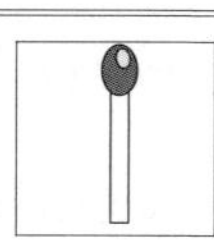	4	7	10	13	
	1	2	3	4	

- Zahlenfolgen nach bestimmten Regeln legen:

Regel 1: Ist die Zahl gerade, dann halbiere sie.
Regel 2: Ist die Zahl ungerade, dann addiere 3.

Beispiele: 7 - 10 - 5 - 8 - 4 - 2 - 1 - 4 ...
12 - 6 - 3 - 6 ...

- Zahlenfolgen fortsetzen

a) 1, 3, 4, 7, 11 ... b) 1, 2, 3, 5, 8 ...
c) 3, 1, 5, 3, 7, 5, 9, 7 ... d) 1, 1, 2, 3, 5, 8 ...

e) 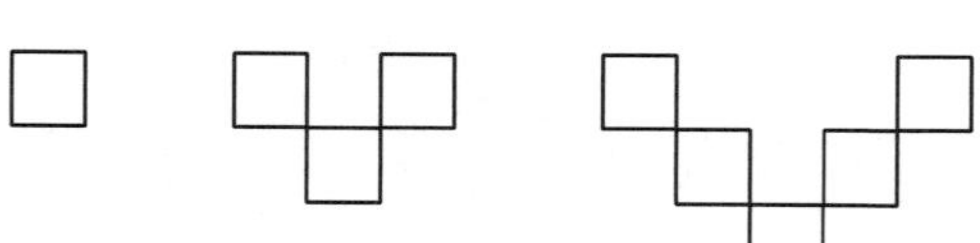

1 3 5 ...

f) 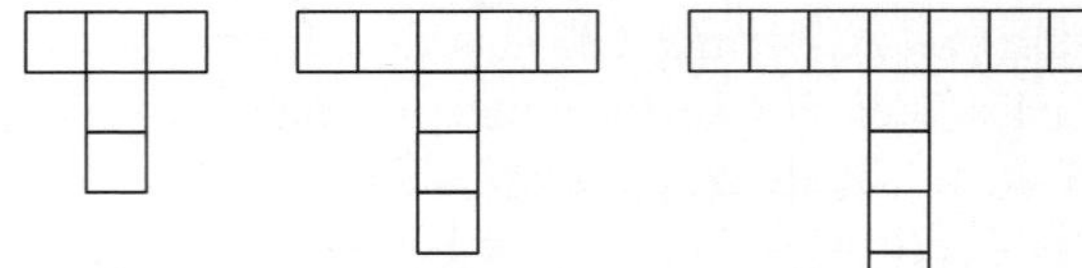

5 8 11 ...

g) 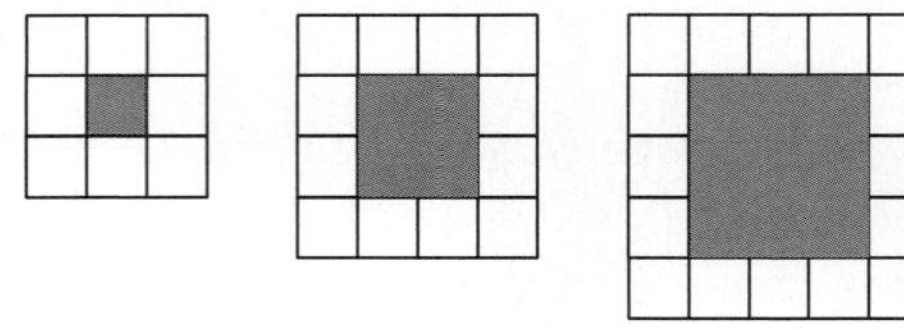

8 12 16 ...

h) 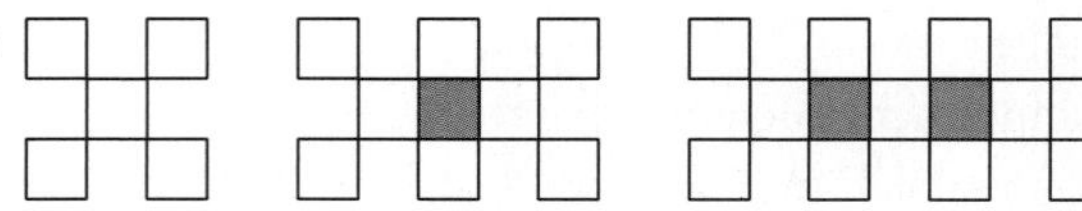

5 8 11 ...

i) 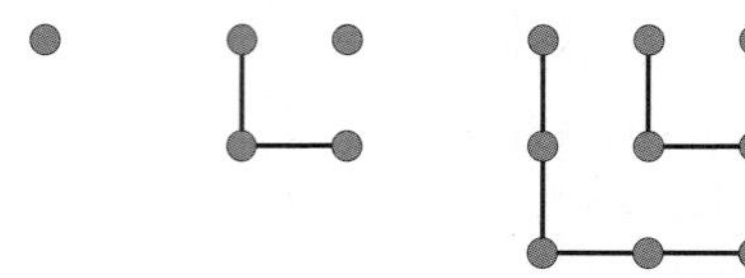

1 $1 + 3 = 4$ $1 + 3 + 5 = 9$ ...

j) 

$1 + 2 + 1 = 4$ $1 + 2 + 3 + 2 + 1 = 9$ ...

- Zahlenfolgen (Tastenfolgen) am Taschenrechner untersuchen

Tastenfolge:

1 + 1 = = = = =

2 + 2 = = = = =

2 + 5 = = = = =

2 + 1 0 = = = =

1 3 + 1 0 0 = =

(entsprechend mit 5, 10, 100)

Spiele

– 10 gewinnt (eine Variante des NIM-Spiels)
Gespielt wird auf einem Zehnerstreifen.

1	2	3	4	5	6	7	8	9	10

Ein Kind legt blaue, das andere rote Plättchen; mindesten 1, höchstens 2 Plättchen. Es wird abwechselnd gelegt. Gewonnen hat, wer das Feld 10 belegt.

– Doppelkarten
Doppelseitige Zahlenkarten (z. B. aus Bierdeckeln) werden erstellt. Auf einer Karte steht zum Beispiel auf der Vorderseite „5" und auf der Rückseite „3", auf einer weiteren steht vorne „2" und hinten „6" usw.
Einfache Spielregel: Die beiden sichtbaren Zahlen werden addiert.

Anspruchsvolle Aufgaben:
„7" und „10" stehen auf den Vorderseiten zweier Doppelkarten. Mit diesen beiden Karten kann ich die Summen 11, 12, 16 und 17 werfen. Welche Zahlen stehen auf den Rückseiten?
Kannst du Doppelkarten so herstellen, dass du vier aufeinanderfolgende Zahlen als Summen herausbekommst?

– Spiel auf dem Zwanziger-Feld

Zwei Spieler benötigen je ein Zwanziger-Feld und 20 Plättchen zum Ablegen. Außerdem werden drei „Schulwürfel" benötigt.
Ziel des Spiels ist es, als erster alle Felder von 1 bis 20 nacheinander zu belegen.
Wer an der Reihe ist, wirft alle drei Würfel gleichzeitig und versucht möglichst viele nacheinanderfolgende Zahlen aus den drei Würfelzahlen zu berechnen. Dabei sind die Addition und die Subtraktion erlaubt.
Beispiel: Mareike beginnt das Spiel. Sie hat die Zahlen 1, 3 und 4 gewürfelt. Nun kann sie folgende Felder in einem Zug besetzen: 1 (ist gewürfelt),
2 (=3-1), 3 (gewürfelt), 4 (gewürfelt) und 5 (=4+1).
Würfelt ein Kind einen Joker, dann darf es sich dafür eine Zahl des Zwanziger-Feldes aussuchen.

●	●	●	●	●	6	7	8	9	10
11	12	13	14	15	16	17	18	19	20

Zahlreiche Aufgabenstellungen zur Förderung leistungsstärkerer Kinder finden Sie in den inhaltlichen Kapiteln dieses Handbuchs zur Arithmetik, zur Geometrie und zum Sachrechnen/zu den Größen.

5. Geometrie

5.1 Begründungen, Ziele, Inhalte und Grundvoraussetzungen des Geometrieunterrichts

Die Erschließung der und die Orientierung in der Umwelt, die Förderung und Ausbildung kognitiver Fähigkeiten, der Sprache und Ausdrucksfähigkeit, der sozialen Kompetenz und des selbstständigen Lernens sind allgemeine Ziele der Grundschule. Sie sollen möglichst in allen Unterrichtsfächern angestrebt werden. Die kognitiven, emotionalen, motorischen und sozialen Fähigkeiten zu entwickeln fordert ein Lernen in komplexen Sinnzusammenhängen. Geometrisches Tun ist besonders geeignet diese fächerübergreifenden Lernziele zu verwirklichen:

- Die kognitive Entwicklung des Kindes stützt sich in vielen Bereichen auf visuell-geometrische Erfahrungen. Informationen werden über den visuellen Kanal aufgenommen, gespeichert und in der Vorstellung verankert. Spezifische Denkweisen, wie z. B. Regeln und Zusammenhänge entdecken und systematisches Problemlösen, das mit kreativem Probieren einhergeht, werden gerade durch geometrische Aufgabenstellungen initiiert.
- Grundlegende kognitive Fähigkeiten im Bereich der räumlichen Vorstellung und des räumlichen Denkens werden gefördert.
- Geometrische Probleme, Fragestellungen und Erfahrungen helfen Kindern, ihre Umwelt zu erschließen und sich in ihr zu orientieren. Sie entdecken geometrische Beziehungen, Strukturen und Ordnungen, die ihnen die Umwelterschließung mit ermöglichen.

In den letzten Jahren stellte sich immer deutlicher heraus, wie unterschiedlich die Lernvoraussetzungen von Erstklässlern sind. Mit individuellem Lernen in offenen Unterrichtssituationen, die ein großes Spektrum zur Differenzierung zulassen, reagierte die Grundschuldidaktik auf die veränderte Schülergeneration. Die Lernmotivation sollte besonders durch entdeckendes und handlungsorientiertes Lernen und durch Spiele gefördert werden. Gerade diese Prinzipien realisiert der Geometrieunterricht.

Auch Kinder mit einer Rechenschwäche haben Erfolge und Spaß an geometrischen Themen. Die oft spielerischen Übungen und der Umgang mit konkretem Material helfen diesen Kindern (wieder) eine positive Einstellung zum Fach zu finden. Das „geometrische Sehen“ schafft eine solide Basis für die Weiterentwicklung ihrer arithmetischen Fähigkeiten.

Die Entwicklung der geometrischen Kompetenz kann als eines der wichtigsten Ziele der gesamten Grundschulmathematik angesehen werden. Mathematisches Denken ohne geometrische Vorstellungen ist kaum möglich. Jeder Veranschaulichung und jedem didaktischen Material, wie der Rechenkette, dem Zahlenstrahl, den Steckwürfeln usw. liegen geometrische Strukturen zugrunde. Um an ihnen mathematische Beziehungen sehen und entdecken zu können, müssen geometrische Begriffe und Fähigkeiten gefestigt sein. Wie wichtig die Geometrie für die allgemeine und die mathematische Entwicklung des Denkens ist, ist den Lehrerinnen genauso bekannt, wie der Spaß, den viele Kinder beim Umgang mit geometrischen Aufgaben haben. Und doch nimmt die Geometrie im Verhältnis zur Arithmetik nur eine Randstellung ein. Diese Diskrepanz hat mehrere Ursachen:

- In allen ersten Schuljahren werden die arithmetischen Aufgabenstellungen als so wichtig angesehen, dass für „geometrische Spielereien“ höchstens noch vor den Ferien Platz bleibt.
- Geometrieunterricht erfordert Material und der Umgang damit erzeugt Lärm.
- Geometrische Themen lassen sich nur selten in einen hierarchisch aufgebauten Lehrgang pressen.
- Die Interessen und Vorerfahrungen der Kinder sind so unterschiedlich, dass man sich als Lehrer überfordert fühlt einen gemeinsamen Anfang für alle zu finden.
- Geometrie ist komplex und nur schwer kleinschrittig zu erfassen. Das macht die Unterrichtsorganisation schwierig.
- Geometrische Aufgaben lassen sich nicht so leicht kontrollieren und auf Karteikarten und Kopiervorlagen abtesten.
- Man hat als Lehrer in der Schule und in der Ausbildung selber nur selten Geometrie „gemacht“.

Einige dieser Schwierigkeiten lassen sich umgehen, indem man Material bereithält, Eigen- und Partnerkontrollen von Kindern zulässt, in offenen Unterrichtssituationen lernt und für die Geometrie einen festen Platz im Mathematikunterricht sucht. Zudem sollte man die geometrischen Aufgaben häufiger selber bearbeiten, um Anforderungen, Möglichkeiten und auch Motivationen zu erfahren. Der Geometrieunterricht umfasst nicht wie viele arithmetische Themen einen hierarchisch aufgebauten Lehrgang. Viele Themenbereiche sind unabhängig voneinander und jederzeit in den Lehrplan zu integrieren.

Ohne Anspruch auf Vollständigkeit ist hier eine kleine Übersicht der geometrischen Rahmenthemen im ersten Schuljahr aufgeführt:

- Geometrische Merkmalsbegriffe wie „eckig“, „rund“, „lang“, „kurz“ verwenden
- Räumliche Beziehungen wie „rechts“, „links“, „oben“, „unten“ erfassen, benennen und mit ihnen operieren können

- Körperformen unterscheiden, herstellen und mit ihnen hantieren
- Ebene Figuren entdecken, benennen, herstellen und mit ihnen experimentieren
- Erste Erfahrungen zur Achsensymmetrie sammeln
- Geometrisches Zeichnen, besonders mit Umweltmaterialien, Schablonen, Lineal und aus freier Hand

Materialbeschaffung

Suchen Sie vor Beginn des Schuljahrs geometrisches Material. Es sollte im Klassenraum offen und zur freien Benutzung der Kinder ausliegen. Die Kinder dürfen mit dem Material nicht überhäuft werden, sondern es muss langsam eingeführt werden. Die unten abgebildete Tabelle zeigt eine Aufstellung geometrischer Aktivitäten im ersten Schuljahr und geeignetes Material, Medien und Spiele, die Sie selbst vorbereiten oder auch im Handel erwerben können.

	Erkunden der Umwelt	**Falten, Kleben, Schneiden**	**Legen und Bauen**	**Sehen und Vorstellen**	**Färben und Zeichnen**
MATERIAL	Materialien aller Art aus der Umwelt (z. B. Verpackungen), Fühlbeutel unterschiedlicher Größe, Körperspiegel, Handspiegel, Schulhofplan, große Schablonen geometrischer Formen, Pfeifenputzer, Wollfäden, Teppichfliesen, Gegenstände aus dem Klassenraum, Kataloge mit Möbeln	Papier, Tonpapier, Fotokarton in verschiedenen Farben und Formen, Schere, Kleber	Formenplättchen, Streichhölzer, Strohhalme, Formenschablonen, holzfarbene und gefärbte Würfel, Musterwürfel, geometrische Puzzles, Legespiele, Winkelplättchen, Knetgummi, Geobrett	Folien und Folienstifte, Zauberspiegel, Puzzles	Stifte aller Art, Tusche und andere Farben, Lineale, Kurvenlineale, Formenschablonen, Formenstempel, Zeichenpapier
PRINTMEDIEN	Fotos geometrischer Objekte aus Zeitschriften	Ausschneide- und Bastelbögen aus Kinderzeitschriften	Fotokartei von Bauwerken aus Bauklötzen, alte Schulbuchseiten zum Legen mit Formen, Kinderhefte (z. B. aus dem Ravensburger Verlag), Geobrettkartei	Kopiervorlagen zur optischen Differenzierung und zur visuellen Wahrnehmung, Bildergeschichten, Anregungen aus Kinderzeitschriften	Alte Schulbuchseiten zum Musterlegen/ Parkettieren, Vorlagen von Mustern
SPIELE	Wegespiele aller Art		Tangram, Puzzles, *Jenga*, Steckspiele	*Differix*, *Schau genau*, *Contact*, *Symmetrix*, Memorys, *Koffer packen*, *Das verrückte Labyrinth*, *Nanu*, *Sagaland*	*Spirograph*

Gerade bei Printmedien bietet sich eine etwas unkonventionelle Möglichkeit an, auf einfache Weise Vorlagen zu erhalten. Suchen sie ältere oder ausrangierte Mathematikbücher und trennen Sie die Geometrieseiten heraus. In Folie gesteckt oder auf Karteikarten geklebt, sind sie haltbar und bieten eine Vielzahl von Übungsmöglichkeiten. Das alte *alef*-Programm vom Schroedel Schulbuchverlag mit den dazugehörigen Formenplättchen, das teilweise in den Schulen noch vorhanden ist, ist eine wahre Fundgrube für solche Arbeitsblätter.

Raum für geometrische Übungen schaffen

Es bieten sich viele Möglichkeiten an, einen Platz für den Geometrieunterricht im Unterrichtsalltag zu finden.
Im Klassenraum kann in der Nähe des Geometrieregals ein Forscher-Erfinder-Bau-Experimentiertisch aufgebaut werden. Ist das Material frei zugänglich, sammeln die Kinder in der freien Zeit selbstständig geometrische Erfahrungen durch Bauen, Zeichnen, Legen usw.
Ein Morgenkreis bekommt eine ganz andere Qualität, wenn Kinder von ihren Entdeckungen berichten und ihre Projekte vorstellen dürfen. Davon ausgehend entwickeln sich Diskussionen und Gespräche über geometrische Fragen und Erkenntnisse. Daran anschließen kann sich eine vertiefende Unterrichtseinheit, in der auch geometrische Fachbegriffe eingeführt und gefestigt werden.
Ein vertiefendes Üben des Gelernten bietet sich im Wochenplan an. Auch von den Kindern selbst entwickelte, kleine geometrische Projekte sind nicht auszuschließen.
Wenn Materialangebote im Klassenraum vorhanden sind, werden die Kinder sie auch nutzen. Denn kaum ein Arbeitsmittel kommt mit so wenig sprachlichen Vorgaben und Arbeitsanweisungen aus wie geometrische Arbeitsmittel. Zu Mustern, Formen, bunten Würfeln und Spiegelbildern fällt jedem Kind etwas ein. Morgenkreise, die Zusammenarbeit in einer Gruppe oder mit einem Partner, Wochenpläne und Einzelbereiche einer Unterrichtseinheit bieten dem Lehrer genug Möglichkeiten zur Kontrolle des Gelernten.

Im Folgenden sollen zu fünf großen Themenkreisen für das erste Schuljahr Ideen, Unterrichtsanregungen und Übungsformen vorgestellt werden. Es wird kein hierarchischer Aufbau angeboten. Orientiert wird sich an der geometrischen Handlung, nicht am Thema.

Dabei steht das ungesteuerte Bauen, Legen, Zeichnen und Färben oft im Vordergrund, da Kinder im 1. Schuljahr geometrische Grunderfahrungen sammeln, die sie eher durch Eigenarbeit oder im Gespräch mit einem Partner oder in kleinen Gruppen finden, als durch Vorlagen in Form von Printmaterial. Wir wollen die Buchgeometrie durch eine Handlungsgeometrie bereichern. Unterrichtsgänge, Spiele, Umweltmaterialien, geometrisches Material, aber auch Kopiervorlagen und Karteikarten sollen in diesem Unterricht ihren Platz finden.

5. 2 Erkunden der Umwelt

Für Erstklässler ist die Schule ein neuer wichtiger Erfahrungsbereich. Räume und ihre Funktionsbereiche müssen entdeckt und kennen gelernt werden. Gerade in der Anfangsphase werden diese neuen Räumlichkeiten erkundet. Wo befindet sich der Platz für den Hausmeister? Wo sind die Toiletten? Wie orientiert man sich im Klassenraum? Wo liegt was? Bereiche des Schulhofs kommen zum Erkunden hinzu. Erweitert wird der Erfahrungshorizont nicht selten durch Abgehen von Schulwegen, Besuchen von Schülerwohnorten und öffentlichen Einrichtungen des Stadtteils. Alle diese Außenerfahrungen lassen durchaus neben sachkundlichen, sprachlichen und künstlerischen Aspekten auch mathematische, besonders geometrische, zu. Welche arithmetischen Aspekte auf solchen Erkundungsgängen entdeckt werden können, wird auf S. 52 ff. beschrieben. Dieser erste geometrische Themenkreis bietet eine Vielzahl von Erkundungsmöglichkeiten. Sie stehen nicht nur am Anfang eines ersten Schuljahres, sondern können zu jedem Zeitpunkt erlebt werden.

5.2.1 Schulhof

Entdeckungen auf dem Schulhof
Vorerfahrungen der Kinder und ihr tägliches Umfeld bilden Ausgangspunkte zur Entdeckung räumlicher Beziehungen und zum Sammeln von Raumerfahrungen. Ein Schulhof ist ein solcher Ausgangspunkt. Auf ihm gibt es viel Neues zu entdecken:

- Wo stehen Bäume? Wer kennt ihre Namen? Wie viele gibt es?
- Wo liegen die einzelnen Gebäude? Wie sind sie zueinander angeordnet?
- Gibt es Spielgeräte? Wo stehen sie?
- Existieren besondere Aufteilungen? (Rasenflächen, Sitzgelegenheiten usw.)
- Warum sind unsere Platten auf dem Schulhof rechteckig?

Der Schulhof kann gemeinsam erkundet werden. Dabei probieren und erzählen die Kinder nicht nur, sondern entdecken auch geometrische Formen und einige räumliche Beziehungen:

- Wie ist das Klettergerüst gebaut? (runde Reifen oder eckige Kästen bzw. Quader)
- Welche Formen zeigen die auf dem Schulhof aufgemalten Spielfelder? (drei-/viereckige Hinkelkästen, Kreise usw.)
- Wir kommen aus der Pausenhalle? Welches Gebäude steht rechts von uns?
- Du gehst aus der Pausenhalle gerade heraus bis zum großen Baum, dann nach rechts. Wohin kommst du?

- Welches Spielgerät steht links neben dem Klettergerüst? Wie ändern sich die räumlichen Beziehungen, wenn wir den Standort wechseln?

Die Skizze zeigt, in welcher wechselnden räumlichen Beziehung die Schaukel zum Betrachter steht, abhängig vom Standort des Beobachters.

- Was sieht Jan vor sich? Was sieht er auf der linken Seite?
- Ein Kind sieht auf seiner linken Seite das Klettergerüst. Wie heißt das Kind? Was sieht es vor sich?
- Beschreibe, was Tina sieht!

Im Klassenraum können diese Lageerfahrungen weitergeführt und vertieft werden. Kleingruppen wird ein Plan vom Schulhof, Bauklötze, geometrische Formen und Farbstifte bereitgestellt. Bauklötze für Gebäude werden festgelegt und auf dem Plan platziert. Dazu können die Kinder zeichnen (Rasenflächen, Bäume usw.). Nicht selten verwenden Kinder zum Zeichnen von Bäumen Kreisformen. Dies kann später im Gespräch und vor Ort erklärt und begründet werden. Noch eindrucksvoller ist diese Aufgabe für Kinder, wenn sie ihren Plan draußen auf den Schulhof legen können und konkret vor Augen haben, wie sie ihren Plan zu legen haben und was wo installiert wird. Die Kinder finden es sehr interessant, wenn sie entdecken, dass alle Pläne von der Anordnung her gleich gestaltet sind, obwohl die Schülergruppen von verschiedenen Ecken des Schulhofes aus arbeiteten (Drehung des Plans).

Die Schulhofpläne können in der Vorstellung vertieft werden, indem man Holzpüppchen auf ihnen laufen lässt: Die Puppen sollen beispielsweise vom Spielplatz zur Toilette gehen. Je nachdem, an welcher Seite des Planes die Kinder sitzen, ändert sich die Richtungsangabe. Auch Traumschulhöfe gestalten Schüler mit viel Liebe und Phantasie.

Der eigene Schulhof ist Grundlage für ein Wegespiel, das selbst hergestellt werden kann. Funktionsbereiche des Schulhofs müssen auf einen Spielplan gezeichnet und mit Klebepunkten als Zählfelder verbunden werden. Zusätzlich benötigt man zu den Funktionsbereichen passende Ereigniskarten. Spielplan und Ereigniskarten könnten so aussehen:

Spielplan

Ereigniskarten

Bis zu vier Kinder dürfen mitspielen. Jeder Spieler erhält einen Spielstein und stellt ihn auf das Startfeld. Es wird abwechselnd gewürfelt. Jeder zieht eine Zielkarte (Ereigniskarte). Wer ist am schnellsten am Ziel? Dort wird eine neue Zielkarte gezogen. Das Spiel ist beendet, wenn alle Karten verbraucht sind. Wer hat am Schluss die meisten Karten?

Spielfelder
Spielfelder und Hüpffelder können Kinder mit Kreide auf Schulhöfe zeichnen. Jede Gruppe bekommt große Schablonen aus Presspappe (Quadrat, Rechteck, Dreieck, Kreis), die man sich beim Tischler zuschneiden lasssen kann. Sollte es mit Kreisen Schwierigkeiten geben, schaffen mehrere übereinandergeklebte Pappteller Abhilfe. Mit Hilfe der Schablonen entwerfen die Kinder Spielfelder, die später natürlich auch ausprobiert werden.

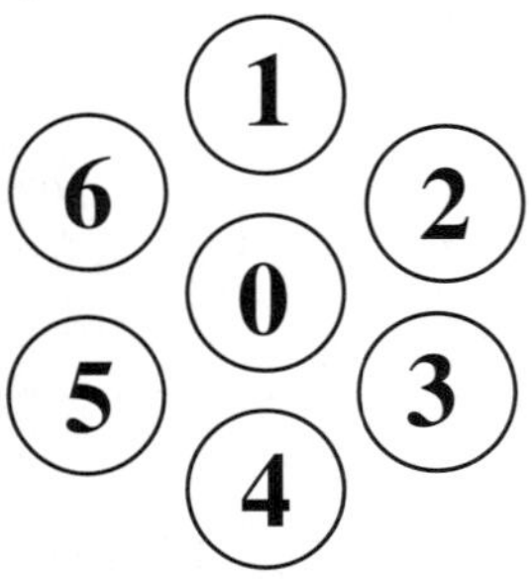

Auf einem Bein von 0 bis 6 hopsen

2	3	4
5	6	7
8	9	10

Aus einer bestimmten Entfernung eine Münze werfen. Wer erreicht die höchste Zahl?

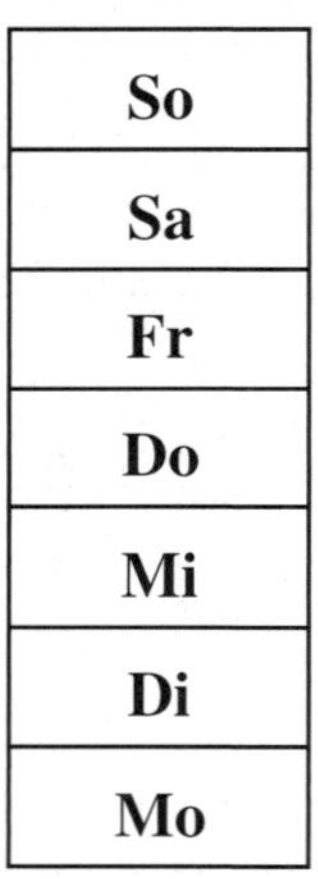

Einen Stein auf einem Bein von Wochentag zu Wochentag schieben

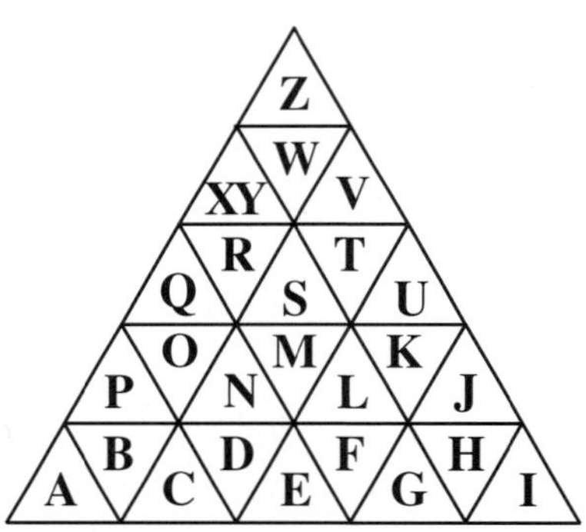

Im Schlusssprung das Alphabet üben

Es ist interessant, Kinder in diesem Zusammenhang mit Quadern aus Schaumstoff Fußball, Family-Tennis oder Fangen spielen zu lassen. Den Kindern wird schnell deutlich, warum Bälle kugelförmig sind.

5.2.2 Schulweg

Wegbeschreibungen
Auf kleinen Spaziergängen gehen wir die Schulwege der einzelnen Kinder ab. Dabei ergeben sich viele Fragen zur Orientierung. Ein Spaziergang lässt sich beispielsweise nach einer kurzen Wegstrecke unterbrechen. Nun wird gemeinsam der Weg rekapituliert. Markante Gebäude oder Dinge helfen die Orientierung zu stützen. (Beispiel: In die erste Querstraße nach der Post sind wir rechts eingebogen. Wer kennt den Straßennamen?)
Interessant wird es, wenn die Kinder Querverbindungen zu beschreiben versuchen. (Wie komme ich von Fatmas zu Florians Zuhause?)

Schulwege und Stadtteilpläne
Im ersten Schuljahr wäre es eine Überforderung, die Kinder ihren Schulweg zeichnen zu lassen. Aber es ist durchaus möglich, ihnen einen sehr einfach strukturierten Wegeplan des Stadtteils anzubieten. Mit Hilfe der Kindererklärungen lassen sich wichtige Einrichtungen (Post, Friseur, Spielplatz, Bücherei usw.) einzeichnen.

Um die Ausdrucksfähigkeit und Vorstellungskraft im Bereich der räumlichen Orientierung zu steigern, können die Kinder mit dicken Pfeifenputzern oder nassen Wollfäden (auf Teppichfliesen legen, dann verrutschen die Fäden nicht) einzelne Straßenzüge oder Schulwege aus dem Gedächtnis nachlegen. Mängel in der Darstellung werden durch mündliche Erläuterungen ausgeglichen.

Orientierungsspiele mit Figuren, Autos usw. bieten sich sowohl auf den gezeichneten als auch auf den gelegten Straßenplänen an. Der Weg von Fatma zu Florian wird zur Veranschaulichung mit einem Holzpüppchen abgeschritten. Wer findet den kürzesten oder einen besonders langen Weg?

Verkehrszeichen
Geometrische Grundformen wie Kreise, Quadrate, Dreiecke und Rechtecke finden die Kinder auf dem Schulweg und im Stadtteil in Form von Verkehrsschildern. Nachdem im Klassenverband diese Formen eingeführt und mit Namen bekannt sein sollten (s. S. 121), erhält jedes Schülerpaar einen vereinfachten Stadtplan und aus selbstklebender Folie ausgeschnittene Kreise, Quadrate, Dreiecke und Rechtecke. Nun wird gemeinsam ein bestimmter Weg abgeschritten. Die Kinder haben dabei die Aufgabe, die richtigen Formen für die Verkehrsschilder an die entsprechende Straßenecke auf ihren Plan zu kleben. Zusätzlich kann man als Lehrerin die Bedeutung der Schilder erklären. Einfache und für Kinder in diesem Alter wichtige Verkehrsschilder zeichnet man zum Üben in leere Grundformen auf ein Arbeitsblatt.

Häuser und Baustellen
Als Alternative oder zur Ergänzung können geometrische Formen am Beispiel von Häuserfronten unterschieden werden. Baustellen mit halb fertig gestellten Häusern bieten, gerade was geometrische Formen angeht, viele Anregungen. Ist eine derartige Baustelle in der Nähe, sollte sie besucht werden. Das Foto zeigt, was es alles an geometrischen Dingen zu entdecken gibt.

5.2.3 Klassenraum

Der Klassenraum bietet viele Gelegenheiten Orientierungsübungen vorzunehmen, mit Formen und Körpern zu hantieren und erste Erfahrungen zur Symmetrie zu sammeln. Unter der Ortsangabe „Klassenraum“ werden nur solche Erfahrungen beschrieben, die unmittelbar mit dem Raum zusammenhängen und die mit Gegenständen aus der alltäglichen Umwelt gemacht werden können.

Lagebeziehungen (Rechts-Links-Orientierung)
Die meisten Grundschüler sammeln täglich Erfahrungen mit der Unterscheidung von Lagebeziehungen wie „oben-unten“, „hinten-vorne“, „zwischen“, „neben“. Sie können diese Verhältniswörter überwiegend sicher anwenden und sprachlich gebrauchen. Oft dauert es allerdings bis zum Ende der Grundschulzeit, bis Kinder sicher „rechts“ und „links“ unterscheiden können. Aber gerade die genaue Kenntnis dieser beiden Richtungsangaben ist Voraussetzung, um mit Veranschaulichungen, didaktischem Material und bildlichen Darstellungen im Mathematikunterricht umgehen zu können. Die Notation einer Zahlenfolge, die Unterscheidung von Vorgängern und Nachfolgern, die Orientierung am Zahlenstrahl, an Rechenketten und in Verknüpfungstafeln sind nur einige Beispiele für die Bedeutung dieser Beziehungen im Mathematikunterricht.

Spiele zur Rechts-Links-Orientierung
Orientierungsspiele im Klassenraum können während der Unterrichtszeit jederzeit eingeplant werden. Sie sind als auflockernde Phase zwischendurch gedacht, aber auch als Konzentrationsübung und zum Ruhigwerden.

- Bewegungsspiele*:*
  Sprachlich formulierte Arbeitsaufträge, die die Orientierungsfähigkeit fördern, werden ausgeführt.
  - Paul setzt sich vor die Tafel mit dem Gesicht zur Klasse. Gerd setzt sich rechts neben ihn, Sonja links, aber Ali wieder links neben Gerd. Auf dem Platz sitzt aber Paul. Der muss nun auf seinen Sitzplatz zurück.
  - Es wird ein Tisch vor die Klasse gestellt. Alle tragbaren Dinge im Klassenraum sind Spielmaterial. Jeder Schüler bekommt einen Auftrag vom Vorgänger genannt, z. B.: Fatma legt das Mathebuch auf den Tisch. Nun gibt sie Ali den Auftrag direkt rechts daneben einen Bleistift zu legen. Ali erteilt den nächsten Auftrag usw.
  - Boogie-Woogie-Spiel (Abele u. a. 1996): Bei diesem Spiel geht es darum, dass die Spieler die Anweisungen, die sich aus den Angaben auf zwei gezogenen Karten ergeben (z. B. „rechts oben“ und „rechte Hand“), auf ihren Spielfeldern ausführen (in diesem Fall muss das Feld rechts oben mit der rechten Hand berührt werden). Es darf immer nur der betreffende Fuß oder die betreffende Hand gemäß der Anweisung bewegt werden. Wer das nicht schafft, scheidet aus.
  - Immer wieder beliebt sind Lieder wie „Boogie-Woogie“ und „Die rechte Hand fängt an“.

Boogie Woogie *Bewegungslied*

2. Erst kommt das linke Bein herein, dann kommt das linke Bein heraus, dann kommt das linke Bein herein und dann schütteln wir es aus. Dann kommt der Boogie Woogie Woogie und dann drehen wir uns um und alle machen mit.
   Boogie Woogie, Boogie Woogie, Boogie Woogie und alle machen mit.
3. Erst kommt der rechte Arm herein ...
4. Erst kommt der linke Arm herein ...
5. Erst kommt das rechte Ohr herein ...
6. Erst kommt das linke Ohr herein ...

— weitere Verse nach eigener Improvisation —

Die Bewegungen sind aus dem Text zu entnehmen. Bei „Boogie Woogie Woogie“ die Hände in die Hüften stemmen und mit den Hüften kreisen. Bei „und alle machen mit“ rhythmisch in die Hände klatschen, danach fassen sich alle an den Händen, um bei „Boogie Woogie“ in der Kreismitte zusammenzutreffen und wieder auseinander zu gehen.

Die rechte Hand fängt an

2. Der rechte Arm,
der rechte Arm
fängt an und bewegt sich.
Der linke Arm,
der linke Arm.
Seht her er bewegt sich
und damit fängt es an.

Die rechte Hand,
die linke Hand.
Der rechte Arm,
der linke Arm.

Seht nur, wie schnell
man sich bewegen kann.

3. Der rechte Zeh ...

4. Der rechte Fuß ...

5. Das rechte Bein ...

6. Wir stehen auf.
Schon setzen wir
uns alle geich nieder.
Wir stehen auf.
Schon setzen wir uns
alle gleich nieder.
Und damit fängt es an!

Die rechte Hand,
die linke Hand.
Der rechte Arm,
der linke Arm.
Der rechte Fuß,
der linke Fuß.
Das rechte Bein,
das linke Bein.
Wir stehen auf
und setzen uns.

Seht nur, wie schnell,
man sich bewegen kann.

Text: Rolf Krenzer/Musik: Detlev Jöcker
Aus: *Buch, CD und MC „Denkt Euch nur, der Frosch war krank“*
Münster: Menschenkinder

- Konzentrationsspiele:
  - Ich sehe was, das hängt rechts neben der Uhr und ist rot. Was meine ich?
  - Vier Kinder stellen sich im Klassenraum auf (vorne, hinten, rechts, links). Die übrigen Klassenmitglieder legen den Kopf auf den Tisch und schließen die Augen. Jeder der vier Kinder erhält ein Musikinstrument (Triangel, Trommel, Klangstäbe, Flöte). Nacheinander gehen diese vier Kinder, ihr Instrument spielend, gerade durch den Klassenraum. Nun dürfen alle Kinder wieder die Augen öffnen. Welches Instrument kam von links, welches von rechts, welches von vorne, welches von hinten? Natürlich können statt der Instrumente auch Hände und Füße für die Geräusche benutzt werden (stampfen, klatschen, schnipsen, Hände reiben).
  - An die Tafel werden drei Gegenstände gemalt.

1. Beispiel 2. Beispiel

Die Kinder prägen sich diese genau ein. Die Tafel wird geschlossen. Wer kann aus dem Kopf die Anordnung der drei Gegenstände mit den Lagebeziehungen genau beschreiben und evtl. sogar aufzeichnen? Später kann die Anzahl der Elemente in den Bildern erhöht werden.

- Standortspiele sind nicht einfach, aber schulen intensiv die Orientierungsfähigkeit. Vorne im Klassenraum wird ein Parcour aus Gegenständen aufgebaut. Ein Kind stellt sich neben oder zwischen die Gegenstände. Alle versetzen sich in die Position dieses Kindes und beschreiben, was sie sehen.

Beispiel: „Die Tafel ist hinter mir. Der Tisch ist rechts von mir. Die Stühle sind links von mir“.

- Rechts-Links-Erfahrungen am eigenen Körper, wie „Fasse mit der linken Hand an dein rechtes Ohr.“, schulen die Konzentrationsfähigkeit.

- Ein 3x3-Feld wird an die Tafel gemalt. Jedes Kind bekommt ebenfalls ein solches Feld (Tip: Mit Folie und Folienstift arbeiten oder aus Papier falten lassen.) Nun werden Anweisungen gegeben. Beispiel: „Zeichne in der ersten Reihe ins rechte Feld einen Baum. Zeichne direkt darunter ein Herz.“ Zur Kontrolle kann verdeckt an der Tafel mitgezeichnet werden. Dieses Spiel bietet sich auch als Partnerspiel an.

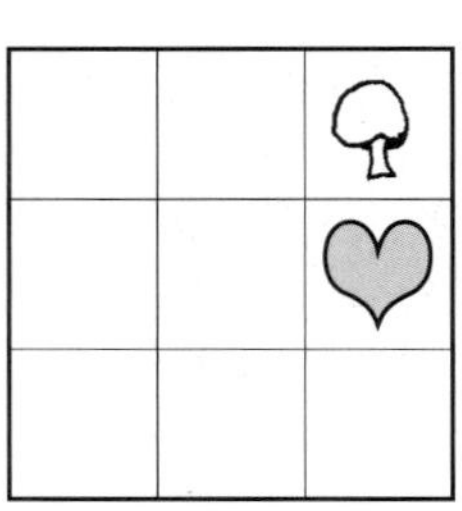

- Die Kinder zeichnen auf Karopapier ihren Startpunkt und dann nach Anweisung:
  Zeichne drei Schritte nach oben, vier nach rechts, drei nach unten, einen nach links, zwei nach oben, zwei nach links, zwei nach unten und einen nach links. Es entsteht ein Tisch.

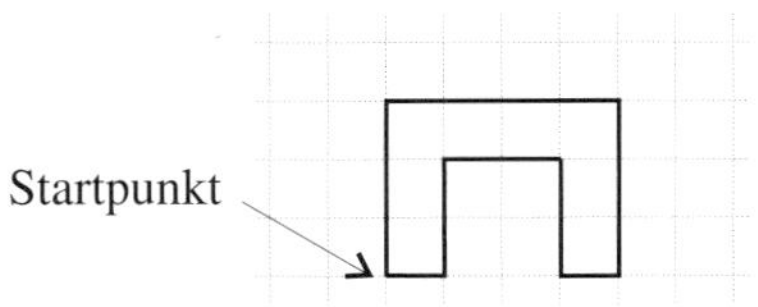

- Zimmer einrichten

  Nicht nur Klassenräume, sondern auch Zimmer in den Wohnungen der Kinder oder andere Räume bieten Anlass, Lagebeziehungen anzugeben. Stellt man Möbelprospekte und Kataloge bereit, können die Kinder ihre Traumzimmer einrichten. Sie erhalten ein DIN-A4-Blatt, schneiden die Möbel aus, die ihnen gefallen, ordnen sie an und kleben sie auf. Es können auch Küchen, Badezimmer, Wohnzimmer eingerichtet werden. Oft können die Kinder genau begründen, warum beispielsweise das Sofa genau gegenüber dem Fernseher angeordnet wurde. (Weitere Anregungen zu Lagebeziehungen finden sich im Kapitel 5.5.3)

Formen und Körper
In unserer Umwelt sind alle Formen und Körper zu finden, die im ersten Schuljahr anzusprechen sind. Auf Unterrichtsgängen entdecken Kinder Dreiecke (Hausdächer, Segel u. a.), Kreise (Ampeln, Verkehrsschilder u. a.) Quadrate und Rechtecke (Fenster, Straßenpflaster u. a.), Zylinder (Türme u. a.), Kegel (Dächer u. a.). Aber auch Haushaltsgegenstände (Schachteln und Verpackungen u. a.) oder Spielzeug (Bälle, Würfel u. a.) bestehen teilweise aus geometrischen Körpern oder Formen.

Körperformen:

Kugeln: Styroporkugeln, Holzkugeln, Bälle aller Art, Globen, Seifenblasen usw.

Quader: Schachteln, Kisten, dicke Bücher, Bausteine, Kaugummipackungen, Koffer usw.

Würfel: Spielwürfel, Verpackungen, Bausteine

Zylinder: Dosen, Haushaltsrollen, Toilettenpapierrollen, Bonbonrollen

Kegel: Kreisel, Faschingshüte, Eistüten

Ebene Figuren:

Kreise: Geldstücke, Knöpfe, Ringe, Pizzen, Salamischeiben, Uhren

Rechtecke: Papier, Fahnen, Briefumschläge, Handtücher, Kissenbezüge, Kekse

Quadrate: Papier, Bilderrahmen, Servietten

Dreiecke: Verkehrsschilder, Hausdächer in Kinderzeichnungen

Natürlich entdeckt man in und an Körpern auch ebene Formen. Besonders augenfällig ist dies bei Verpackungen. Ein Quader besteht aus rechteckigen bzw. quadratischen Flächen.

Anregungen für Fühlbeutel und Sortierkästen
Die Arbeit mit ebenen Figuren und Körperformen setzt voraus, dass Kinder mit diesen praktisch hantieren. Kennenlernen und Nennen der Fachbegriffe wie „Quadrat“ bzw. „Quader“ genügt nicht. Zu Beginn steht das Fühlen, Ertasten, Sehen, Erkennen und Beschreiben von Eigenschaften. Dafür bietet sich ein „Fühlbeutel“ an. Je nachdem, ob Körperformen oder ebene Figuren behandelt werden sollen, füllt man einen großen Stoffbeutel mit entsprechenden Gegenständen aus der alltäglichen Umwelt. Im Stuhlkreis wird der Beutel herumgegeben. Jedes Kind erfühlt einen Gegenstand und beschreibt ihn. Beispiel: „Mein Rätsel ist glatt, rund, flach und hat in der Mitte zwei kleine Löcher.“ (Knopf) Die übrigen Kinder versuchen, den Gegenstand zu erraten. Später können die Gegenstände nach Eigenschaften (rund, oval, eckig, glatt, lang, dünn usw.) in Sortierkästen gesammelt werden. Die Kinder erkennen sehr schnell, dass viele Gegenstände mehrere Eigenschaften aufweisen und somit in mehrere Kategorien gehören. Schon ergibt sich als Möglichkeit, einem Sortierkasten zwei Eigenschaften zuzuordnen. Kombiniert man zum Beispiel die Unterscheidungsmerkmale „glatt“ und „rund“, erhält man beispielsweise einen Sortierkasten mit Knöpfen, Plastikbällen und Dosen.

Der Arbeitsauftrag an die Kinder lässt sich in mehrfacher Hinsicht variieren. Gegenstände kann die Lehrerin schon in einen Kasten einsortiert haben. Die Kinder müssen nun die passenden Eigenschaften feststellen. Auch Partnerspiele sind möglich: Einer der beiden setzt eine Maske auf. Er erhält vom Partner einen Gegenstand, den er genau beschreiben und eventuell erraten soll. Kinder bringen von zu Hause gerne Dinge mit, in denen sich geometrische Formen erkennen lassen. Die runden Augen eines Plüschtieres bieten genausoviel Gesprächsstoff, wie die rechteckigen Fenster und runden Räder eines Spielzeugautos.

Erste Erfahrungen zur Symmetrie
Im ersten Schuljahr genügt es, sich auf die Achsensymmetrie zu beschränken. Erste Zugänge zu symmetrischen „Erkenntnissen" ermöglicht ein körpergroßer Spiegel.

- Spiegel spielen

  Bewegungen vor einem Spiegel verändern nicht die Gestalt, die die Bewegung ausführt, sondern die Seiten. Hebt ein Kind vor dem Spiegel die rechte Hand, hebt das Spiegelbild die linke. Die Kinder erkennen das besonders gut, wenn ein anderes Kind sich vor den Spiegel stellt und Spiegelbild spielt. Die rechte bzw. linke Körperhälfte markiert man mit verschiedenfarbigen Bändern. Hebt nun Paul den rechten Arm mit dem roten Band, muss Sonja, sein Spiegelbild, den Arm mit dem blauen Band heben. „Spiegel spielen" ist auch ein attraktives Partnerspiel.

- Entdeckungen an Handspiegeln

  Anhand kleiner Handspiegel lassen sich viele Entdeckungen machen, beispielsweise, ob ein Bild, ein Buchstabe oder eine Ziffer achsensymmetrisch ist.

- Spiegelbücher

  Klebt man mit Heftpflaster zwei kleine Taschenspiegel an den Kanten zusammen, klappt die Spiegel auf und legt Gegenstände dazwischen, lassen sich interessante Entdeckungen machen.

- Spiele mit Spiegeln

  Spiele finden sich in Die Grundschulzeitschrift 17/88, 18/88, 62/93 (vgl. Wiesner/Merenn 1988). Nicht alle sind für ein erstes Schuljahr geeignet. *Symmetrix* ist ein einfaches Symmetriespiel vom Ravensburger-Verlag. Der Schubi-Verlag hat ein *Symmetrie-Schnipp-Schnapp* im Angebot.

5. 3 Falten, Schneiden, Kleben

Falten und Schneiden sind elementare Grundtechniken, die im ersten Schuljahr gelernt werden sollten. Erfahrungen zur Symmetrie gehen mit diesen Tätigkeiten einher.

Es kann nicht davon ausgegangen werden, dass Erstklässler aus Kindergarten, Vorschule und Elternhaus genügend Routine im Falten, Schneiden und Kleben mitbringen. Die manuellen Fähigkeiten, gerade im Bereich der Feinmotorik, sind bei vielen Kindern nicht genug ausgebildet. Bevor wir als Lehrerinnen anspruchsvolle Faltmodelle oder andere Bastelarbeiten anbieten, sollten einige Grundtechniken an einfachen Objekten eingeübt werden.

5.3.1 Falt-, Schneide- und Klebetechniken

Grundtechniken des Faltens
Eine große Schwierigkeit beim Falten liegt für die Kinder darin, die Arbeitsanweisungen zu verstehen und die einzelnen Faltschritte auszuführen. Auch wenn das Faltobjekt von der Lehrerin mehrmals „vorgefaltet" wurde, fragen die Kinder immer wieder, wie es weitergeht und was als nächstes zu tun ist. Frontalunterricht, d. h. Lehrerinnen und Kinder falten Schritt für Schritt gleichzeitig, ist nicht immer eine geeignete Lösung. Es hilft den Kindern, wenn die einzelnen Faltstadien an Papierobjekten veranschaulicht werden, die in der richtigen Reihenfolge auf einem Tisch ausliegen. So können sie selbstständig nachprüfen, ob sie richtig gefaltet haben bzw. wie der nächste Faltvorgang aussieht. Dazu einige einfache Beispiele, die gleichzeitig notwendige Grundtechniken einüben:

1. Seiten genau aufeinanderfalten:

Ein Papierquadrat wird einmal auf der Mittellinie gefaltet, sodass die gegenüber liegenden Seiten genau übereinander liegen. Es entsteht ein Buch, das von den Kindern bemalt werden kann.

1. Faltstadium

Faltet man das Buch noch einmal in der Mitte, wird daraus ein Taschentuch.

1. Faltstadium

2. Faltstadium

2. Falten bis zu einer vorgegebenen Linie:

Mit vier Schritten lässt sich ein Haus falten. Das Dach ergibt sich, indem das Dreieck rechts und links zur Mittellinie des Quadrats gefaltet wird. Bunt bemalt, erhält jedes Haus einen individuellen Charakter.

1. Faltstadium

2. Faltstadium (öffnen)

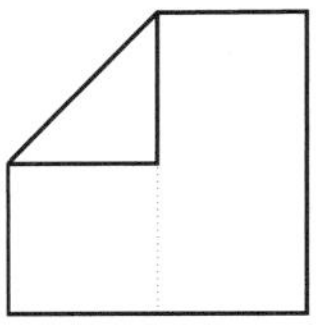

3. Faltstadium

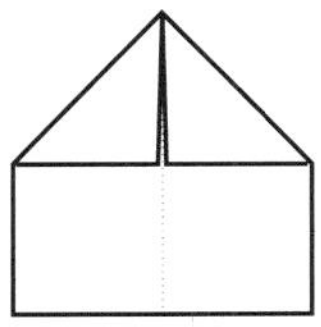

4. Faltstadium

3. Ecken genau übereinander falten

Für einen einfachen Briefumschlag wird ein Quadrat jeweils auf den Mittellinien vorgefaltet und anschließend wieder geöffnet. Alle vier Ecken des Quadrats faltet man nun zum Mittelpunkt.

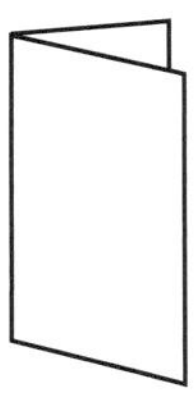

1. Vorfalten

2. Vorfalten

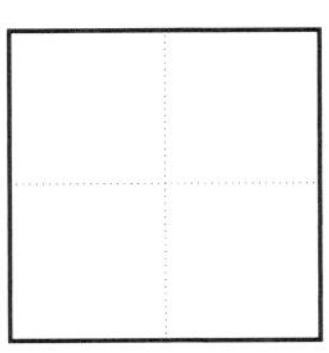

3. Öffnen

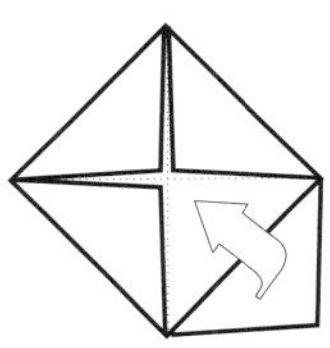

4. Alle vier Ecken
zum Mittelpunkt

Knickfalten lassen sich besonders sorgfältig mit Hilfe des Fingernagels erzeugen. Arbeiten die Kinder mit festerem Papier oder mit Pappe, kann eine Knickfalte durch Anritzen mit dem Messer schärfer gefaltet werden.

Grundtechniken des Schneidens
Es sollten abgerundete Kinderscheren verwendet werden. Für Linkshänder gibt es besondere Scheren.

1. Schneiden auf Faltlinien

Ausgangsobjekt ist ein Rechteck aus Papier, das wir zweimal in der Länge und zweimal in der Breite knicken. Geöffnet sieht das Rechteck wie eine „Schokolade" mit 16 Stücken aus.

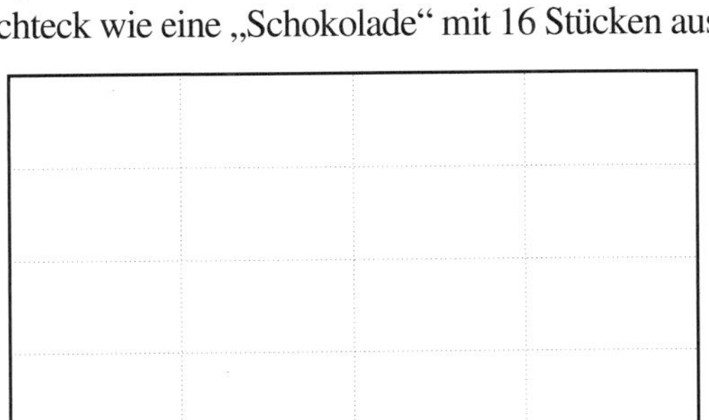

Die 16 Stücke schneiden wir genau auf den Faltlinien auseinander. In diesem Zusammenhang können den Kindern die Vorteile ökonomischen Schneidens vor Augen geführt werden. Zuerst schneidet man Streifen, die anschließend in Rechtecke zerschnitten werden. Ohne diesen Hinweis versuchen viele Kinder, jedes Rechteck einzeln auszuschneiden, was mehr Zeit in Anspruch nimmt und oft unsauber aussieht. Arithmetische Überlegungen zur gerechten Verteilung der „Schokoladenstücke" an verschiedene Anzahlen von Kindern bieten sich an. Die Verteilung kann zur Fixierung ins Heft geklebt werden.

2. Schneiden auf geraden Linien

Die Herstellung von Formenplättchen aus Papier oder Pappe übt das Schneiden auf geraden Linien (Kopiervorlage G1). Werden die Plättchen vor dem Zerschneiden bemalt, lassen sie sich zu schönen Mustern kombinieren. Anregungen zu Übungen finden Sie in Kapitel 5.4.2.

3. Schneiden auf gebogenen Linien

Aus einem Quadrat falten wir wieder ein Buch. Genau an die Faltachse zeichnen wir halbe Figuren (Herzen, Gesichter, Bälle u. a.), die herausgeschnitten werden.

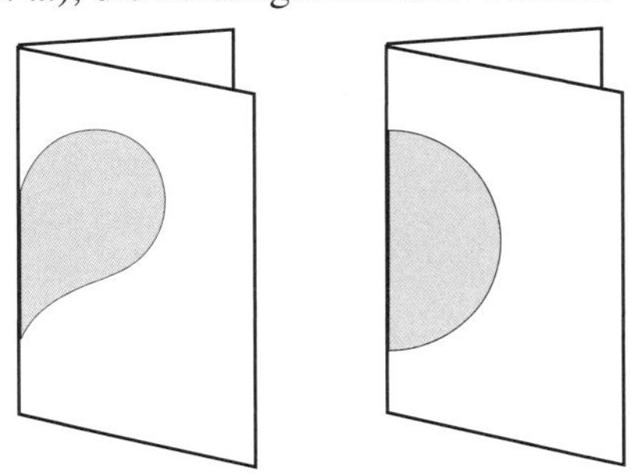

4. Runde Figuren ausschneiden

Gläser, Tassen, Teller, und Münzen sind als Kreisschablonen hervorragend geeignet. Die Kinder legen diese auf Papier und umfahren die Kreise mit einem Stift. So entstehen durch geschickte Bemalung, je nach Größe des Kreises, Masken, Lieblingspizzen, Fußbälle, u. a.

5. Innenfiguren ausschneiden

Einfache Fensterbilder, die auf Transparentpapier geklebt werden, lassen sich schon mit Erstklässlern ausschneiden. Da Fensterbilder meistens von einem Papierrahmen umgeben sind, müssen die Kinder Innenfiguren ausschneiden, wozu eine spitze Schere benötigt wird, um einen Anfangspunkt zum Schneiden zu schaffen.

Grundtechniken des Klebens

- Wann ist Punktkleben, wann Flächenkleben sinnvoll?
- Klebepunkte werden mit Flüssigkleber sparsam in die Ecken einer Figur verteilt.
- Beim Flächenkleben werden Klebeunterlage und Klebestifte benötigt.
- Wie werden Ecken und Kanten genau aufeinander geklebt?
- Klebeflächen müssen mit einem gewissen Druck für kurze Zeit aneinander gepresst werden.

Fachbegriffe

Begriffe wie Faltlinie, Faltwinkel, Seite (Mittellinie, Mittelpunkt, Diagonale, Kante) können auch schon im ersten Schuljahr immer wieder Verwendung finden. Arbeitsschritte werden meistens mündlich beschrieben und durch Vormachen und Auslegen veranschaulicht. Fachbegriffe helfen, die einzelnen Arbeitsschritte besser zu verstehen.

5.3.2 Falt- und Schneidegeschichten

Eine schöne Anregung für ein erstes Schuljahr sind kleine Falt- und Schneideaufträge, eingekleidet in eine Fantasiegeschichte. Ausgangsobjekte sind entweder Kreise von 14 cm Durchmesser oder Quadrate mit der Kantenlänge von 15 cm aus farbigem Papier oder Pappe. Die Grundidee der Geschichten ist immer gleich. Eine geometrische Grundform ist unzufrieden mit ihrer Gestalt. In der ersten Beispielgeschichte treffen die kleinen Quadrate ein kleines Mädchen, das ihnen zeigt, wie einfach sie sich in verschiedene Tiere verwandeln können. Im zweiten Beispiel möchte der Kreis gerne Ecken und Kanten haben. Er träumt, wie der Mond ihn in ein Quadrat, ein Dreieck und verschiedene Sterne verzaubert. Die Geschichten können als Folgegeschichten über eine Woche oder über einen längeren Zeitraum vorgelesen werden. Die Kinder falten, schneiden und bemalen nach Anleitung die entstandenen Objekte und kleben diese auf. Daraus kann ein schönes Buch entstehen.

Die folgenden Geschichten mit den Falt- und Schneideanleitungen können direkt im Unterricht eingesetzt werden. Die Faltanleitungen der ersten 4 Tiere finden Sie in Blume/Burggraf (1995).

Die kleinen roten Quadrate - eine Faltgeschichte

Lizzy schlenderte über den Hof. Es war heiß draußen. Sie langweilte sich, weil alle ihre Schulfreunde in den Ferien weggefahren waren. Lizzy legte sich unter den Holunderbusch in den Schatten und starrte in die Zweige. Über ihr baumelten an einem Zweig zwei rote Papierstücke. „Wie kommen denn die hierher?“, überlegte sie und zupfte die roten Fetzen vom Ast. Plötzlich zuckte das Papier in ihrer Hand und seufzte leise. „Ich sehe und höre wohl schon Gespenster“, lachte Lizzy und wollte alles in den Papierkorb werfen. „Nein, bitte nicht“, schrie das Papier. „Ich bin ein kleines Quadrat und extra mit meinem Freund im Wind hierher geflogen, weil uns so langweilig ist.“ „Dann geht es euch ja so wie mir. Passt auf, ich zeige euch unsere Tiere auf dem Hof. Dies ist mein Pony. Es heißt Polly“, erklärte Lizzy.

„Ach, wären wir doch auch so schön wie ein Pferd“, seufzten die Quadrate. „Wir haben nur langweilige vier Ecken und vier gleichlange Seiten.“

„Aber das ist doch ganz einfach“, erwiderte Lizzy, nahm die Quadrate in die Hand, knickte hier eine Ecke ab und faltete da eine Kante, klebte eine Mähne und den Schwanz und schon war aus den Quadraten ein Pferd geworden.

Pferd und Kuh

Pferd und Kuh werden genau gleich gefaltet. Du brauchst jeweils zwei Blatt Tonpapier (15 x 15 cm). Wenn du jedest Blatt so faltest, wie du es auf der Zeichnung 1 + 2 siehst, bekommst du zwei Streifen von etwa 4 cm Breite. Nachdem du Kopf und Beine abgeknickt hast, klebst du die Streifen übereinander (Zeichnung 3 + 4). Das Pferd braucht noch eine Mähne und einen Schwanz, die Kuh noch ein Euter und Hörner.

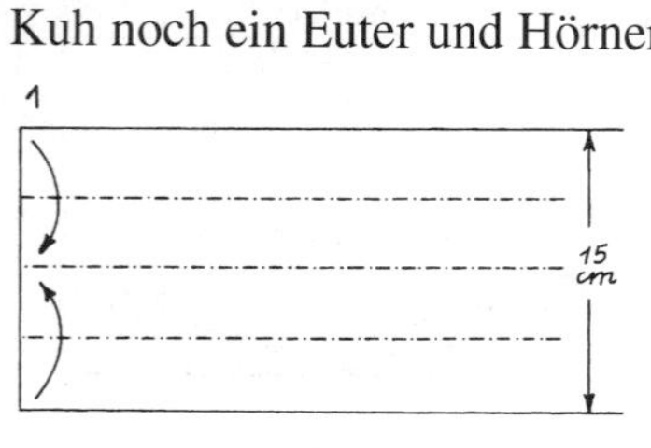

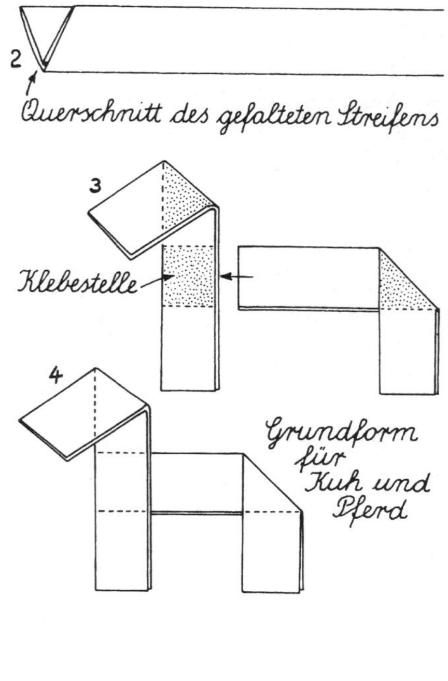

„Toll!“, jubelten die Quadrate, die sich in ein Pferd verwandelt hatten. Neben dem Pony lag die Weide für die Kühe. „Ach, wären wir doch so nützlich wie eine Kuh“, seufzten die Quadrate.
„Aber das ist doch ganz einfach“, erwiderte Lizzy, nahm die Quadrate in die Hand, knickte hier eine Ecke ab und faltete da eine Kante, klebte die Hörner und ein Euter und schon war aus den Quadraten eine Kuh geworden.

Aber eines der kleinen Quadrate war immer noch nicht zufrieden. Bei den Schweinen seufzte es. „Ach, wär´ ich doch so schön rund wie ein Schweinchen.“ Diesmal nahm Lizzy nur ein Quadrat, knickte hier eine Ecke ab, faltete da eine Kante und schon war aus dem Quadrat ein Schweinchen geworden.

Schweinchen

Ein Schweinchen wird aus einem 15 x 15 cm großen rosa Faltpapier gebastelt. Falte das Papier zur Hälfte (1), knicke die beiden Oberkanten zur Mittellinie hin, sodass ein M entsteht (2). Das Folgende machst du immer auf der Vorder- und Rückseite des Schweinchens:

Die Ecken der oberen Kante faltest du nach unten (3). Öffne diese kleinen Dreiecke von unten und lege sie ausgebreitet zur Seite (4). Die Beine entstehen durch das Herüberziehen des losen Dreieckteils bis zur Mittellinie des Dreiecks (5).
Die Schnauze wird abgeknickt. Am Schwanzende wird eine Ecke herausgeschnitten; das Schwänzchen wird geringelt und nun fehlen nur noch Auge und Maul.

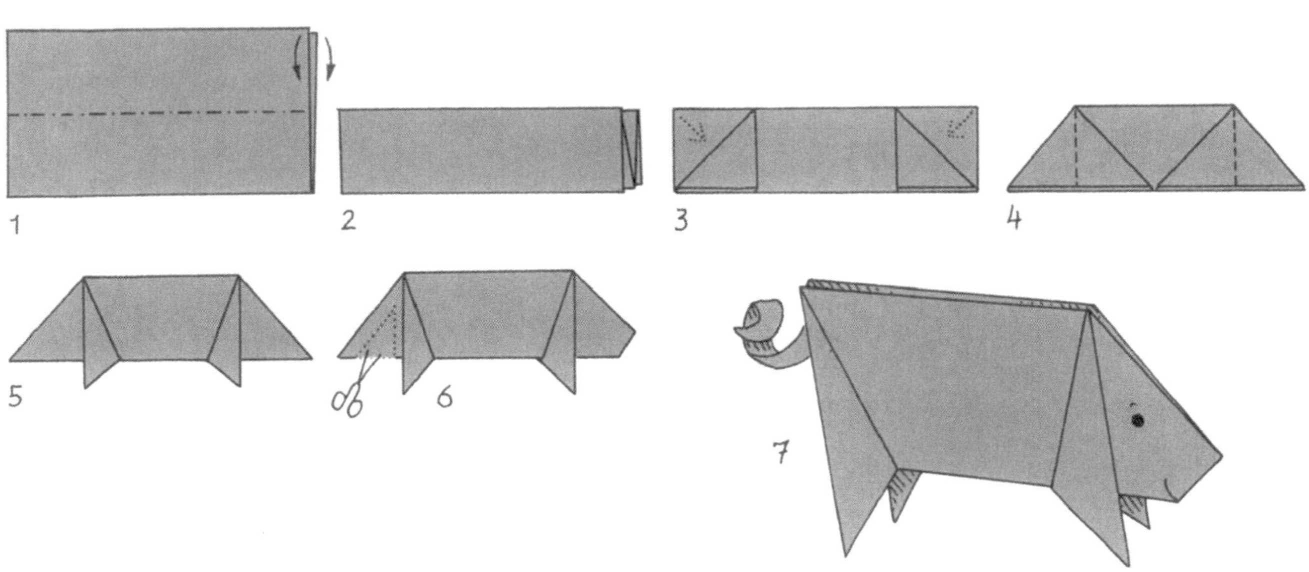

Da wurde das andere Quadrat neidisch. Es zeigte auf die Hühner, die im Gras scharrten und sagte: „Hühner sind sehr nützlich. Sie legen jeden Tag ein Ei. Ich will ein Huhn sein.“
Lizzy knickte hier wieder eine Ecke ab, faltete da eine Kante und schon war aus dem Quadrat ein Huhn geworden.

Huhn

Für das Huhn nimmst du ein 15 x 15 cm großes dünnes, farbiges Papier. Falte es von zwei Seiten jeweils zur Mitte und öffne es wieder (1). Jetzt faltest du alle Ecken zum Mittelpunkt (2). Du drehst das Papier um und legst wieder alle Ecken zum Mittelpunkt (3). Schwanzteil und Kopfteil klappst du heraus. Dann faltest du das ganze nochmals längs zur Mitte und bringst die Kopffalten an (4).
Wenn du das Huhn am Mittelpunkt festhältst, kannst du den Schwanz einschieben. Die Seitenflächen drückst du über den Mittelpunkt gegeneinander, schiebst Hals und Kopf ein (5 + 6) und stellst das Huhn auf (7). Das Huhn verzierst du mit Schnabel, Augen, Kamm und Schwanz.

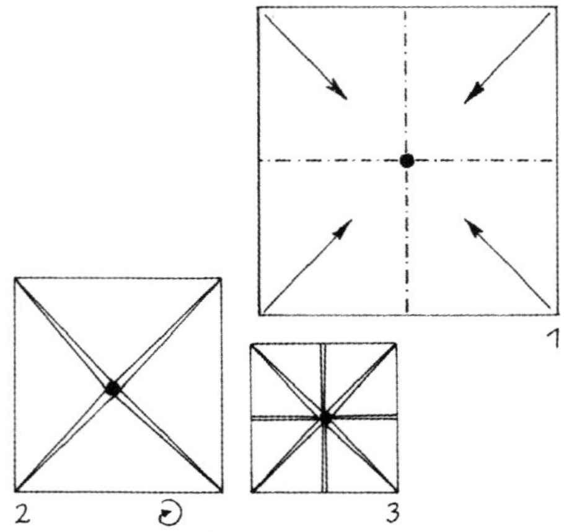

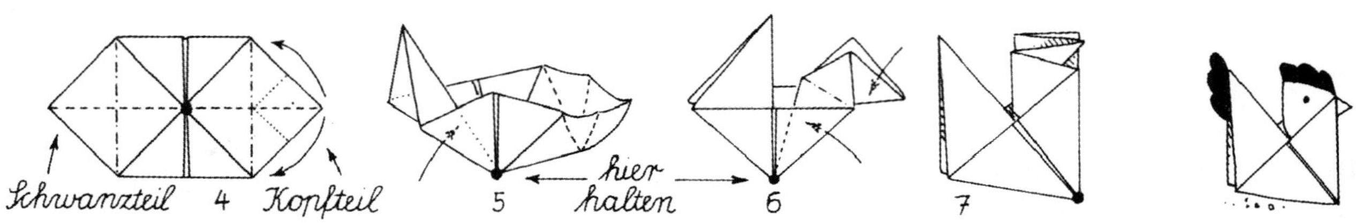

Da raste mit lautem Gebell Bello der Hund an ihnen vorbei. Er jagte den alten Kater, der sich flink auf den Baum rettete.
„Kannst du aus mir etwa auch einen Hund machen?“, fragte das Quadrat, das noch ein Schwein war. „Dann könnte ich ganz schnell laufen!"
„Na klar“, sagte Lizzy, nahm das Quadrat, knickte hier eine Ecke ab und faltete da eine Kante und schon war aus dem Quadrat ein Hund geworden.

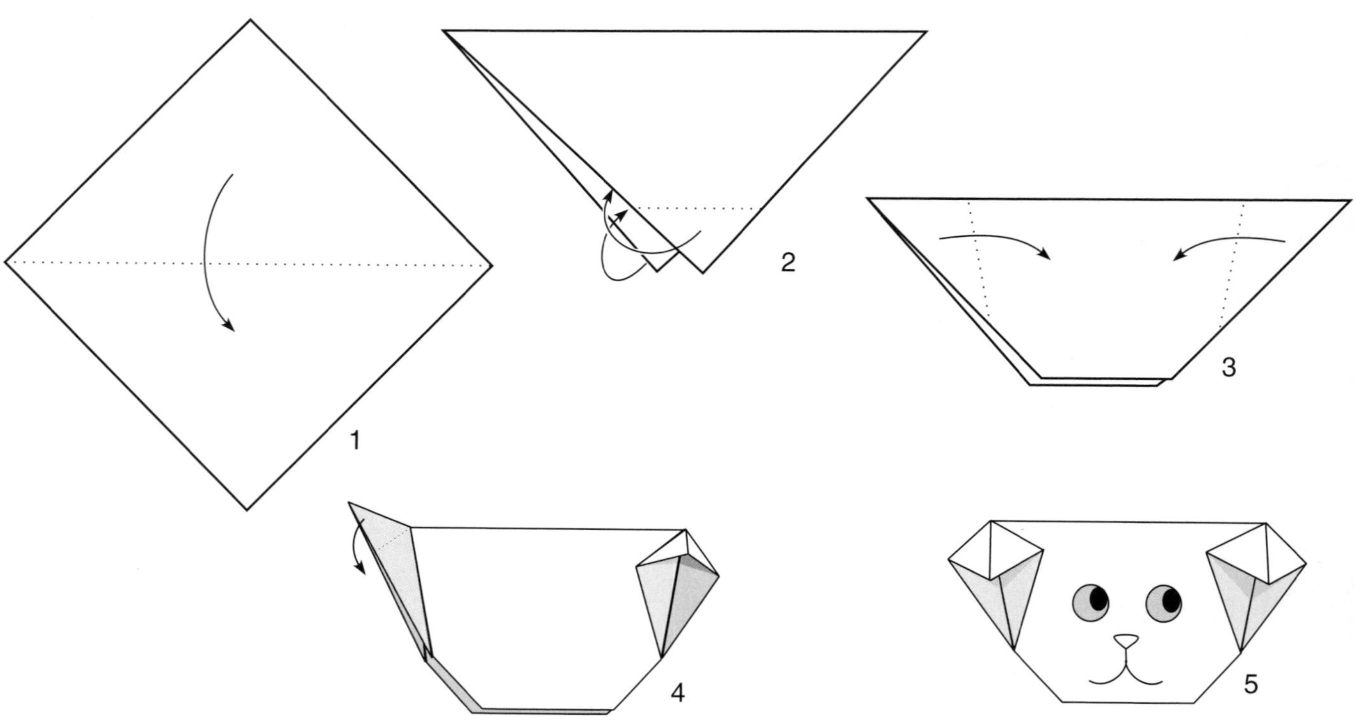

„Aber Hunde können nicht klettern wie eine Katze", maulte das Quadrat, das ein Huhn war. „Bitte, falte aus mir eine Katze." Lizzy runzelte die Stirn und murmelte: „Das ist gar nicht so einfach. Dazu brauche ich eine Schere, um etwas von dir abzuschneiden und dann kannst du dich nie mehr in ein Quadrat zurückverwandeln. Willst du das?" Das kleine Quadrat überlegte lange. Schließlich sagte es leise: „Ach nein, ich möchte doch lieber ein Quadrat bleiben." Plötzlich kam eine gewaltige Windböe auf, die die beiden Quadrate mit sich davontrug.

Wer die Katze doch herstellen will, hier die Anleitung:

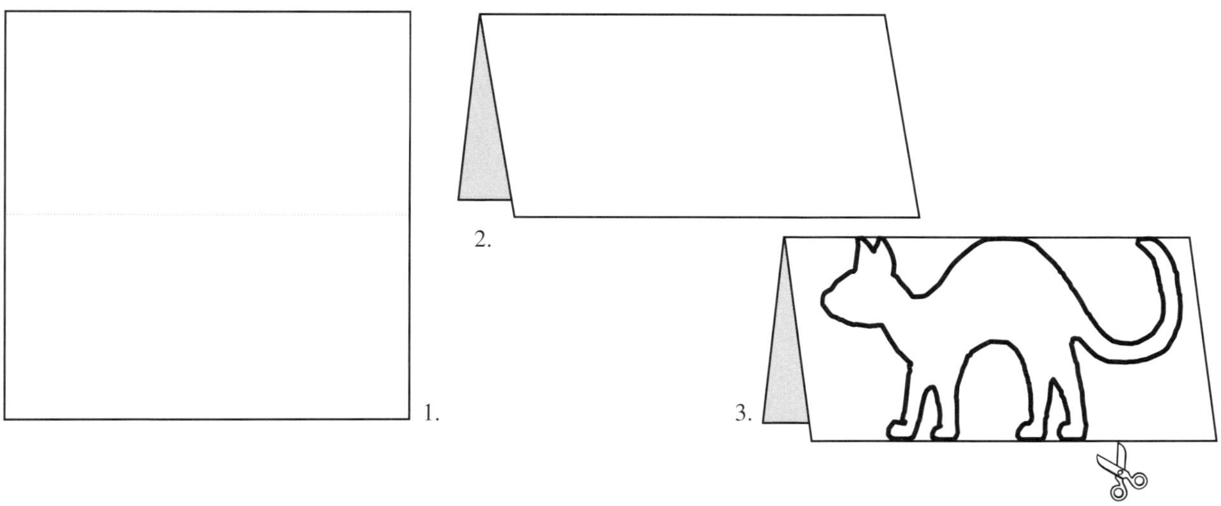

Der kleine gelbe Kreis - eine Falt- und Schneidegeschichte

Es war einmal ein kleiner gelber Kreis. Er lag unter einer wunderschönen Blume und schlief. „Kleiner Kreis, warum bist du so traurig?", fragte die Blume. „Ach, ich find mich gar nicht schön. Ich bin nur langweilig rund." „Werde doch eine Blume so wie ich", sprach sie und verwandelte den Kreis in eine Blume.

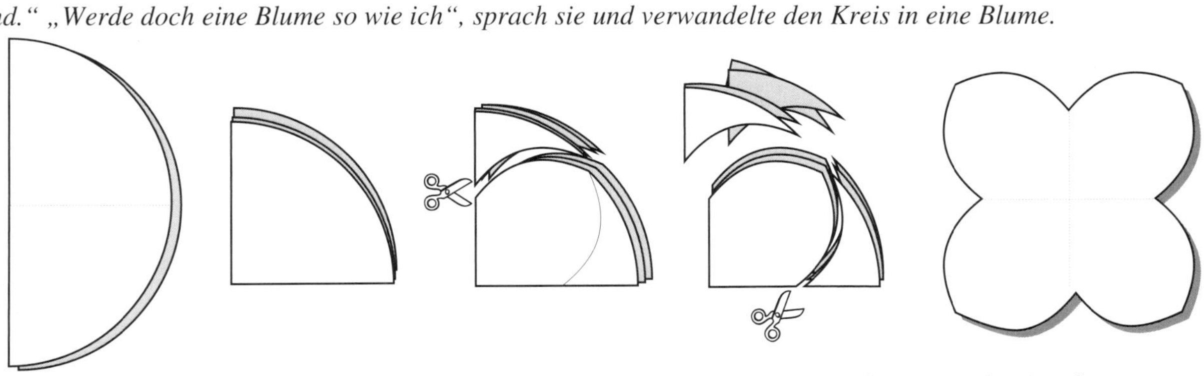

„Ich möchte doch so gerne Ecken und Kanten haben, wie meine Brüdern und Schwestern, die Quadrate und Dreiecke."
„Dann musst du zum Mond fliegen, der kann dir bestimmt weiterhelfen", sagte die Blume. Der kleine Kreis verwandelte sich auf der Stelle in eine knallbunte Frisbee-Scheibe und flog zum Mond.

Der Mond strahlte hell und schaute sehr streng. Aber mutig fasste sich der kleine Kreis ein Herz und sprach ihn an: „Lieber Mond, die Blume hat mir von deiner Klugheit berichtet. Ich hätte so gerne Ecken und Kanten. Kannst du mir helfen?" „Dein weiter Weg soll belohnt werden", versprach der Mond und verwandelte den gelben Kreis in ein Quadrat und ein Dreieck.

Quadrat:

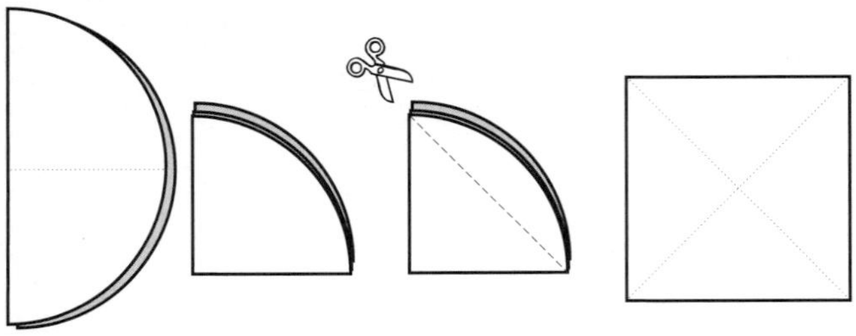

Dreieck:

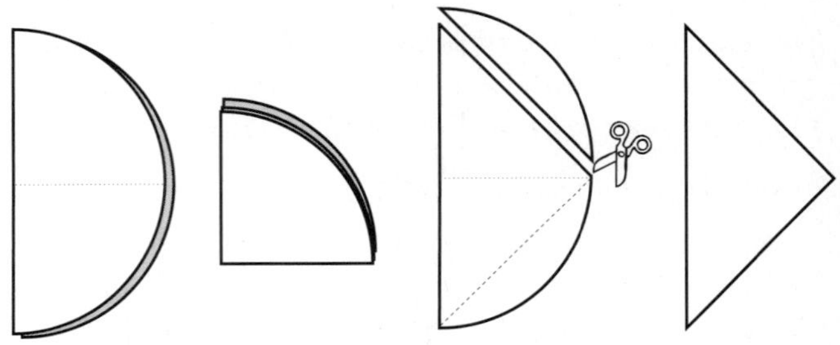

„Ich kann dich aber noch viel, viel schöner gestalten. Schau dich doch um, wie viele Sterne um mich herum leuchten. Möchtest du ein Stern werden, kleiner Kreis?", fragte der Mond. „Oh ja, sehr gerne", freute sich der kleine Kreis. Zuerst verwandelte der Mond ihn in einen vierzackigen Stern.

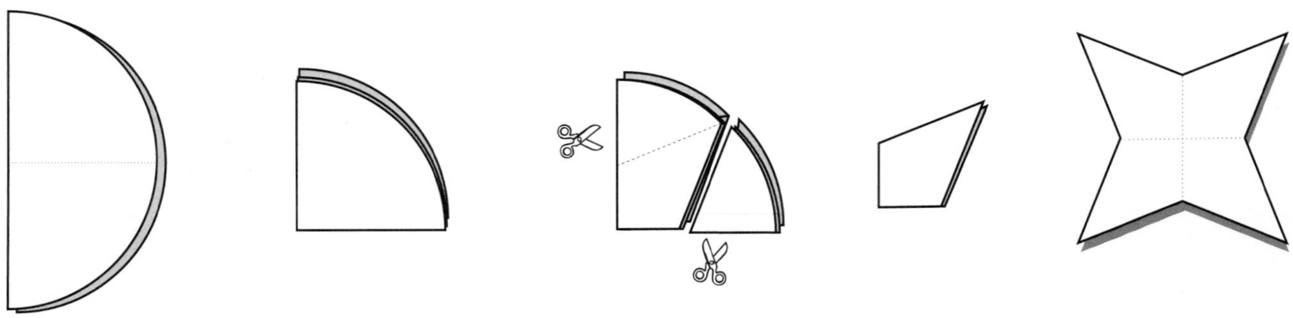

Dann wurde er noch schöner und bekam acht Zacken.

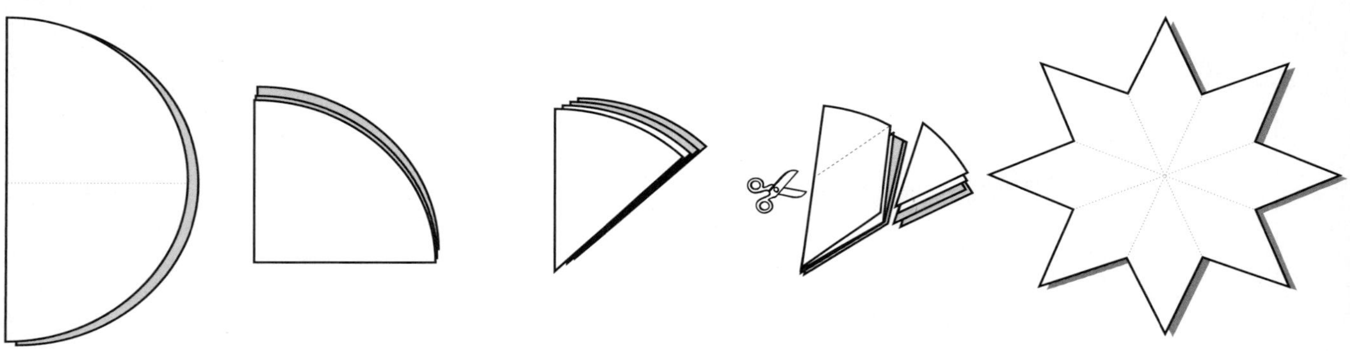

Aber am allerschönsten fand sich der Kreis, als er 16 Zacken hatte. Er leuchtete so hell, dass er vor Schreck aufwachte.

„Ach, war das ein schöner Traum", seufzte er.

Eine Erzählung über „Das kleine blaue Quadrat" finden Sie in *Die Grundschulzeitschrift* (1994), Heft 74. Ihrer eigenen Fantasie sind keine Grenzen gesetzt, selbst eine Geschichte z. B. zum Rechteck oder zum Dreieck zu entwickeln.

5.3.3 Weitere geometrische Vorhaben

Es existieren viele Bastelvorschläge für das erste Schuljahr (vgl. u. a. Blume/Burggraf 1995, Cono/Kirsch-Korn 1987, Guder 1992), die die Fähigkeiten des Schneidens, Klebens und Faltens erfordern. Erkenntnisse über symmetrische Beziehungen und das Erstellen geometrischer Formen und Körper fließen mit ein. Da die Bastelvorschläge nicht ausschließlich mathematische Aspekte beinhalten, bietet sich eine Verknüpfung zu einzelnen Jahreszeiten und Festen im Gesamtunterricht an. Der fächerübergreifende Unterricht zwischen Geometrie-, Sach-, Religions- und Kunstunterricht ist so unmittelbar gegeben.

Herbst
Drachen, Blätter und Flugbilder von Vögeln in bildlicher Darstellung können Ausgangsobjekte für Entdeckungen zur Symmetrie, für Kategorien zum Sortieren und für Schneideübungen sein.

a) Sortieren:
Blätter werden gesammelt und nach unterschiedlichen Kriterien sortiert und aufgeklebt. Ein Unterscheidungsmerkmal wäre beispielsweise, die Blätter nach runden oder gezackten Rändern zu sortieren.

b) Symmetrische Eigenschaften:
Blätter sind achsensymmetrische Gebilde. Es entstehen lustige Fantasieblätter, wenn die Kinder die Blätter auf dem Stängel (Symmetrieachse) in zwei Teile schneiden und unterschiedliche Blatthälften nebeneinanderkleben.

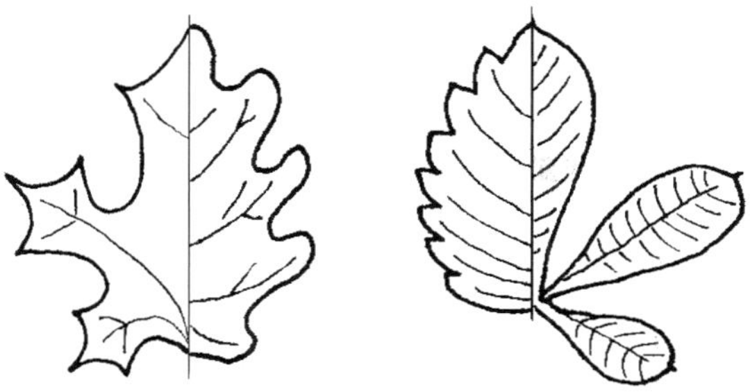

Zu halbseitigen Abbildungen von verschiedenen Drachen muss die andere Hälfte ausgeschnitten und dazugeklebt werden. Mit Hilfe eines Zauberspiegels (farblich beschichteter Spiegel, z. B. zu beziehen beim Friedrich-Verlag, Velber) können leistungsstarke Kinder die zweite Hälfte der Drachen auch zeichnen.

Geburtstag
Einladungskarten lassen sich mit geringen technischen Mitteln erstellen. Gleichzeitig bieten sie Erkenntnisse zur Symmetrie und trainieren das genaue Falten und sorgfältiges Ausschneiden:

- Papierstreifen 3x in der Länge falten,
- Figur (Lehrervorgabe, z. B. in Form einer Schablone) einzeichnen,
- ausschneiden,
- Herzen, Häuser, Püppchen oder andere Motive auf eine Karte kleben.

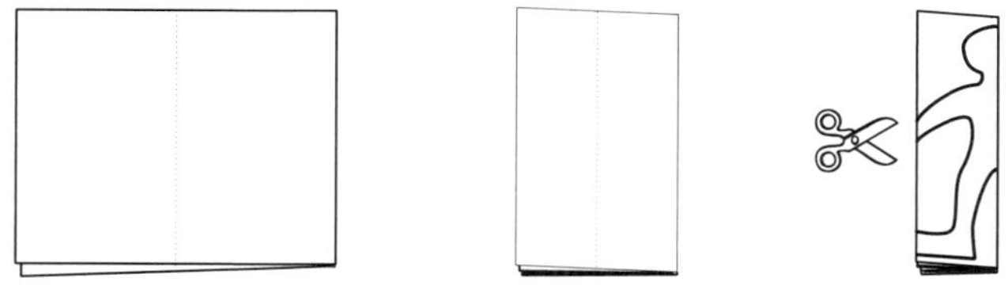

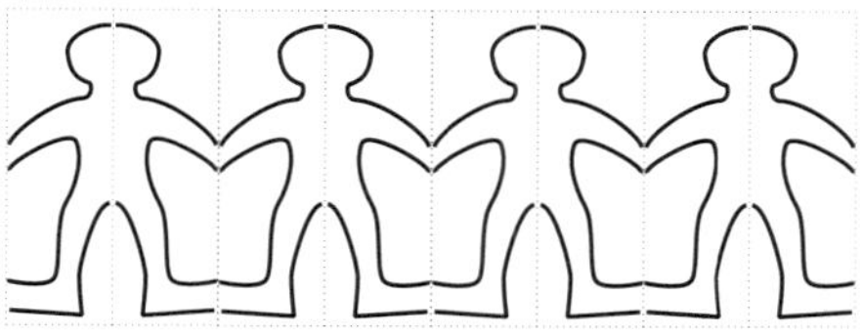

Weihnachten
Aus einem quadratischen Stück Weihnachtspapier lässt sich eine Tüte für kleine Geschenke falten. Klebt man 24 Tüten auf einen großen Pappweihnachtsbaum, hat man einen schönen Adventskalender.

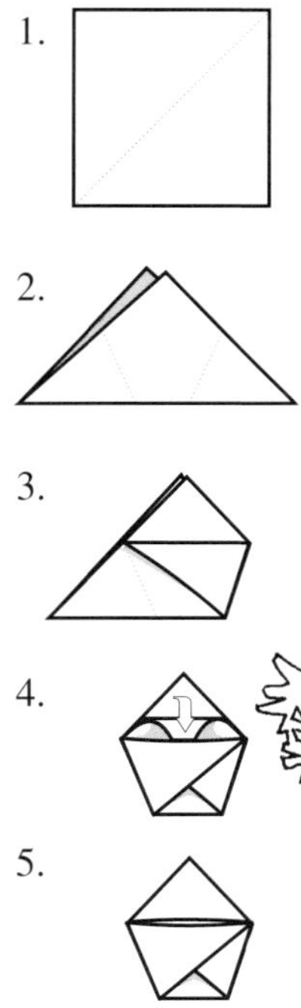

24 Tüten basteln, nummerieren, und auf großen Pappweihnachtsbaum kleben.

Gefaltet und geschnitten wird bei einem Stern, einem Weihnachtsbaum, einer Weihnachtskarte und einem Weihnachtsbaumanhänger.

Weihnachtsbaum

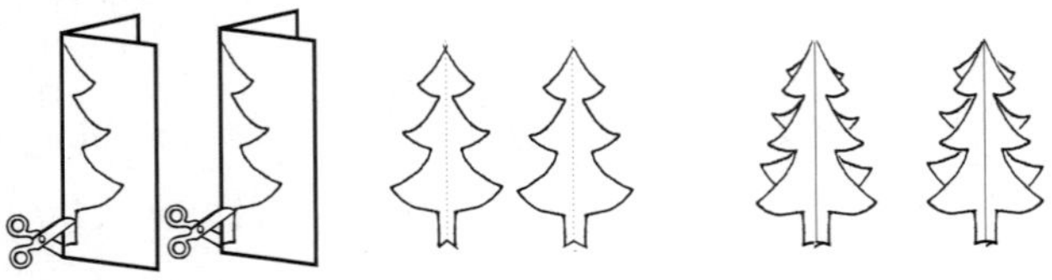

1. Ausschneiden 2. Knicken zum rechten Winkel 3. Beide Bäume in der Mitte zusammentackern

Stern

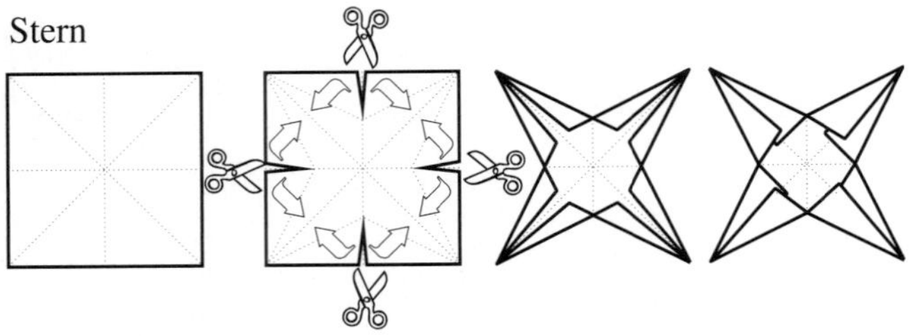

Weihnachtsbaumanhänger

Weihnachtskarte

1. Ausschneiden 2. Baum auf eine Karte kleben

Die folgende Tabelle zeigt, welche geometrischen Fähigkeiten die Kinder bei diesen Bastelanleitungen erwerben:

	Tüte	Weihnachtsbaum	Stern	Karte	Anhänger
Falten	X	X	X	X	X
Schneiden		X	X	X	X
Kleben			X	X	
Symmetrie		X	X	X	X
Fachbegriffe:					
Quadrat	X		X		
Dreieck	X		X		
Rechteck				X	X
Diagonale	X		X		
Mittellinie	X			X	X
Mittelpunkt	X		X		
Lagebeziehungen	X		X		

Fasching
Hüte und Masken sind für dieses Fest geeignete Bastelvorschläge. Ein einfacher Hut entsteht aus einem Halbkreis, der zu einem Zylinder zusammengeklebt und beispielsweise mit geometrischen Formen beklebt wird.

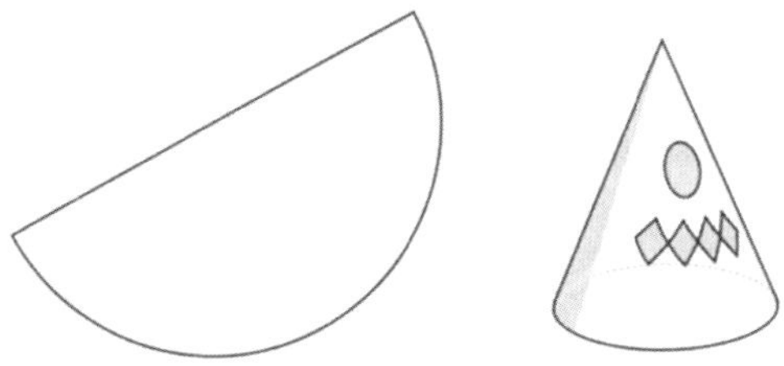

Eine Grundmaske genügt, die durch unterschiedliche Bemalung oder Verzierung beispielsweise zu einem Tier werden kann.

Ostern
a) Marienkäfer:
Ein Marienkäfer lässt sich mit geringem Aufwand durch Falten, Schneiden und Malen erstellen. Das Erkennen der Symmetrieeigenschaft findet sich in diesem Vorschlag wieder.

1. Knicken
2. Ausschneiden
3. Anmalen

b) Hase mit Korb:
Für dieses Bastelobjekt müssen Sie Tonpapier und eine Schablone für den Hasen und stärkeres, farbiges Papier mit einem Quadernetz für die Schachtel vorbereiten.
Die Kinder schneiden aus Tonpapier einen Osterhasen. Damit der Hase stehen kann, wird die Schachtel angeklebt. Für die Schachtel verwenden die Kinder die Vorlage, die sie ausschneiden, falten und zusammenkleben können. Die Schachtel bietet Platz für viele bunte Ostereier. Die Ausführung von Bastelobjekten im Unterricht und die damit verbundene Verbalisierung geometrischer Aspekte bedarf im ersten Schuljahr oft noch genauer Vorbereitung. Wichtig ist nicht nur das Vormachen, sondern die Förderung der eigenen Erkenntnis bei den Kindern.

Im Stuhlkreis liegt das fertige Bastelobjekt "Hase mit Korb" und das Arbeitsblatt (stabiles Papier oder besser Tonpapier), welches die Kinder als Bastelvorlage bekommen. Mit den Kindern wird nun gemeinsam erarbeitet, wie aus dem Arbeitsblatt das Bastelobjekt wird. Jeder Arbeitsschritt (Welches ist das Teil für den Korb? Wo muss ich schneiden, wo falten und kleben? Wie erhalte ich den Hasen mit Hilfe der Schablone?) sollte besprochen und ausgeführt werden. Begriffe wie Faltlinie, Schneidelinie, Umriss, Schablone lernen die Kinder zu verwenden. Entsprechende Symbole auf dem Arbeitsblatt (durchgezogene/gestrichelte Linie) sind erklärungsbedürftig. Im Anschluss daran versucht jedes Kind, selbstständig zu basteln.

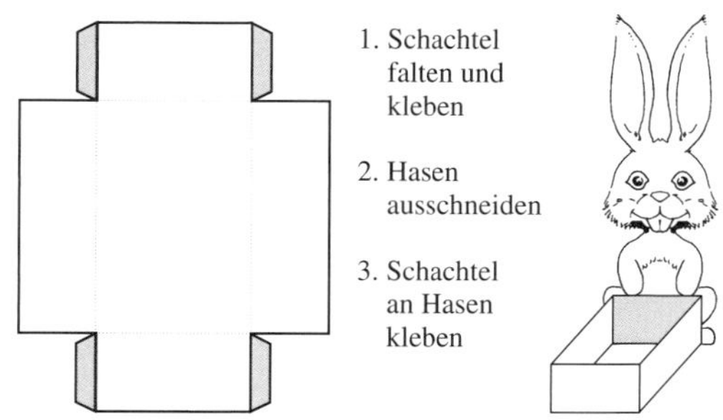

5.4 Legen und Bauen

Durch die Tätigkeiten Legen und Bauen mit verschiedensten Materialien erlernen, festigen und erweitern die Kinder ihre Orientierungsfähigkeit in der Ebene und im Raum. Die Tabelle auf Seite 115 gibt eine Übersicht über geeignete Medien und Materialien. Im ersten Schuljahr ist es wohl entscheidend sich zu überlegen, was man Kindern dieser Altersstufe im geometrischen Bereich „Legen und Bauen" abverlangen kann. Der Grat zwischen direkter Steuerung durch die Lehrkraft und selbstständigem Erfahren durch freies Handeln, um geometrische Kompetenz beim Kind zu wecken, ist recht schmal. Bevor wir von den Kindern die gezielte Erledigung von Arbeitsaufträgen, wie die korrekte Verwendung von Fachbegriffen für geometrische Körper oder Formen verlangen, sollte das ungesteuerte, freie Legen und Bauen im Vordergrund stehen. Mit einer Handvoll Formen, Würfeln oder Schachteln und Dosen wissen Kinder erfahrungsgemäß sehr schnell etwas anzufangen. Sie beginnen sofort zu bauen, zu legen oder zu zeichnen. Ihre Erkenntnisse lassen sich dann in einem gemeinsamen Unterrichtsgespräch zusammenfassen und weiterführen.

Folgende Anregungen und Aktivitäten stellen keine Rangfolge dar, sondern sind jederzeit durchführbar und untereinander austauschbar.

5.4.1 Körperformen

Das erste Schuljahr umfasst drei Themenbereiche:
- Körper untersuchen und unterscheiden (Körpereigenschaften)
- Körper beschreiben und benennen
- Bauen mit Quadern, Würfeln u. a. Körpern

Körperformen unterscheiden

In Kapitel 5.2.3. wurde ein möglicher Zugang zur Untersuchung und Unterscheidung von Körperformen mit Hilfe von Umweltmaterialien, Fühlbeuteln und Sortierkästen dargestellt. Auch schon im ersten Schuljahr können zur Verfeinerung der Klassifizierung speziell für den Mathematikunterricht vorgesehene Körperformen verwendet werden. Sie sind meistens aus Kunststoff, durchsichtig oder aus Holz gefertigt.

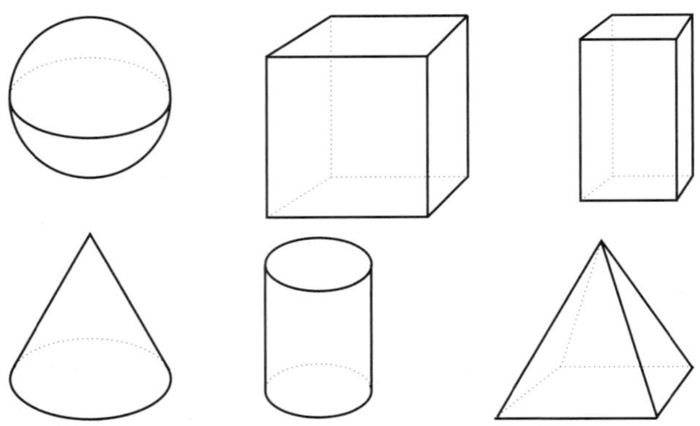

Die Kinder lernen an diesen Modellen, dass beispielsweise ein Schulranzen einen Quader darstellt, obwohl er noch Schnallen, Riemen und Verzierungen aufweist. Auch Materialien sind für Körperformen nicht ausschlaggebend. Eine Dose repräsentiert genauso einen Zylinder wie eine leere Haushaltsrolle. Das Miteinbeziehen von klassischen Körpermodellen befähigt die Kinder, ihre Wahrnehmungsfähigkeit auf die wesentlichen Eigenschaften eines Körpers zu fokussieren.

Ein Würfelspiel trainiert die Unterscheidung der Körperformen. Es wird mit einem Würfel gespielt, der einen Quader, einen Würfel, einen Zylinder, eine Pyramide, eine Kugel und einen Kegel zeigt. Auf dem Tisch werden Bildkärtchen ausgelegt (z. B. Ball, Dose, Zelt, Kirchturm usw.). Entsprechend dem gewürfelten Körper darf ein passendes Bildkärtchen genommen werden. Eine Variante dieses Spiels finden Sie in den LUMATRIX-Kopiervorlagen Geometrie 1/2 (Abele u. a. 1996).

Lässt man quader- und würfelförmige Kartons beliebiger Größe von den Kindern sammeln und im Unterricht mit Plaka- oder Binderfarbe einfarbig bemalen, können viele interessante Aufgabenstellungen mit ihnen durchgeführt werden. Die Kartons werden zu Türmen gestapelt, nach Farben und Größe sortiert oder auch ineinander gesteckt.

Körperformen bauen

Das zugänglichste und am leichtesten zu handhabende Material ist Knetmasse. Die Kinder sind sehr fantasievoll im Entwickeln von Techniken, wie eine Kugel auch wirklich rund oder die Flächen eines Würfels auch wirklich eben werden. Möchte man die Modelle für längere Zeit erhalten, kann man im Handel unterschiedliche Modelliermassen (z. B. Plastilin oder Keramikplast) erwerben. Viele haben den Vorteil, dass sie an der Luft trocknen und später mit Tusche oder anderen Farben bemalt werden können.

Da es im ersten Schuljahr nicht Lernziel sein kann, dass die Kinder die Fachbegriffe Kugel, Quader, Würfel, Kegel, Pyramide und Zylinder beherrschen, sollte man den Schwerpunkt auf das Bauen mit Körpern legen. Durch aktives Handeln gewinnen die Kinder Einsicht in die Unterscheidungsmerkmale von Körpern. Sie entwickeln Raumvorstellungen und erkennen Beziehungen. Beim Bauen müssen Handlungen schon in der Vorstellung geplant werden. Dies fördert nicht nur die geometrischen Erfahrungen, sondern entwickelt ein flexibles geometrisches Denken.

Basteln mit Zylindern
Einige Verlage bieten Bastelvorschläge an, die als Grundbaustoff Verpackungsmaterial unterschiedlichster Form vorsehen. Einige Anregungen sind durchaus schon für ein erstes Schuljahr geeignet. Aus Papprollen (Zylinder) lassen sich beispielsweise Tiere oder auch Geduldsspiele herstellen.

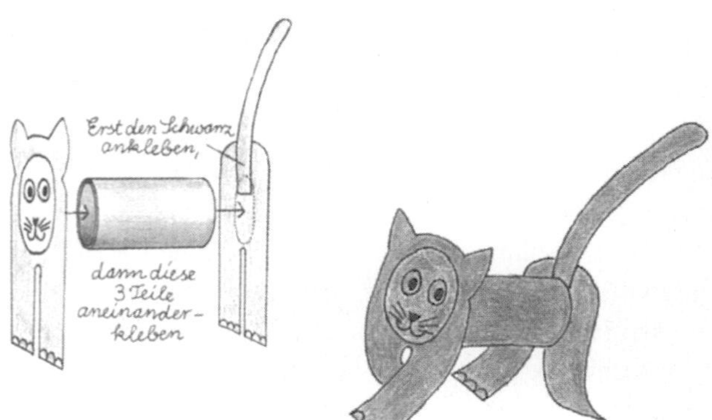

Aus: *Blume, M./Burggraf, Ch. (1995): Erstes Papierfalten. Ravensburger Bastelbär. Ravensburg: Ravensburger.*

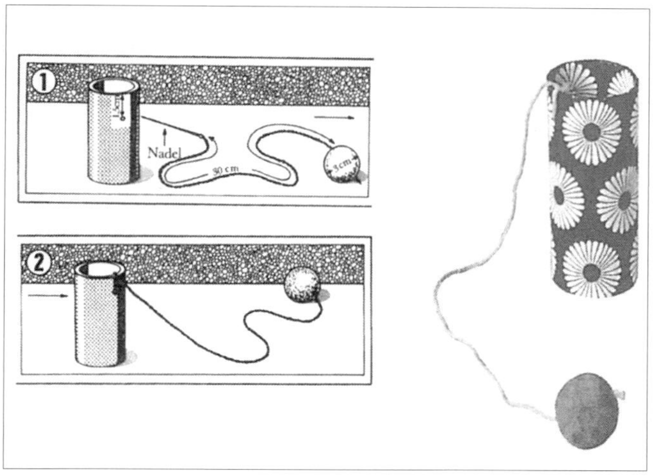

Aus: *Schäfer, U. (1983): Spielzeug aus Papprollen. Freiburg: Christophorus*

Bauen mit Bauklötzen
Bauklötze, ob einfarbig oder bunt, sollten in keiner Klasse fehlen. Sie sind beliebtes Spielzeug zwischen den Unterrichtszeiten. Die geometrischen Erfahrungen, die Kinder durch freies Bauen erwerben, dürfen nicht unterschätzt werden. Als Lehrerin kann man die Kinder anregen, etwas nach Vorlage zu bauen. Wenn Sie auf einem Elternabend einen Fotoapparat, Stativ und Bauklötze bereithalten, finden sich bestimmt ein paar motivierte Eltern, die einfache Bauklotzgebilde bauen und abfotografieren. Mit Kindern kann ein gleichartiges Projekt gestartet werden. Die entwickelten Fotos können auf Karteikarten geklebt werden. Die Kinder bauen mit Begeisterung nach Fotovorlagen.

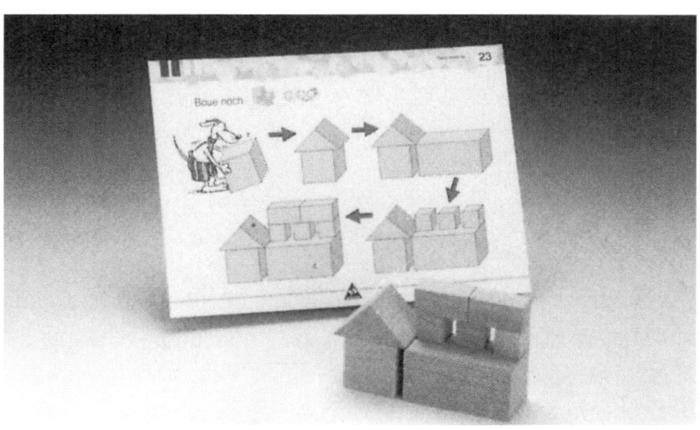

Der Schroedel-Verlag hat Bauklötze mit Karteikarten als Aufgabensammlung im Angebot (Abele u. a. 1996).

Als Alternative bieten sich die *Geoklötze* aus dem Mildenberger Verlag an. Dies sind naturbelassene Holzbausteine, wozu es verschiedene Bauvorlagen zum Nachbauen, zur Rechts-Links-Unterscheidung, zum Flächenauslegen usw. in den entsprechenden Schulbüchern und Übungsheften gibt. Da ein Baukasten nur für ein Kind konzipiert wurde, sollten für eine Klasse mehrere angeschafft werden.

Bauen mit Würfeln
Mit Holzwürfeln lassen sich eine Vielzahl geometrischer Übungen durchführen. Man kann sie im Handel beziehen (Beenen-Verlag, Hail-Verlag, Schubi-Verlag oder Lehrmittel Fachversand Sigurd Backwinkel), aber auch aus hölzernen Meterleisten mit quadratischem Querschnitt selbst herstellen. Beim Eigenbau benötigt man unbedingt feines Sandpapier, da die Würfel sonst zu rauh sind. Die Eigenherstellung hat den Vorteil, dass eine große Anzahl von Würfeln für relativ wenig Geld erstellt werden kann.

Freies Bauen sollte im Vordergrund stehen. Mehr nebenbei vertieft sich bei den Kindern die Kenntnis von den Würfeleigenschaften. Meistens wissen die Kinder sehr viel über ihre Modelle zu berichten. Selten sind es abstrakte Dinge, sondern eher Häuser, Treppen oder Türme. Gerne werden auch Modelle des Nachbarn nachgebaut. Dabei ist es für Erstklässler gar nicht so einfach, die Anzahl der verbauten Würfel zu bestimmen.
Im ersten Schuljahr kann man durchaus schon gemeinsam überlegen und ausprobieren, wie aus kleinen Würfeln große gebaut werden und welche Anzahl von Würfeln notwendig ist. Beim Beschreiben größerer Würfel wird den Kindern immer wieder deutlich, dass man nicht alle verbauten Würfel gleichzeitig sehen kann.

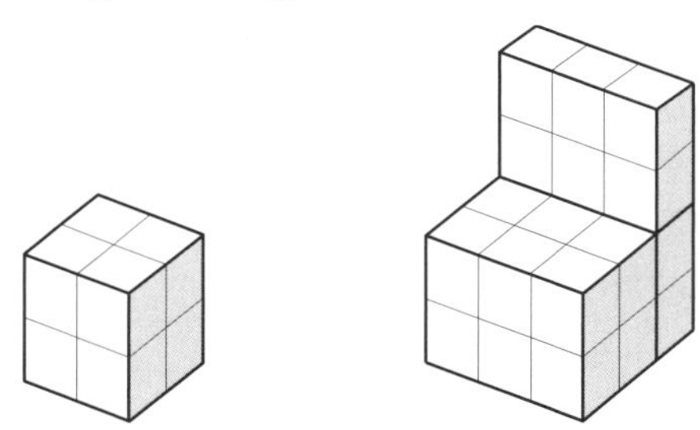

Mit farbigen Holzwürfeln lassen sich viele geometrische Fragen erarbeiten. Färbt man die Außenflächen eines aus acht Würfeln bestehenden großen Würfels (2x2x2) rundum ein, ergeben sich interessante Aufgaben: Baue einen Würfel, der rundum rot bzw. holzfarben ist! Baue einen Würfel mit Schachbrettmuster! Kinder finden schnell noch eigene Aufgaben (vgl. Radatz/Rickmeyer 1991).

Jeder Einzelwürfel ist auf den sichtbaren 3 Flächen rot gefärbt.

Farbige Holzwürfel lassen sich gut zum Legen von flächigen Mustern verwenden. Sie können wie Bandornamente, aber auch zu großflächigeren Mustern angeordnet werden.

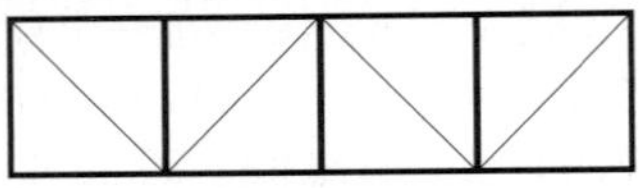

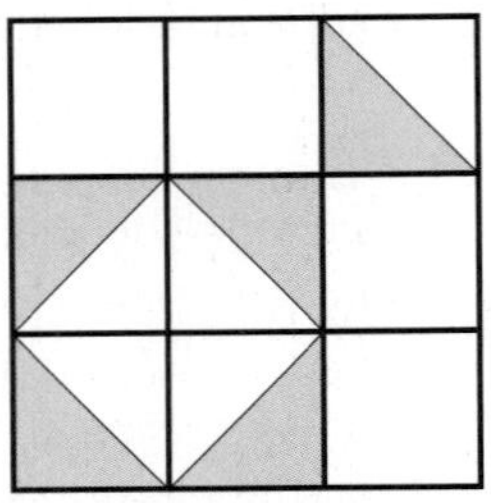

Lehrmittelverlage bieten verschiedene Würfel-Puzzles an, (z. B. *Organicubes* vom Schubi-Verlag).
Das *Spiegel-Symmetriespiel* von Betzold enthält zwei Würfel, die auf ihren Flächen zweifarbige Muster abbilden. Mit diesen Würfeln können die Kinder mit Hilfe eines Spiegels Muster legen, die ihnen auf quadratischen Karten vorgelegt werden.

Bauen mit Steckwürfeln
In den Grundschulen sind Steckwürfel ein weit verbreitetes Arbeitsmittel für den Arithmetikunterricht (vgl. Kapitel 3). Im Geometrieunterricht lassen sie sich effektiver einsetzen als beim schlichten Rechnen mit Zahlen. Bevor den Kindern gezielte Aufgaben mit Steckwürfeln zur Bearbeitung vorgelegt werden, ist eine freie Spiel-, Bau- und Ausprobierphase unerlässlich. Die Steckwürfel stellen keinen geringen Anspruch an die motorischen Fähigkeiten von Kindern. Die Kinder müssen sich mit der Art des Materials und notwendigen Stecktechniken erst vertraut machen:
- Zusammenstecken und Auseinandernehmen (nicht immer nur Einzelwürfel, auch Zweier oder Dreier)
- An- und Abbauen zu allen Seiten
- Freies Bauen von selbst gewählten Objekten

Nach dieser intensiven Kennenlernphase des Materials kann sich das Bauen nach Vorlage anschließen. Den Kindern werden Abbildungen von Steckwürfelfiguren gezeigt, die sie nachbauen sollen. Das Umsetzen der zweidimensionalen Vorlage in eine dreidimensionale Figur schult das räumliche Vorstellungsvermögen der Kinder. Zu Beginn sollten die Vorlagen noch mit der Originalgröße der Steckwürfel übereinstimmen, später kann man sie verkleinern.

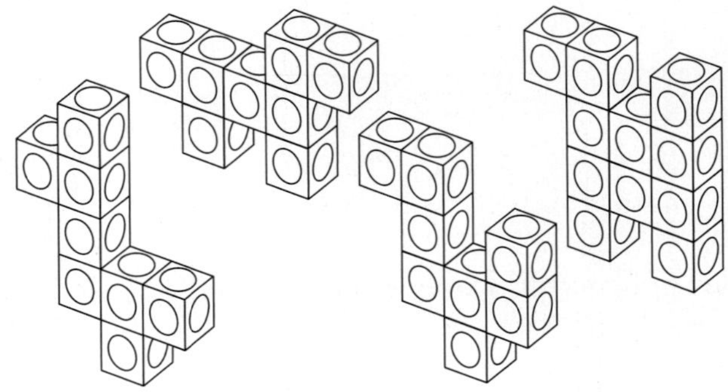

Reizvoll ist das Bauen von Objekten aus einer festgelegten Anzahl von Steckwürfeln. Es entstehen beispielsweise Neuner- oder Sechserfiguren.

Die Steckwürfel bieten Anreiz für Spiele zu zweit. Wenn Ali für Sonja einen Hund baut und Sonja, ohne dass Ali es sieht, zwei Steckwürfel umsteckt, muss Ali sich ganz schön anstrengen, um die Veränderung zu erkennen. Es können auch Würfel entfernt oder dazugesteckt werden.

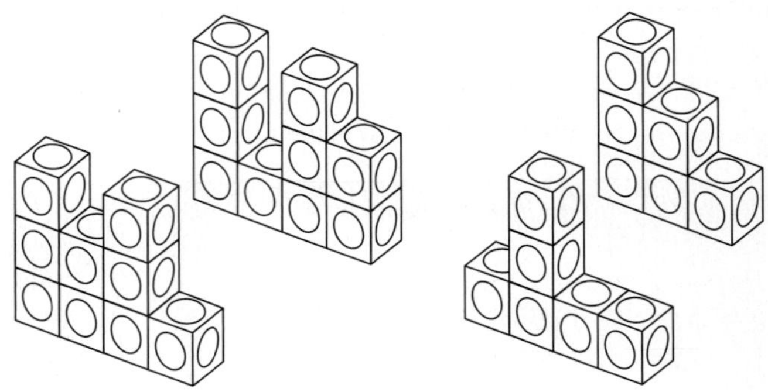

5.4.2 Ebene Figuren

Da nicht alle Bundesländer in der Frage übereinstimmen, welche ebenen Figuren im ersten Schuljahr unbedingt benannt und beschrieben werden sollten, geben wir keinen vollständigen Kanon vor. Außerdem muss die korrekte Bezeichnung geometrischer Grundformen nicht vehement forciert werden. Dazu bleibt in den folgenden Schuljahren noch genügend Zeit. Folgende Inhaltsbereiche können Bestandteil des ersten Schuljahrs sein:
- Eigenschaften ebener Figuren (rund, dreieckig, viereckig, evtl. quadratisch und rechteckig)
- ebene Figuren benennen (Kreis, Viereck, Quadrat, Rechteck, Dreieck u. a.)
- geometrische Grundformen erzeugen
- Figuren nachlegen
- Figurenumrisse auslegen
- Muster und Parkette legen
- einfache achsensymmetrische Figuren erkennen und herstellen

Ebene Figuren unterscheiden

Das Erkennen von Eigenschaften ebener Figuren und das erste Anbahnen von Fachbegriffen wurde in Kapitel 5.2.3. mit Hilfe von Fühlbeuteln und Sortierkästen erläutert. Zur Unterscheidung der einzelnen Formen gibt es im Handel eine Vielzahl von Kopiervorlagen, auf denen die Kinder gleiche Formen in derselben Farbe umranden oder färben sollen (Kopiervorlage G 1).

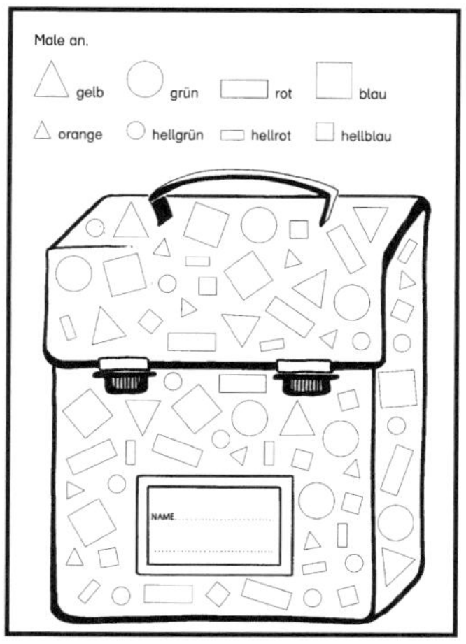

Aus: *Abele, Ch. u. a. (1996): LUMATRIX Geometrie 1/2. Kopiervorlagen. Hannover: Schroedel*

Das bekannte Spiel „Mein rechter Platz ist frei" kann auch mit Formenplättchen gespielt werden. Jedes Kind erhält ein Plättchen oder hängt sich ein Schild mit dem entsprechenden Symbol um. Wenn Sie die Symbolkärtchen selbst entwerfen, unterscheiden Sie nicht nur große und kleine Quadrate, Rechtecke, Dreiecke und Kreise, sondern auch Farben. Ansonsten ist die Vielfalt der Kärtchen zu gering. Im Spiel wird nun nicht mehr der Name eines Kindes gerufen, sondern beispielsweise das große, grüne Quadrat. Wer im Lehrmittelraum noch *Logische Blöcke* hat, kann auch diese Formenplättchen verwenden.
Ein interessantes Formenspiel ist auch das Taschenlampenspiel. Mit dem Lichtkegel einer Taschenlampe fährt ein Spieler die Umrisse einer geometrischen Figur ab. Der andere soll sie erkennen.

Grundformen herstellen

Grundformen aus Pappe und Papier
Mit Umweltmaterialien können Erstklässler Grundformen relativ leicht erzeugen. Umranden sie eine Dose, erhalten sie einen Kreis. Die Umrandung einer Schachtel gibt ein Rechteck oder Quadrat. Wird das Quadrat bzw. Rechteck ausgeschnitten und in der Diagonale gefaltet und zerschnitten, ergeben sich verschiedene Dreiecke. Die Faltung auf den Mittellinien erzeugt kleinere Quadrate und Rechtecke. Lässt man die Kinder mit buntem Papier arbeiten, können schöne Muster oder Figuren gelegt und geklebt werden.

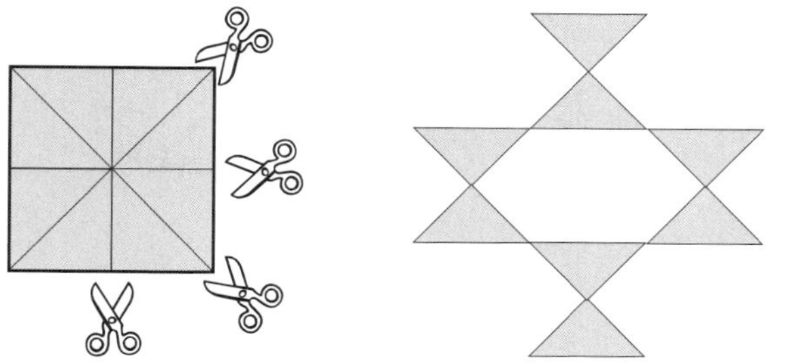

Anschließend wird auf Entdeckungsreise gegangen. Welche Grundformen und Figuren entdecken die Kinder in ihren Mustern und Bildern?

Möchte man als Lehrer die Herstellung von Grundformen gezielter steuern, arbeitet man am einfachsten mit Papier und Schere. Große, quadratische Papiere können in vier kleinere oder zwei Rechtecke bzw. mehrere gleichgroße Dreiecke zerlegt werden. Auch die umgekehrte Aufgabenstellung ist möglich, beispielsweise, wie man aus mehreren Teildreiecken wieder ein Quadrat bekommt.

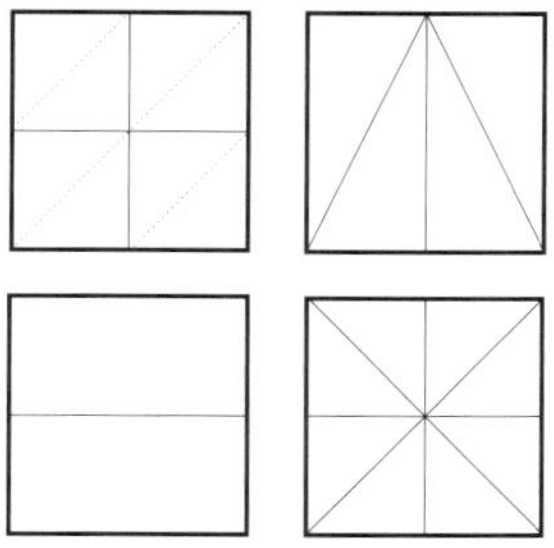

Die entstandenen Grundformen lassen sich in einem Spiel weiter verwenden. Benötigt wird zusätzlich zu den Formen ein normaler Spielwürfel (Punktzahl 1-6) und ein präparierter Würfel, der auf jeder Fläche eine geometrische Grundform abbildet.

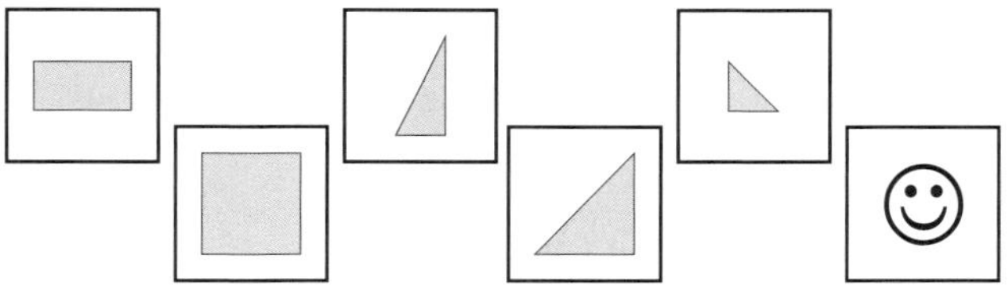

Jeder Spieler würfelt mit beiden Würfeln. Er darf jeweils die Anzahl der gewürfelten Formen wegnehmen. Das Spiel ist beendet, wenn alle Formen erwürfelt wurden. Für die Ermittlung des Siegers gibt es mehrere Möglichkeiten. Wer hat die meisten Formen? Wer hat die meisten Quadrate? usw. Spielen nur zwei Kinder, hat jeder dieselbe Anzahl an Formen vor sich liegen. Sieger ist, wer seine Formen zuerst abgeräumt hat.

Grundformen aus Streichhölzern und Pfeifenputzern
Mit Pfeifenputzern, Streichhölzern, Schaschlikspießen, Strohhalmen und Wollfäden lassen sich alle geometrischen Grundformen erzeugen. Da Pfeifenputzer Eigenstabilität besitzen, bleiben die Formen konstant und können zu Bildern gelegt, aber auch immer wieder verbogen werden. Wollfäden liegen am besten auf alten Teppichfliesen (Rutschgefahr gering!). Mit festen Stäben aller Art lassen

sich sowohl gemeinsame Spiele als auch Partnerspiele durchführen, bei denen Arbeitsaufträge ausgeführt werden müssen.

– Lege aus vier/sechs/acht Hölzern Figuren!

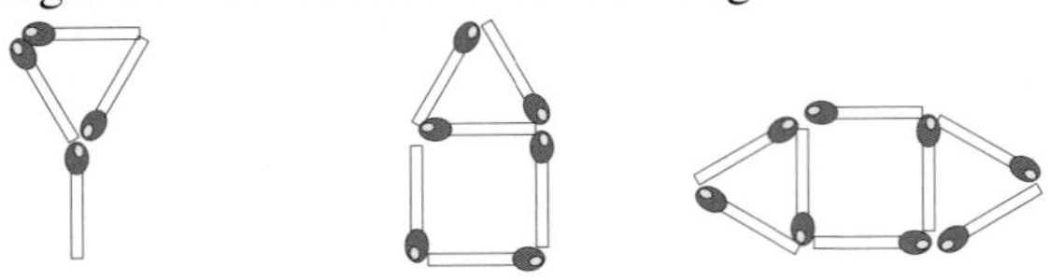

– Lege aus vier/acht Hölzern ein Quadrat!

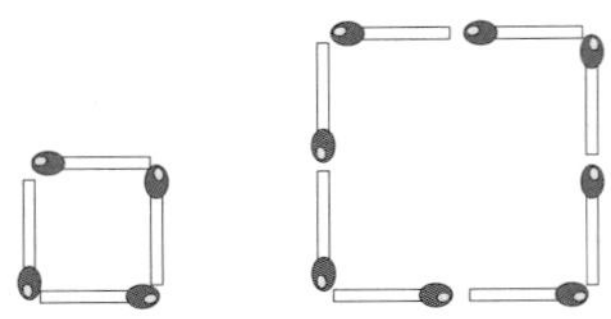

– Lege aus 12 Hölzern fünf Quadrate!

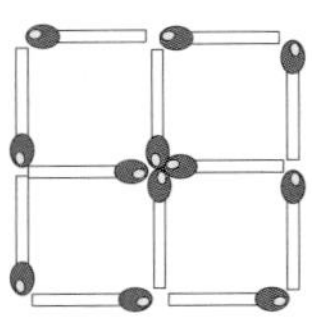

– Lege aus fünf Hölzern zwei Dreiecke!

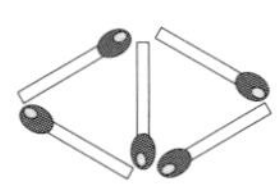

– Wie viele Stäbe benötigst du mindestens für ein Rechteck, das kein Quadrat sein soll?

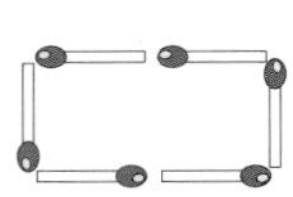

Im Partnerspiel legt ein Kind für den anderen nicht sichtbar eine Form oder komplexere Figur. Durch mündliche Beschreibung versucht der Partner, die Figur nachzulegen.

Einsatzmöglichkeiten von Formenschablonen
Der Umgang mit Schablonen stellt eine weitere Möglichkeit dar geometrische Formen zu erzeugen. Schablonen sind vielfach im Handel erhältlich (*Spiro-Spiel*, Zeichenschablonen vom Schubi-Verlag). Kinder zeichnen mit ihnen gerne Muster, Figuren und komplexe Bilder, weil die Schablonen sich relativ einfach und ordentlich ausmalen lassen. Als Alternative können auch geometrische Plättchen mit einem Stift umfahren werden. Dies erfordert aber schon eine gewisse manuelle Geschicklichkeit, die Erstklässler nicht unbedingt mitbringen. Die Formen sind meistens zu klein und verrutschen relativ schnell.

Muster lassen sich auch sehr schön mit selbst erstellten Formenstempeln und Tusche erstellen. Flaschenkorken gelten als Kreisstempel, Rechtecke, Quadrate und Dreiecke erhält man aus Radiergummis, die ggf. zerschnitten und auf einen Holzblock zum Anfassen geklebt werden. Diese Stempel halten länger als Kartoffelstempel. In Lehrmittelverlagen gibt es fertige Formenstempel zu kaufen.

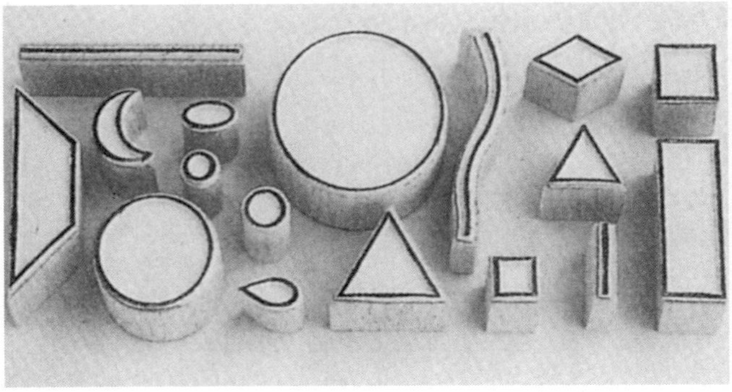

Freihandzeichnungen
Nicht vergessen werden darf die Funktion von Freihandzeichnungen. Sie steigern die räumliche Vorstellungskraft und die visuelle Wahrnehmungsfähigkeit, Dreiecke, Quadrate, Rechtecke, Kreise oder gerade und geschwungene Linien in verschiedener Größe bzw. Länge aus freier Hand zu zeichnen. Das schnelle Zeichnen von Skizzen unterstützt in späteren Schuljahren den Lösungsprozess bei geometrischen und sachorientierten Aufgaben. Legt man als Zeichenhilfe das Karoraster eines Rechenheftes zugrunde, erwerben die Kinder langsam die Fähigkeit, ihre Hefte übersichtlich einzuteilen und Tabellen geschickt und zügig anzulegen (vgl. Kapitel 5.6.1).

Umgang mit dem Geobrett

Das Geobrett ermöglicht auch schon im ersten Schuljahr einen weiteren Zugang zu geometrischen Formen. Es ist eines der ökonomischsten, preiswertesten und bedienungsfreundlichsten geometrischen Arbeitsmittel, die der Markt zu bieten hat. Ein Geobrett lässt sich einfach herstellen, wenn man sich beim Tischler die quadratische Grundfläche (z. B. 8 mm Pressspanplatte, 12 cm x 12 cm für ein 9-Nagel-Brett und 17 cm x 17 cm für ein 16-Nagel-Brett) zuschneiden lässt und die Nägel (z. B. 15 mm lange Blauköpfe oder Tapezierstifte) im Abstand von 5cm selbst einschlägt. Ein 9-Nagel-Brett reicht für die ersten beiden Schuljahre aus, da die Anzahl der Möglichkeiten begrenzt und somit überschaubar ist. Für die dritte und vierte Klasse lässt sich das 9-Nagel-Geobrett zu einem 16-Nagel-Brett erweitern, wenn man schon beim 9-Nagel-Brett von einer Grundplatte mit den Maßen 17 cm x 17 cm ausgeht und für das 16-Nagel-Brett die fehlenden sieben Nägel anbringt. Eltern, aber auch ältere Schüler helfen gerne beim Bauen von Geobrettern. Oft ergeben sich Schwierigkeiten beim Markieren der Punkte für die Nägel. Dazu erstelle man eine Folienschablone. Diese wird mit Löchern für die Nägel auf das Brett gelegt. Mit einem Filzschreiber überträgt man die Punkte für die Nägel auf das Brett (Kopiervorlage G2).

Die nötigen Gummibänder zum Spannen der Figuren müssen häufiger ersetzt werden, da sie schnell austrocknen und brüchig werden. Hutgummis in unterschiedlicher Länge sind haltbarer. Kaum ein Arbeitsmittel lässt sich so schnell hervorholen und wieder wegräumen wie ein Geobrett. Gerade im ersten Schuljahr ist dies kein zu unterschätzender Vorteil.

Die Selbsterfahrungen und eigenen Entdeckungen der Schüler sollten auch beim Umgang mit diesem Arbeitsmittel auf keinen Fall vergessen werden. Die Kinder spannen mit einem oder mehreren Gummibändern die verrücktesten Figuren. Auch für einen Lehrer ist es teilweise gar nicht so einfach eine komplexe Figur nachzuspannen. Dies ist ein beliebtes Spiel unter Mitschülern.
Das Geobrett verbindet sehr anschaulich die handelnde (enaktive Repräsentation) und die bildliche (ikonische Repräsentation) Darstellungsebene. Mit den Händen wird das Gummiband gespannt, deren Linienführung die zweidimensionale Abbildung einer Figur repräsentiert, die mit einer Skizze auf einem Arbeitsblatt übereinstimmt. Auch Erstklässler fixieren nach einiger Übung ihre auf das Geobrett gespannten Arbeitsergebnisse auf einem Arbeitsblatt.

Geobrett-Kartei
Da im Zuge des offenen Unterrichts ein Arbeitsmittel nicht gleichzeitig für die gesamte Klasse bereitgestellt werden muss, ergibt sich die Möglichkeit eine Geobrett-Kartei mit möglichst sprachfreien Arbeitsaufträgen selbst zu erstellen und als Differenzierung für schnellere Kinder einzusetzen. Die Kartei kann von den Kindern in Eigen- oder Partnerarbeit bearbeitet werden. Wenn möglich, ist eine Kontrolle auf der Rückseite der Karte abgebildet. Verwenden Sie für Ihre Kartei DIN-A5-Karteikarten. Der Kopf der Karteikarte sollte eine möglichst sprachfreie Arbeitsanweisung in Form von Symbolen beinhalten. Die Interpretation der Symbole sollte mit den Schülern in Kleingruppen erarbeitet werden. Später ersetzt man die Symbole durch sprachliche Anweisungen. Die Kopiervorlage G3 enthält Leervorlagen um eigene Ideen zu verwirklichen.

Fünf Themenbereiche als Anregungen für eine Geobrett-Kartei im ersten Schuljahr:

1. Figuren nachspannen (geschlossene und offene Linien)

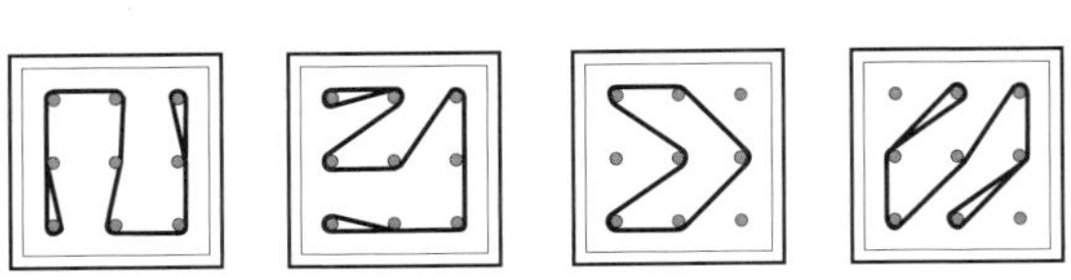

2. Figuren durch einen/mehrere Handgriff(e) verändern

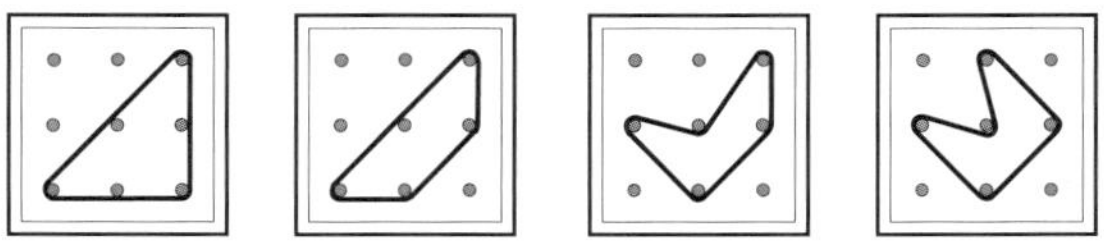

3. Identische Dreiecke, Quadrate und Vierecke in verschiedenen Lagen spannen

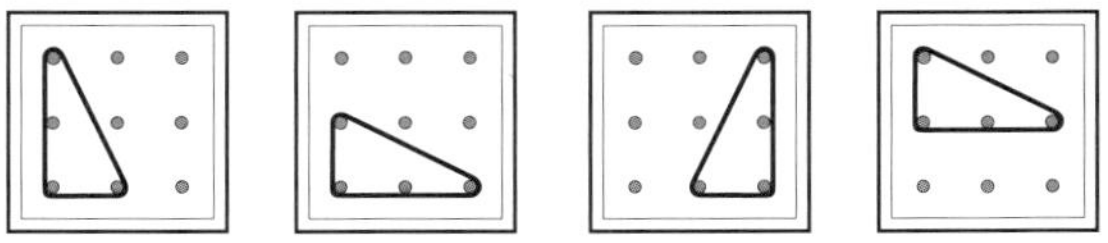

4. Mögliche Dreiecke, Vierecke und Quadrate spannen (Beispiel: Vierecke)

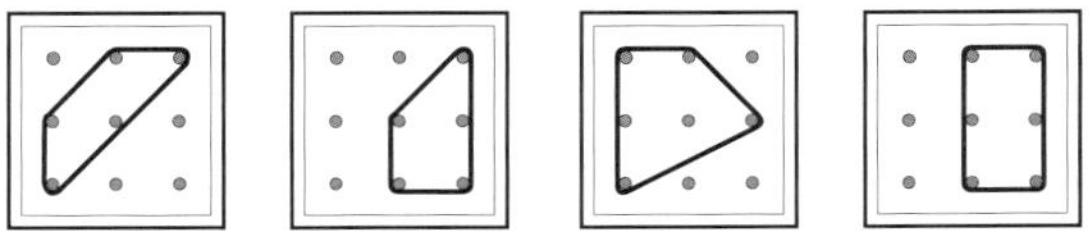

5. Figuren in kleine Dreiecke zerlegen

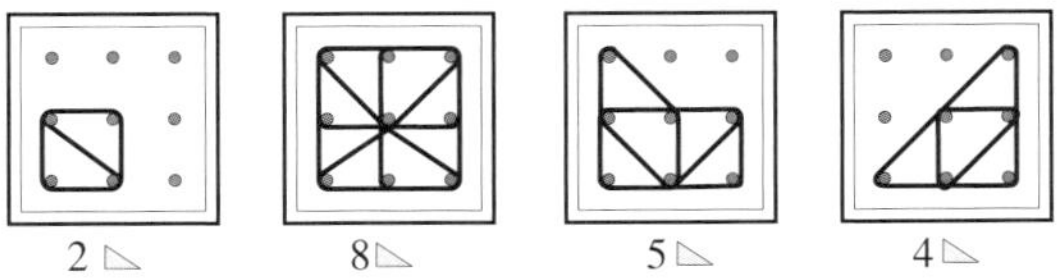

Kopiervorlagen mit leeren Geobrettern können den Kindern zum Fixieren ihrer Ergebnisse angeboten werden (Kopiervorlage G3). Die Übertragung auf ein Arbeitsblatt sollte den Kindern freigestellt sein, da sie schon eine gewisse manuelle Geschicklichkeit erfordert und die Geobretter kleiner als im Original abgebildet sind. Man kann aber auch für jedes Kind ein Geobrett vorsehen.

Die Geobrett-Kartei kann für die folgenden Schuljahre durch Anregungen zur Achsen- und Drehsymmetrie, zur Flächen- und Umfangsberechnung und auch zum arithmetischen Aufgabenbereich „Verdoppeln und Halbieren" ergänzt werden.

Legespiele

Der Handel bietet eine Vielzahl von Legespielen aus Holz oder Plastik an (Geopuzzle, Rautenmosaik und Farbmosaik vom eibe-Verlag, Trapezspiel von Wehrfritz u. a.).
Die Bausteine sind meistens geometrische Grundformen, mit denen Muster und Figuren gelegt werden können. Die Kinder entwickeln im Umgang mit diesen Spielen sinnvolle Legestrategien und schulen ihr räumliches Vorstellungsvermögen.

Tangram
Das bekannteste Legespiel ist wohl Tangram (Betzold und Schubi). Ein Quadrat wird in sieben Grundformen zerlegt. Möchte man mehrere Tangramspiele in Eigenarbeit herstellen,

wäre es sinnvoll stabilen Fotokarton zu verwenden, der vorne farbig und auf der Rückseite weiß ist (Kopiervorlage G 4). Jedes Tangram bekommt so eine andere Farbe. Der zweifarbige Karton hat neben der Haltbarkeit zusätzlich den Vorteil, dass sich die sieben Teile, die zu einem Spiel gehören, schnell anhand der Farbe erkennen lassen.

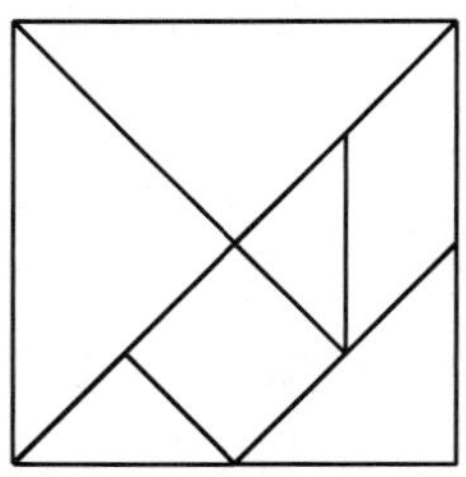

Die Formen lassen sich immer wieder verschieden zu neuen flächengleichen Figuren kombinieren. Die Zahl der Möglichkeiten ist schier unausschöpflich und bietet Kindern einen großen Freiraum.

Wenn Kindern in Anlehnung an das Lösungsheft originalgroße Tangramfiguren vorgelegt werden, können sie diese mit den Tangramformen nachlegen. Leistungsstärkere Kinder schaffen das Nachlegen vielleicht sogar schon mit Hilfe der kleinen Abbildungen im Lösungsheft.

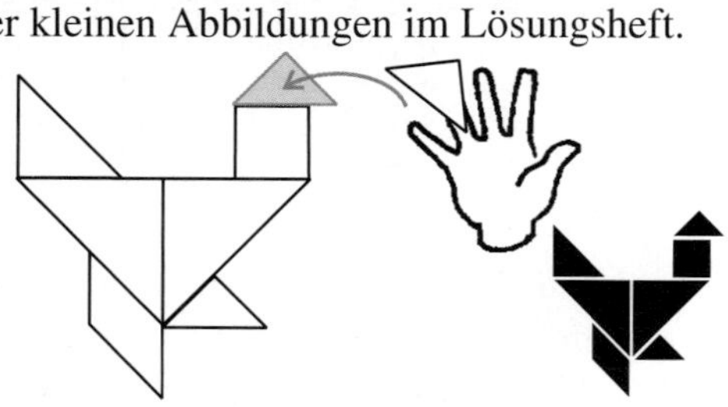

Möchte man die Tangramfiguren im Unterricht auch zum Auslegen gezielt gewählter Figuren (Rechteck, Dreieck, Quadrat usw.) nutzen und dadurch die Anforderungen steigern, sollte man Erstklässlern Umrissfiguren als Kopiervorlage anbieten. Ohne Vorgabe der äußeren Begrenzung würde das gezielte Legen bestimmter vorgegebener Figuren eine Überforderung darstellen. Man kommt als Lehrerin meistens nicht umhin, diese Umrissfiguren selbst zu erstellen.

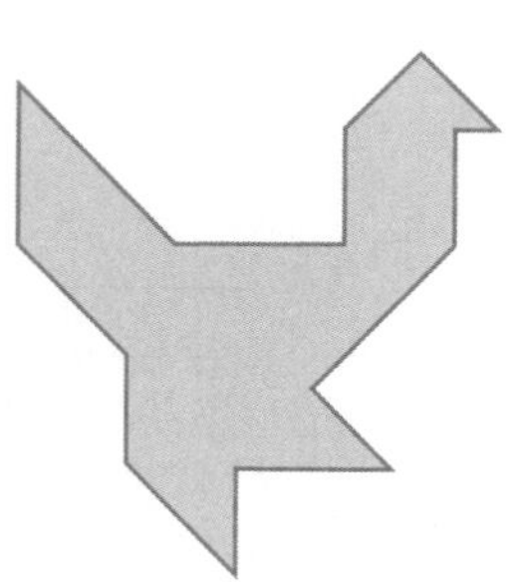

Tangram legt schon im ersten Schuljahr den Grundstein für die Entwicklung des Flächeninhaltsbegriffs.

Formenplättchen

Das Auslegen von Umrissfiguren und Erzeugen von Mustern und Parketten mit geometrischen Grundformen nimmt besonders in den Schulbüchern einen breiten Raum ein. Viele Schulbuchverlage bieten verlagseigene Plättchen aus Pappe in Schulbüchern oder aus Plastik an (z. B. *Geometrische Formen* von Schroedel, *Merkmalplättchen* verschiedener Größe von Westermann oder Mildenberger, *Winkelplättchen* von Klett usw.). Teilweise werden zusätzlich Kopiervorlagen oder geometrische Übungsbücher angeboten. Leider sind die Formenplättchen aus Pappe nicht sehr stabil und durch ihre Flachheit unhandlich für Kinderhände. Die Plättchen halten meistens so lange, bis man alle Seiten im Mathebuch damit bearbeitet hat. Teilweise wird nur das gleichseitige Dreieck in mehreren Größen angeboten. Die Geoplättchen von Mildenberger umfassen auch rechtwinklige und gleichschenklige Dreiecke. Die Möglichkeiten, Grundformen in kleinere Grundformen zu zerlegen, steigen somit.

Stabile Formenplättchen aus Holz oder Plastik sollten in keinem Geometrieregal fehlen. Wählen Sie entweder die aus, die zu Ihrem Unterrichtswerk gehören oder andere, die Ihnen persönlich zusagen. Es genügt pro Klasse zwei bis vier Plättchensätze anzuschaffen, da sie zur Freiarbeit ausliegen sollten. Existieren geeignete Kopiervorlagen, stecken Sie diese in Folien und bewahren sie in Aktenordnern auf. Falls Sie noch zusätzlich eigene Vorlagen zum Material erstellen wollen, bieten sich folgende Anregungen an.

1. Nachlegen originalgroßer Figuren

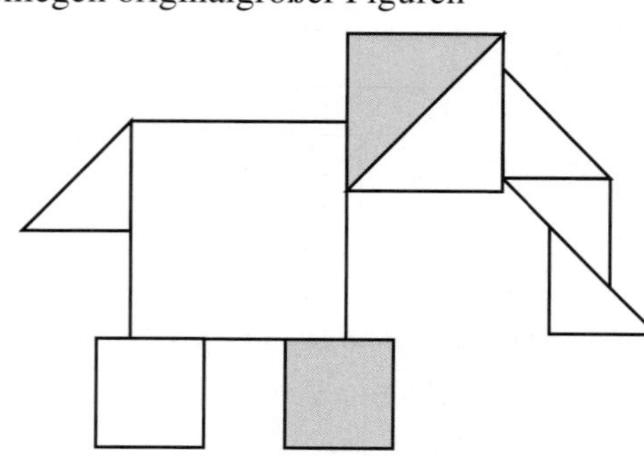

2. Umrissfiguren auslegen

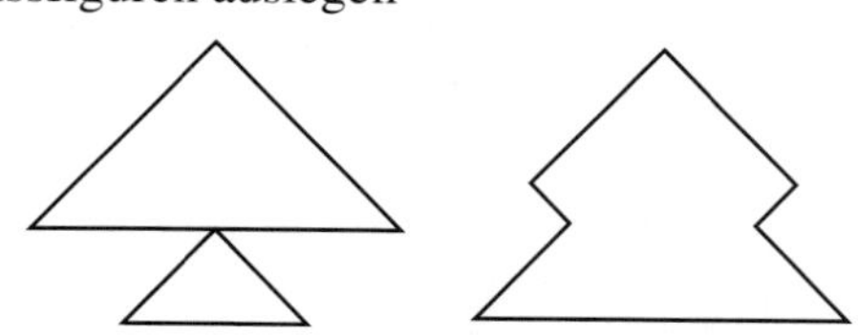

3. Umrissfiguren mit vorgegebenen Plättchen auslegen. Anzahlen bestimmen!

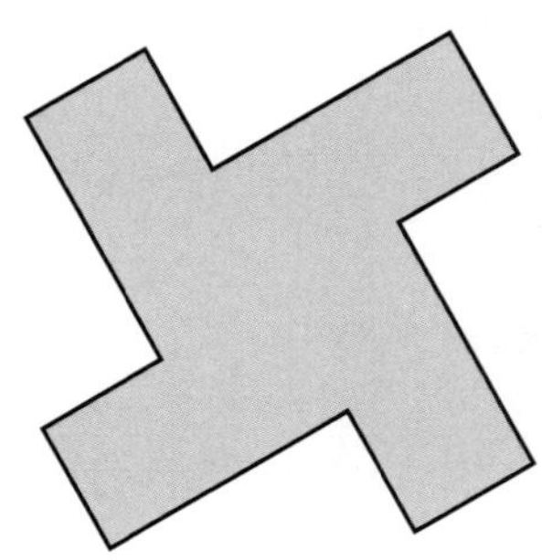

Möglichkeiten			
1.			
2.			
3.			
4.			
5.			

4. Figuren mit denselben Plättchen auslegen

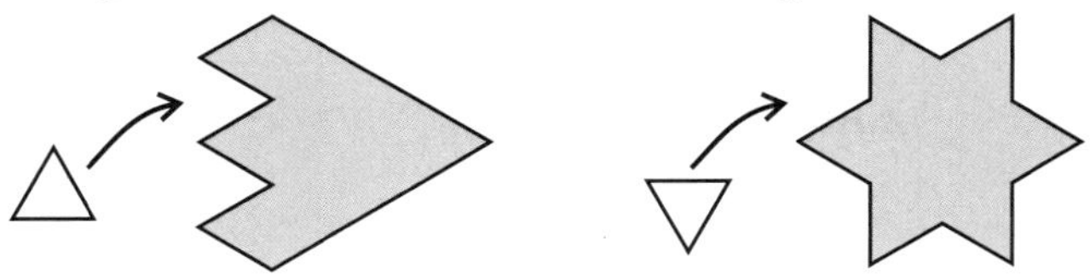

5. Muster nach- und weiterlegen

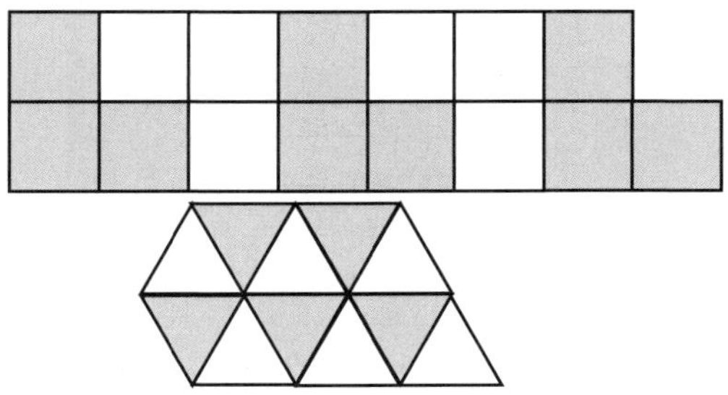

6. Spiegelbilder legen

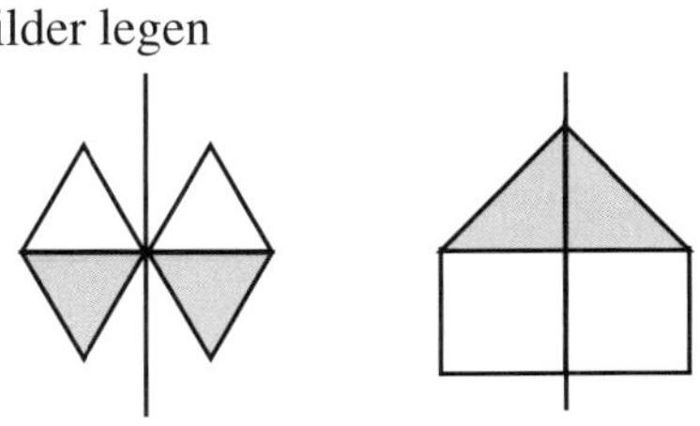

Winkelplättchen

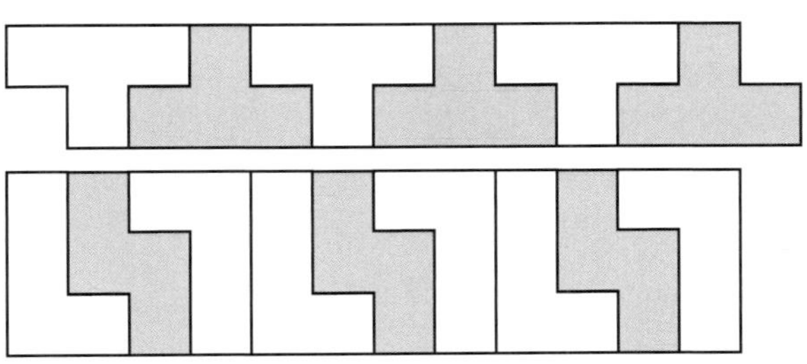

Die Winkelplättchen (Klett-Verlag) sind hervorragend für Bandornamente und Parkettierungen geeignet. Den Kindern können vorgegebene Muster angeboten werden, die sie nachlegen, aber auch im Klassenverband oder zwischen Partnern kann ein Muster begonnen und von anderen vervollständigt werden.

Puzzles

Klassische Puzzles sollten als bekannte Grundlage für Gesamtbilder, die in Einzelteile zerschnitten werden, nicht vergessen werden. Sie schulen das räumliche Vorstellungsvermögen und das Erkennen räumlicher Beziehungen.

Legen Sie in ihrer Klasse Kalenderblätter oder Postkarten bereit. Jedes Kind wählt ein Motiv aus und erhält den Auftrag, das Bild durch mehrere gerade Schnitte (mindestens fünf) zu zerschneiden. Anschließend werden die Teile gemischt und erneut zum Gesamtbild zusammengestellt. Bewahrt man die Teile in Briefumschlägen im Geometrieregal auf, haben die Kinder immer wieder die Möglichkeit, ein Bild zu puzzlen. Der Überraschungseffekt bleibt erhalten, da es keine Vorlage mehr für das Gesamtbild gibt.

Möchte man zu abstrakteren und geometrischen Formen übergehen, kann man sich u. a. durch Die Grundschulzeitschrift 62/93 anregen lassen (vgl. Falkenburg 1993). Die Kinder erhalten in zweifacher Ausfertigung entweder einen Baum, ein Haus, eine Blume oder eine andere gegenständliche Figur. (Andere Figuren sind natürlich möglich.) Auf einer der beiden Figuren sind Schnittlinien vorgegeben. Wenn die Kinder ihre Figur sauber zerschnitten haben, müssen sie diese wieder zusammenlegen. Anschließend versucht es der Nachbar. Die Figuren sollen aus zweifarbigem Fotokarton bestehen und in Tüten zur weiteren Verwendung mit der Vorlage aufbewahrt werden. Erschweren kann man die Aufgabe, indem man abstraktere Figuren wie Kreise, Ellipsen, Quadrate, Dreiecke, Parallelogramme oder auch Trapeze verwendet. Sie sind zur Differenzierung für leistungsstärkere Kinder gedacht.

5.5 Sehen und Vorstellen

Gerade in unserer heutigen medienüberfluteten Zeit, die mit visuellen Reizen überladen ist, meint man, davon ausgehen zu können, dass die visuellen Fähigkeiten unserer Kinder besonders gut ausgebildet sein müssten. Viele sind trainiert im regelmäßigen Fernsehen und an Computerspielen. Untersuchungen zeigen aber, dass das visuelle Vorstellungsvermögen und das räumliche Orientieren bei heutigen Schülern eher unterentwickelt sind.

Die visuelle Wahrnehmungsfähigkeit begleitet alle schulischen Lernprozesse. Beim Lesen und Schreiben ist sie genauso wichtig wie im Arithmetikunterricht. Die Zahlbegriffsbildung, die Erweiterung des Zahlenraums und die Erarbeitung der Rechenoperationen sind Zentralpunkte des Arithmetikunterrichts. Von Grundschülern werden visuelle und geometrische Fähigkeiten gefordert und erwartet, um mit Zahlen operieren zu können. Der handelnde Umgang mit konkretem Material und mathematischen Arbeitsmitteln ist die erste Stufe des Begreifens. Eine zweite, die des Einsehens, soll über bildliche Darstellungen und Veranschaulichungen erreicht werden. Die dritte Stufe fordert das Vorstellen von Operationen auf abstrakter Ebene. Zwischen allen drei Stufen müssen die Kinder Übersetzungsprozesse leisten, die sowohl visuelles Vorstellen, Ordnen und Differenzieren, als auch visuelles Speichern und Operieren voraussetzen. Gerade diese Transferfähigkeit ist nicht bei allen Kindern ausgebildet. Der Geometrieunterricht kann die Förderung, speziell in diesem Bereich, entwickeln und ausbilden helfen.

Im Folgenden wollen wir Anregungen für den Unterricht zur visuellen Wahrnehmung, zum visuellen Speichern und zum visuellen Operieren geben. Besonders die ersten sechs Wochen sollten dafür genutzt werden, um die Lernausgangslage der Kinder zu erfassen und mögliche Defizite durch gezielte Förderung zu kompensieren.

5.5.1 Übungen zur visuellen Wahrnehmung

Neben den vielen Inhaltsbereichen im Mathematikunterricht des ersten Schuljahrs ist es nicht einfach, eine Nische für Wahrnehmungsübungen zu finden. Die Vorerfahrungen der Kinder sind sehr unterschiedlich, sodass gemeinsame Übungen im Klassenverband für einige eine Unterforderung für andere eine Überforderung darstellen.

Herstellen eines „Guckkastens"

Mit den Materialien von Frostig (1972), Müller (1986) und Spielseiten aus Kinderzeitschriften oder Rätselbüchern lässt sich eine Arbeitsblattsammlung zusammenstellen, mit der die Kinder nach kurzer Einführung in Phasen des offenen Unterrichts, als zusätzliche Übungen und im Förderunterricht unter gezielter Anleitung umgehen können. Von den Arbeitsblättern wähle man nur die aus, die sich mit einem Stift bearbeiten lassen. Jedes Blatt wird in eine Folienhülle eingeschoben. So umgeht man das Problem des ständigen Kopierens, da die Folien mit abwaschbaren Folienstiften beschrieben werden und immer wieder verwendbar sind. Zur Selbstkontrolle lege man in die Hülle ein identisches Arbeitsblatt, mit den Lösungen versehen, ein. Alle Vorlagen lassen sich gut in einer Kiste aufbewahren, die für die Kinder den motivierenden Namen „Guckkasten" erhält. Beschriftet man den Kasten mit dem Symbol zweier Augen, erinnern sich die Kinder jederzeit, welche Fähigkeit von ihnen verlangt wird. Die Arbeitsblätter müssen nicht in chronologischer Reihenfolge bearbeitet werden, sodass sich eine vorgeschriebene Ordnung im Kasten erübrigt. Die Kinder wählen nach Interesse und Fähigkeiten aus.

Zur Arbeitserleichterung für die Lehrerin treffen wir eine Auswahl geeigneter Arbeitsblätter:

Aus dem Frostig-Programm sind die meisten Arbeitsblätter zur
- *Figur-Grund-Diskrimination,*
- *Wahrnehmung der Raumlage,*
- *Wahrnehmungskonstanz* und
- *Wahrnehmung räumlich*er *Beziehungen*

geeignet. Die Bergedorfer Kopiervorlagen von Müller bieten Anregungen für die ersten drei Bereiche und zusätzlich zum visuellen Differenzieren und Orientieren. Ergänzt werden kann die Sammlung durch Anregungen aus Kinderzeitschriften und Rätselbüchern. Um die Anzahl der Blätter für die Kinder überschaubar zu gestalten, sollte der „Guckkasten" höchstens 50 Arbeitsblätter beinhalten.

Übungen zur Figur-Grund-Wahrnehmung
Bei Übungen zur *Figur-Grund-Diskrimination* üben die Kinder, sich auf einen wichtigen visuellen Reiz zu konzentrieren. Teilfiguren sind aus einem komplexen optischen Hintergrund zu isolieren. Beispielsweise soll die Anzahl mehrerer übereinander gezeichneter Umrisse von Händen oder bestimmter Gegenständen bestimmt werden. Durch Nachzeichnen mit Folienstiften unterschiedlicher Farbe lässt sich die Anzahl leichter feststellen. In Rätselbüchern sind häufig sich überschneidende Linien abgebildet nach dem Motto: Welches Kind gehört zu welchem Luftballon? Auch diese Aufgaben gehören in den Bereich der *Figur-Grund-Wahrnehmung*.

Aus: Abele, Ch. u. a. (1996): LUMATRIX Geometrie1/2 Kopiervorlagen. Hannover: Schroedel.

Übungen zur Wahrnehmung der Raumlage
Geometrische Beziehungen, wie rechts, links, oben, unten usw., lernen die Kinder bei Übungen zur *Wahrnehmung der Raumlage* zu unterscheiden. Auf bestimmte Details in unterschiedlicher Raumlage soll geachtet werden.

Übungen zur Wahrnehmungskonstanz

Welches Auto fährt nach rechts, welches nach links?

Als Wahrnehmungskonstanz bezeichnet man die Fähigkeit, identische Figuren in verschiedenen Lagen, Größen und Anordnungen, unabhängig von Musterdetails, wiederzuerkennen. Identische Figuren müssen die Schüler mit Folienstiften markieren.

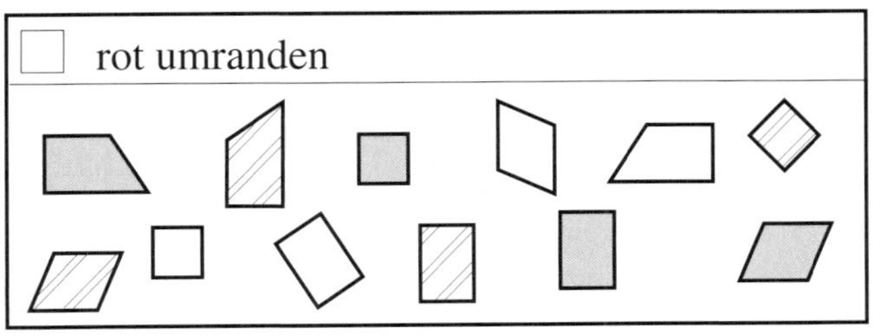

Übungen zur Wahrnehmung räumlich-zeitlicher Beziehungen
Zu den Übungen, die die Fähigkeit der Wahrnehmung räumlicher Beziehungen trainieren, gehören Punktbilder, Figuren im Gitternetz, Fortsetzen von Folgen, Vervollständigen von Figuren (vgl. Kapitel 5.6.1 und 5.6.2), Labyrinthe, logische Handlungsketten und Bildergeschichten. Alle mathematischen Operationen beschreiben eine Handlungskette in mehreren Sequenzen. Bei der Addition beispielsweise beginnt man mit einer Ausgangsmenge, zu der eine bestimmte Anzahl von Elementen hinzugefügt wird. Daraus ergibt sich die Endsumme. Auch im alltäglichen Leben führen wir ständig Handlungsketten aus, deren korrekter Ablauf nicht allen Kindern sofort einsichtig ist. Wie verändert sich eine Eistüte (eine Banane ...), wenn sie gegessen wird? Was geschieht, wenn ein Luftballon aufgeblasen wird? Diese einfachen logischen Übungen müssen Erstklässler ausführen können, um mathematische Operationen zu verstehen.

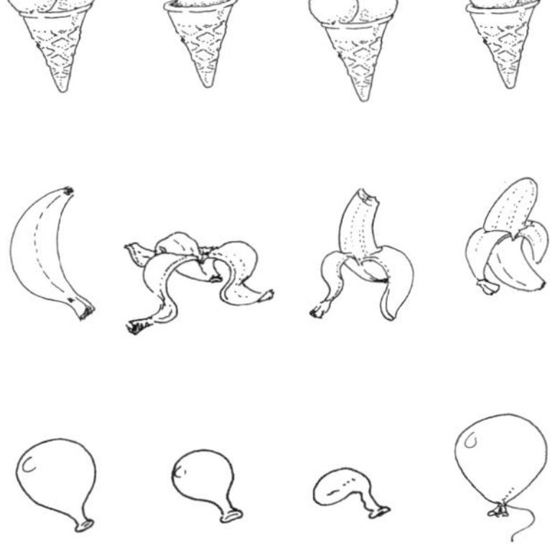

Als Erweiterung bieten sich Bildergeschichten aus dem Deutschunterricht an (z. B. vom Schubi-Verlag). Die Bilder müssen von den Kindern in der richtigen Reihenfolge nummeriert werden. Diese Übungen fördern nicht nur das Verständnis für mathematische Operationen, sondern auch für Sachaufgaben.
Schau genau und *Differix*, zwei Spiele von Ravensburger, fördern die visuelle Warnehmungsfähigkeit und sollten in keiner Mathe-Ecke fehlen.

5.5.2 Visuelles Speichern

Im Mathematikunterricht erwarten wir von den Kindern, dass sie durch den handelnden Umgang mit Material und anhand bildlicher Darstellungen zum abstrakten Denken gelangen. Dies setzt voraus, dass sie Handlungen an konkretem Material und visuelle Veranschaulichungen verinnerlichen und im Gedächtnis verankern. Die Anordnung der Zahlen auf dem Zahlenstrahl, Ziffern- und Operationssymbole, das Zusammenstecken von Steckwürfeln als Darstellung für die Addition sind nur einige Beispiele für Informationen, die gespeichert werden müssen. Die visuelle Anschauungs- und Speicherfähigkeit muss daher besonders trainiert werden.

Memoryspiele
Jede Form und Variation von Memory ist wohl die bekannteste Spielform, um visuelles Speichern zu üben. Viele Kinder, gerade im ersten Schuljahr, spielen gerne Memory und sind oft frustriert, dass die Zeit für ein Spiel nie reicht. Teilen Sie ein Spiel in kleinere Spiele mit weniger Karten auf, die in unterschiedlichen Schachteln aufbewahrt werden. *Nanu* und *Sagaland* von Ravensburger haben Spielzüge des klassischen Memory.

Das mündliche Gedächtnisspiel „Ich packe meinen Koffer und nehme eine Badehose mit“ hat Ravensburger zu einem Spiel mit Karten umgestaltet. So wird bei diesem Spiel das visuelle Gedächtnis trainiert.

Zu Beginn einer Unterrichtsstunde oder als Auflockerung zwischendurch können Merkspiele im Stuhlkreis durchgeführt werden. Eine bestimmte Anzahl von Gegenständen wird in die Kreismitte gelegt. Jedes Kind versucht, sich möglichst viele Gegenstände zu merken. Nach einer festgelegten Zeit, legt man ein Tuch über die Gegenstände. Wer kann nun noch alle Dinge aus dem Gedächtnis aufzählen? Je mehr die Kinder trainiert sind, desto höher kann die Anzahl der zu memorierenden Gegenstände sein.

Es kann nicht davon ausgegangen werden, dass alle Kinder eine Strategie zum visuellen Speichern entwickelt haben. Beim oben beschriebenen Spiel sollte in der Speicherphase jeder Gegenstand von einem Kind in die Hand genommen und laut benannt werden. Die Gegenstände lassen sich als Merkhilfe auch zu Gruppen zusammenlegen (z. B. alle Bücher, alle Stifte). Mit den Kindern lassen sich verschiedene Merkhilfen entwickeln und trainieren. Auf diese Art und Weise wird gezieltes Sehen gefördert. Als Schwierigkeitssteigerung kann mit Fotos gearbeitet werden, die sich im Klassenverband herstellen lassen. Jede Partnergruppe wählt 10 bis 15 Gegenstände aus und legt sie ungeordnet oder sortiert auf ihrem Schultisch aus. Anschließend wird jeder Tisch fotografiert. Mit den Fotos kann ohne großen Materialaufwand die Speicherfähigkeit in Einzel- oder Partnerarbeit trainiert werden.

Speicherübungen
Kopfrechenphasen können gelegentlich durch Speicherübungen ersetzt werden (vgl. S. 120). Die Lehrerin zeichnet auf die Tafel bzw. auf den Overhead-Projektor beispielsweise folgendes Bild:

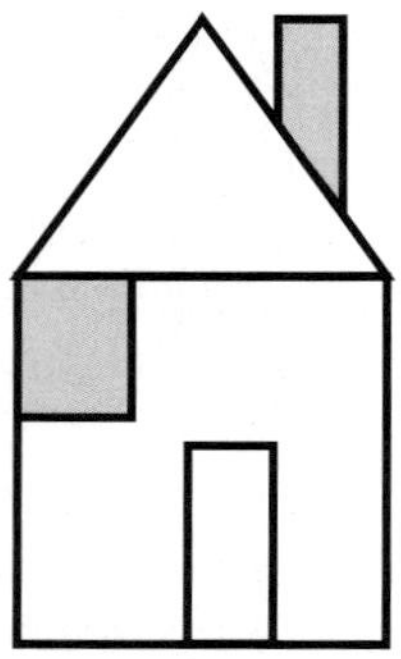

Die Kinder prägen sich die Figur in Ruhe ein. Anschließend wird die Tafel zugeklappt. Nach ca. 15 Sekunden sollen die Kinder die Figur aus dem Kopf aufzeichnen.

Wenn Sie sich Speicherkarten selbst herstellen, können Übungen dieser Art auch in Einzel-, Partner- oder Gruppenarbeit durchgeführt werden. Folgende Darstellungsformen wären geeignet:

– Gegenständliche Figuren wie in obiger Abbildung

– Geometrische Figuren

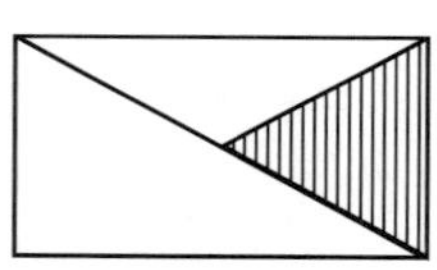

– Punktfelder

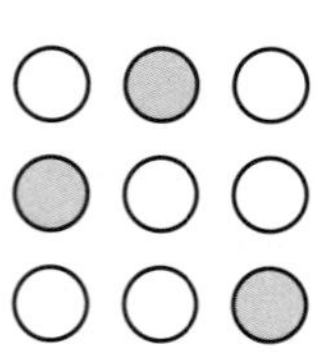

– Zahlen und Zahlausdrücke

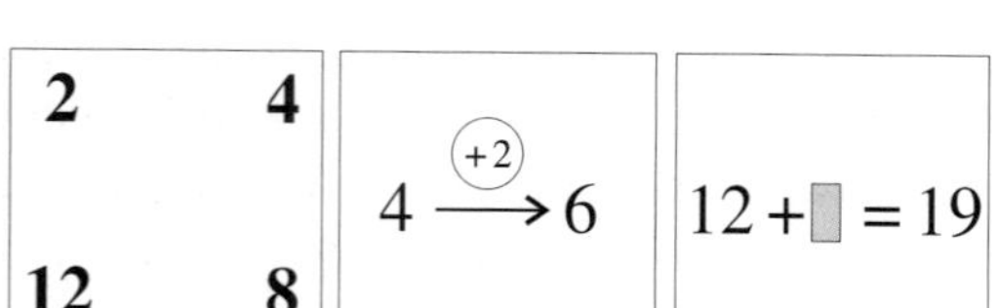

– Linien in verschiedenen Anordnungen

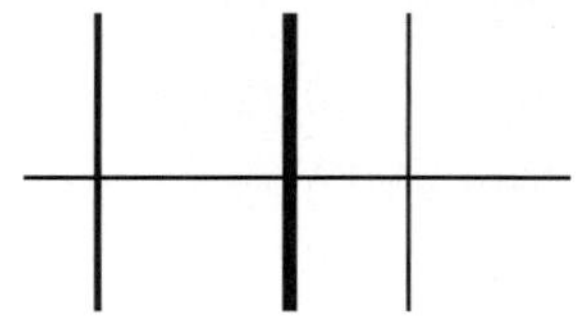

– Geometrische Folgen

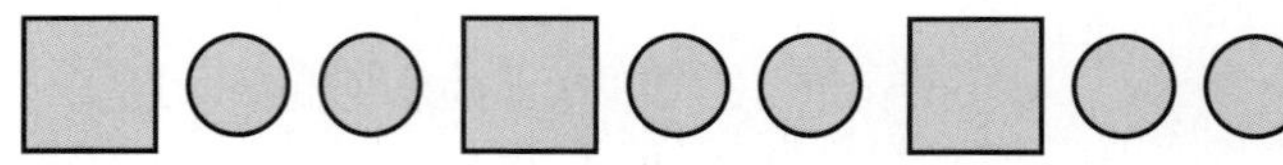

– Muster

(vgl. Lorenz/Radatz 1993, S. 107 ff., Radatz/Rickmeyer 1991, S. 131)

Zeichnen Sie die Darstellungen auf kleine Karteikarten. Jede Darstellungsform sollte in mehreren Varianten vorliegen.

5.5.3 Visuelles Operieren

Visuelles Operieren bezeichnet die Fähigkeit, in der Vorstellung mit Inhalten operieren zu können. Gespeicherte Informationen werden dabei nicht nur wieder in Erinnerung gerufen, sondern sie müssen auch in Gedanken verändert werden. Nehmen wir als Beispiel aus der Arithmetik verschiedene Handlungsschemata für die Addition. Plättchen werden zusammengelegt, an der Rechenkette schiebt man Perlen dazu, Steckwürfel werden zusammengesteckt und am Zahlenstrahl bewegt man sich in Schritten nach rechts. Hat das Kind das Material nicht mehr vor Augen, muss es die Addition in der Vorstellung ausführen und verallgemeinern, um zur abstrakten Vorstellung der Addition zu gelangen. Der Verinnerlichungsprozess fällt besonders Grundschülern mit Lernschwierigkeiten schwer. Visuelles Operieren kann am jeweilig verwendeten Arbeitsmittel geübt werden, indem die Kinder sich langsam und in Einzelschritten vom Material lösen.
- Die Handlung wird verkürzt.
- Die Handlung wird sprachlich umschrieben.
- Die Handlung wird verdeckt.
- Die Handlung wird gezeichnet.
- Die Handlung wird auf strukturgleiche Materialien übertragen.

(vgl. Lorenz/Radatz 1993, S. 172 f.)

Kopfgeometrie
Geometrie im Kopf schult die Fähigkeit des visuellen Operierens. Geometrische und andere Gegenstände müssen sich im Kopf vorgestellt und mit ihnen Handlungen

oder Veränderungen vorgenommen werden. Dazu einige Anregungen:

- Aus einem Fühlbeutel mit verschiedenen geometrischen und anderen Körpern sollen alle Würfel bzw. Quader ertastet werden.
- Welche und wie viele Figuren entstehen, wenn ein Quadrat aus Papier auf der Mittellinie bzw. einer Diagonale zerschnitten wird?
- Fünf geometrische Figuren werden in einer bestimmten Reihenfolge gelegt und anschließend gemischt. Wer kann die Reihenfolge wieder herstellen? Diese Übung kann auch mit verschiedenfarbigen Stiften, bunten Plättchen, Memorykarten u. a. ausgeführt werden.
- Verschiedene Gegenstände liegen im Stuhlkreis. Während die Kinder die Augen geschlossen halten, entfernt ein Mitschüler einen oder mehrere Gegenstände. Alle öffnen wieder die Augen und überlegen, was weggenommen wurde. Analog dazu können Dinge hinzugefügt oder die Anordnung der Gegenstände kann variiert werden. An den Gegenständen lassen sich auch Veränderungen vornehmen, indem beispielsweise die Raumlage eines oder mehrerer Gegenstände oder die räumliche Beziehung zueinander geändert wird.

Prägen Sie sich die 10 Dinge der folgenden Abbildung ein und decken Sie sie ab.

An diesen Abbildungen können Sie Ihre Fähigkeiten im visuellen Operieren testen.

Was fehlt? Was kam hinzu?

Welche Figur wurde verändert (Raumlage)? Wo wurde die Anordnung der Gegenstände verändert?

Solche Veränderungsspiele lassen sich statt mit Gegenständen auch mit Kindern, die sich in Gruppen liegend oder sitzend angeordnet haben, durchführen.

Orientierungsübungen im Klassenraum, in der Schule und auf dem Schulweg gehören genauso in den Bereich des visuellen Operierens (vgl. Kapitel 5.2) wie Faltanleitungen (vgl. Kapitel 5.3) und Aufgaben zur Rechts-Links-Orientierung (vgl. Kapitel 5.2.3).

Der Schubi-Verlag hat 80 Fotos zur Wahrnehmung der Raumlage zusammengestellt. Gegenstände aus der Umwelt der Kinder sind aus fünf Ansichten fotografiert. Einen Teddy sieht man z. B. von oben, von unten, von vorne, von hinten und von der Seite. Die Fotos geben viele Anregungen zu Sprach- und Sortierspielen (z. B. alle Gegenstände heraussuchen, die von unten abgebildet sind).

Spiele aus dem Fachhandel
Zwei Spiele aus dem Ravensburger Verlag möchten wir noch für die Mathe-Ecke empfehlen. *Contact* enthält Kärtchen mit roten, blauen und schwarzen Linien. Die Karten müssen so aneinander gelegt werden, dass sich Wege ergeben.

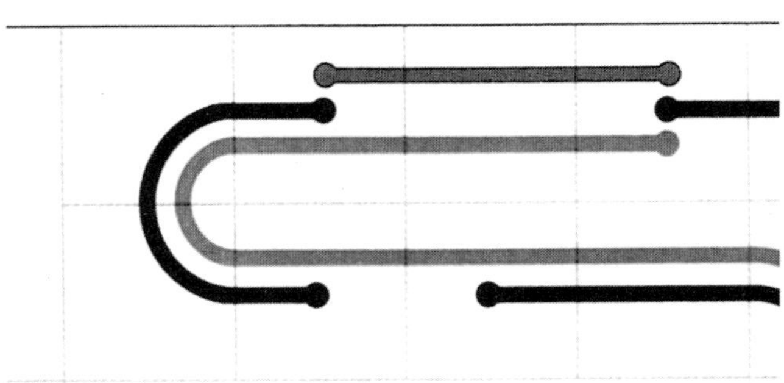

Das verrückte Labyrinth hat als Spielplan ein bewegliches Labyrinth, bestehend aus Einzelkarten. Durch geschicktes Verschieben der Karten entstehen immer neue Wege. Da man sich als Spieler, um zum Ziel zu gelangen, einen eigenen Weg bauen soll, muss man sich diesen erst im Kopf vorstellen, um ihn dann durch Schieben der entsprechenden Karten zu erreichen. Der Reiz des Spieles besteht darin, dass das Labyrinth, um die Gegner zu stören, immer wieder verschoben werden kann.

5.6 Färben und Zeichnen

Viele Arbeitsblätter zur Arithmetik ermöglichen die Selbstkontrolle durch Ausmalen beispielsweise von Lösungsfeldern in verschiedenen Farben.
Besonders im Erstrechen-, Erstlese- und Erstschreibunterricht geht die Leistungsschere, gerade was das Arbeitstempo betrifft, sehr weit auseinander. Einige Kinder arbeiten sehr viel schneller als andere und benötigen ständig Zusatzmaterial. Nicht selten neigt man dazu, die Kinder ihr fertiges Arbeitsblatt einfach ausmalen zu lassen. Auch in den übrigen Fächern ist das Anmalen eine häufig durchzuführende Tätigkeit. Nicht selten stellt sich schon in den ersten Wochen eine Abneigung der Kinder gegen „Malen" ein.

Unter geometrischem Färben und Zeichnen verstehen wir kein zusätzliches, zweckfreies Anmalen, sondern zielgerichteten Umgang mit Farb- und Bleistiften sowie Zeichengeräten. Zeichnen und Färben sind in diesem Zusammenhang die vorrangigen Tätigkeiten, durch die mathematisch-geometrische Erkenntnisse vermittelt und gewonnen werden. Die einzelnen Übungsformen sind im ersten Schuljahr noch vorrangig spielerischer Natur. Sie können punktuell und jederzeit im Unterricht durchgeführt werden, ohne dass ein hierarchischer Aufbau zwingend wäre. Die folgenden Vorschläge sind daher als Einzelanregungen gedacht.
Benötigte Materialien gehören zur Grundausstattung eines Schülers. Zum Färben brauchen die Kinder unterschiedliche Farbstifte wie Buntstifte, Filzschreiber und Wachsmalstifte. Beim Zeichnen werden oft ein Bleistift und verschiedene Lineale verwendet. Schablonen aus Umweltmaterialien wie Stäbe, Stifte, Geldstücke, Dosen, Schachteln u. a., Formenschablonen und Formenstempel, sowie Karo- und Blankopapier müssen in der Regel von der Lehrerin bereit gestellt werden.

5.6.1. Freihandzeichnungen

Neben dem Zeichnen mit Zeichengeräten ist dem freihändigen Zeichnen ein hoher Stellenwert einzuräumen. Es schult die räumliche Vorstellungskraft und unterstützt die Ausbildung feinmotorischer Fähigkeiten. Je kleiner die Freihandzeichnung, desto größer ist der Anspruch an die Motorik.

Freihandzeichnungen auf Tapetenrollen
Zur Einführung in die Freihandzeichnung wird mit Wachsmalstiften, Fingerfarbe oder Tusche auf großem Papier (z. B. Tapetenrollen) gearbeitet. Für Erstklässler ist es nicht einfach, zwei Punkte freihändig mit einer geraden Linie zu verbinden oder Dreiecke, Quadrate, Rechtecke und Kreise mit Fingerfarbe zu malen. Eine Tapetenrolle, auf dem Fußboden ausgerollt, reizt zum Ausprobieren und Üben auf großer Fläche.

Beim Weiterzeichnen von Folgen ist neben der zeichnerischen Fähigkeit auch die Kenntnis über den Aufbau der Folge gefragt. Es bereitet den Kindern viel Freude, wenn die Lehrerin oder später in Partnerarbeit ein Kind eine Folge beginnt, die weitergeführt werden soll.

Freihandzeichnungen auf Blankopapier
Im Anschluss daran kann versucht werden, kleinere Freihandzeichnungen auszuführen. DIN-A4-Blankopapier dient als Unterlage, worauf zuerst mit Filzstiften gezeichnet werden sollte, da sie besser gleiten als ein Bleistift. Auch hier können begonnene Folgen fortgesetzt werden. Wichtig ist, dass die Kinder den Aufbau der Folge zeichnerisch wiedergeben können. Die Größe wählen die Kinder selbst. Für die Kinder ist die Aufgabe einfacher, wenn ihnen das Arbeitsblatt im Querformat angeboten wird. Als Differenzierung dienen Linien wie in den klassischen Schwingheften für den Schreibunterricht, die jede Folge einrahmen.

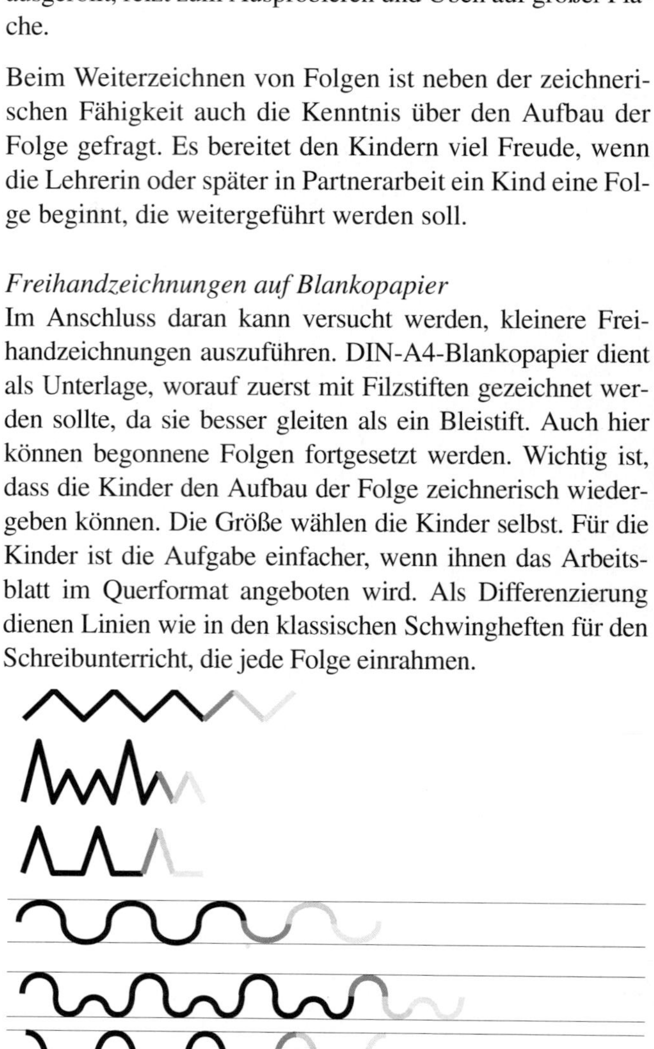

Auf kleiner Grundfläche gerade Linien aus freier Hand zu zeichnen, ist besonders beim Malen nach Zahlen gefragt. Dazu gibt es viele Vorlagen in Kinderzeitschriften (vgl. auch Zehnerkreis in Kap. 4.2.1, S. 73 f.). Bei diesen Aufgaben kommt auch der Bleistift zum Einsatz. Als Vorbereitung für komplexere Zahlenbilder können überschaubarere auf Arbeitsblättern angeboten werden, da in Kinderzeitschriften häufig der Zahlenraum so umfangreich ist, dass er noch nicht von allen Kindern beherrscht wird. Bewahrt man die Arbeitsblätter in einer Klarsichtfolie auf, können sie mit Folienstiften wiederholt bearbeitet werden.

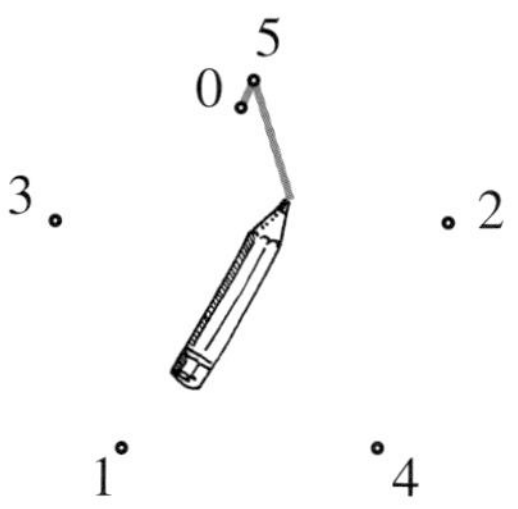

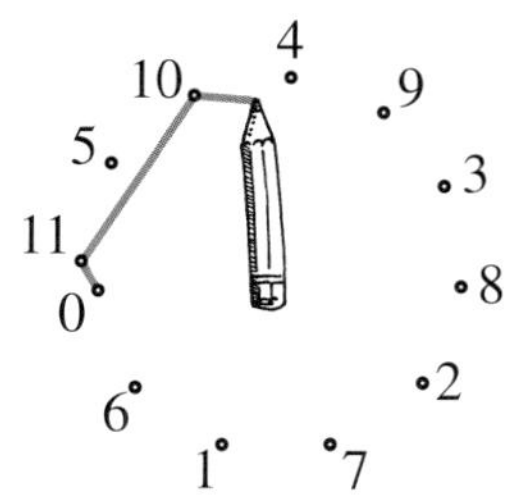

Erschweren lässt sich das Verbinden von Punkten, wenn die Zahlen weggelassen werden, um einer Denkaufgabe Platz zu machen. Auf einem Blatt mit vielen Punkten sollen immer drei Punkte zu einem Dreieck verbunden werden, ohne dass die Dreiecke sich überschneiden („Wie viele Dreiecke findest du?").

In diesen Rahmen passt das spannende Partnerspiel *„The game of Tri"* (Haggard/Schonberg 1977). Als Grundlage dient ein Spielplan, auf dem sechs Punkte zu einem Sechseck angeordnet sind (Abb. links, Kopiervorlage G 4).

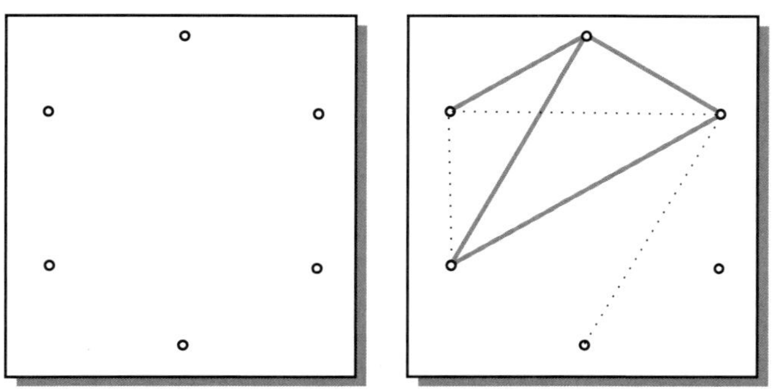

Jeder Spieler arbeitet mit einem anderen Farbstift. Abwechselnd dürfen immer zwei Punkte durch eine gerade Linie miteinander verbunden werden. Wer als Erster ein Dreieck in seiner Farbe gezeichnet hat, hat das Spiel gewonnen. Schnittpunkte sind erlaubt. Im vorangehenden Beispiel hat ein Spieler im siebten Zug gewonnen. Auf einem Arbeitsblatt können mehrere Spielfelder vorgegeben werden, um viele Spiele nacheinander zu ermöglichen. Auch dieser Spielplan kann in einer Klarsichtfolie zur ständigen Verwendung aufbewahrt und zum Spielen mit Folienstiften beschrieben werden.
Schon aus einer geringen Anzahl von Punkten lassen sich sogar Bilder durch Verbinden gestalten. Ein verkleinertes Bild dient dabei als Vorlage.

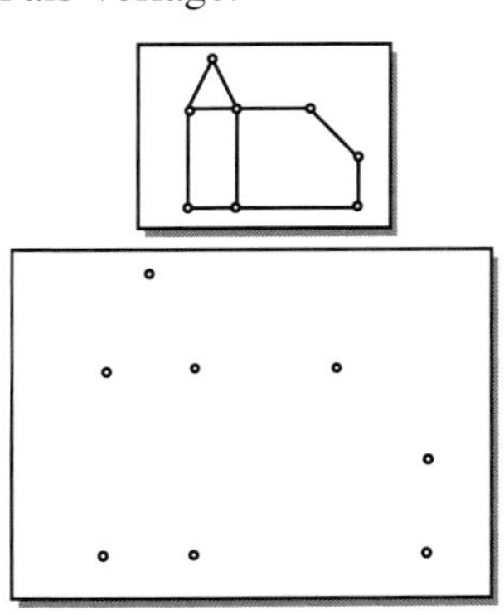

Im Kapitel über das Geobrett (vgl. Kap. 5.4.2) sind weitere Anregungen zum Freihandzeichnen in einem Sechzehner-Punktefeld zu finden.

Freihandzeichnungen auf Karopapier
Als weitere Schwierigkeitsstufe für Freihandzeichnungen dient Karopapier als Grundlage. Die Kästchen bieten zwar Orientierungshilfen beim Zeichnen, geben aber gleichzeitig die Größe der Zeichnung vor, an die die Kinder sich halten müssen. Die Strichbreiten und -höhen bei Folgen sind durch die Kästchen vorgegeben. Im ersten Schuljahr sollten die Maße der Karos 7x7 mm nicht unterschreiten. Folgen, die genau auf den Linien zu zeichnen sind, sind für die Kinder einfacher als solche, für die die Diagonale eines Kästchens erforderlich wird (Kopiervorlage G 6).

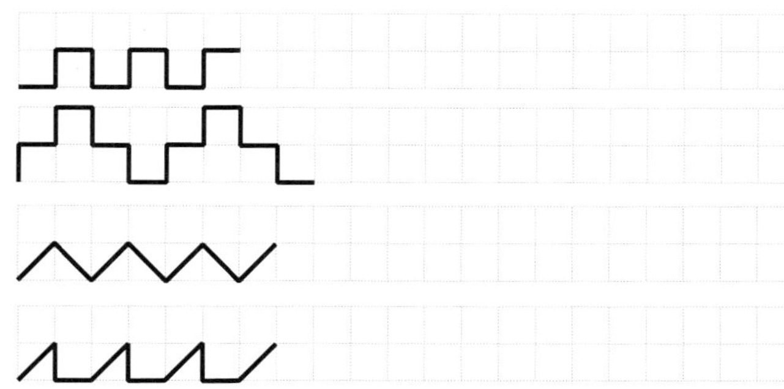

Karopapier eignet sich auch hervorragend zum Abzeichnen von Bildern. Als Vorlage dient ein einfach strukturiertes Bild, das in ein gleichgroßes Karoraster genau übertragen werden soll.
Mit unterschiedlich großen Karorastern sind auch Vergrößerungen bzw. Verkleinerungen möglich. Bei einer Vergrößerung muss ein Bild von einem kleinen Karoraster in ein größeres abgezeichnet werden. Im vergrößerten Raster sollten die Eckpunkte der Figur als Kreuze markiert sein. Zur Differenzierung können sie weggelassen werden. Analog dazu lassen sich auch Verkleinerungen durchführen (Kopiervorlage G5). Die Schwierigkeit im Übertragen eines Bildes liegt nicht nur in der geforderten zeichnerischen Fähigkeit, sondern auch in der Arbeitsweise. Die Kinder müssen zunächst befähigt werden, eine Strategie zur Übertragung des Bildes zu entwickeln. Dazu gehört die Orientierung im Karoraster, die durch Abzählen der Kästchen möglich ist. Zur gemeinsamen Vorbereitung im Klassenverband kann der Overhead-Projektor zur Hilfe genommen werden.

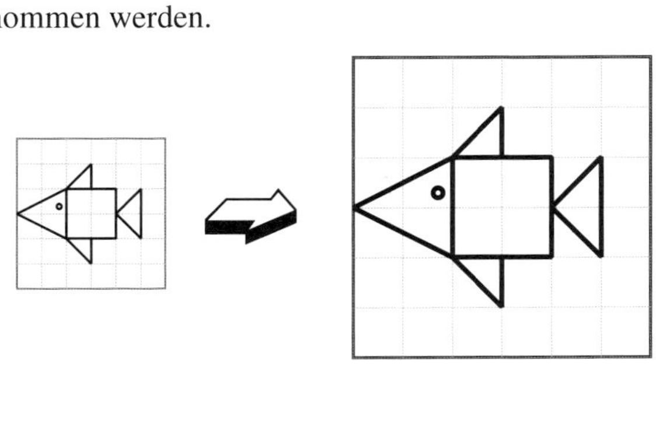

Die Kinder sind sehr motiviert, wenn sie Folgen und Bilder selbst auf Karopapier entwerfen dürfen, die dann der Nachbar weiter- bzw. abzeichnen soll. Neben dem Matheheft sollten die Kinder auf unterschiedlich großen Karorastern arbeiten, um die Vielfalt der Aufgabentypen zu erhöhen. Ein breites Spektrum an Zeichenübungen auf Karopapier bietet die LUMATRIX-Geometrie-Kartei für das 1. und 2. Schuljahr an, erschienen im Schroedel Verlag (Abele, Ch. u. a. 1996).

5.6.2 Zeichnen mit Zeichengeräten

Im ersten Schuljahr können Grundlagen geschaffen werden, die ein Verständnis für die Einsatzmöglichkeiten von Zeichengeräten vermitteln und den technischen Umgang mit ihnen vorbereiten.

Gegenstände aus dem Klassenraum als Zeichengeräte
Als Zeichengeräte verwenden wir im ersten Schuljahr Umweltmaterialien, Schablonen und Lineale bis 20 cm Länge. Als Vorbereitung zum Umgang mit dem Lineal kann man die Kinder den Klassenraum nach Gegenständen erkunden lassen, mit denen sich gerade Linien zeichnen lassen. Stifte, Bauklötze, Schachteln, Buchrücken, Heftkanten, Faltlinien u. a. sind geeignet. Schwieriger wird es bei gebogenen Linien. Hier schaffen kreisförmige Gegenstände wie Dosen, Geldstücke usw. Abhilfe. Mit Bändern lassen sich ebenfalls gerade Linien spannen, wenn zwei Kinder Anfang- und Endpunkt spielen. Mit drei bzw. vier Kindern können so Dreiecke und Vierecke, vielleicht auch Quadrate und Rechtecke gebildet werden. Mit allen Kindern der Klasse lässt sich sogar ein Kreis annähernd darstellen. Bei der Arbeit mit Bändern wird den Kindern immer wieder deutlich, dass eine gerade Linie durch zwei Punkte festgelegt ist. Diese Erkenntnis ist Grundlage, um mit dem Lineal geometrische Formen zu zeichnen.
Die erste Schwierigkeit beim Zeichnen mit Lineal besteht darin, dass es den Kindern immer wieder verrutscht. Sie müssen eine Haltetechnik entwickeln, damit die Linie gerade wird. Als Vorbereitung können große Formenplättchen umfahren werden. Sie sind von der Fläche her größer und liegen fester auf dem Tisch als ein Lineal.

Faltlinien nachzeichnen
Bevor die Kinder mit dem Lineal Strecken und Figuren auf Arbeitsblätter zeichnen, sollten sie Faltlinien nachzeichnen. Faltet man ein quadratisches Blatt Papier zweimal in der Länge und in der Breite, ergeben sich 16 Quadrate, die durch Nachzeichnen der Linien mit Lineal gut sichtbar werden. Anschließend lässt man sie als Muster färben (vgl. Kapitel 5.3.1, S. 123).

Ergänzen fehlender Linien
Um das Zeichnen gerader Linien mit Lineal zu üben, ohne dass die Übungsformen eintönig werden, wählen wir eine Verknüpfung mit Übungen zur visuellen Wahrnehmungsfähigkeit. Im unten abgebildeten Sechzehner-Feld sollen die Verknüpfungen als Strichbilder mit Lineal in die richtigen Felder eingezeichnet werden. Von den Kindern wird nicht nur zeichnerisches Können, sondern auch optische Wahrnehmungsfähigkeit verlangt.

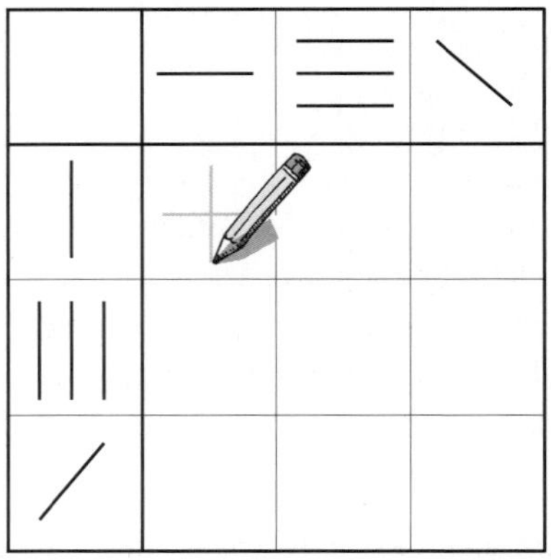

Auch das Ergänzen fehlender Linien zu einem vorgegebenen Bild erfordert diese beiden Fähigkeiten.

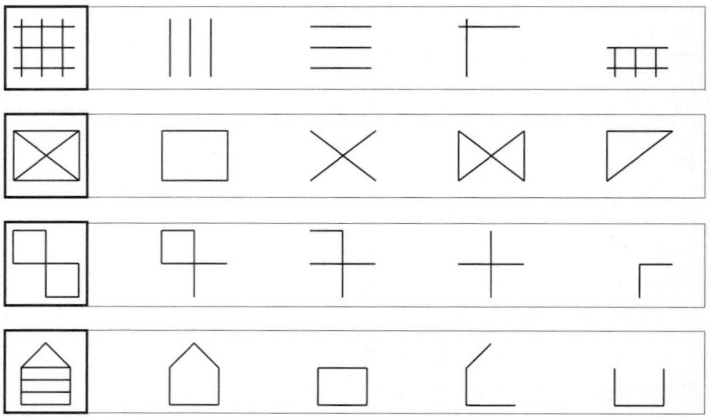

Punkte mit dem Lineal verbinden
Viele Übungen zum Freihandzeichnen lassen sich auch mit Lineal durchführen. Zu Anfang können einfach nur Eckpunkte zu geometrischen Formen verbunden werden. Die Eckpunkte sollten in der Reihenfolge der Zeichenschritte nummeriert sein. Zur Differenzierung werden sie weggelassen. Später lassen sich mit Lineal komplexere Bilder in Punkt- bzw. Karorastern zeichnen.

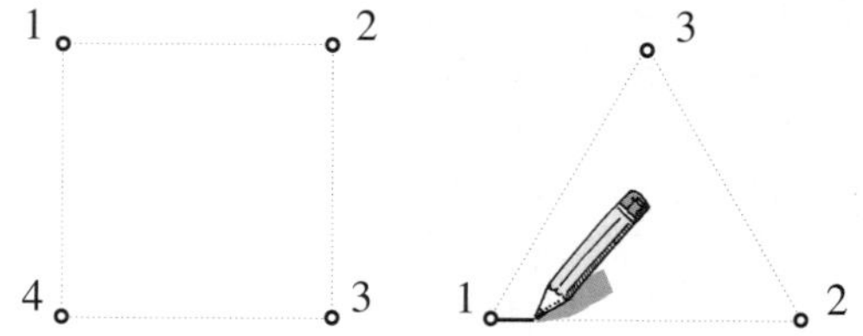

Viele Arbeitsblätter zum Zeichnen lassen sich nach diesen Anregungen selbst herstellen.

5.6.3 Färben

Färben im geometrischen Sinne bedeutet, dass die Kinder durch diese Tätigkeit geometrische Erkenntnisse gewinnen. Die Mathematikbücher bieten oft Muster und Parkette auf Karopapier an, die in den vorgegebenen Farben ins Heft übertragen werden sollen. Leider ist die Anzahl der Muster nicht besonders groß.

Herstellen einer Musterkartei
Erstellen Sie sich daher mit den Kindern zusammen eine eigene Musterkartei. Im Handel sind karierte Karteikarten erhältlich (DIN A6). Um die Muster nicht zu groß und das Zeichnen nicht zu langwierig zu gestalten, schneiden Sie die Karteikarten in der Mitte durch und lassen Sie die Kinder darauf selbst Muster gestalten. Vorgegebene Regeln wie die Beschränkung auf zwei Farben oder das Verbot der Berührung gleichfarbiger Karos steigern den Reiz, solche Muster zu zeichen. Die Musterkarten können miteinander verglichen und von Mitschülern ins Heft abgezeichnet werden. Das Abzeichnen eines Musters ist sicherlich eine motivierende Aufgabe.

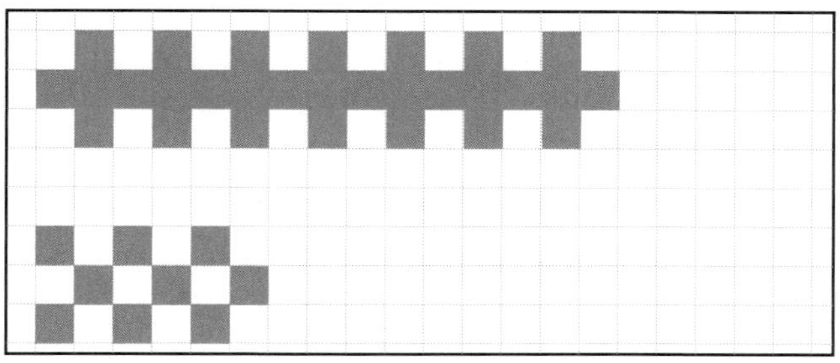

Parkettierungen
Einfache Parkettierungen auf Karopapier können auch schon Erstklässler entwickeln, wenn sie die zu parkettierende Figur als Vorlage zum Ausschneiden erhalten. Durch Aneinanderlegen der Figuren entwickeln die Kinder über Probieren die Parkettierung. Das Karoraster sollte nicht zu klein sein, da sonst das Ausschneiden zu kompliziert wird.

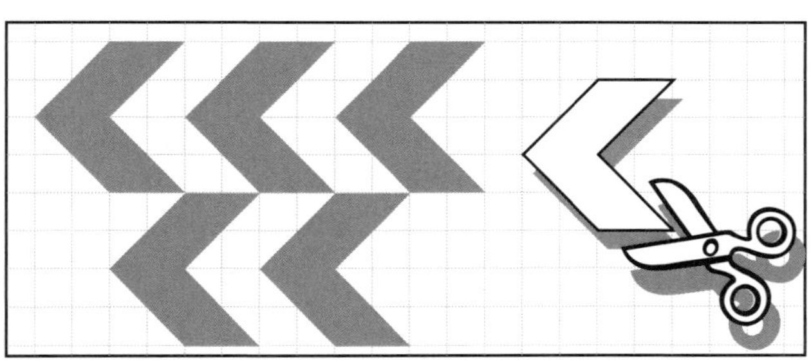

Faltmuster färben
Schöne Muster aus Dreiecken und Quadraten ergeben sich durch Einfärbung von Flächen, die durch Falten entstehen.

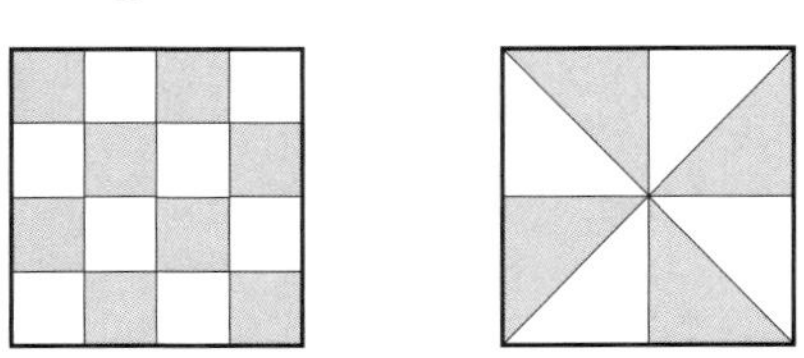

Eine attraktive Färbung erhält auch ein Papierflieger, wenn man ihn wieder auseinanderfaltet und die Faltflächen unterschiedlich einfärbt. Parallel dazu kann die Unterscheidung von geometrischen Formen vertieft werden, wenn alle entstandenen Dreiecke und Vierecke in jeweils einer anderen Farbe auszumalen sind.

Folgen färben
Die Regelmäßigkeit von geometrischen Folgen können die Kinder eindeutiger durch Färben erkennen. Malen sie alle Quadrate blau, alle Dreiecke rot und alle Rechtecke gelb an, erkennen sie auch an der Farbgebung den Rhythmus der Folge.

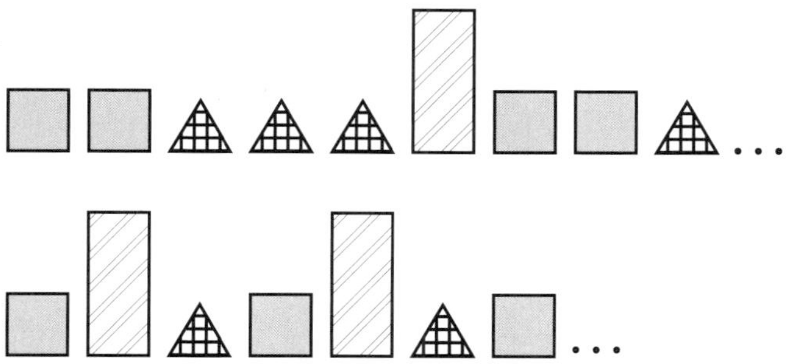

Schlangenspiel
Mit Hilfe eines Farb- und eines Formenwürfels lässt sich ein einfaches Spiel für zwei Mitspieler erstellen. Der Formenwürfel sollte ein Dreieck, ein Quadrat, ein Rechteck, einen Kreis, ein Sechs- und ein Achteck zeigen. Jeder Spieler wählt eine Formenschlange aus. Es wird abwechselnd mit beiden Würfeln gewürfelt. Vom Kopf bis zum Schwanz soll die Schlange nach Würfelvorschrift gefärbt werden. Beide Mitspieler brauchen zu Beginn einen Kreis (Schlangenkopf), danach ein Dreieck bzw. ein Rechteck usw. Es muss immer die Form gewürfelt werden, die als Nächste auszumalen ist. Derjenige gewinnt, dessen Schlange zuerst vollständig bunt ist.

Domino

Bereiten Sie für die Kinder 10 Karten mit geometrischen Figuren vor, zum Beispiel:

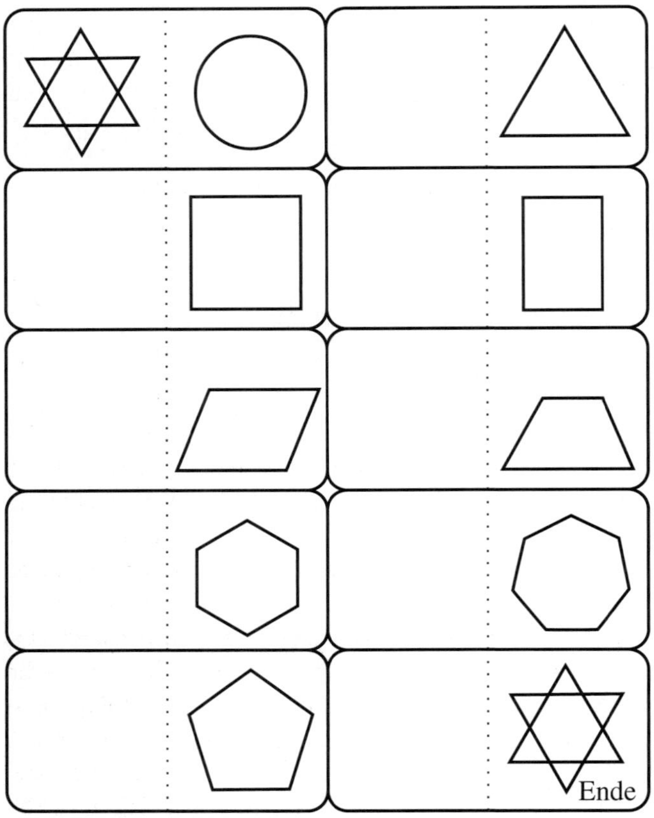

Die ausgeschnittenen Karten müssen so aneinandergelegt werden, dass ein leeres Feld an eine geometrische Figur stößt.

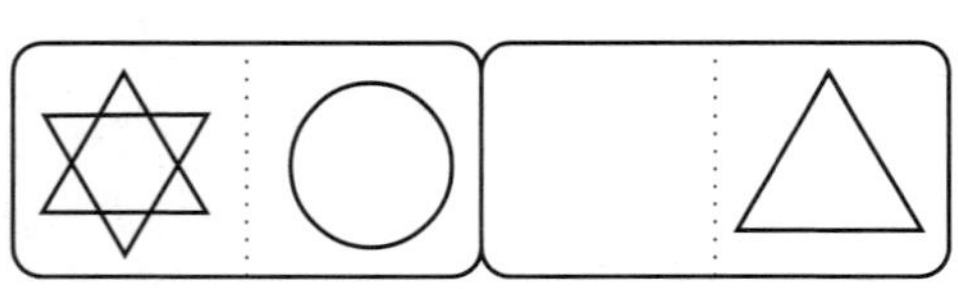

Anfangspunkt ist die Karte, die zwei geometrische Figuren zeigt (Stern, Kreis). Im nächsten Arbeitsschritt soll die fehlende Figur aus freier Hand in das leere Kartenfeld gezeichnet werden. Im Beispiel ist es ein Kreis.

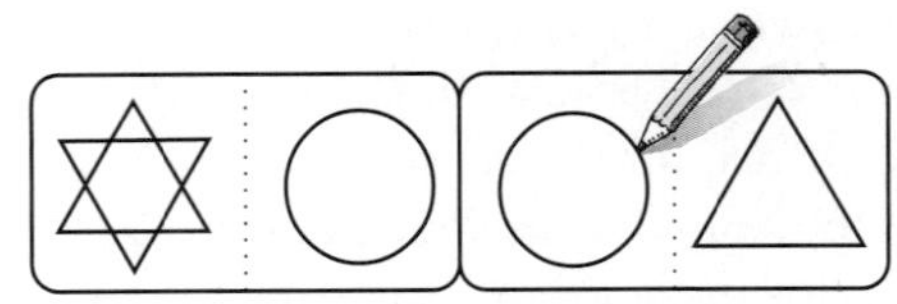

Beide Kreise erhalten dieselbe Farbe. Nach diesem Prinzip wird weiterverfahren. Bei jedem Kind entstehen zwar eine andere Reihenfolge und Farbgebung der Dominokarten, aber die letzte Karte muss die zweite Karte mit dem Stern sein.

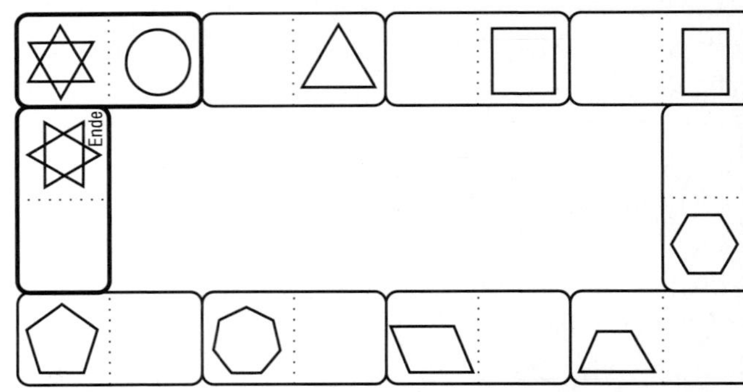

Färben von Gebieten

Aufgaben aus der Topologie lassen sich durch Einfärben einleuchtend veranschaulichen. Das Innere eines Gebietes und der Weg durch ein Labyrinth sind schneller zu erkennen, wenn sie farbig sind.

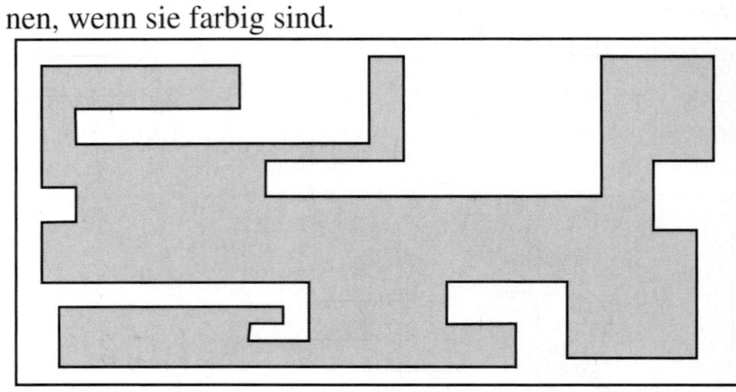

6. Sachrechnen und Größen

Neben der Arithmetik und der Geometrie bilden Sachrechnen und Größen einen dritten wichtigen und eigenständigen Lernbereich des Mathematikunterrichts in der Grundschule. Eigenständig nicht im Sinne der Unabhängigkeit, denn Sachrechnen und Größen sind inhaltlich und in der Unterrichtspraxis immer eng verzahnt mit den beiden anderen Lernbereichen. Aber das Sachrechnen ist seit Jahren nicht mehr allein ein Anhängsel des Rechnens, eine Übungs- bzw. Anwendungsform, bei der die „Sache" nur eine sehr untergeordnete Rolle spielt. Sachrechnen ist vielmehr eigenständig in seinem Hauptziel, die Erfahrungswelt der Kinder zu erhellen, zu diskutieren, zu strukturieren und natürlich auch mit mathematischen Mitteln zu analysieren. Insofern ist Sachrechnen als ein zentrales fächerübergreifendes Bindeglied zu sehen, das vor allem Gemeinsamkeiten von Sachunterricht und Mathematikunterricht berücksichtigt.

Sachrechnen kann im Unterricht nicht von dem einen Extrem (Abarbeiten der künstlichen, konstruierten Textaufgaben der Schulbücher) in das andere (sachstrukturelle Einsichten gewinnen über konkrete Probleme aus der Erlebniswelt der Kinder) fallen. Für dieses „neue Sachrechnen" allein gäbe es zu bedenken, ob Sachprobleme immer mit den im 1./2. Schuljahr vorhandenen mathematischen Mitteln sinnvoll bearbeitbar sind, oder ob diese in ihrer realen Komplexität doch wieder so reduziert werden müssten, dass sie sich im Sachanspruch kaum noch unterscheiden würden von den klassischen Textaufgaben. Zu fragen wäre auch, ob die Sachprobleme für die meisten Kinder bedeutsam sind (Veränderung der Kindheit!) oder ob sie nur nach Meinung der Pädagogik für die Kinder bedeutsam sein sollten. So wird es auf einen sinnvollen Kompromiss im Unterricht ankommen, der die Einseitigkeiten und Probleme beider Extreme zu vermeiden versucht.

Seit es Mathematikunterricht gibt, ist das Sachrechnen der schwierigste Anforderungsbereich. Nicht von ungefähr wird es in den angelsächsischen Schulen „problem solving" genannt. Sicher liegen die Schwierigkeiten in der Natur der Aufgabenstellungen, oft aber auch darin, dass das Bearbeiten und das Lösen von Sachaufgaben im ersten Schuljahr zu wenig vorbereitet wird. Das Sachrechnen kann/darf nicht erst einsetzen, wenn die Lesefähigkeit aller Kinder ausreicht. Es gibt viele Formen und Möglichkeiten, mit dem Sachrechnen bereits vom ersten Schultag an zu beginnen, um so eine breite Grundlage für die folgenden Schuljahre zu legen. Dazu finden Sie in dem nachfolgenden Kapitel und integriert in die anderen Kapitel zahlreiche Anregungen, die sowohl eher ganzheitlich-projektorientierte als auch systematische Zugänge ermöglichen.

6.1 Voraussetzungen, Formen und Einordnung des Sachrechnens

Wenn die Kinder im Laufe der Grundschulzeit lernen sollen, ihre Umwelt mit mathematischen Mitteln zu erschließen, indem sie Lösungen für Sachaufgaben in den verschiedensten Darstellungsrahmen finden und begründen können, dann muss das Sachrechnen langfristig und systematisch angelegt werden. Die Grundlegung der anzustrebenden Fähigkeiten muss bereits im ersten Schuljahr erfolgen. Alle Themen des Stoffplans/Curriculums im 1. Schuljahr (der Arithmetiklehrgang, die Geometrie, die Erfahrungen zu Größen) bieten sich an, sachrechnerische Aufgabenstellungen zu integrieren bzw. immer wieder einfließen zu lassen. Im ersten Schuljahr stehen dabei originale Begegnungen, Bildgeschichten, bildliche Darstellungen, Erzählungen („Rechengeschichten"), Rollenspiele, Erkundungen und Untersuchungen im Vordergrund.
Der in tabellarischer Form skizzierte „Sachrechnenlehrgang" ist nicht als eigenständiger Lehrgang zu verstehen, Sachrechnen in der Grundschule ist vielmehr als natürlicher Bestandteil arithmetischer und geometrischer Themen zu sehen. Der Grundstein wird im 1. Schuljahr gelegt. Hier geht es vornehmlich darum, sinnstiftende Lernanlässe bereitzustellen, um zu verhindern, dass Kinder die Kontexte für den Mathematikunterricht ausblenden und zu reinen orientierungslosen Rechenautomaten werden.

Grundstein für den Aufbau einer sich entwickelnden Unterrichtskultur zum Sachrechnen mit Beginn des 1. Schuljahres:

Präsentationsform	Art der Sachaufgaben	sinnstiftende Lernanlässe	Arbeit an/mit Sachaufgaben	Lösungswege betrachten
- Rollenspiel - Unterrichtsgang - originale Begegnung - szenische Darstellung - Zahlen aus der Umwelt - Bilder, Schilder, Prospekte u.a.	- Bildergeschichten - Puzzle-Bildergeschichten - Erzählgeschichten - Wortgeschichten - selbstgemalte Sachaufgaben u.a.	- Schulwegbeschreibungen - Wir fahren im Schulbus - Garderobenhakenanordnung - Zahlen in meiner Klasse - unsere Geburtstage - Jahreskalender - mein Schultag - unsere Haustiere - Einkaufsituationen u.a.	- Bildaufgaben zeichnerisch variieren - Bildaufgaben ergänzen - Bildaufgaben reduzieren - tabellarische Darstellungen - symbolische Darstellungen - zu symbolischen Darstellungen verschiedene Kontexte konstruieren - von Bildfragmenten zu vollständigen Bildaufgaben kommen u.a.	- Bilder vergleichen - Rollenspiele verändern - Strategiekonferenzen u.a.

Anmerkung: Der Aufbau einer sich entwickelnden Unterrichtskultur zum Sachrechnen wird in den folgenden Handbüchern zum 2., 3. und 4. Schuljahr fortgeschrieben.

Im Mathematikunterricht der Grundschule ist das Lösen von Sachaufgaben deshalb der schwierigste Themenkreis, weil eine Reihe komplexer Fähigkeiten und entwickelter Wissensbestände vorausgesetzt werden muss:

- ein ausreichendes Wissen über die „Sache“ selbst, um den Sachverhalt einer Aufgabe durchschauen zu können,
- ein Verständnis und entwickelte Vorstellungen in den Zahlenräumen, den Rechenoperationen und den Größenbereichen,
- Erfahrungen und Repräsentationen, um die Sachstrukturen in mathematische Strukturen umwandeln zu können (aus dem durchschauten Sachverhalt müssen die richtigen Operationen und die Reihenfolge der Rechenschritte erkannt werden),
- entwickelte Problemlösetechniken (Erfassen der gegebenen und der gesuchten Daten, Untersuchen von Lösungswegen ...).

In den folgenden Grundschuljahren dann auch

- ein sicheres, sinnerfassendes Lesenkönnen.

6.2 Präsentationsformen

6.2.1 Themenkreis: Beobachtungen, Erkundungen und Untersuchungen

Von der ersten Schulwoche an über das gesamte Schuljahr hinweg bieten zahlreiche Erkundungen und Untersuchungen vielfältige Möglichkeiten, Sachstrukturen zu erfassen, zu analysieren, zu diskutieren und darzustellen. Dabei sammeln die Kinder frühzeitig praktische Erfahrungen zu den arithmetischen Beziehungen und Operationen wie auch zu den Größen, indem Daten bewusst erfasst, geordnet und (grafisch) dargestellt werden. Die Themen ergeben sich aus der täglichen Erfahrungswelt der Kinder: Familie und zu Hause, die Klasse, die Schule, der Wohn-, der Spiel- und der Schulbereich.

Die Zählfähigkeiten und das Umgehen mit Zahlen ist bei den meisten Schulanfängern auf Grund ihrer Erfahrungen in der sogenannten Straßenmathematik früher und weiter entwickelt, als es die Lehrpläne der Schulmathematik widerspiegeln. Deshalb sollte man weder den Zeitraum abwarten, bis im Arithmetiklehrgang die Zahlen und Ziffern offiziell erarbeitet sind, noch sich zu eng an einen Zahlenraum gebunden fühlen. Die Anzahlen in den einzelnen Untersuchungen können je nach individuellem Leistungsvermögen durch konkrete Darstellungen, durch Strichlisten, Symbole und Zahlen repräsentiert werden. Wenn erreicht werden soll, dass Kinder zunehmend eigenverantwortlich handeln und lernen, ist eine Unterrichtskultur erforderlich, die im Sachrechenunterricht aufgebaut werden kann nach folgenden Leitideen:

– Bereitstellung eines sinnstiftenden Lernanlasses (Lehrerin oder Kinder)
– Lernen auf eigenen Wegen (Kinder)
– Erstellen von eigenen Notationsformen (Kinder)
– Gemeinsame Reflexion der Eigenprodukte (Kinder-Kinder/Lehrerin-Kinder)
– Fortschreitende Schematisierung bzw. Mathematisierung (Kinder und Lehrerin)

Sinnstiftende Lernanlässe, Anregungen und Beispiele

Unsere Klasse

Beispiel: „Was finden wir alles in unserem Klassenraum? Was lässt sich im Klassenraum zählen?“

Im Morgenkreis kann die „Problemstellung“ entstehen. Die Kinder werden sich spontan äußern und ungeordnet sichtbare Gegenstände nennen:
Schränke, Blumentöpfe, Bilder an der Wand, Stühle, Tische, Türen, Fenster, Haarspangen, Mädchen, Jungen, Buchstaben u. v. a. m.
Damit ist der Impuls für eine eigenaktive Auseinandersetzung mit dem Lernanlass gegeben. Die Kinder machen sich auf den Weg und erstellen eigene Produktionen. Sie finden ihre Form der Notation.

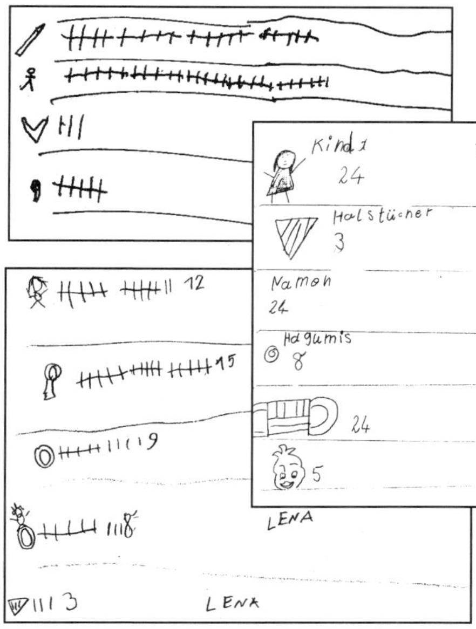

An die Phase des Lernens auf eigenen Wegen schließt sich die Phase der Reflexion an:

- Wie sind wir vorgegangen?
- Wie haben wir unsere Untersuchungen festgehalten? (Art der Strichlisten, Bedeutung der Symbole, Schreibweisen u. Ä.)

Die Art der Eigenproduktionen führt letztlich zu Darstellungsformen, die im Sinne fortschreitender Schematisierung die Ideen der Kinder aufgreifen und ordnen. Im o. g. Beispiel könnten die Notationen der Kinder in untenstehender Tabelle übersichtlich zusammengefasst und je nach Leistungsvermögen von den Kindern notiert werden:
Die Eigenproduktionen und die auf dieser Basis entstandenen Tabellen werden in einem eigens dafür angelegten „Sachenbuch“ festgehalten, in dem bis ins 4. Schuljahr hinein Sachbegegnungen dieser Art dokumentiert werden. Auf diese Weise werden nicht nur die gemeinsam entwickelten Tabellen als perfekte Lernprodukte anerkannt, sondern auch bzw. gerade die schülereigenen Aufzeichnungen als natürliche Bestandteile des Lernprozesses gewürdigt.

Erstellen eines „Sachenbuches“

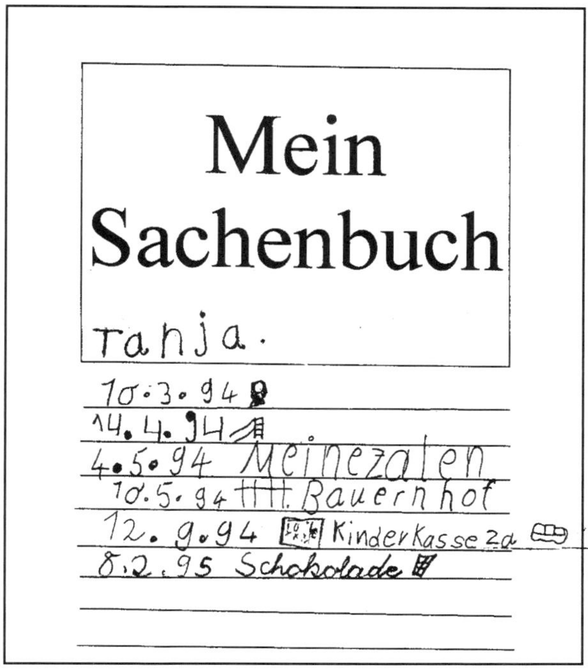

Im traditionellen Mathematikunterricht wird vornehmlich das von den Kindern verschriftlicht, was bereits verstanden ist. Dem vorangegangen ist in der Regel ein von der Lehrerin gesteuerter Erarbeitungsprozess, der mit allen Kindern gemeinsam durchlaufen wird. Damit wird die grundlegende Bedeutung der schriftlichen Dokumentation im Prozess des Verstehens vernachlässigt („Der Weg ist das Ziel“). Durch das Erstellen eines Sachenbuches, eröffnet sich die Chance für die Kinder, ihre individuellen Lernwege und Lernergebnisse mit all ihren Schwierigkeiten und unterschiedlichen Sichtweisen auf ihrem jeweiligen Niveau zu Papier zu bringen. Es genügt ein Schnellhefter, eine dicke Kladde oder aber eine Loseblattsammlung, die am Ende eines jeden Schuljahrs bzw. am Ende der Grundschulzeit für jedes Kind gebunden wird. Die Kinder gehen eigenverantwortlich mit dem Unterrichtsgegenstand um. Sie erfahren im Austausch mit ihren Mitschülern, dass es mehrere Lösungsmöglichkeiten gibt.

Was?/Wort	Was?/Bild	Wie viele? Zeichen	Wie viele? Zeichen	Wie viele? Zahl	Wie viele? Zahlwort
Haarspangen	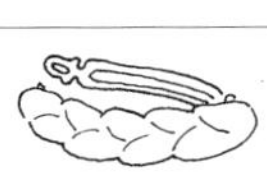	𝍸 |	ooooo o	6	sechs
Tische		𝍸 𝍸 |||	ooooo ooo ooooo	13	dreizehn

Eigene Lernstrategien können verfeinert, verworfen oder aufgewertet, selbstgemachte Fehler zu fruchtbaren Lernanlässen werden. Erst nach Sichtung und Reflexion der kindgemässen Dokumentationen setzt die Planungsarbeit der Lehrerin ein, die jetzt gefordert ist, gemeinsam mit den Kindern Modelle übersichtlicher Darstellungen zu konstruieren, indem Vor- und Nachteile einiger Verschriftlichungen gegenübergestellt werden. „Wenn es uns nicht gelingt, aufzuzeigen, wie sich Schülergekritzel auch im Klassenunterricht in fundiertes Sachwissen verwandelt, bleibt die Forderung nach Individualisierung nur modisches Schlagwort" (Gallin/Ruf 1991, S. 161).
Im Übrigen erhält die Lehrerin durch die von Kindern selbst erstellten Produkte ein ergänzendes Instrument für eine individualisierte Leistungsbeurteilung; denn die Kinder erhalten Gelegenheit zu zeigen, was sie können, anstatt auf vorgeschriebene Weise vorgegebene Aufgabenstellungen mit trainierten Rechenfertigkeiten zu lösen.

Darüber hinaus können die Ergebnisse der Untersuchungen auf einem großen Blatt/Tapetenrest festgehalten und im Klassenraum ausgehängt werden. In den folgenden Tagen kann immer wieder in Übungen darauf eingegangen werden: „Wie viele ...?", „Sind es mehr ... oder weniger ...?", „Vergleicht die Anzahl der ... mit der Anzahl der ...!", „Es sind zwei Blumentöpfe hinzugekommen. Wie müssen wir unsere Tabelle ändern?" u. v. a. m. Es erweist sich sicherlich in diesem Zusammenhang als sinnvoll, die „Null" bei allen Anzahluntersuchungen als eine ganz „natürliche" Zahl zu berücksichtigen. Die Lehrerin kann einen nicht in der Klasse vorhandenen Gegenstand (Kleiderständer, Tischlampe, Sessel, ... oder eine an der Schule nicht vorhandene männliche Lehrkraft) vorgeben.

Die Kinder können angeregt werden, weitere Untersuchungen im Schulgebäude, auf dem Schulhof, zu Hause usw. durchzuführen. Diese Arbeitsergebnisse sollten vorgestellt, diskutiert und gemeinsam besprochen werden. Sie bieten sich an, eine Ausstellung aller Tabellen zu einem Thema zu organisieren, wobei Themen mit der Gefahr sozialer Diskriminierung („Mein Spielzeug", „Mein Zimmer", „Meine Kleidung" ...) am besten vermieden werden.

Themen und Beispiele für Untersuchungen und Erkundungen, die sich eignen, eine sachrechnerische Unterrichtskultur durch schülerorientierte Vorgehensweisen zu beleben, indem sie die o. g. Leitideen berücksichtigen, werden nachfolgend aufgelistet.

- Untersuchungen in unserer Klasse:

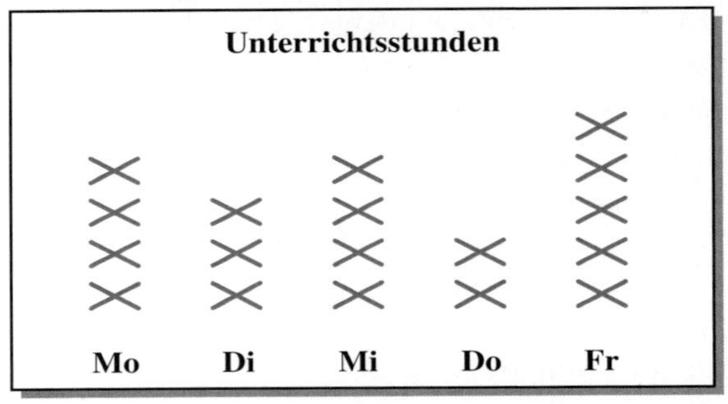

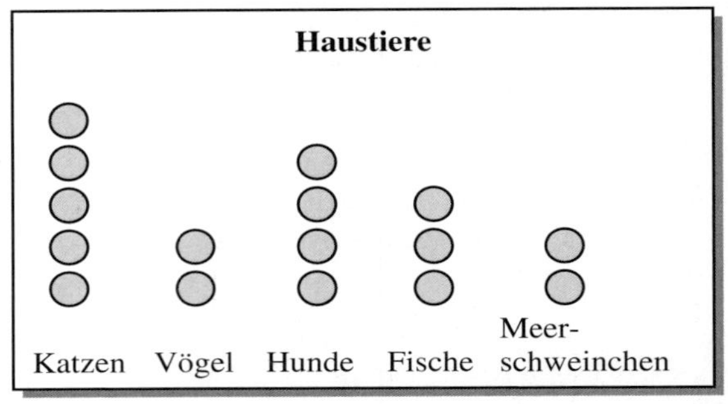

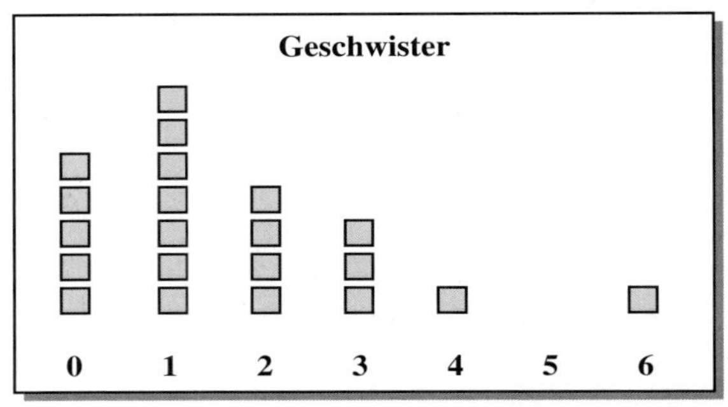

Unsere Vornamen

3 Buchstaben: Eva, ________

4 Buchstaben: Till, ________

(entsprechend für 5, 6 oder mehr Buchstaben)
Weitere Themen: „Unsere Lieblingsfarben", „Unsere Lieblingsgetränke", „Unsere Schuhgrößen", „Der Klassenraum" (Länge, Breite) ...

- Unsere Schule
  Erweitert auf die Schule bieten sich entsprechende Untersuchungen bzw. Erkundungen an, etwa zur
  - Anzahl der Lehrer/Lehrerinnen,
  - Anzahl der Klassen und Klassengrößen,
  - Art und Anzahl der Räume usw.
- Unser Schulhof

		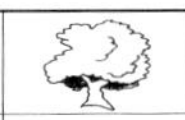	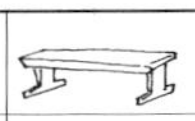	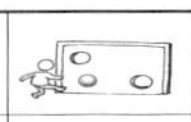	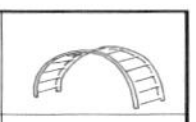
4					

Wege im Kopf gehen und beschreiben
Wenn die Kinder mit dem Schulgebäude vertraut sind, können Wege im Schulgelände abgegangen (räumliches Vorstellungsvermögen üben) und beschrieben werden (durch welche Türen gehen wir, welche Räume liegen links/rechts des Weges, über welche Treppen, vorbei an Bildern, Schränken ...). Dazu findet die Lehrerin auch Anregungen in den Kapiteln zum Schulanfang und zur Geometrie:
- Von der Schultür/dem Schulhof in unseren Klassenraum (Zum Beispiel: Wir gehen durch die Schultür, dann drei Stufen hoch, am großen Papierkorb rechts in den langen Gang, immer geradeaus an zwei Klassentüren vorbei. Dann hängt links im Gang das große Bild der Rektorin. Gleich daneben rechts ist unsere Klassentür),
- vom Klassenraum zum Lehrerzimmer/zum Hausmeister,
- von der Pausenhalle zur Turnhalle u. a.

Von der Größe und Komplexität der Schule hängt es ab, ob mit Erstklässlern bereits eine Skizze des Schulgebäudes angefertigt werden kann.

- Wie wir zur Schule kommen

 𝍸 𝍸 || 12

 |||| 4

 ||| 3

 | 1

- Außerhalb der Schule

Wo wir wohnen:

Haus	Wohnung	Sonstiges
|||	𝍸 𝍸 𝍸 ||	||

Unsere Hausnummern:

1	2	3	4	5	6	7	8	9	10	11	12 ...
			||			𝍸		|		||	

- Weitere Themen
  - Unsere Haustiere
  - In diesen Straßen wohnen wir
  - Wie viele Menschen wohnen zusammen in unserem Haus?
  - Wie kommen Mutter/Vater zur Arbeit?

Anhand der schülereigenen Darstellungen wird der Lehrerin deutlich, welches Spektrum an Zahlaspekten den Kindern bereits zu Schulbeginn zur Verfügung steht.

6.2.2 Themenkreis: Rechengeschichten

Rechengeschichten stellen im ersten Schuljahr eine wichtige Phase im Aufbau der sachrechnerischen Kompetenz der Kinder dar. Integriert in den Arithmetiklehrgang können sie zu allen inhaltlichen Teilthemen der Erarbeitung des Zahlbegriffs, der Zahlbeziehungen und des Rechnens mit Zahlen angeboten werden (vgl. auch die Anregungen und Hinweise im Kapitel 4). Sachsituationen als Rechengeschichten lassen sich in Unterricht auf zwei Arten anbieten: als Bildgeschichten oder als Wortgeschichten.

Sinnstiftende Lernanlässe, Anregungen und Beispiele

Bildgeschichten
In den Mathematikbüchern des 1. Schuljahres findet man zahlreiche Bilder oder sog. „Veranschaulichungen" von Zahlen und Rechenoperationen, die das selbstständige, aktivhandelnde Erarbeiten durch die Schüler natürlich nicht ersetzen können. Diese Darstellungen sind aus verschiedenen Gründen didaktisch oft sehr fragwürdig, weil Operationen oder dynamische Prozesse kaum veranschaulicht werden können. Bildgeschichten dagegen stellen Sachsituationen dar. An ihnen können die Kinder zur Sache diskutieren und mögliche mathematische Beziehungen und Operationen hineininterpretieren. Bildgeschichten sind eine alte (vgl. Arbeitsschulbewegung) und erprobte methodische Möglichkeit, Sachsituationen mit den Kindern zu analysieren und mathematisch zu strukturieren, solange die Lesefähigkeiten noch nicht ausreichen, um Informationen aus Texten zu entnehmen.

Die nachfolgenden Beispiele sind zum Teil Schulbüchern entnommen. Es ist hilfreich, aus Schulbüchern bzw. Kopiervorlagen Overheadfolienkopien oder für einen Ordner der Mathe-Ecke Kopien sinnvoller Bildgeschichten zu erstellen. Einige Kriterien für die Auswahl wären:

- Entspricht die dargestellte Sachsituation der Erfahrungswelt der Kinder?
- Ist die Sachsituation mathematisch motivierend und „fruchtbar"?
- Lässt sich die Sachsituation auch in ein aktuelles Thema des Sachunterrichts einordnen?
- Sind in Verbindung mit der Bildgeschichte Eigenaktivitäten der Kinder möglich?

Für die Kinder sehr viel anregender und den Themen der einzelnen Unterrichtsstunden angepasster als die bunten Bilder oder gestellten Fotos aus den Schulbüchern sind einfache Tafelzeichnungen der Lehrerin (Strichmännchenbilder).

Beispiel:

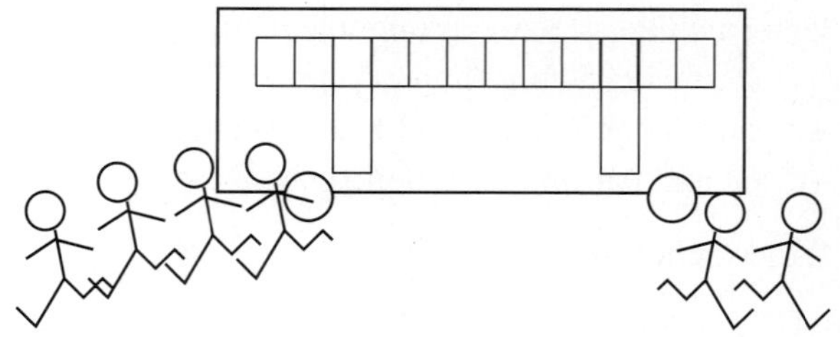

Man kann die Kinder zu verschiedenen vorgegebenen Rechenaufgaben auch selber Bildgeschichten zeichnen lassen. Diese können dann untereinander ausgetauscht und interpretiert werden.

Beispiele zu 7- 2 = 5 bzw. zu 4 + 3 = 7

(vgl. auch Lorenz/Radatz 1993, S. 51/52)

Puzzle-Bildergeschichten
Will man vermeiden, dass Kinder unreflektiert den Zahlgehalt eines Bildes unter Ausblendung der dargestellten Situation verarbeiten, bietet sich die folgende Abdeckmethode an:

Das jeweilige Bild wird mit Puzzleteilen abgedeckt. Die Kinder entfernen ein Puzzleteil, versuchen aus dem Fragment eine Situation sprachlich zu konstruieren, nehmen ein weiteres Teil ab, revidieren, variieren oder ergänzen ihren vorherigen Beitrag und setzen diesen Vorgang so lange fort, bis das gesamte Bild entstanden ist. Diese Vorgehensweise erweist sich als besonders vorteilhaft, weil der Blick des Kindes nur auf einen kleinen Ausschnitt fokussiert wird, und sich das Gesamtgeschehen erst entwickelt. Es wird angestrebt, dass Kinder sich den Kontext einer Bildgeschichte sukzessive erschließen und durch diesen dynamischen Prozess die mathematischen Strukturen der Bildgeschichte kontextgebundener herausfiltern. Das folgende Beispiel dient als Beleg dazu.

1	2	3
4	5	6

Die Bildgeschichte ist mit 6 Plättchen abgedeckt.
Auftrag:
„Decke nacheinander alle 6 Plättchen ab und erzähle, was du jeweils siehst. Erzähle zum Schluss eine/mehrere Rechengeschichte(n), die zu dem Bild passt/passen."

Sprachliche Konstruktionen einer Schülerin, 1. Schuljahr:
- Puzzleteil 4 (links unten) wird entfernt. „Die Kinder wollen zum Spielplatz."
- Puzzleteil 5 (Mitte unten) wird entfernt. „Zwei Kinder spielen in der Sandkiste."
- Puzzleteil 2 (Mitte oben) wird entfernt. „Der Vater passt auf seine Kinder auf. Er liest Zeitung. Das Baby soll schlafen."
- Puzzleteil 1 (links oben) wird entfernt. „Da ist ein Busch, damit Schatten ist."
- Puzzleteil 6 (rechts unten) wird entfernt. „Da sind noch zwei Kinder im Sandkasten. 4 Kinder sind im Sandkasten. Die anderen Kinder kommen noch dazu. Sie wollen mitspielen. Aber der Sandkasten ist zu klein".
- Puzzleteil 3 (rechts oben) wird entfernt. „Da liegen vier Bälle. Damit können die Kinder gut spielen, weil der Sandkasten ist ja zu klein."

Nun können viele Rechengeschichten erzählt, evtl. auch Rechenaufgaben dazu notiert werden, die zu dem Bild passen. Es können ebenso Strichlisten und Tabellen angelegt werden.

Spielzeuge	卌 卌 ||||
Kinder	卌 |||

Bälle	卌
Sand-Spielzeuge	卌 ||||

Eine mögliche Rechengeschichte:
„Die Kinder haben sich entschieden immer zu zweit Ball zu spielen. Können alle Kinder mitspielen? Reichen die Bälle?"
Lösungshilfe:

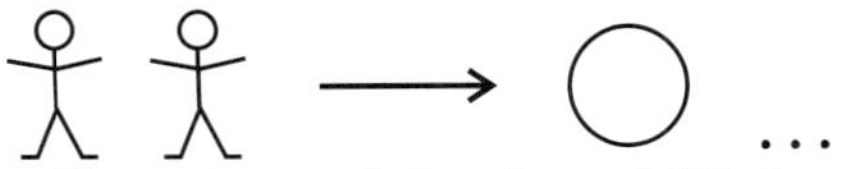

(Setzsteine und Muggelseine)

Der Fantasie von Lehrerin und Kindern sind keine Grenzen gesetzt.
Das Zeichnen von Bildgeschichten zu einfachen Gleichungen erlaubt der Lehrerin, sich einen Überblick über die Vorstellungen der Kinder zu den Zahlen und zu den Rechenoperationen zu verschaffen (im Sinne einer „Diagnose"). Viele Kinder zeichnen zu einer Gleichung wie 7-2=5 dynamische Bildgeschichten, d. h. sie können eine in symbolischer Form gegebene Gleichung rückübersetzen in bildhaft dargestellte Handlungen wie bei den obigen Beispielen. Andere Kinder übernehmen als Vorstellungsbilder die in den Schulbüchern oder im Unterricht im Zusammenhang mit dem Arbeitsmaterial üblicherweise benutzte „Veranschaulichung". Etwa bezogen auf Rechenplättchen oder Steckwürfel werden „Restmengenbilder" gezeichnet wie:

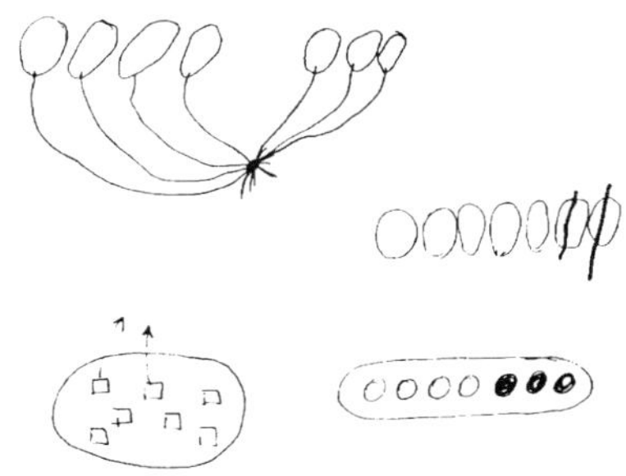

Es gibt natürlich auch Kinder, die weder Bildgeschichten noch Mengenoperationen als Vorstellungen zur Verfügung haben. Sie übertragen die symbolische Gleichung in eine andere Symbolform, ohne dass dabei die Operation verdeutlicht werden kann.

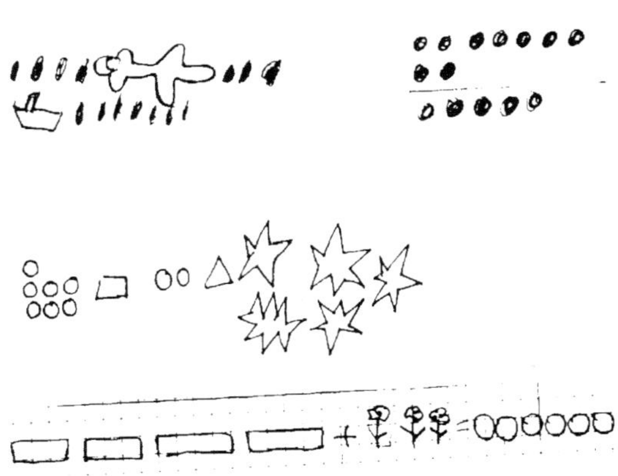

Diese letzte Darstellungsform ist häufig bei Kindern mit Lernschwierigkeiten im Rechenlehrgang (den späteren „rechenschwachen Schülern") beobachtbar. Weitere Informationen dazu finden Sie im „Handbuch des Förderns im Mathematikunterricht" (Lorenz/Radatz 1993, S. 50 ff.).

Einzelbilder
Beispiele aus Schulbüchern

Aus: *Palzkill, L. u. a. (1993): Die Welt der Zahl 1. Hannover: Schroedel*

Aus: *Wittmann, E. CH./Müller, G. N. (1994): Das Zahlenbuch 1. Stuttgart: Klett*

Aus: *Pommering, R. u. a. (1993): Pusteblume - Das Sachbuch 1. Hannover: Schroedel*

Nachfolgend einige Sachsituationen, die den allermeisten Erstklässlern vertraut sind, sodass sich Bild- und Rechengeschichten darauf beziehen können:
Spielplatz, Zirkus, Straßenverkehr, Zoo, Freizeit, Klassensituationen, Unterrichtsgänge, Spielzimmer, Rummel, Kaufmann, Weihnachtsmarkt, Badeanstalt, Bauernhof, Post, Feuerwehr, Bushaltestelle, Schwimmbad, Markt ...

Bilderfolgen ordnen

Leicht lassen sich Bildgeschichten wie die oben vorgestellten in Einzelbilder zerschneiden. Die Kinder müssen dann in den ungeordneten Einzelbildern eine logische Reihenfolge (eine „Geschichte") erkennen und die Einzelbilder entsprechend anordnen. Bei den ersten derartigen Übungen sollten es Bildgeschichten mit nicht mehr als 3-4 Einzelbildern sein. Erst allmählich sind die meisten Kinder in der Lage, auch mehr als 4 Einzelbilder in eine korrekte Reihenfolge zu bringen. Unter „korrekt" ist hierbei unsere Erwachsenenlogik zu verstehen. Lassen Sie Kinder zu ihren „unkorrekten" Bilderfolgen ihre Geschichten erzählen: diese sind oft von einer überraschenden Logik. Die Philosophien der Grundschüler sind häufig andere -und somit nicht falsch- als die der erwachsenen Lehrerinnen.

Beispiel 1: Ein Schneemann wird gebaut

Beispiel 2: Eine Eistüte wird gefüllt

Beispiel 3: Fische an der Angel

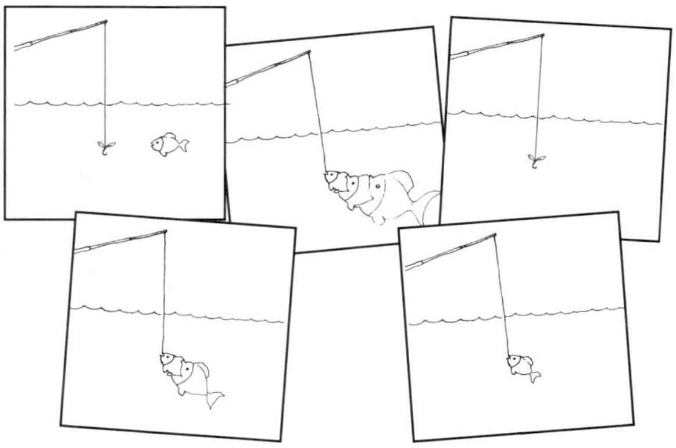

Bildgeschichten mit Bewegung
„Daumenkinos" herstellen

Daumenkinos sind den meisten Kindern bekannt, allerdings kaum, wie sie aufgebaut sind bzw. entstehen und wie man selber ein einfaches Daumenkino herstellen kann (vgl. Bauersfeld 1992). Am besten geeignet sind kleine elastische DIN-A7-Blöckchen mit Karopapier. Eine Folge von 10-15 Blättchen mit einfachen geometrischen Grundfiguren erlaubt erste Filme.

Erstes Bild:

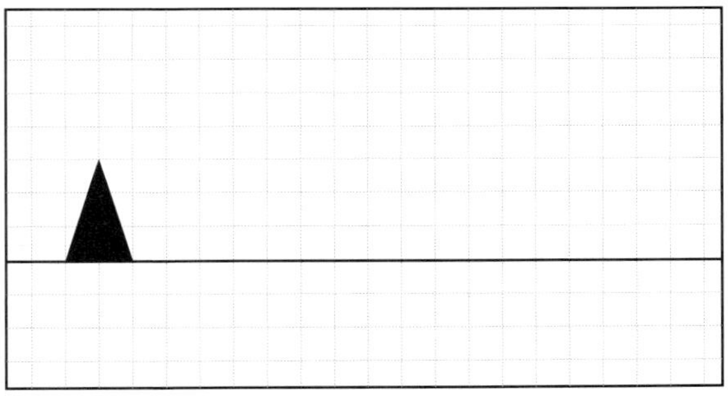

Mögliche Bildfolgen:

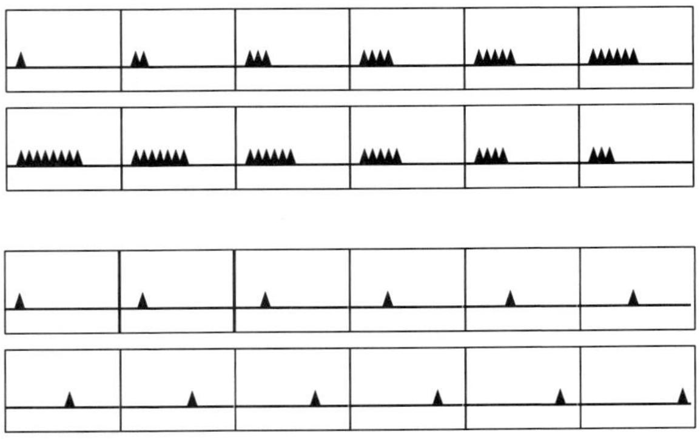

Worauf es beim Herstellen eines „Filmes" für ein Daumenkino ankommt:
- Im ersten Schuljahr sollen möglichst einfache Grundformen genommen werden.
- Von Bild zu Bild ändert sich nur ein Aspekt/eine Eigenschaft (z. B. die Lage, die Anzahl o. a.).

Die Kinder sind von den Daumenkinos begeistert, sie wollen immer gleich selber welche herstellen. Als Vorübung kann man zunächst einen Film aus den vorgezeichneten Einzelbildern einer Kopiervorlage anfertigen lassen. Dabei kommt es darauf an, dass sehr sauber ausgeschnitten und aufeinandergelegt wird. Mit einer starken Heftmaschine lassen sich die Stapel zusammenheften, nachdem „probegeblättert“ und evtl. die Reihenfolge korrigiert worden ist.

Was lernen Kinder? Sie lernen durch Daumenkinos zunächst weniger über „Sachen“, wohl aber in Fortsetzung des vorherigen Themas (Bilderfolgen ordnen), Einzelelemente nach einer genauen Reihenfolge zu ordnen. Daumenkinos lassen sich in den folgenden Schuljahren als Idee vorzüglich wieder aufnehmen, um geometrische Beziehungen deutlich zu machen (Größenveränderungen von Figuren, Drehungen von Figuren, Körperschnitte u. v. a. m.) oder um Beziehungen zwischen Größen in einem „Film“ zu verdeutlichen (zu Veränderungen der Uhrzeit vgl. auch Kopiervorlage SR 3).

Die Kopiervorlage SR 2 bietet zwei Beispiele für einfache Daumenkinos. Für das Umsetzen eigener Ideen sind am besten die bereits angesprochenen DIN-A7-Heftchen mit Karopapier geeignet.

Weitere Anregungen zu Bildgeschichten finden Sie in:

- Bildgeschichten für die Primarstufe, Bergedorfer Kopiervorlagen. Horneburg: Persen.
- Raab, D.: Immer der Reihe nach - Spiele zum logischen Denken. Hamburg: Carlsen.
- Rettich, R. u. M.: Zehn Finger hab ich - Das Bilderbuch von den Zahlen. Ravensburg: Ravensburger.
- Die Kinderbuchverlage publizieren zahlreiche Bücher mit Bildgeschichten, die z. T. auch mathematisch interpretierbar sind. Zahlreiche Bildgeschichten mit möglichen Bezügen zum Mathematikunterricht lassen sich auch aus Büchern zum Sach- und zum Deutschunterricht auswählen.

Für die Mathe-Ecke bietet es sich an, eine Sammlung von Bildgeschichten zu erstellen (Sachsituationen in Einzelbildern, in Bildfolgen und auch in zerschnittenen Bildfolgen, die erst wieder geordnet werden müssen) und Kinderbücher mit Sachbildern und Bildgeschichten bereitzustellen. Für Ihren Unterricht erstellen Sie Folienkopien für den Overheadprojektor und dazu Rätsel, wie sie teilweise in Zeitschriften zu finden sind (s. u.).

Wortgeschichten

In alle Phasen des Unterrichtsprozesses lassen sich Wort- oder erzählte Rechengeschichten einbinden. Sie sind die direkten Vorläufer der traditionellen Textaufgaben, die die meisten Kinder erst ab Mitte des zweiten Schuljahres sinnentnehmend erlesen können. Rechenprobleme in sprachlicher Form zur Addition und Subtraktion lassen sich in bestimmte Kategorien einteilen, die eine unterschiedliche Bedeutung der Operationen beschreiben. Die nachfolgende Auflistung mit je einem Beispiel macht deutlich, dass die mathematische Struktur einfacher Wortgeschichten sehr variabel gestaltet werden kann/soll (s. auch schon Gerlach 1922, S. 52 f):

- Verändern von Mengen
  - a) Ergebnis der Veränderung ist unbekannt:
    „Mark hat 3 Murmeln, Lisa gibt ihm noch 5 dazu.“ (1)
    „Mark hat 8 Murmeln. Er schenkt Lisa 3 davon.“ (2)
  - b) Veränderung ist unbekannt:
    „Mark hatte 3 Murmeln. Nachdem ihm Lisa einige Murmeln geschenkt hat, hat er jetzt 8 Murmeln.“ (3)
    „Mark hatte 8 Murmeln. Davon schenkte er einige Murmeln Lisa. Jetzt hat Mark nur noch 5 Murmeln.“ (4)
  - c) Ausgangsposition ist unbekannt:
    „Lisa hat Mark 5 Murmeln geschenkt. Jetzt hat sie nur noch 3 Murmeln.“ (5)
    „Lisa hat Mark 3 Murmeln geschenkt. Jetzt hat Mark 8 Murmeln.“ (6)
- Verbinden von Mengen
  - a) Vereinigung unbekannt:
    „Mark hat 3 Murmeln und Lisa hat 5 Murmeln. Wie viele haben sie zusammen?“ (7)
  - b) Rest/Teil unbekannt:
    „Mark und Lisa haben zusammen 8 Murmeln. 5 Murmeln davon gehören Lisa.“ (8)
- Vergleichen von Mengen
  - a) Vergleichsgröße bekannt
    „Mark hat 3 Murmeln, Lisa hat 8 Murmeln. Wie viele Murmeln hat Lisa mehr?“ (9)

    „Mark hat 3 Murmeln, Lisa hat 8 Murmeln. Wie viele Murmeln hat Mark weniger?“ (10)
  - b) Vergleichsgröße unbekannt:
    „Mark hat 5 Murmeln, Lisa hat 3 Murmeln mehr (weniger).“ (11)
    „Mark hat 5 Murmeln. Das sind 3 Murmeln mehr (weniger) als Lisa hat“. (12)

Untersuchungen zeigen, dass Schüler die geringsten Schwierigkeiten bei den Aufgaben des Typs (1), (2) und (7) haben, in der Wortgeschichte die mathematische Struktur zu erkennen und die entsprechende Rechenaufgabe zu bilden. Dagegen sind die Aufgabentypen (5), (6), (11) und (12) für die Kinder besonders schwierig. Das Lösen derartiger Wortgeschichten muss im Unterricht besprochen werden. Als mögliche Lösungshilfen vor dem Bearbeiten auf der rein verbalen Ebene bieten sich an:

- das Umwandeln einer Wortgeschichte in eine Handlung, bei der die Sachsituation konkret mit Materialien gespielt wird,
- das Vorspielen der einfachen Sachgeschichte durch Pantomime im Morgenkreis,
- das Umformen der Sachsituation in ein Rätsel (Scharade),
- das gemeinsame Anfertigen einer bildhaften Skizze zur Sachaufgabe.

Nicht zum eigentlichen Sachrechnen gehören die eingekleideten Zahlenaufgaben ohne Sachbezüge. Man kann sie im Unterricht gegen Ende des 1. Schuljahres als Zahlenrätsel in verbaler Form anbieten (als Herausforderung für leistungsstarke Kinder).

Beispiele im Zahlenraum bis 10:
„Ich denke mir eine Zahl.
... Wenn ich 3 addiere, dann erhalte ich die 8.
... Wenn ich 3 addiere und 4 subtrahiere, dann erhalte ich die 5.
... Sie ist kleiner als 7 und größer als 5.
... Wenn ich sie halbiere, dann erhalte ich die 3.
... Wenn ich sie verdoppele, dann erhalte ich die 10.
... Wenn ich sie halbiere und dann 3 addiere, so erhalte ich die 7.“

Einige dieser Zahlenrätsel lassen sich in symbolische Darstellungen übertragen, die durchaus Lösungshilfen für die meisten Kinder sind.

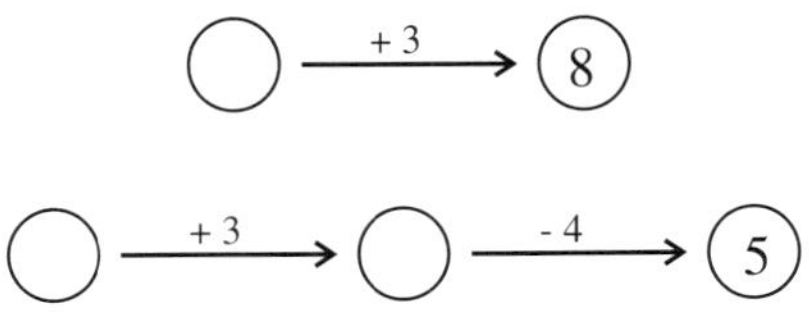

6.2.3 Themenkreis: Rollenspiele

Kinder im Grundschulalter sind überaus motiviert und begeistert, in Rollen zu schlüpfen und kleine Schauspiele zu inszenieren. Auch im Zahlenraum bis 10/20 lassen sich Sachsituationen spielen und mathematisch interpretieren. Nachfolgend ein paar Spielthemen:

- vorrangig mit Geld:
  „Einkaufen“ (Waren kaufen, Geld geben, Geld wechseln, Geld zurückgeben ...),

„Post“ (Pakete, Briefe ... abgeben, Briefmarken kaufen, Geld geben, zurückgeben ...),
„Bahn-, Busfahrkartenschalter“ (Personenanzahl, Fahrkarten, Fahrpreise, Wechselgeld ...)

- mit anderen Größen:
  „Baumarkt“ (Stückanzahlen, Längen, Flächengröße ...)
  „Textilgeschäft“ (Knöpfe, Paare ..., Längen, Bekleidungsgrößen ...)

- Busfahrspiele:

  10 Stühle werden als Doppelreihe aufgestellt. Sie dienen als „Bus“. Ein elfter Stuhl für den Fahrer wird davorgestellt. Der Bus fährt von Haltestelle zu Haltestelle, an denen jeweils Fahrgäste aus- und einsteigen. Nach einigen Fahrten werden die jeweiligen Anzahlen bestimmt und an der Tafel festgehalten.

Spiel 1: Es steigen nur Fahrgäste ein!

Haltestelle	ein	Fahrgäste
A	4	4
B	3	7
C	0	7
D	6	13

Spiel 2: Es steigen nur Fahrgäste aus!

Haltestelle	aus	Fahrgäste
		12
A	3	9
B	1	8
C	6	2

Spiel 3: Es steigen Fahrgäste ein und aus!

Haltestelle	ein	aus	Fahrgäste
A	8	-	8
B	3	4	7
C	0	5	2
D	6	0	8

Variation: Die Klassentür dient als Bustür, sodass die Fahrgäste im Bus nicht zu sehen sind. Die Kinder bestimmen so die Anzahl nur über die ein- bzw. aussteigenden Fahrgäste. Auf dem Erlebnishintergrund des Busfahrspiels lässt sich eine schöne Aufgabenform entwickeln, die man als Lehrerin auch in den folgenden Schuljahren in größeren Zahlenräumen immer wieder nutzen kann:

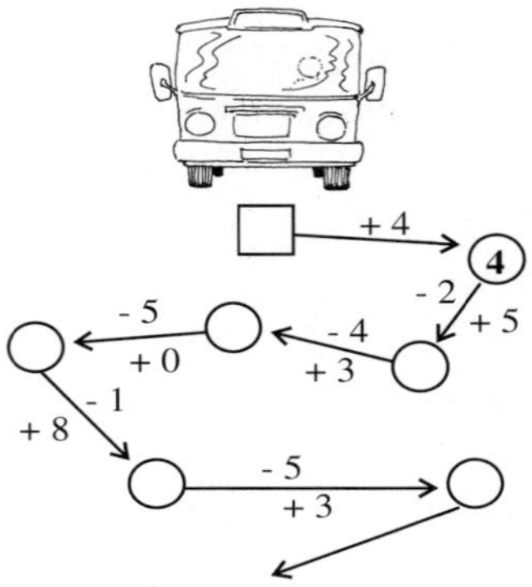

Für Rollenspiele ist es wichtig, dass Materialien in der Mathe-Ecke bereitstehen: Utensilien für das Kaufmannsspiel, evtl. eine Kaufmannsladenecke, eine Kasse, Rechengeld, Messbänder, Einkaufskörbe u. v. a. m.

6.2.4 Themenkreis: Untersuchungen an „Sachen“

Zahlreiche Themen des Sachunterrichts im 1./2. Schuljahr bieten sich an, Querverbindungen zum Mathematikunterricht herzustellen, wobei nummerische Strukturen untersucht werden können. Als Beispiele nur ein paar Themenkreise des Sachunterrichts, wie sie in den Lehrplänen der einzelnen Bundesländer für das 1. Schuljahr formuliert werden (in Klammern mögliche Aspekte, zu denen mathematische Untersuchungen, Berechnungen und Erfahrungen gesammelt werden können):

- Tagesablauf (Tageszeiten, Stunden, Uhrzeit ...)
- Die Zeit vergeht (Tage, Wochen, Monate, Jahre ...)
- Einkaufen (Preise, Geld, Waren, Größen ...)
- Temperaturen und unser Wetter (Jahreszeiten, Thermometer, Tabellen ...)
- Post (Preise, Größen, Gewichte ...)
- Unsere Schulwege (Raumorientierung, geometrische Lagebeziehungen, Verkehrsschilder ...)
- Wege durch den Ort (wie oben)
- Verkehrsregeln (Verkehrsschilder, Regeln, geometrische Grundformen ...)
- Wir bauen mit verschiedenen Materialien (geometrische Handlungserfahrungen, geometrische Körper, räumliches Vorstellungsvermögen ...)
- Gebrauchsgegenstände (Größen, Messen, Schneiden, Kleben ...)

Es würde den Umfang dieses Handbuches für das erste Schuljahr überschreiten, auf die einzelnen Themen ausführlicher einzugehen, zumal sie in den folgenden Schuljahren immer wieder aufgegriffen werden können. So beschränken wir uns nachfolgend auf das Skizzieren einiger Beispiele.

- Beispiel 1:

  Die Kinder kleben Collagen aus Katalogbildern zu Themen wie: „Das kostet weniger als 20 €“, „Damit können wir die Zeit (das Gewicht) messen“, „Frühlingskleidung (Winter-, Sommer-)“, „Mit diesen Zahlen kann man nicht rechnen!“ (siehe auch das folgende Beispiel 2), „Damit kann man rechnen“ u. v. a. m.

- Beispiel 2:

  Die Kinder sollen am nächsten Schultag Gegenstände mit Zahlaufdrucken aus ihrer Erfahrungswelt mitbringen. Die nummerischen Strukturen werden gemeinsam untersucht, diskutiert, geklärt, die möglichen Unterschiede (z.B. Ziffernschreibweise, Form, Anzeige ... an Personenwaagen) werden besprochen. Es stört nicht, wenn die Zahlen auf diesen Gegenständen den Rahmenrichtlinien Mathematik für das 1. Schuljahr nicht entsprechen. Der Zahlenraum ist nicht immer auf 20 begrenzt, die Zahlaspekte sind oft andere (nicht nur Kardinal- und Ordinalzahlen) und die Schreibweise der Ziffern unterscheidet sich von der Schulschreibweise. All das müssen die Kinder kennen lernen, um wichtige Strukturen ihrer Umwelt erschließen und nutzen zu können.

- Beispiel 3:

  Die Lehrerin zeichnet einen Kalender, ein Taschenrechnerfeld, ein Lineal, eine Uhr, eine Telefonwählscheibe u. a. ohne Zahlen an die Tafel. Gemeinsam werden die Zahlstrukturen aus der Erfahrung/Erinnerung erarbeitet und eingetragen (vgl. Kopiervorlage SR 1).

- Beispiel 4:

  Unterrichtsgänge mit der Beobachtungsaufgabe, bisher noch nicht bekannte „Sachen“ mit Zahlen zu entdecken und davon Zeichnungen/Skizzen zu erstellen.

Unterrichtsausschnitt:
(S: Schüler; L: Lehrerin)
S1: Ich sehe einen Zaun.
S2: Das ist da, wo wir mit dem Polizisten waren.
S3: Für Kinder bis zu 12 Jahren.
S4: Ganz oben steht Spielplatz.
S5: Ich weiß, neben Frau Rosenthal ist eine Schaukel und das Schild.
S6: Da dürfen nur Kinder bis 12 Jahre drauf.
L: Was hast du gesagt: Da dürfen nur 12 Kinder drauf?
(Gelächter)
S6: Nein, soviel Kinder wie wollen, aber keiner darf über 12 sein.
L: Warum?
S6: Weil die Polizei das nicht erlaubt.
S5: Weil die Großen machen alles kaputt.
S1: Die Geräte halten das nicht aus.
S2: Wo das Schild nicht ist, dürfen sogar Erwachsene.

Mit dieser Vorgehensweise wird erreicht, dass das Kind Zahlenhaftes erkennt und die dargestellten Beziehungen aufdeckt. Hat ein Kind die jeweilige Bedeutung eines Aufdruckes erfasst, so ist eine grundlegende Voraussetzung dafür geschaffen, dass es mit den Zahlen auch sinnvoll rechnen kann. Da der verbale Anteil im Mathematikunterricht ohnehin gering genug ist, bietet sich hier eine willkommene Gelegenheit zu Unterrichtsgesprächen.

Die folgende Stimulanz forderte die Kinder zu lautstarker Entrüstung heraus.
L: Kristin, wie alt bist du? K: 7 Jahre
L: Oliver, wie alt bist du? O: 7 Jahre
L: Dürft ihr beide gemeinsam auf den Spielplatz gehen und spielen, obwohl auf dem Schild „bis 12 Jahre“ steht?
K: Oh!!! Natürlich dürfen wir das. Wir sind doch erst 7.
S: Die wiegen doch noch gar nicht soviel.
O: Wir sind doch noch klein.

Die Kinder halten ihre Eindrücke in ihrem „Sachenbuch“ fest, ohne dass eine verbindliche Schreibweise erwartet wird, denn es geht hier um die Bedeutung der Spielplatzzahl 12. Für die Erstklässler geht es nicht um einen Zahlenoutput, der rein rechnerisch zu ermitteln ist. Sie erklären die Bedeutung des Schildes auf kindgemäße Art und Weise aufgrund ihrer eigenen Erfahrungen und gehen somit sachgerecht mit Zahlenhaftem aus ihren Erlebnisbereichen um: Größe und Gewicht werden als Gegenargument herangezogen, es wird von eigenen Spielplatzerlebnissen erzählt, lesestarke Kinder erlesen den gesamten Text des Schildes u. a.

Wir können uns vorstellen, wie Schüler im Mathematikunterricht in weiterführenden Klassen mit der folgenden Sachaufgabe umgegangen wären:
„Kristin (7 Jahre alt) und Oliver (7 Jahre alt) gehen gemeinsam auf den Spielplatz, um dort miteinander zu spielen. Am Eingang lesen sie auf einem Schild: „...für Kinder bis zu 12 Jahren...". Dürfen beide gemeinsam auf den Spielplatz?" - Frage, Rechnung, Antwort!
Im Unterricht sollte nicht nur Stoff transportiert, sondern anregende Lernbedingungen sollten arrangiert werden, in denen Kinder Gelegenheit haben, sich über Vermutungen und Erfahrungen aus ihrer Erlebniswelt auszutauschen und sie kritisch zu hinterfragen, damit die häufig beobachtbaren negativen Einstellungen gegenüber Sachaufgaben und dem Sachrechnen vermieden oder verändert werden. Wenn die Lebenswelt der Kinder in den Mittelpunkt des Unterrichtsgeschehens gerückt wird, kann das phantasiereiche, sachbezogene Problembewusstsein von Kindern erhalten werden.

6.2.5 Themenkreis: Größen

Die meisten Lehrpläne und somit auch Schulbücher zum Mathematikunterricht an Grundschulen empfehlen für das 1. Schuljahr Erfahrungen und Übungen zu den Größenbereichen „Geld" und „Zeit", vereinzelt auch zu den „Längen". Dabei lassen sich als Ziele des Arbeitens mit Größen in dieser Altersstufe nennen

- der Aufbau von Vorstellungen einzelner Größen,
- die systematische Erarbeitung der betreffenden Größenbegriffe sowie
- das erste Rechnen mit Größen.

Bei den didaktischen Stufen der Erarbeitung eines Größenbereichs kommt es im 1. Schuljahr im Wesentlichen auf erste Erfahrungen in Sach- und Spielsituationen sowie direkte und indirekte Vergleiche von Repräsentanten einer Größe an. Zum Geld und der Zeit bringen Schulanfänger bereits entwickelte Erfahrungen mit, die im Mathematikunterricht genutzt werden sollten.

Das mathematische Thema „Größen" überschneidet sich stark mit entsprechenden Teilthemen im Sachunterricht, so dass Abstimmungen in der Stoffplanung und somit die Realisierung fachübergreifender Vorhaben sinnvoll sind.

Nicht zuletzt wegen der veränderten Erfahrungswelten der heutigen Kinder kommt dem Thema „Größen" eine große Bedeutung zu. Im Vergleich zu den Untersuchungen Piagets vor vielen Jahrzehnten haben Schulanfänger in einigen Größenbereichen (z. B. Geldwerte, Uhrzeiten) durchweg entwickeltere Vorkenntnisse als ihre Altersgenossen früher. In anderen Größenbereichen (z. B. Volumina, Gewichte) sind die außerschulischen Erfahrungen dagegen offensichtlich sehr viel geringer.

Abgesehen von einzelnen Vorhaben (z. B. geschicktes Zählen von Münzen, erste Untersuchungen zu Geburtstagen) empfiehlt sich die unterrichtliche Thematisierung von Größen erst in der zweiten Hälfte des 1. Schuljahres, dann, wenn die Kinder sichere Vorstellungen im Zahlenraum bis 20 entwickelt haben.

Sinnstiftende Anlässe, Anregungen und Beispiele

Unser Geld
Für die Bearbeitung der folgenden Aufgaben benötigt man einen Klassensatz Rechengeld (erhältlich bei den Geldinstituten), Rechengeld als Demonstrationsmaterial für die Magnet- oder die Hafttafel und auch reale Münzen für die Mathe-Ecke (auch ausländische Münzen).

Beispiel 1: Geschicktes Zählen von Münzen

Was gelernt werden soll:

- Zählen gleichartiger Elemente (Centstücke),
- Zählen durch Ordnen der Elemente,
- Zählen durch Zerlegen in überschaubare Teilmengen,
- Zählen in Schritten,
- Zählen verschiedener Münzen einer Menge.

Die nachfolgenden Aufgabenstellungen können recht früh in den Arithmetiklehrgang integriert werden, wobei sie zunächst mit Rechengeld konkret durchgeführt werden müssen. Erst nach dem konkreten Erarbeiten und dem gemeinsamen Besprechen von geschickten Zähltechniken können entsprechende Arbeitsblätter angeboten werden. Im Laufe des Schuljahres sind Variationen durch andere Münzen bzw. im größeren Zahlenraum sinnvoll.

Zählen ungeordneter Centmengen

Zählen geordneter Centbeträge

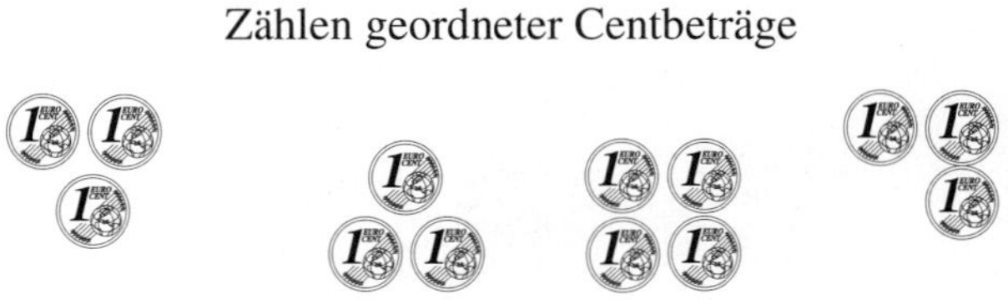

Zählen gemischter Centbeträge

Beispiel 2: Geldbeträge legen, bestimmen und vergleichen

- Wie viel wurde gespart?

- Wofür kann ich mir mehr kaufen?

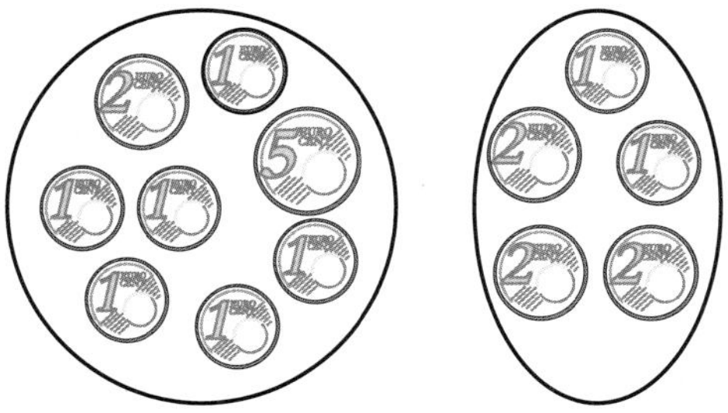

- Immer 6 ct :

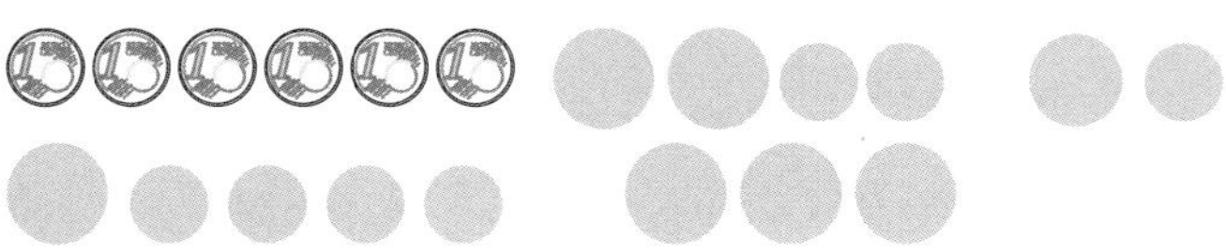

- Immer 10 ct:

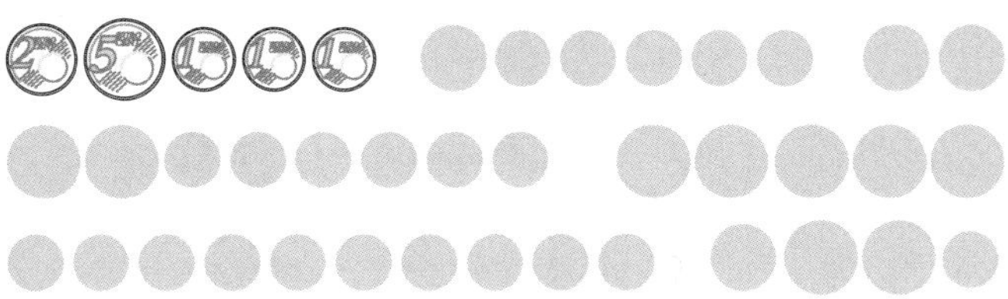

- €-Beträge legen:

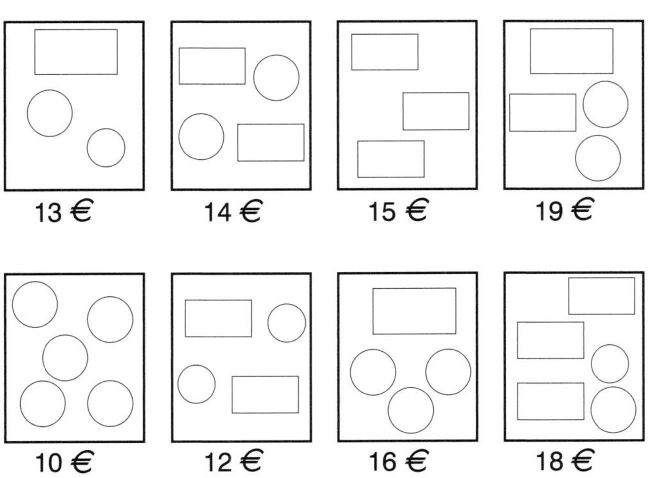

Beispiel 3: Münzzerlegungen und Wechseln von Geldwerten (vgl. auch Kap. 1.3.2, S. 13 f.)

- Immer so viel Wert wie 

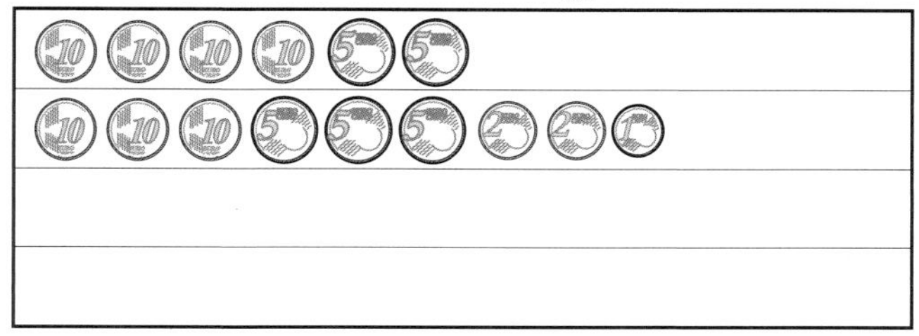

- Immer so viel Wert wie 

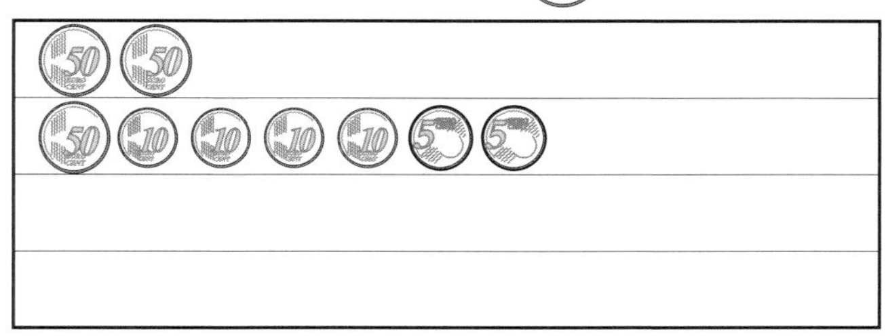

- Lege 13 Cent mit verschiedenen Münzen:

Lösung 1: 

Lösung 2: 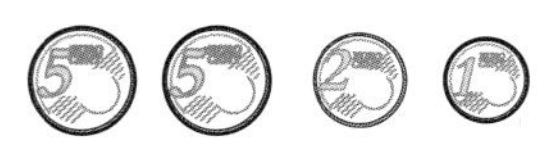

Lösung 3: 

- Lege 15 Cent mit möglichst wenigen (möglichst vielen) Münzen. Notiere in der Tabelle alle Legemöglichkeiten.

15 ct

2 Münzen	
3 Münzen	
4 Münzen	
13 Münzen	
14 Münzen	
15 Münzen	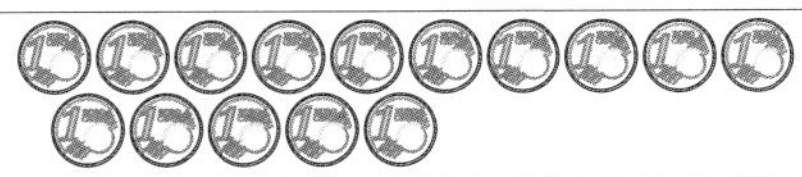

- Entsprechende Münzzerlegungen zu anderen Geldbeträgen

- Zerlegungen in Geldscheine (70 €, 50 € ...)
- Zerlegungen in Geldscheine und Münzen (18 €, 27 € ...), z. B.:

20 €

		II	I
𝍸	𝍸	I	

- Spiel „Geld in den Topf"
  Anzahl der Spieler: 2
  Material:
  - 10-flächiger „Würfel" mit den Angaben 1 ct, 2 ct, 3 ct ... 10 ct
  - Topf/Dose aus Metall
  - Augenmasken
  - Geldstücke mit den Werten 1 ct, 2 ct, 5 ct, 10 ct

  Verlauf:
  Es wird ein Geldwert gewürfelt. Ein Kind setzt die Maske auf. Der andere Spieler lässt jetzt laut und nacheinander seine Auswahl von Münzen, die den gewürfelten Geldbetrag ergeben, in den Topf fallen. Der maskierte Spieler muss anhand der Laute die Werte der Münzen erhören/erraten.
  Beispiel: Gewürfelter Geldwert 8 ct
  Möglichkeiten bei 4 Lauten:

- Wechseln von Münzen und Scheinen

Diese Münze	läßt sich wechseln in
	 oder ...

Dieser Schein	läßt sich wechseln in
	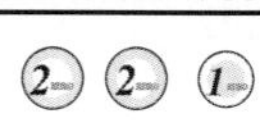 oder ...
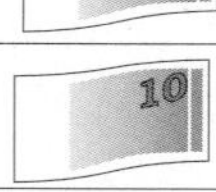	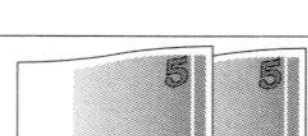 oder ...
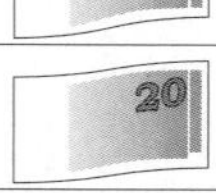	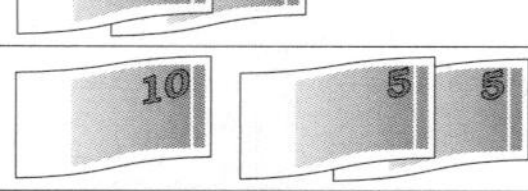 oder ...
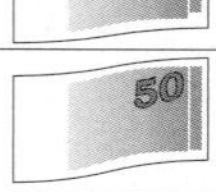	
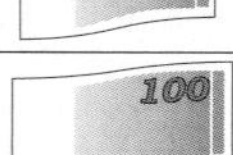	

Beispiel 4: Kaufen und Bezahlen

- In den Schulbüchern und Kopiervorlagen findet man zahlreiche Rechen- bzw. Bildgeschichten zum Kaufen und Bezahlen. Für die eigene Gestaltung bieten sich u. a. an:
  - Unterrichtsgänge zum Kaufmann, auf den Wochenmarkt, zum Postamt ...
  - Rollenspiele „Postamt", „Fahrkartenschalter", „Kaufmann" ...
- Aufgaben in Tabellenform:
  Aufgabenmuster A:

gekauft:	Preis:	bezahlt mit:	Rückgabe:
	6 €	10 €	4 €
	13 €	15 €	€
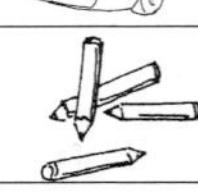	6 €	10 €	€
	17 €	€	3 €

Aufgabenmuster B:

Eva hat	Eva kauft für	Eva hat noch
17 €	9 €	8 €
19 €	12 €	
	8 €	7 €
15 €		2 €

Aufgabenmuster C:

Preis	gegeben	zurück
12 €	15 €	3 €
8 €	10 €	
	14 €	1 €
14 €		6 €

Aufgabenmuster D:
Wie kann man 14 € (7 €, 18 €, ..., 62 €) in Münzen und/oder Scheinen legen?

Beispiel 5: Rechnen mit Geld

2 ct + 2 ct + 1 ct = □ ct
3 ct + 5 ct + 2 ct = □ ct
10 ct + 2 ct + □ ct = 15 ct
8 ct + □ ct + 4 ct = 15 ct

10 ct - 2 ct - 3 ct = □ ct
15 ct - 4 ct - 3 ct = □ ct
13 ct - 5 ct - □ ct = 5 ct

50 ct + 20 ct = □ ct
50 ct + □ ct = 80 ct

(Entsprechend viele andere Aufgabenstellungen können mit ct- und €-Beträgen formuliert werden.)

Die Zeit

Noch stärker als beim Themenkreis „Geld" gibt es zum Größenbereich „Zeit" Überschneidungen bzw. Möglichkeiten fächerübergreifenden Arbeitens zwischen Mathematik und Sachunterricht. In den Schulbüchern wird das Thema in der Regel auf nur 1 bis 2 Seiten am Ende des Schuljahres angesprochen, obwohl es eine ganze Reihe wichtiger Aspekte zum Thema „Zeit" gibt, die sehr viel früher thematisiert werden können/sollten.

Beispiel 1: Unmittelbare und mittelbare Vergleiche von Zeitspannen

Bei der Bildung aller Größenbegriffe lassen sich immer zwei erste Erfahrungsbereiche unterscheiden, die dem Messen, dem Rechnen und dem Umwandeln von standardisierten Maßeinheiten vorausgehen sollten:

a) das unmittelbare Vergleichen von Größen und
b) das mittelbare Vergleichen mit willkürlichen Maßeinheiten.

zu a) unmittelbare Vergleiche

- Wer ist beim Wettlauf auf dem Schulhof am schnellsten (am langsamsten)?
- Welche Gruppe kann schneller den Tisch aufräumen?
- Wer kann länger die Luft anhalten?
- Wer kann schneller bis 20 zählen?

zu b) mittelbare Vergleiche

- Messen von Vorgängen (Laufen, einen Becher Wasser trinken, eine Schuhschleife herstellen ...) durch möglichst gleichmässiges Zählen (oder Klatschen)
- Messen und Vergleichen von Vorgängen mit Hilfe einer Sanduhr (einer einfachen Stoppuhr)

Beispiel 2: Erste Untersuchungen

Bereits nach den ersten Schulwochen kann im Rahmen der Unterrichtseinheit „Anzahlvergleiche" mit dem Sachrechenthema begonnen werden. Nicht alle Kinder werden den Monat kennen, in dem sie Geburtstag haben. Die Daten können aus der Klassenliste ergänzt werden. Folgende Materialien werden benötigt: Tonpapier oder Tapetenreste, Klebstoff, breite Filzstifte.

Gemeinsam werden in der Klasse die Geburtstagsdaten gesammelt und dazu auf Karton einfache Schaubilder entwickelt.

Fragestellungen:

- Wie viele Geburtstage fallen in den Juli? Wie viele in den Monat vorher (nachher)?
- In welchem Monat haben die meisten (wenigsten) Kinder Geburtstag? In welchen Monaten gleich viele?

Zwei Möglichkeiten für Diagramme bieten sich an, ein „anschaulicheres" Streifendiagramm oder ein „abstrakteres" Säulendiagramm.

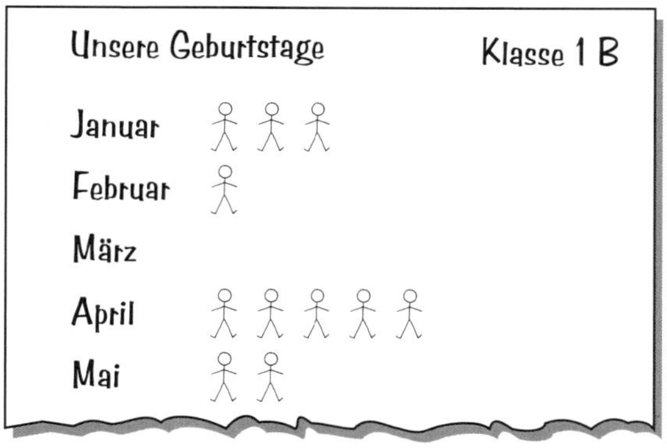

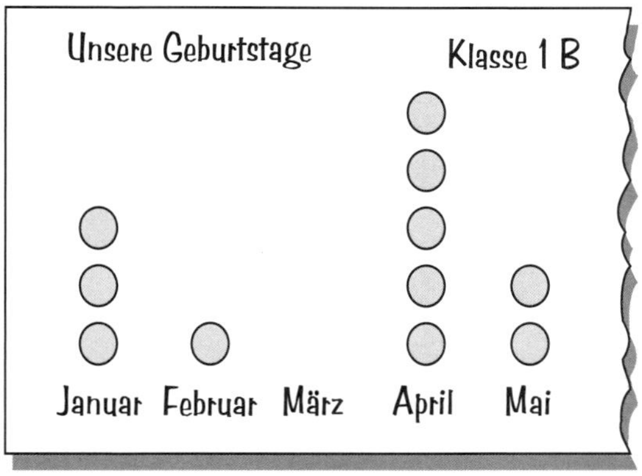

Der Geburtstagskalender

Gleich zu Beginn des neuen Jahres, wenn der Adventskalender abgenommen wird, kann der Geburtstagskalender entwickelt werden. Als Materialien müssen Sie bereitstellen: einen nicht zu kleinen Abreißkalender des neuen Jahres, Zeichenblätter für die Kinder in entsprechender Größe, 12 Bögen Tonpapier in passender Größe für die Monate, Klebstift, einen breiten Filzstift.

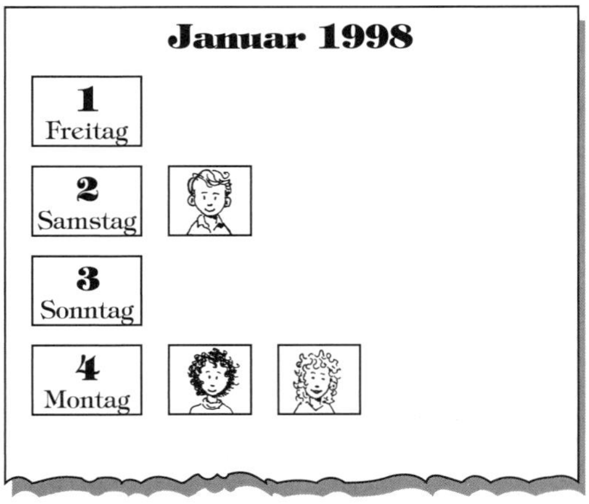

Der Jahresanfang gibt Gelegenheit, einen Überblick über das neue Jahr zu gewinnen und Zeitabläufe bewusst zu machen.

Problem- und Aufgabenstellungen:

- Aufteilung des Jahres in 12 Monate, Aufteilung der Monate in Tage
  Welche Monate sind die längsten/die kürzesten? Welcher Monat kommt nach/vor September?
- Bestimmen der Wochentage eines Datums
  Heute ist der 20. Januar. Welches Datum war gestern (vorgestern)? Welches Datum haben wir morgen (übermorgen, in einer Woche)?
- Wie lange ist es noch bis zum Sonntag (bis zu den nächsten Ferien, bis zu Tinas Geburtstag)?
- Wie viele Sonntage, Montage ... hat der Mai? Wie viele Tage im Januar sind schulfrei?

Der Geburtstagskalender bietet viele Möglichkeiten für interessante Fragestellungen im Mathematik- und im Sachunterricht.

Beispiel 3: Unser Tagesverlauf und die Uhrzeit

Am besten im Frühling, wenn die Sonne sehr gut beobachtbar ist, kann die Unterrichtseinheit „Tagesverlauf - Tageszeiten - Uhrzeiten" durchgeführt werden (vgl. auch Berger, A. u. a. 1994, S. 81). Dabei kann man zunächst die Nachtzeit ausklammern und sich auf die Tageszeiten beschränken, die die Kinder „wach" erleben. Ziele der Unterrichtseinheit sind:

- Bewusstwerden der Tageszeiten Morgen, (Vormittag), Mittag, Nachmittag und Abend durch Sonnen- und Naturbeobachtungen
- Verbinden der Tageszeiten mit typischen Tätigkeiten im Laufe des Tages (siehe auch Kopiervorlage SR 5)
- Zuordnen und Ablesen der vollen Stunden an der Uhr

Benötigt werden eine große Uhr und Lernuhren mit einfachen Ziffernblättern (siehe auch Kopiervorlage SR 4). Zur Beobachtung der Sonne muss ein möglichst günstiger Platz (Schulhof; ggf. ein Platz mit freierer Sicht in Schulnähe) ausgewählt werden.

Aufgabenstellungen:

- Wo steht die Sonne morgens (bei Schulbeginn um 8 Uhr), vormittags (um 10 Uhr), mittags (um 12 Uhr)? An Schülergruppen können die Beobachtungsaufgaben gegeben werden: Wo geht die Sonne auf? Wo steht sie nachmittags (um 16 Uhr)? Wo geht die Sonne unter?
- Zusammentragen von Beobachtungen in der Natur während der einzelnen Tageszeiten
- Zuordnen von Kinderaktivitäten am Morgen (Aufstehen, Waschen, Frühstücken, zur Schule gehen ...), am Vormittag (Schule ...), am Mittag (nach Hause gehen, Mittagessen ...), am Nachmittag (Spielen, mit Freunden verabreden, Hausaufgaben erledigen ...), am Abend (fernsehen, zu Abend essen, Waschen, zu Bett gehen ...)
- Erarbeiten, Einstellen und Ablesen der vollen Stunden von (ca.) 7 Uhr morgens bis 8 Uhr abends (20 Uhr), wobei auf die beiden Möglichkeiten eingegangen werden kann, die Uhrzeit nach 12 Uhr anzugeben
- Übungen und Wiederholungen: Tagesabläufe erzählen, Arbeitsblätter zum Bestimmen voller Stunden an Uhren bzw. zum Einzeichnen der Uhrzeiger (vgl. Kopiervorlage SR 4; in Lehrmittelverlagen gibt es Ziffernblattstempel zu kaufen)

Beispiel 4: Der Kalender

Beim Erarbeiten von Kalendern geht es um das Unterscheidenkönnen folgender Zeiteinheiten:

- der Tag (Tagesrhythmus, Stundeneinteilung)
- die Woche (Wochenrhythmus, Tageseinteilung)
- der Monat (Monatsrhythmus, Wocheneinteilung)
- das Jahr (Jahresrhythmus, Monatseinteilung)

Zu all diesen Teilthemen werden auch in den folgenden Schuljahren Erfahrungen gesammelt und geordnet, wobei Grunderfahrungen im 1. Schuljahr überaus wichtig sind.

Einige Frage- und Aufgabenstellungen:

- zum Tag: vgl. Beispiel 3
- zur Woche:
  - Welcher Tag ist heute? Welcher Tag war gestern? Welcher Tag ist morgen?
  - Welcher Tag kommt nach Freitag (nach Sonntag, nach Montag)?
  - Heute ist Montag. In 2 Tagen ist ...? In 7 Tagen ist ...? Vor 2 Tagen war ...?
  - Heute ist Dienstag, der 4 Mai. Morgen ist ..... Vor einer Woche war ... . In drei Tagen ist ... .
- zum Monat:
  Zur Monatseinteilung haben die Kinder die wenigsten Erfahrungen. Deshalb und wegen des größeren Zahlenraumes sollte das Thema auf das folgende Schuljahr verschoben werden.
- zum Jahr:
  - Es ist Frühling. Welche Jahreszeit folgt? Nach dem Herbst folgt der ... Vor dem Frühling war der ...
  - Es ist Mai: Welche Monate folgen? Welcher Monat war vor dem Mai? In 2 Monaten ist es ...
  - Der Sommer (Herbst, Winter, Frühling) ist während der Monate ...

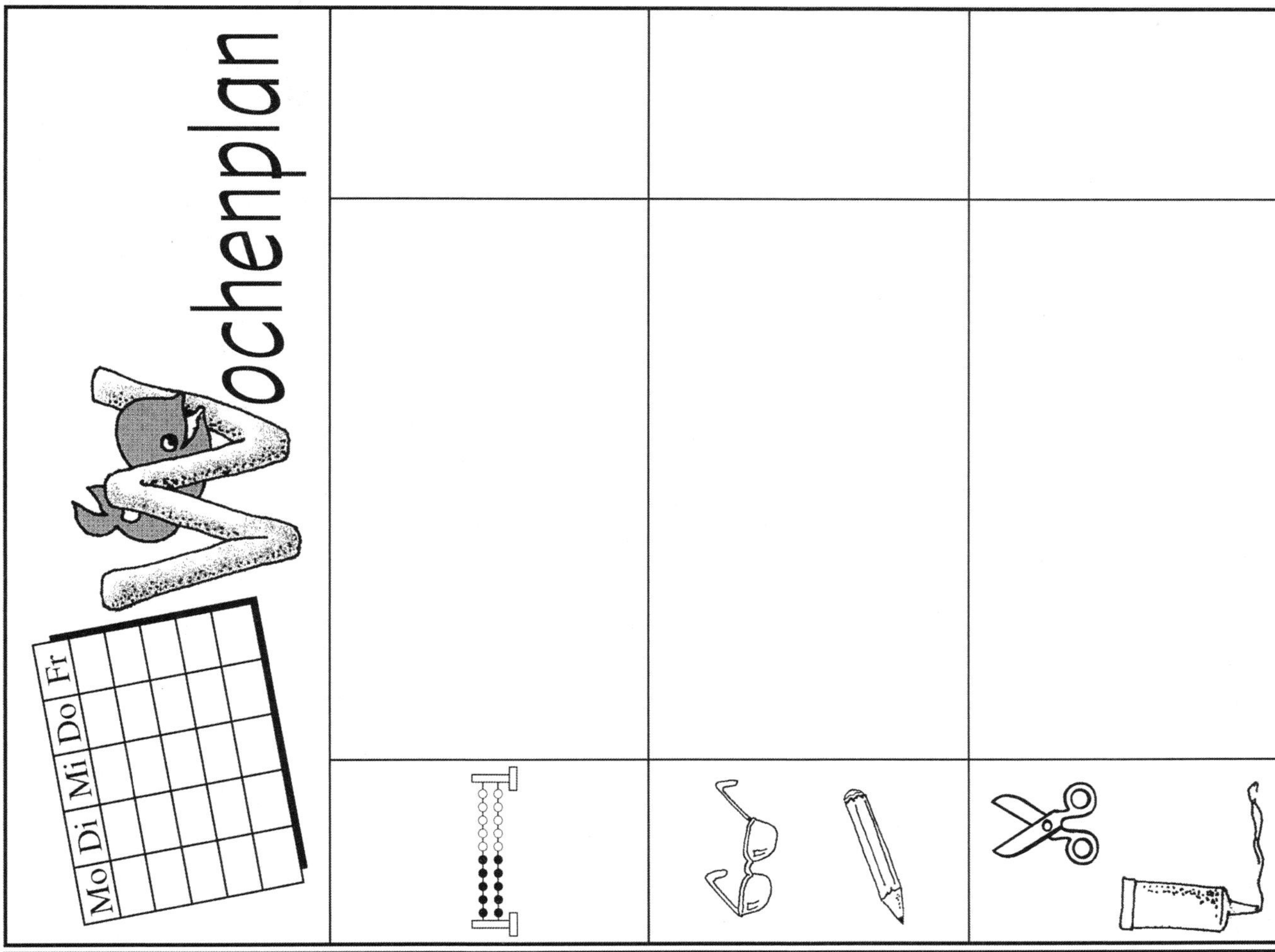
Wochenplan
Mo Di Mi Do Fr

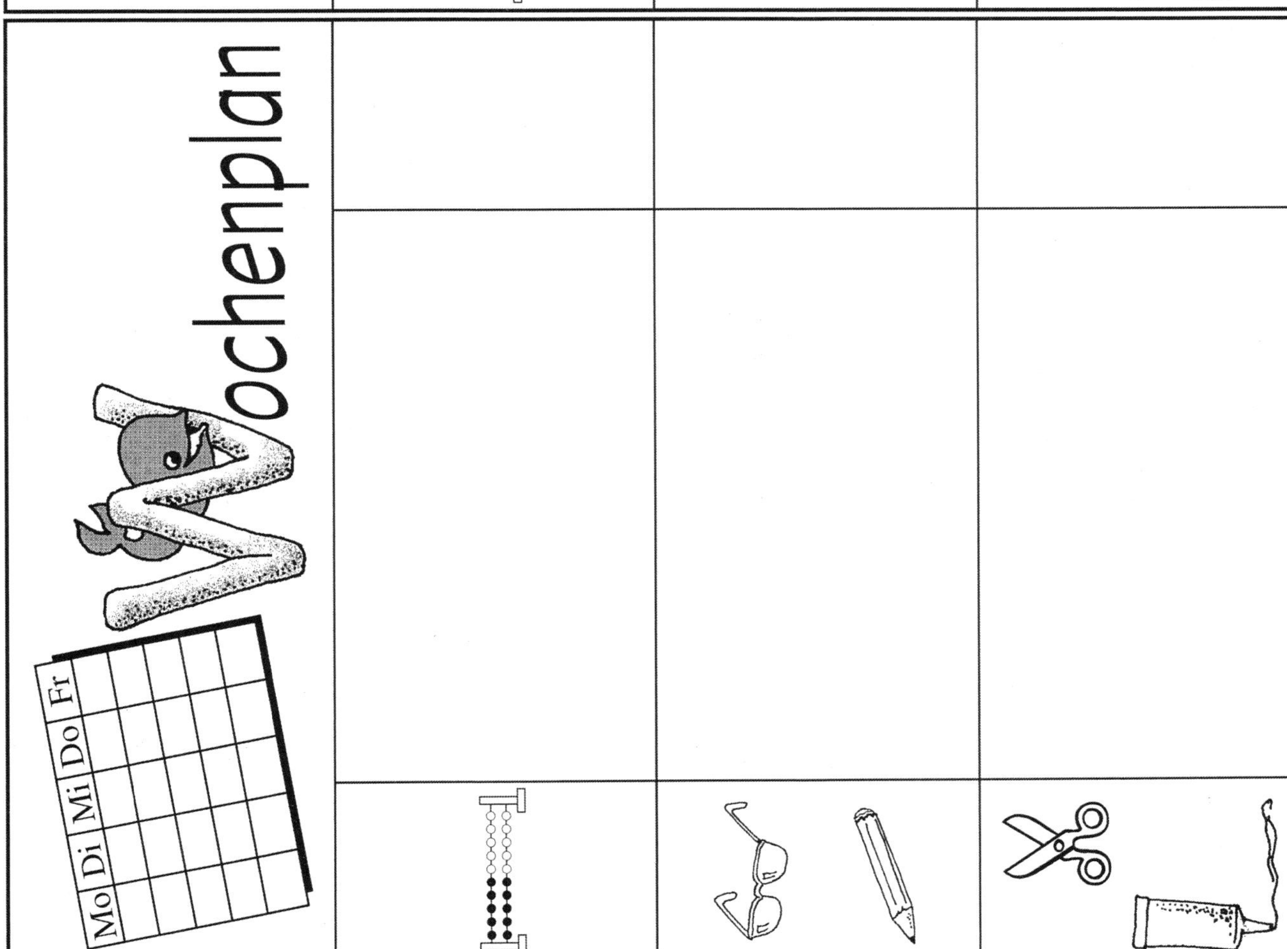
Wochenplan
Mo Di Mi Do Fr

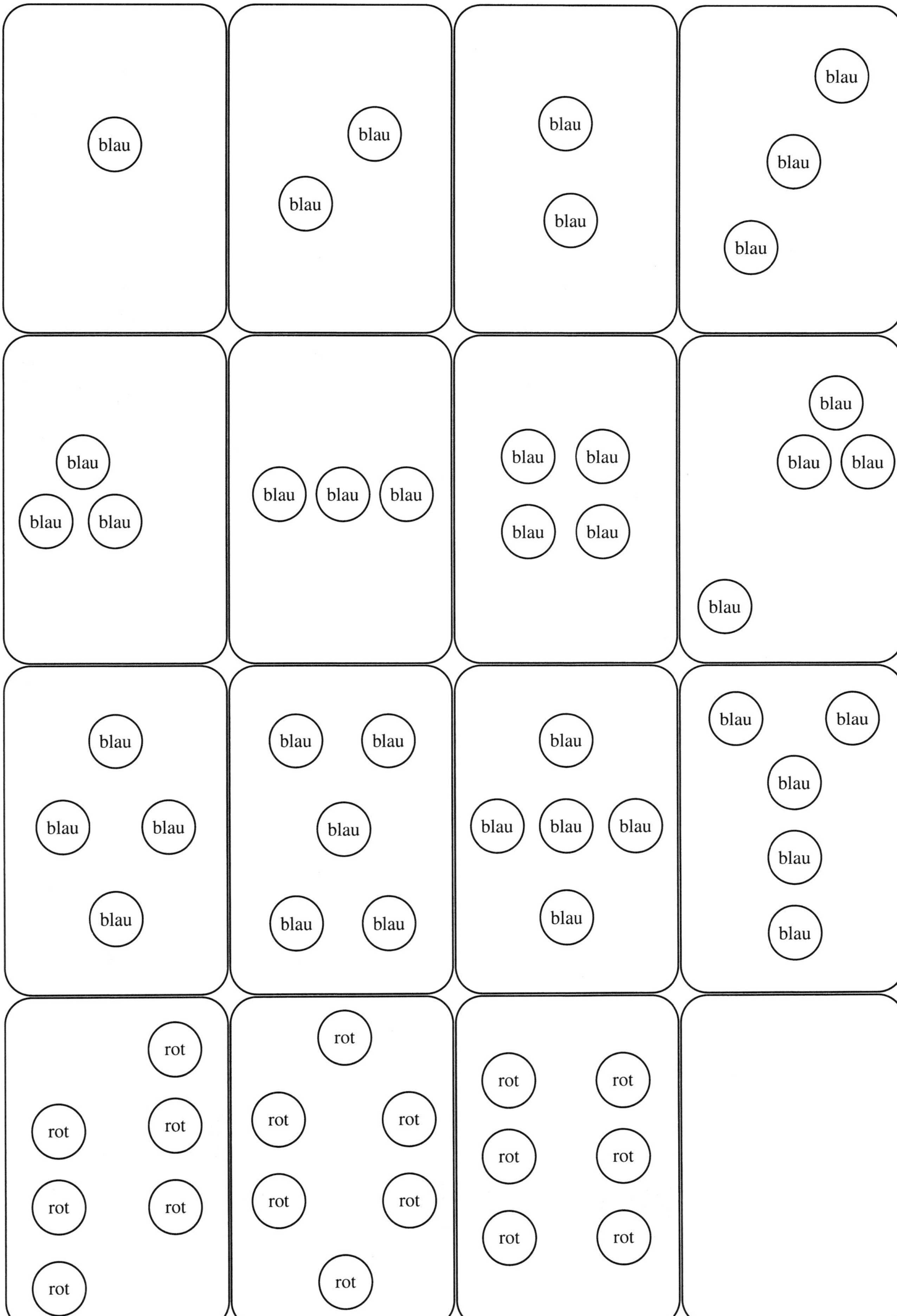

Kärtchen ausschneiden, mit farbigen Büroaufklebern bekleben

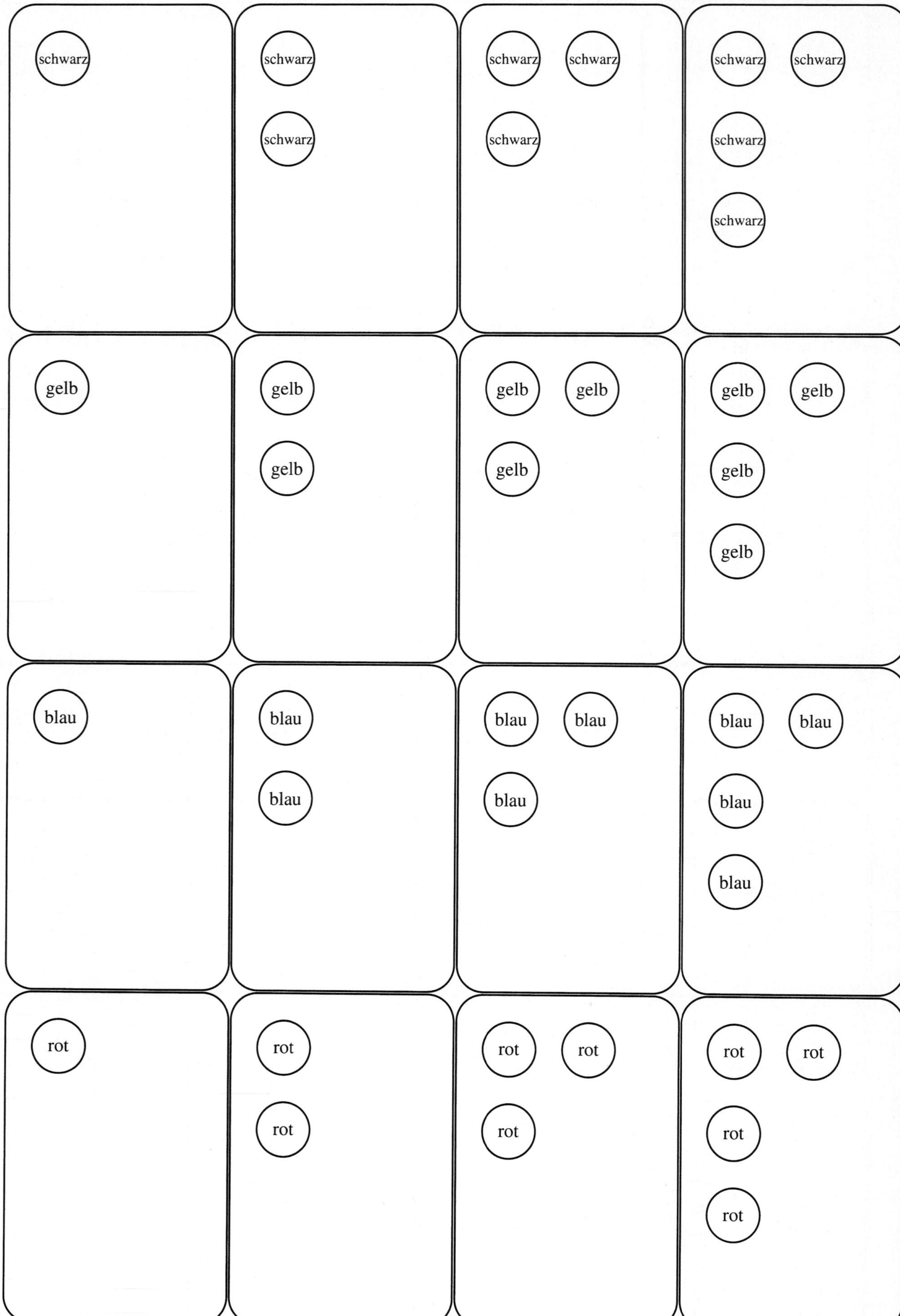

Kärtchen ausschneiden, mit farbigen Büroaufklebern bekleben

Drei-Farben-Domino (mit 3 Punkten)

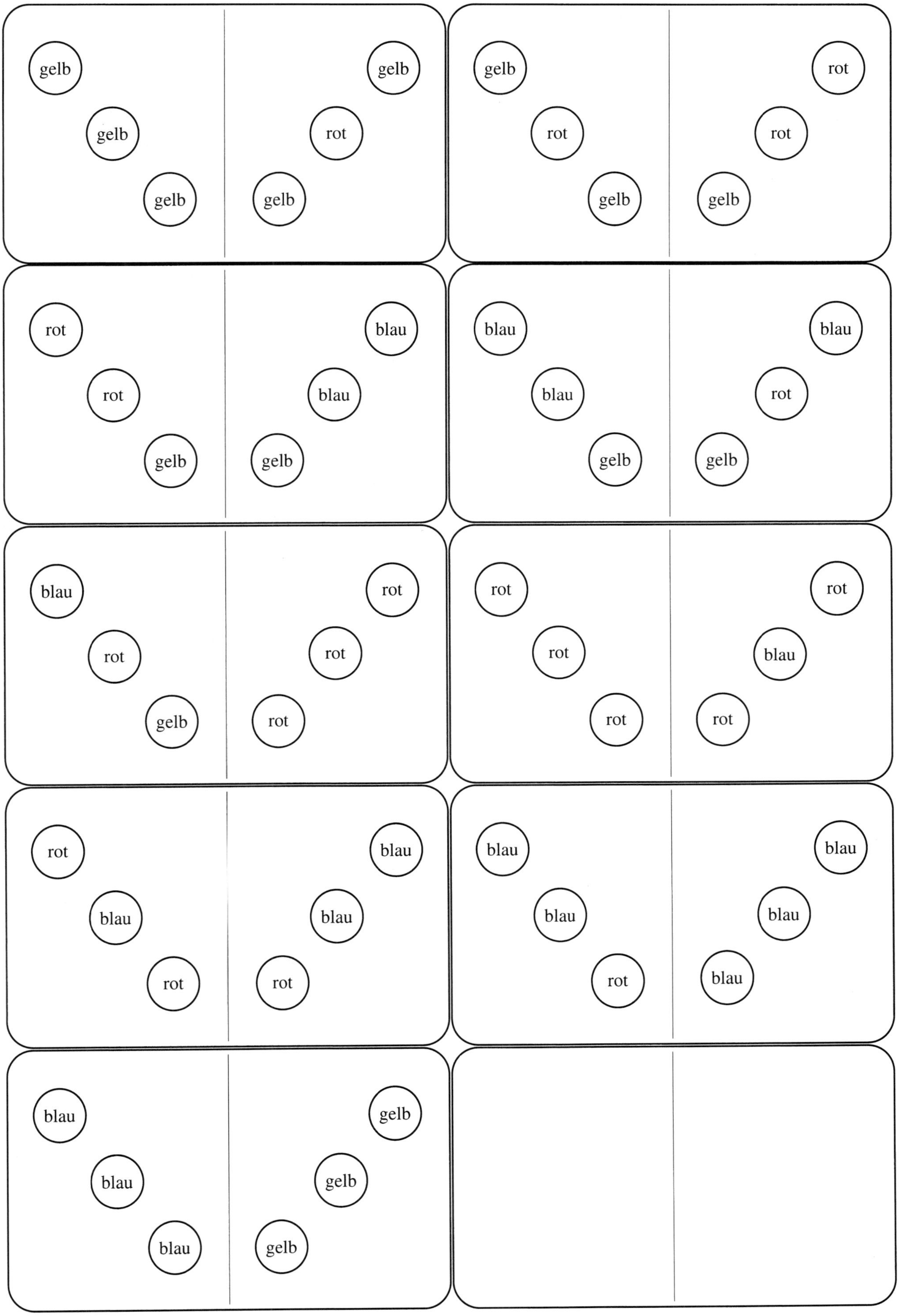

Kärtchen ausschneiden, mit farbigen Büroaufklebern bekleben

gelb	gelb	gelb	gelb	gelb	gelb	rot	rot
gelb	gelb	blau	blau	blau	blau	blau	blau
rot	rot	gelb	gelb	gelb	gelb	rot	rot
blau	blau	rot	rot	rot	rot	rot	blau
rot	rot	gelb	gelb	gelb	gelb	gelb	gelb
rot	blau	gelb	blau	gelb	blau	gelb	rot
gelb	gelb	rot	rot	rot	rot	blau	blau
gelb	rot	rot	gelb	rot	gelb	blau	gelb
blau	blau	rot	rot	rot	rot	gelb	gelb
blau	gelb	rot	rot	rot	rot	gelb	gelb

Kärtchen ausschneiden, mit farbigen Büroaufklebern bekleben

Zwei-Farben-Dreieck

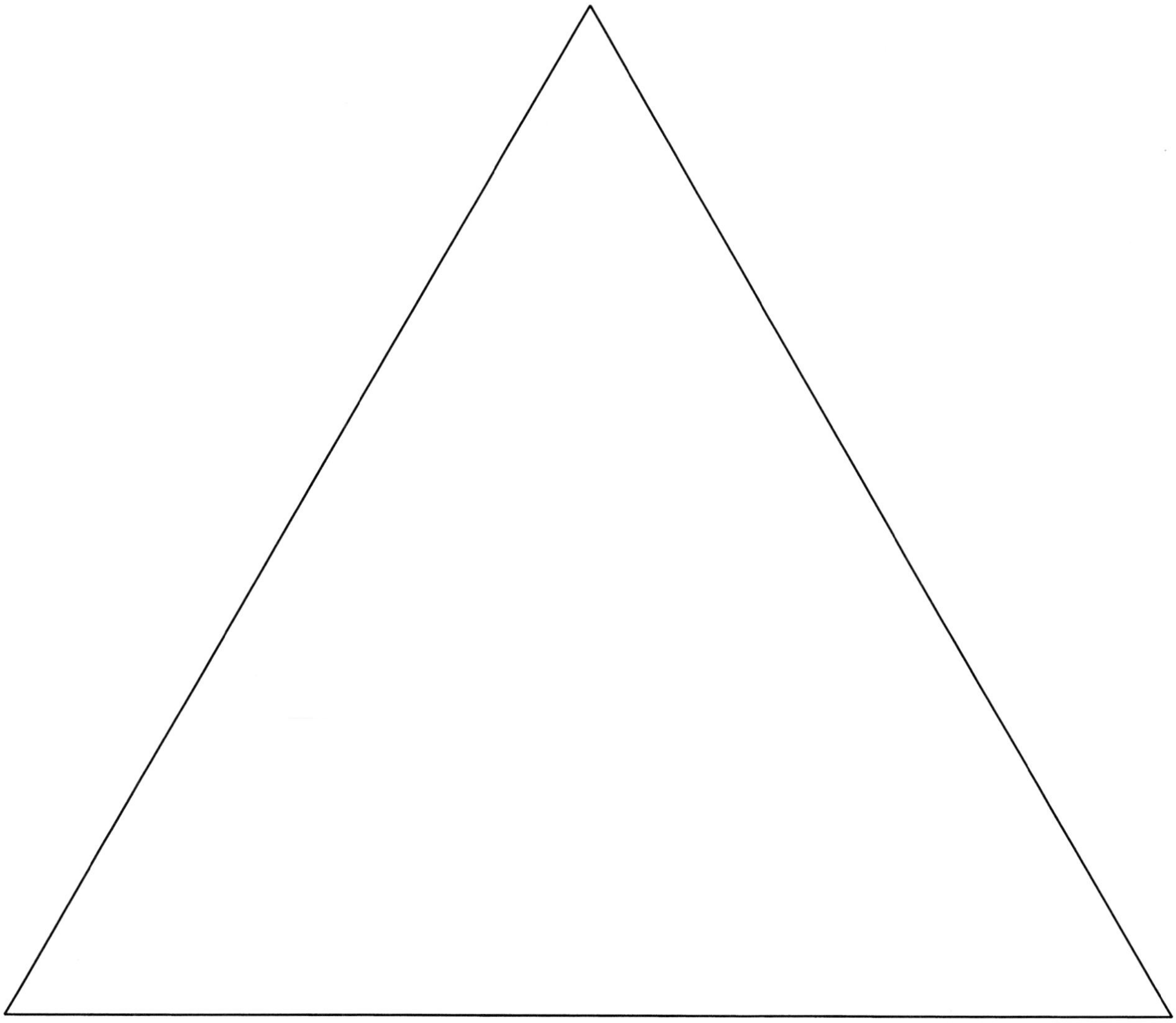

Dreieck 16-mal kopieren,
mit farbigen Büroaufklebern bekleben

Beispiel:

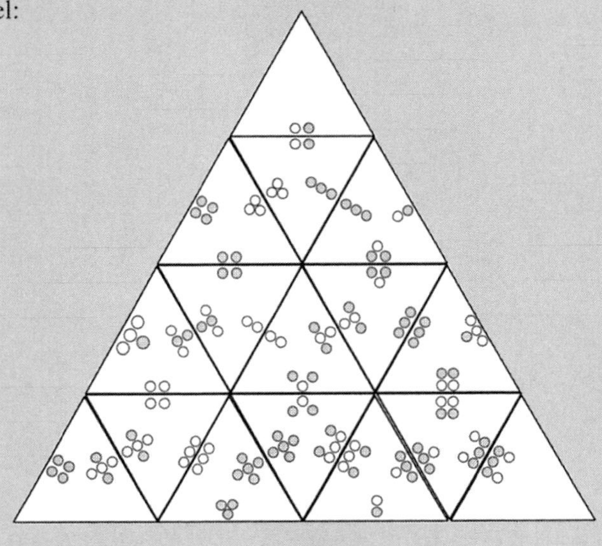

Kriterienkatalog zur Beurteilung von Arbeitsmitteln für den arithmetischen Anfangsunterricht

	Kriterien			
D	**Didaktische Kriterien**	++/+/ 0 /–/– –	++/+/ 0 /–/– –	++/+/ 0 /–/– –
D1	Erlaubt das Material simultane Zahlauffassung und -darstellung bis 4?			
D2	Erlaubt das Material quasi-simultane Zahlauffassung und -darstellung bis 10 bzw. 20?			
D3	Erlaubt das Material Handlungen, die an das kindliche Verständnis für die mathematischen Operationen Addieren und Subtrahieren, Verdoppeln und Halbieren, Zerlegen und Zusammensetzen von Zahlen anknüpfen und dieses Verständnis weiter entwickeln, stabilisieren und erweitern?			
D4	Ist die Übersetzung der Handlungen in Bilder und Symbole auch für Kinder leicht möglich?			
D5	Erlaubt das Material zählendes Rechnen?			
D6	Unterstützt das Material die Ablösung vom zählenden Rechnen?			
D7	Erlaubt das Material Handlungen, die heuristische, bzw. operative Strategien des Rechnens im Zahlenraum bis 20 entwickeln helfen?			
D8	Erlaubt das Material den Kindern die Entwicklung vielfältiger individueller Lösungswege für Rechenaufgaben?			
D9	Gibt es zu dem im Zahlenraum bis 20 eingesetzten Material strukturgleiche Fortsetzungen für das Rechnen im Zahlenraum bis 100?			
D10	Kann das Material auch für andere Unterrichtsinhalte genutzt werden?			
P	**Unterrichtspraktische Kriterien**			
P1	Ist das Material für die Kinder leicht handhabbar?			
P2	Kann das Material auch von Erstklässlern schnell bereitgestellt und geordnet wieder weggeräumt werden?			
P3	Ist das Material haltbar?			
P4	Gibt es zu dem Schülermaterial passendes Demonstrationsmaterial?			
	Weitere Kriterien			
A	Ist das Arbeitsmittel aus Naturprodukten hergestellt?			
F	Ist das Material seinen Preis wert?			
	Zusammenfassende Bewertung			

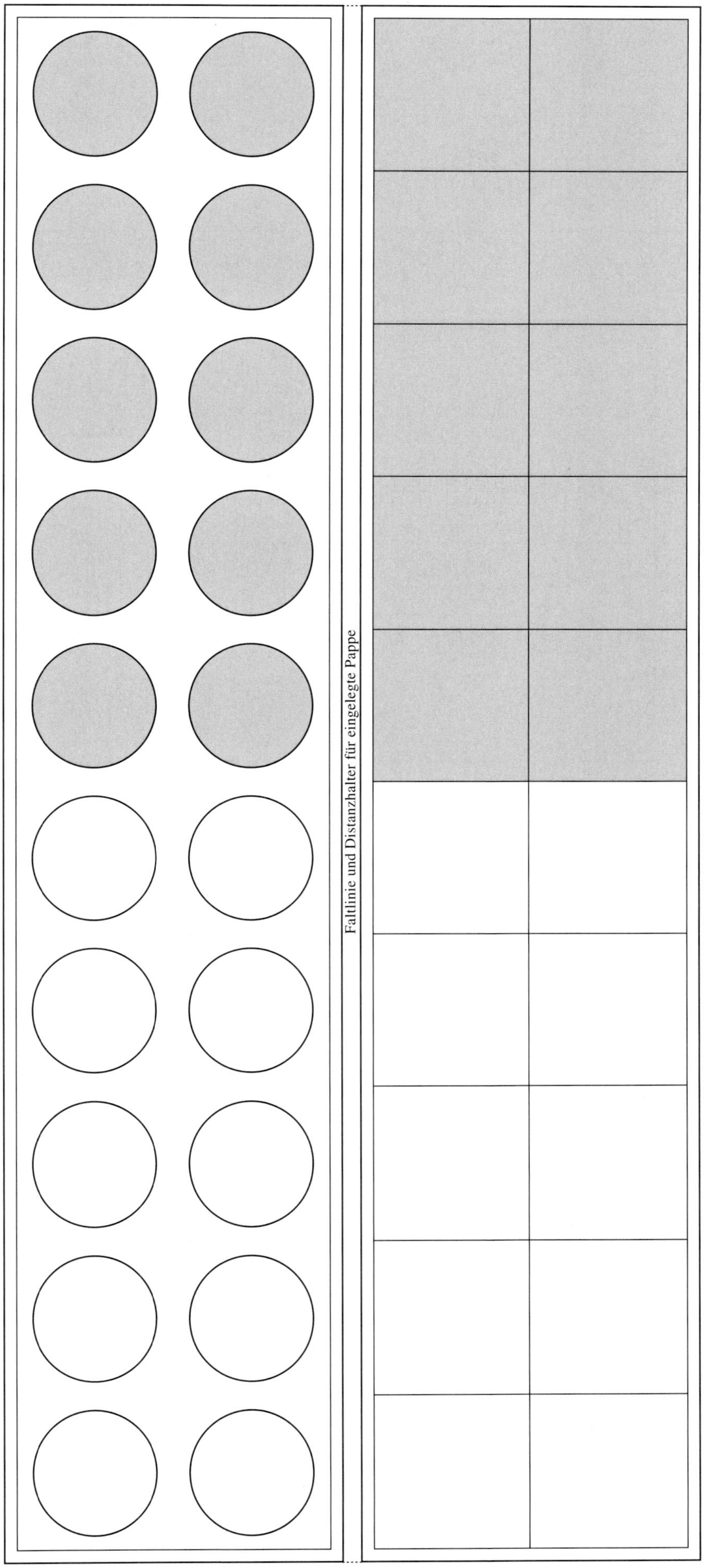
Faltlinie und Distanzhalter für eingelegte Pappe

Wie viel Geld liegt im Zauberbeutel?

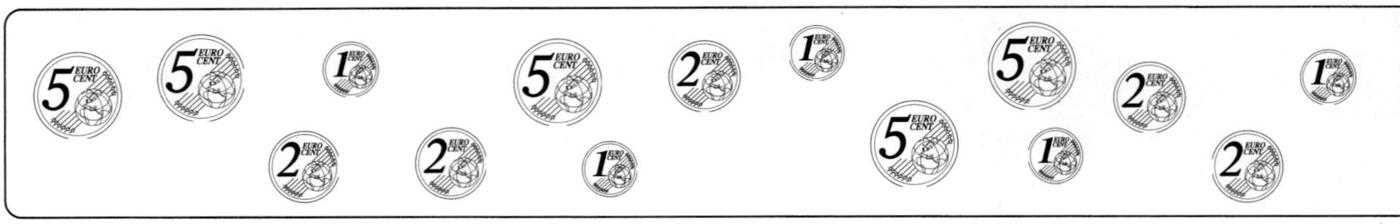

? ? ?

2 5 1 8 ct

? ? ? ?

? ? ? ?

? ? ? ? ?

Muster auf Dreieckspapier

A 2

Muster auf dem Geobrett

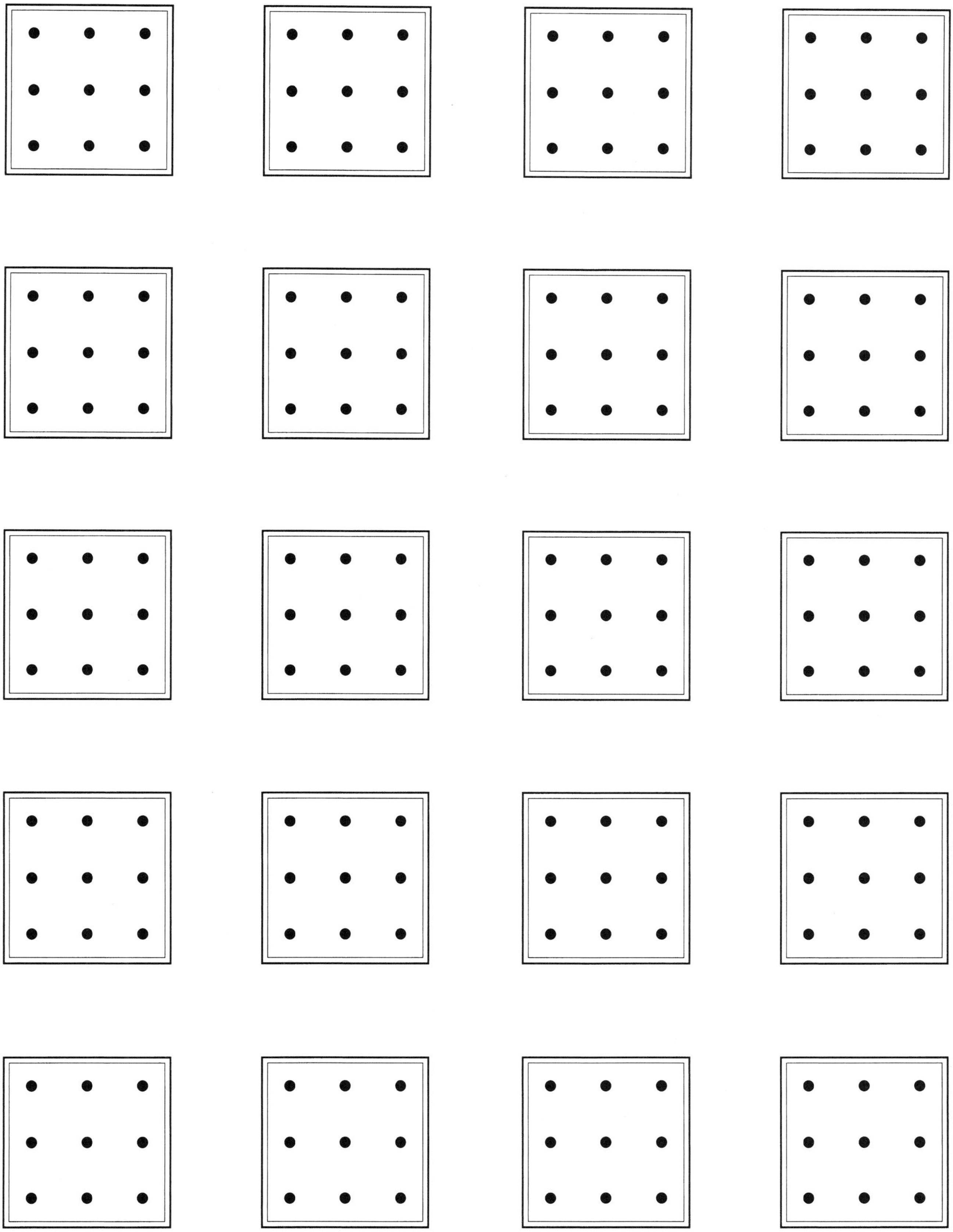

Muster im Feld

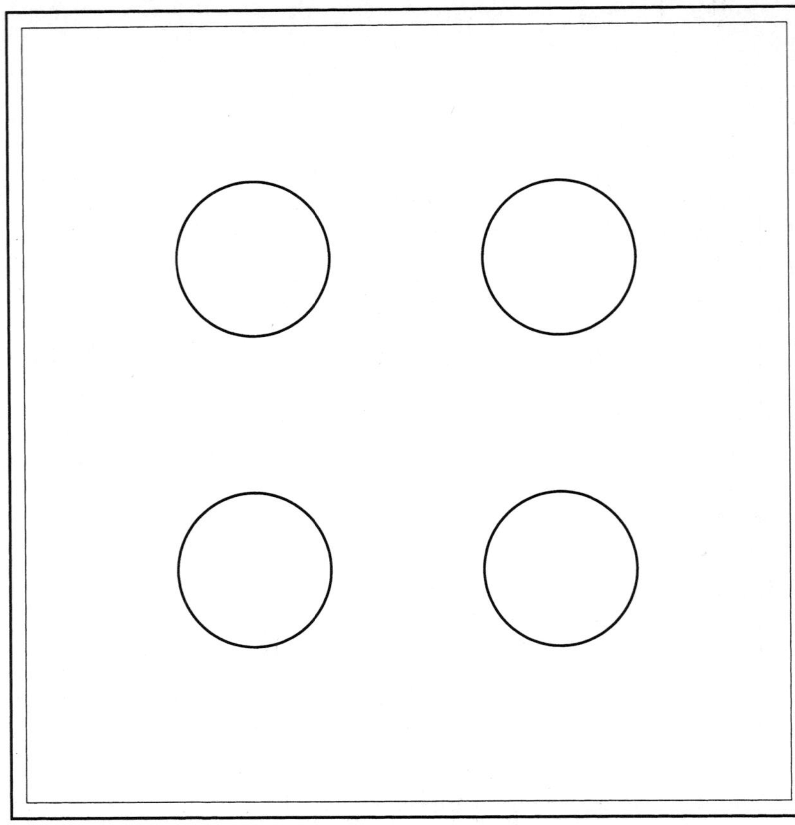

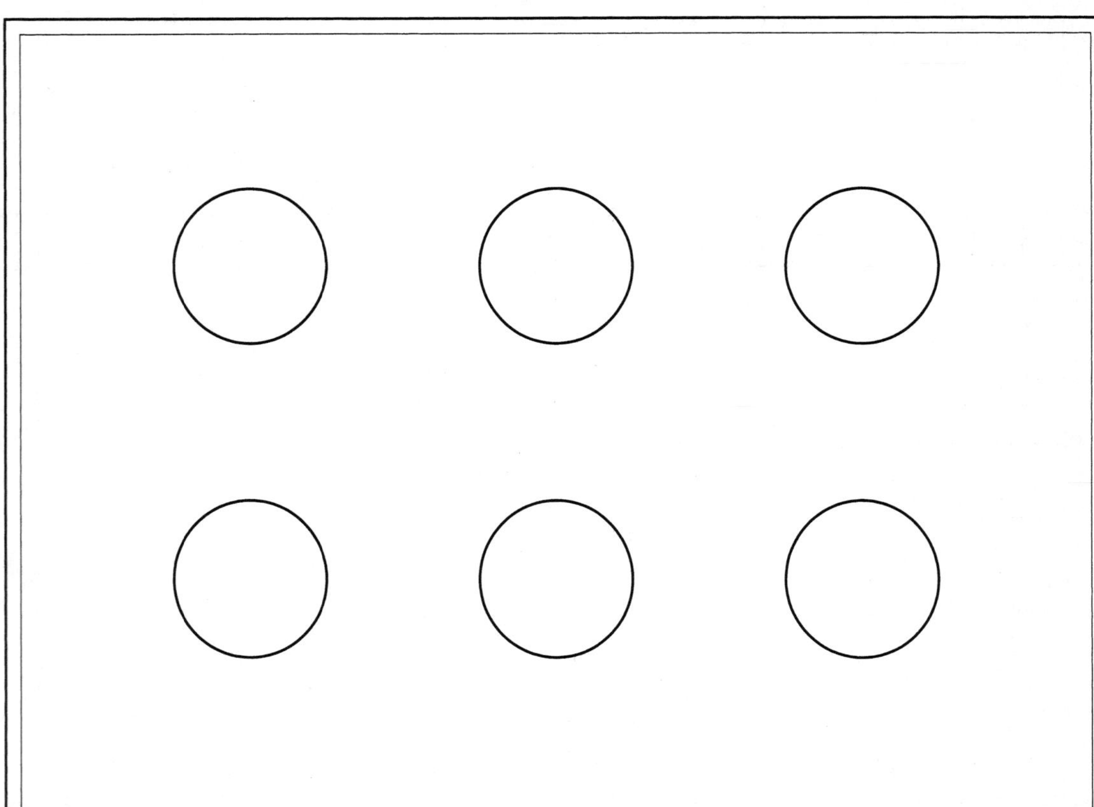

Muster im Vierer-Feld

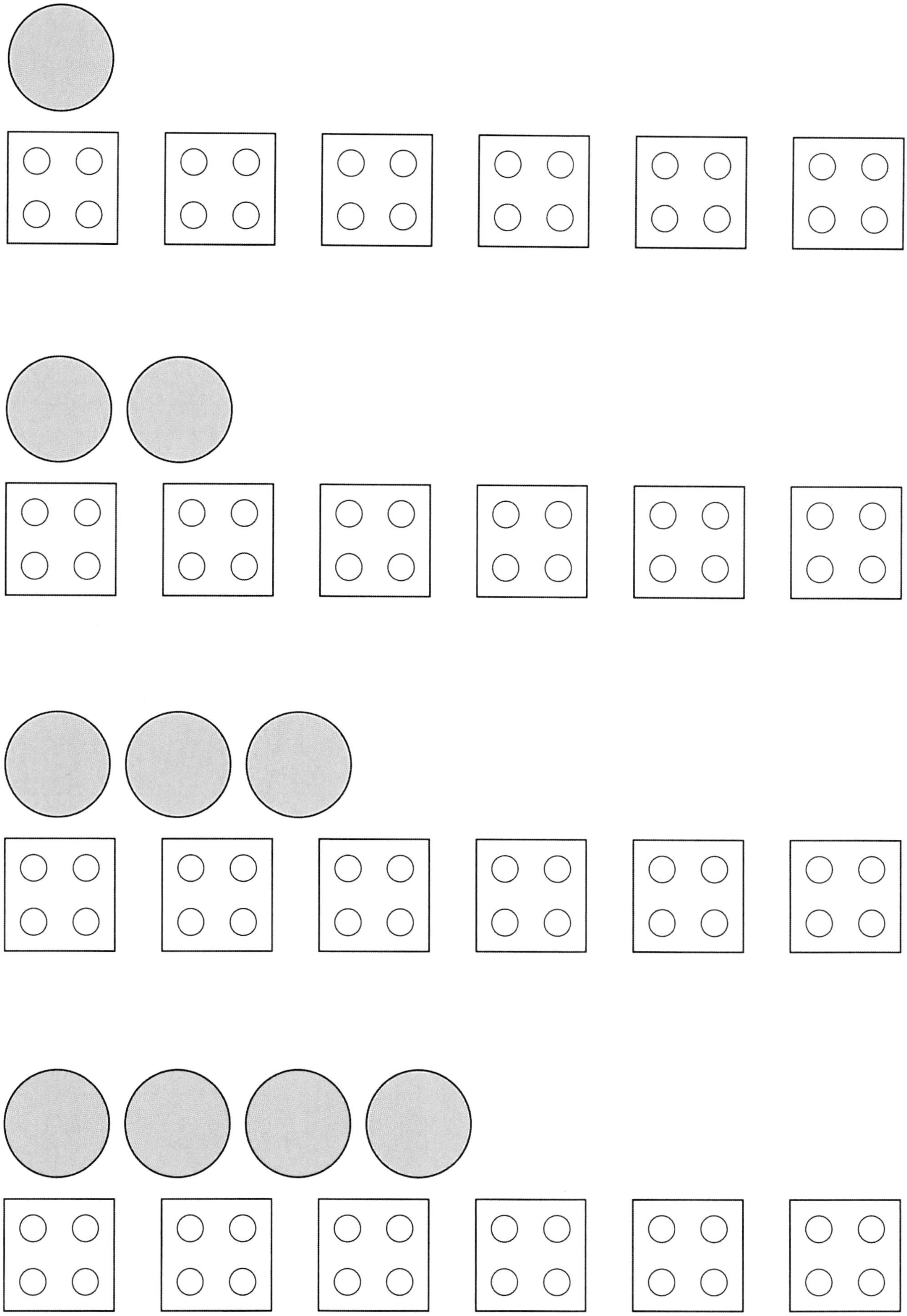

Muster im Sechser-Feld

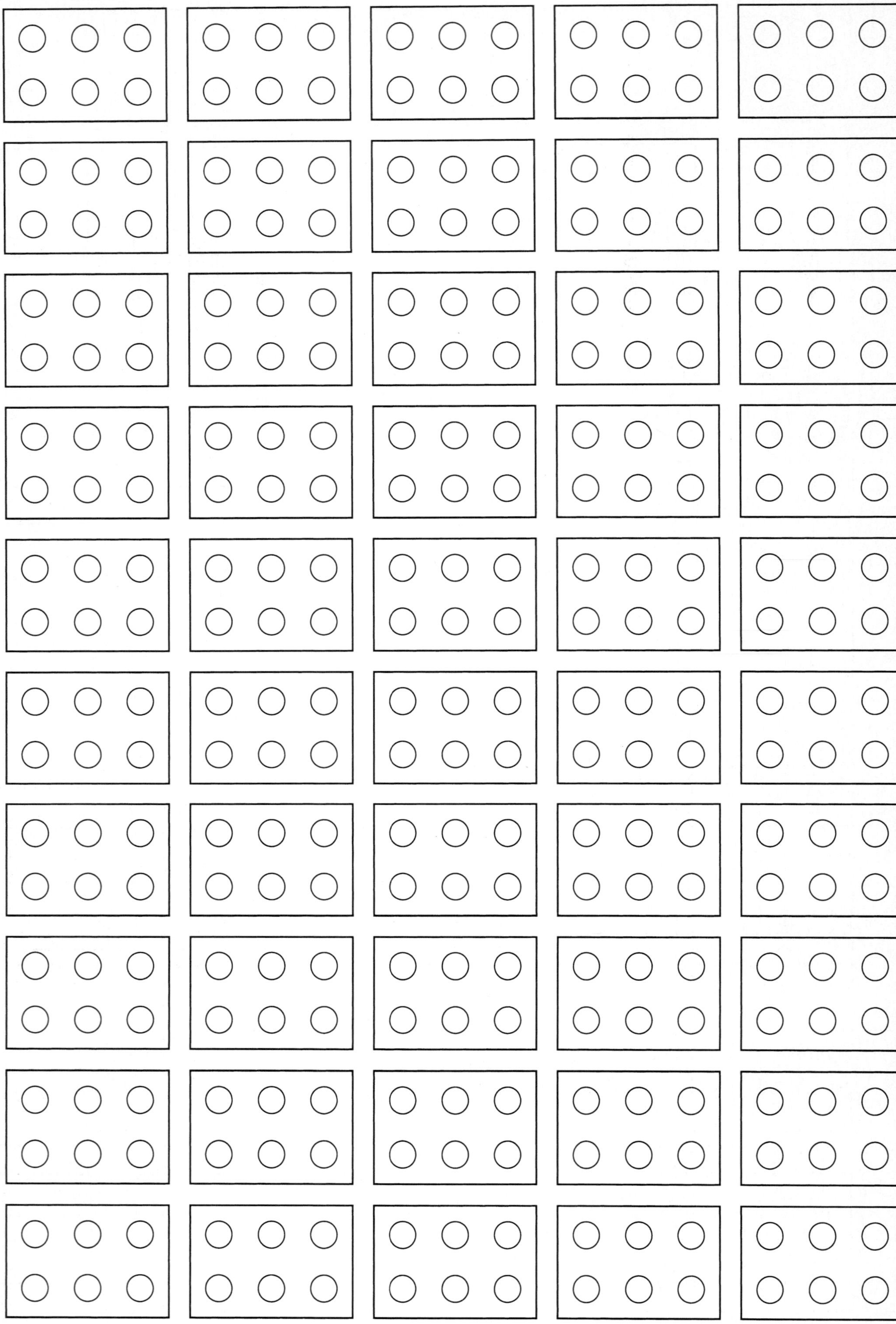

Muster im Neuner-Feld

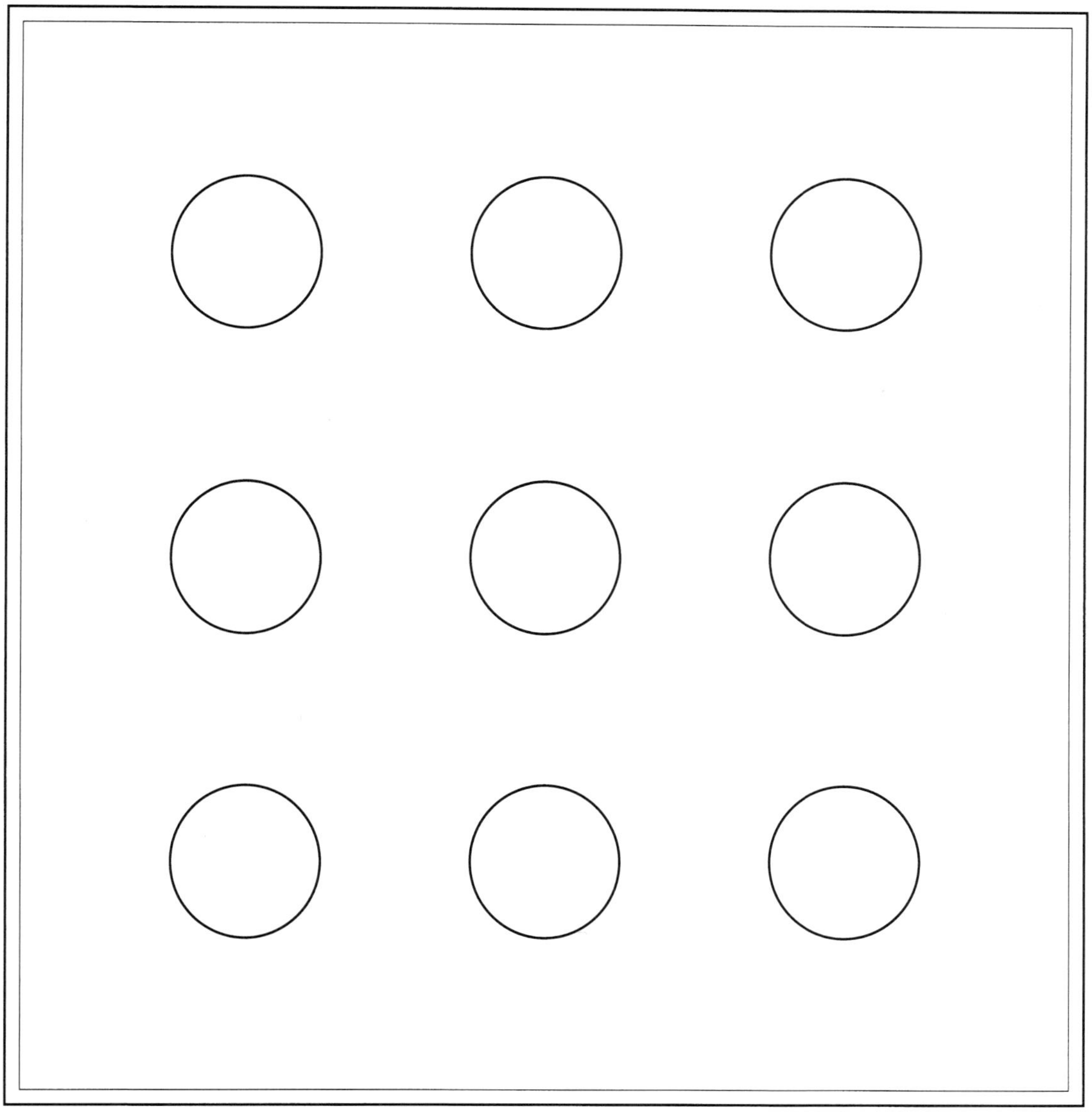

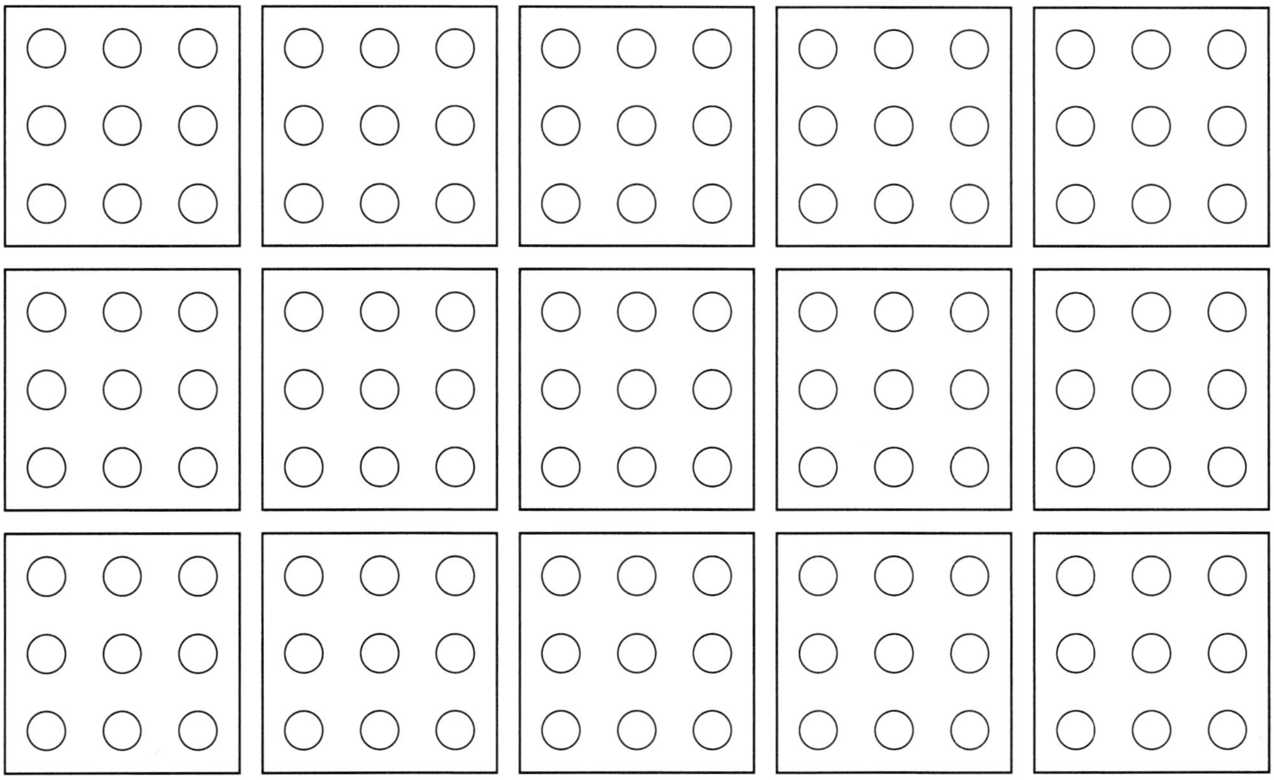

Reihen fortsetzen

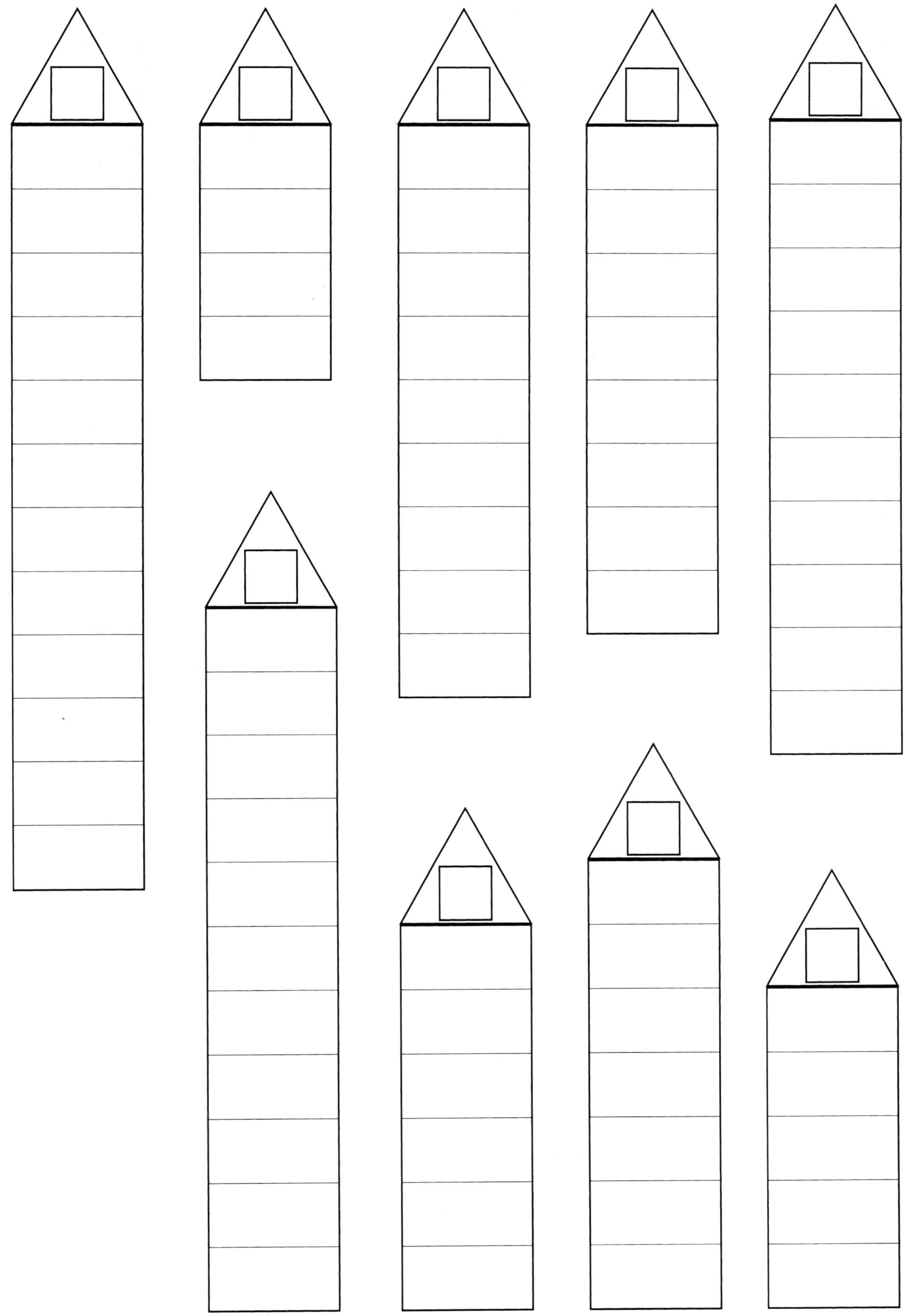

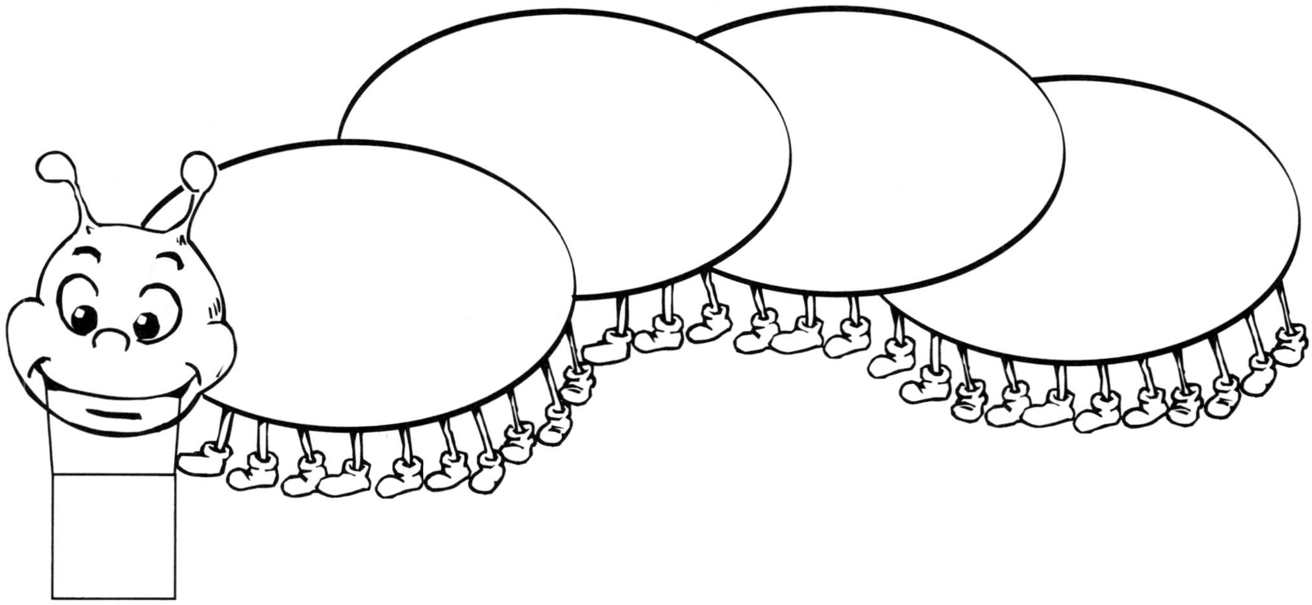

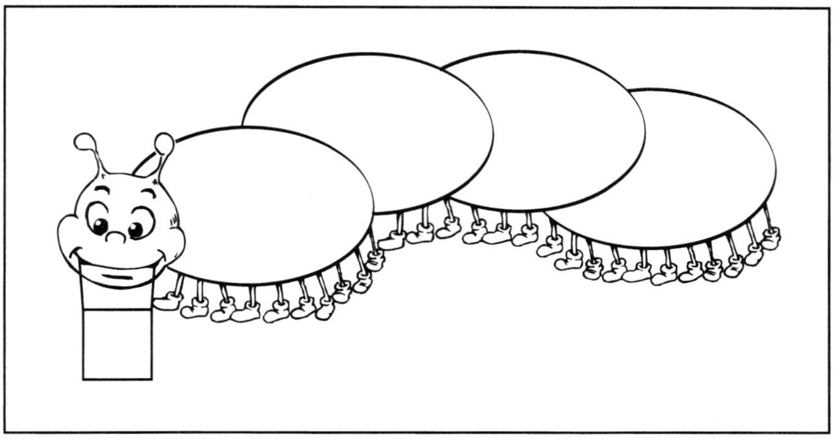

□	+	□	+	□	+	□	=	□
□	+	□	+	□	+	□	=	□
□	+	□	+	□	+	□	=	□
□	+	□	+	□	+	□	=	□
□	+	□	+	□	+	□	=	□
□	+	□	+	□	+	□	=	□
□	+	□	+	□	+	□	=	□
□	+	□	+	□	+	□	=	□
□	+	□	+	□	+	□	=	□
□	+	□	+	□	+	□	=	□
□	+	□	+	□	+	□	=	□
□	+	□	+	□	+	□	=	□

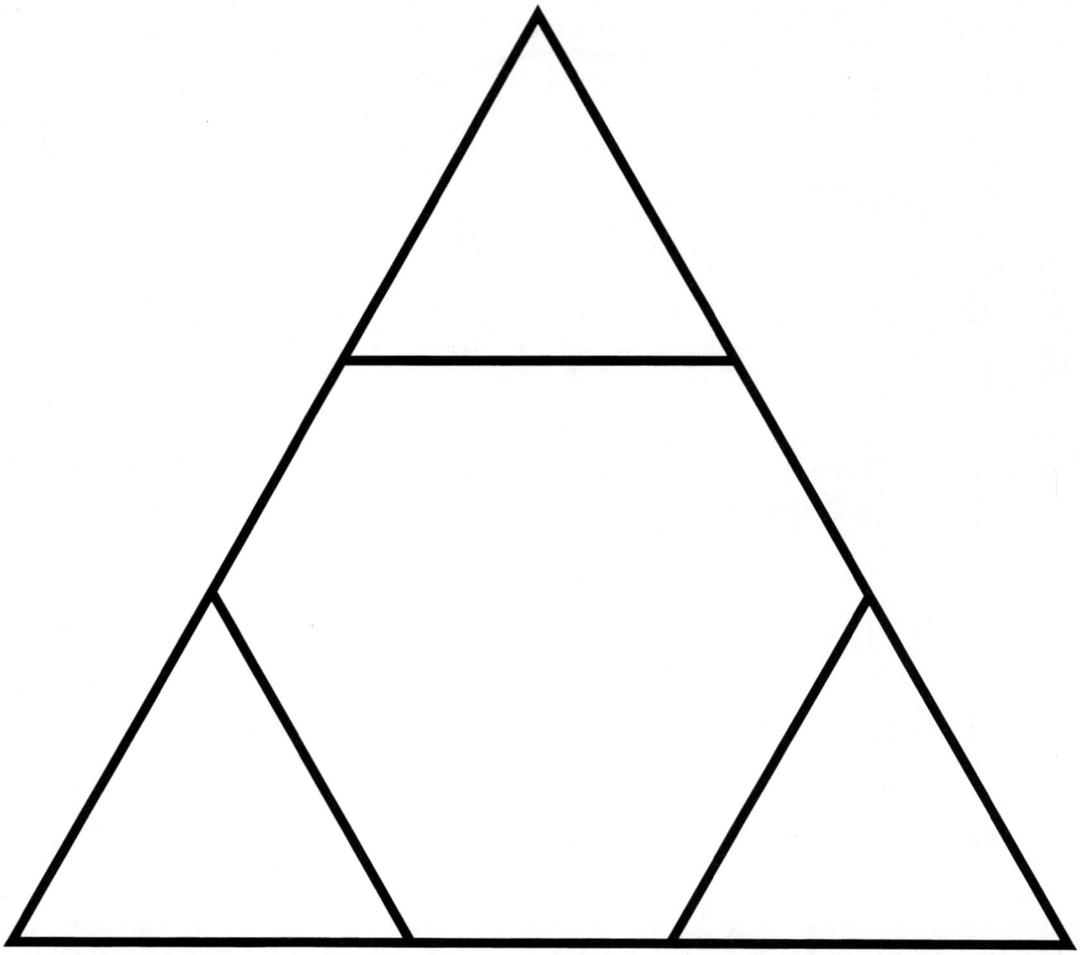

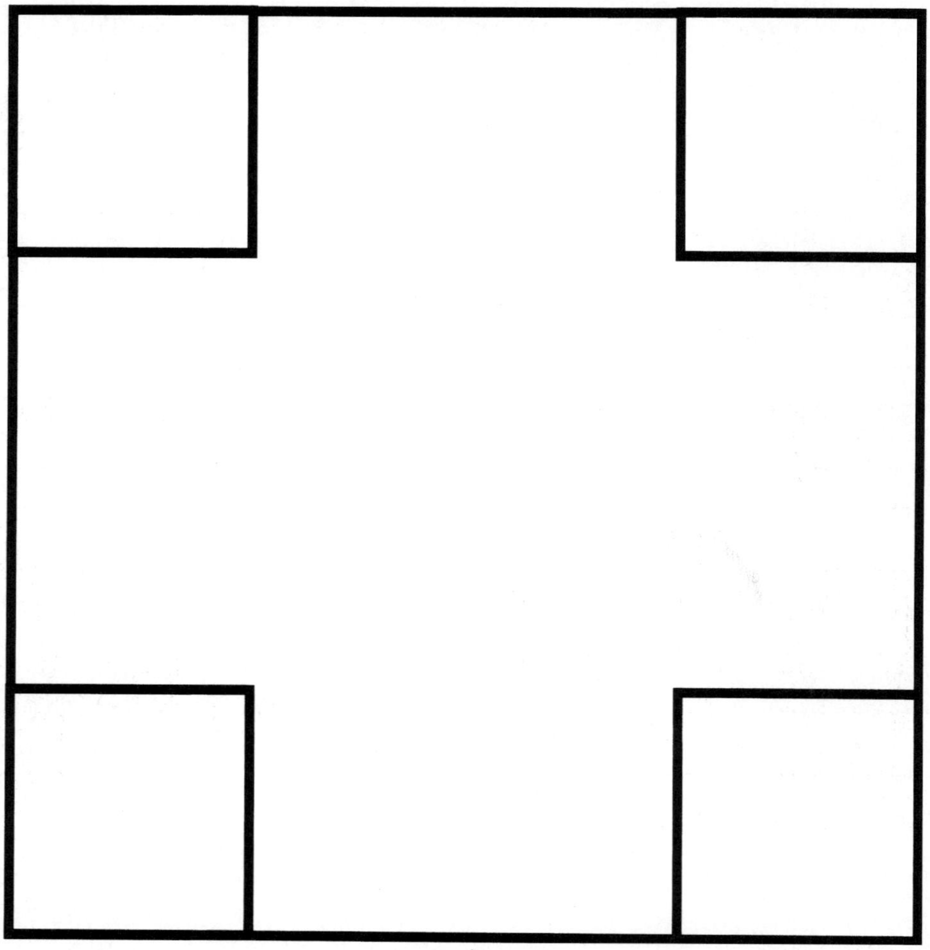

0	1	2
3	4	5
6	7	8
9	10	

Kärtchen ausschneiden

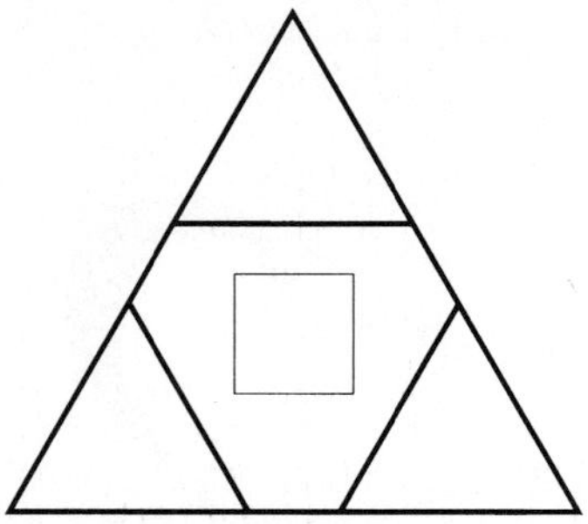

□ = □ + □ + □

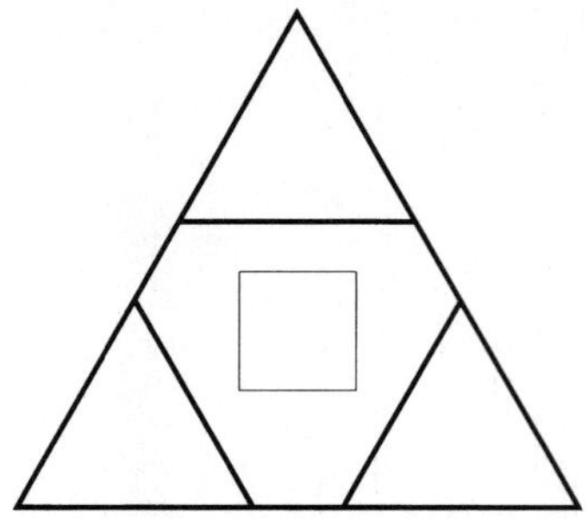

□ = □ + □ + □

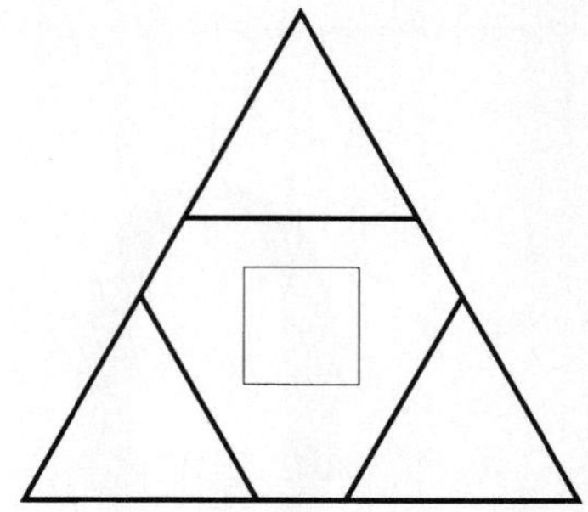

□ = □ + □ + □

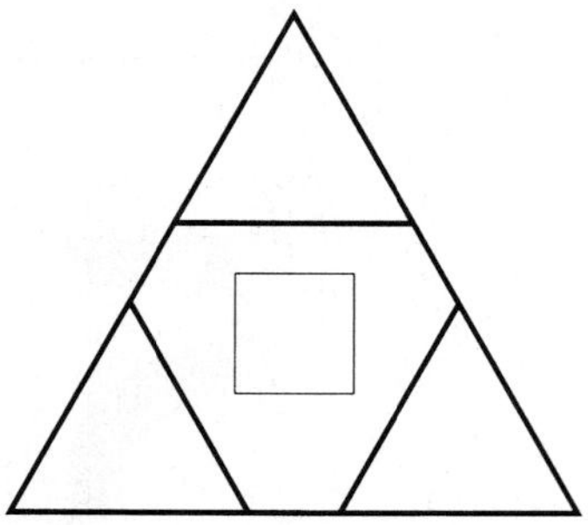

□ = □ + □ + □

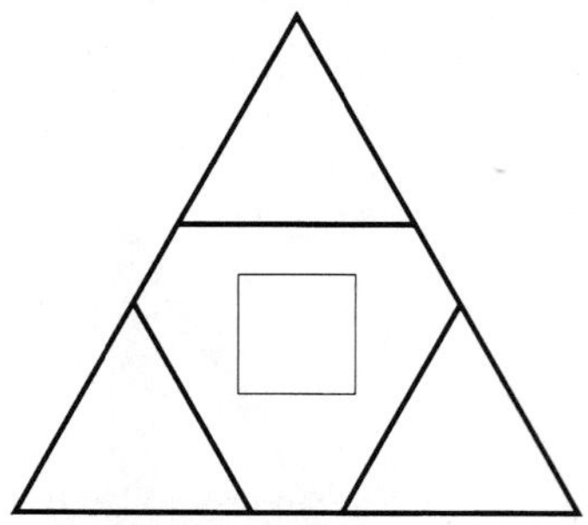

□ = □ + □ + □

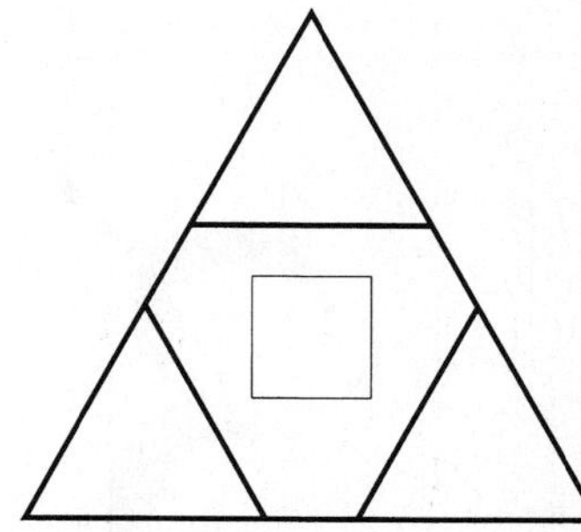

□ = □ + □ + □

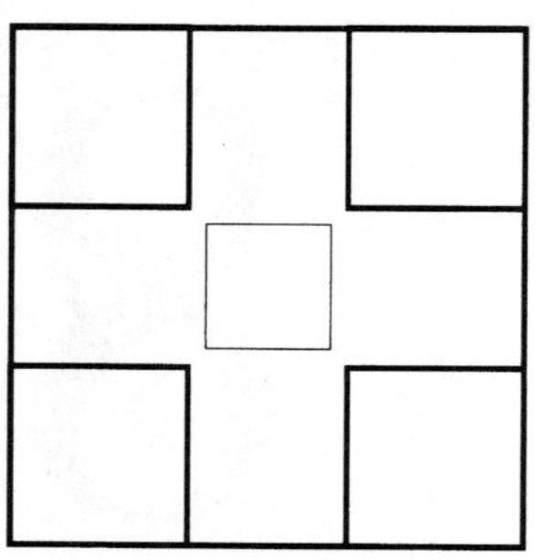

□ = □ + □ + □ + □

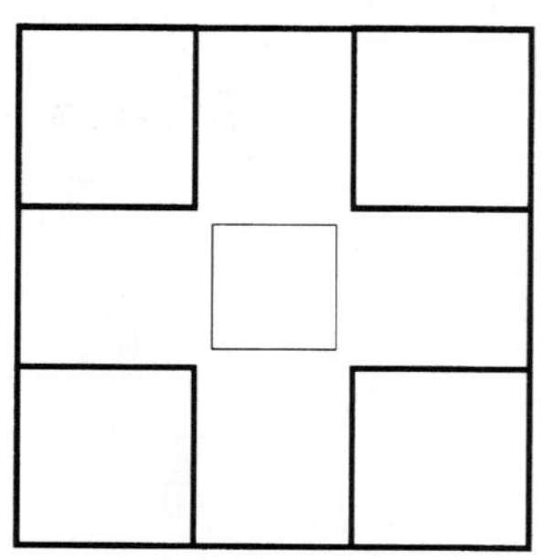

□ = □ + □ + □ + □

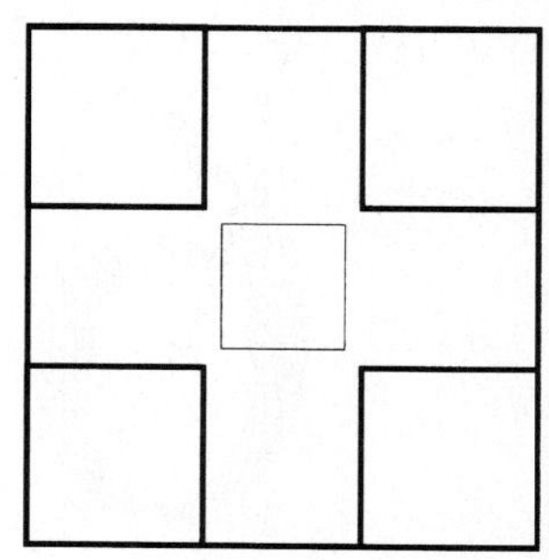

□ = □ + □ + □ + □

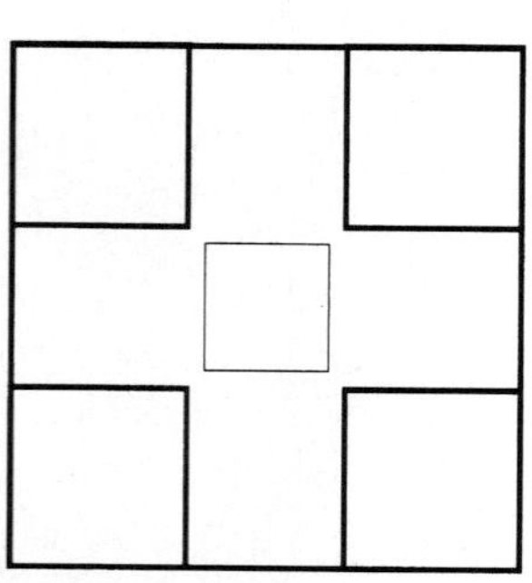

□ = □ + □ + □ + □

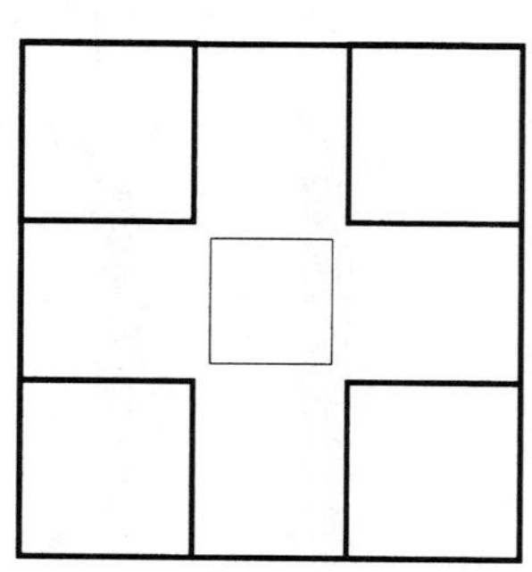

□ = □ + □ + □ + □

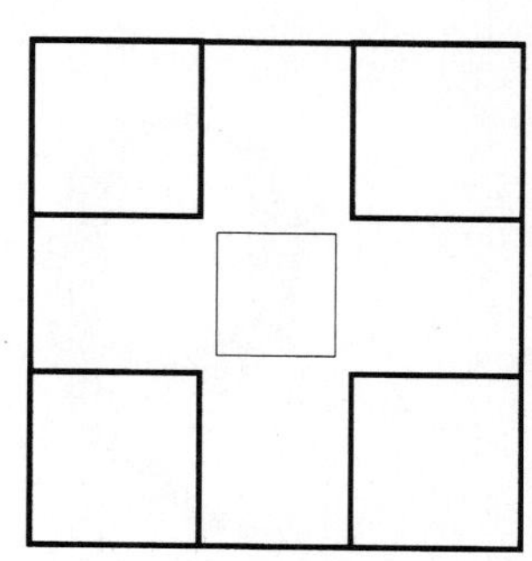

□ = □ + □ + □ + □

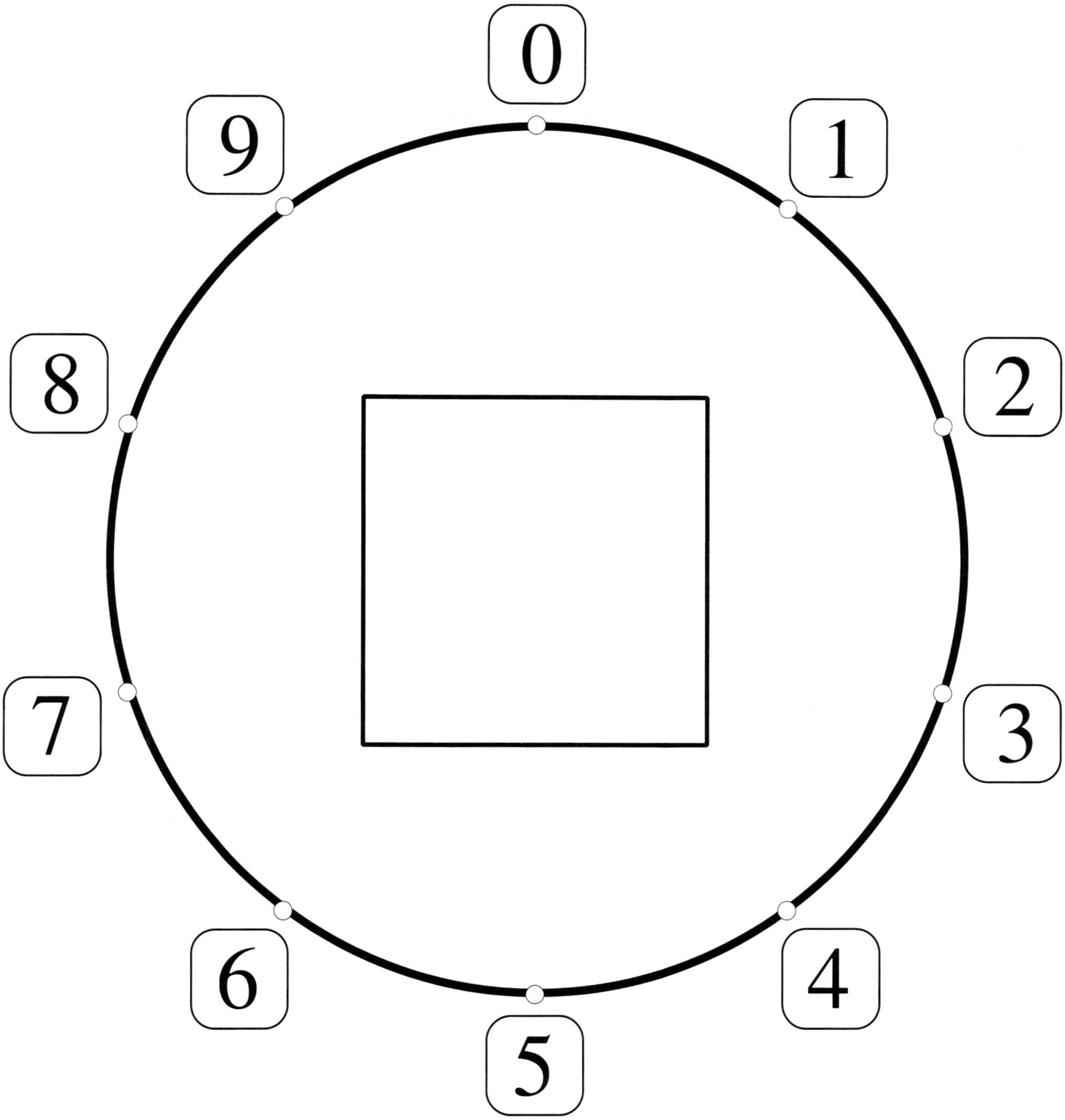
0
1
2
3
4
5
6
7
8
9

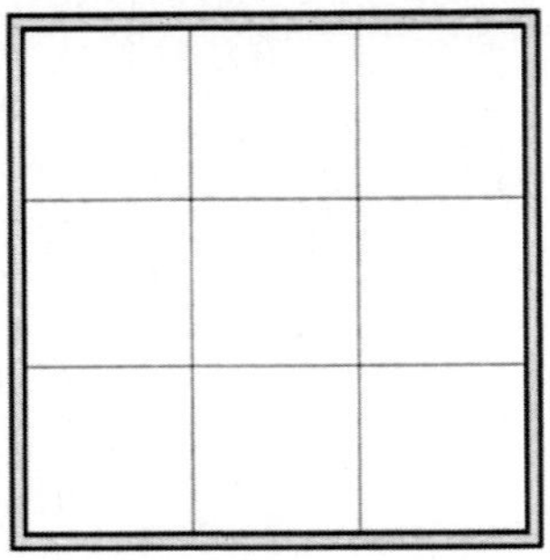

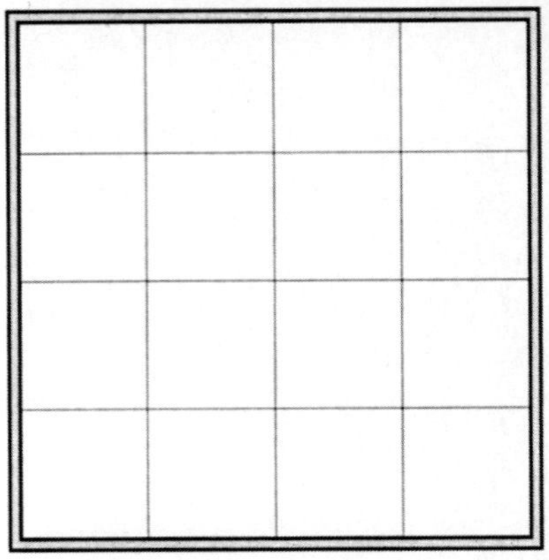

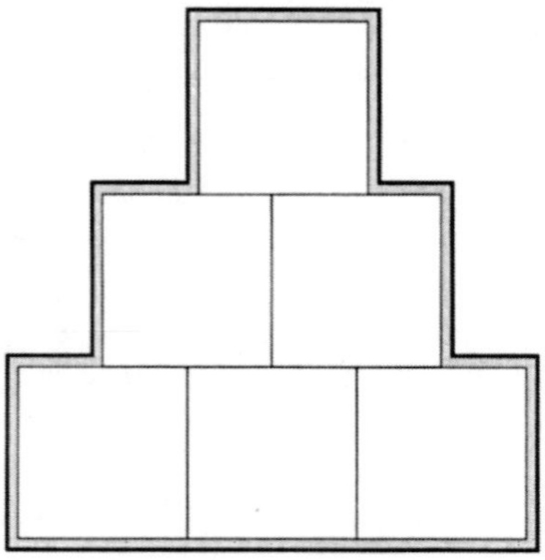

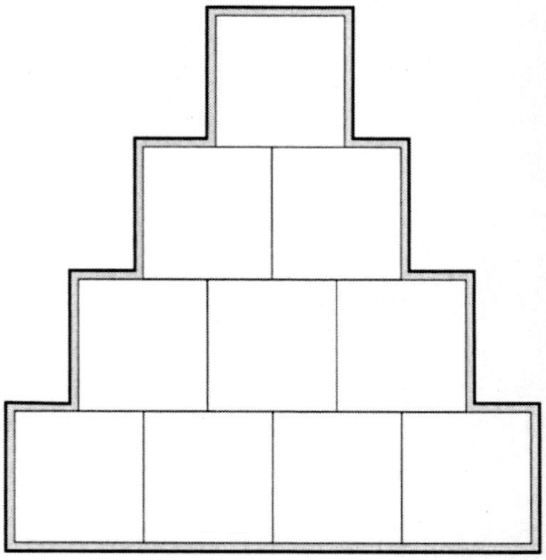

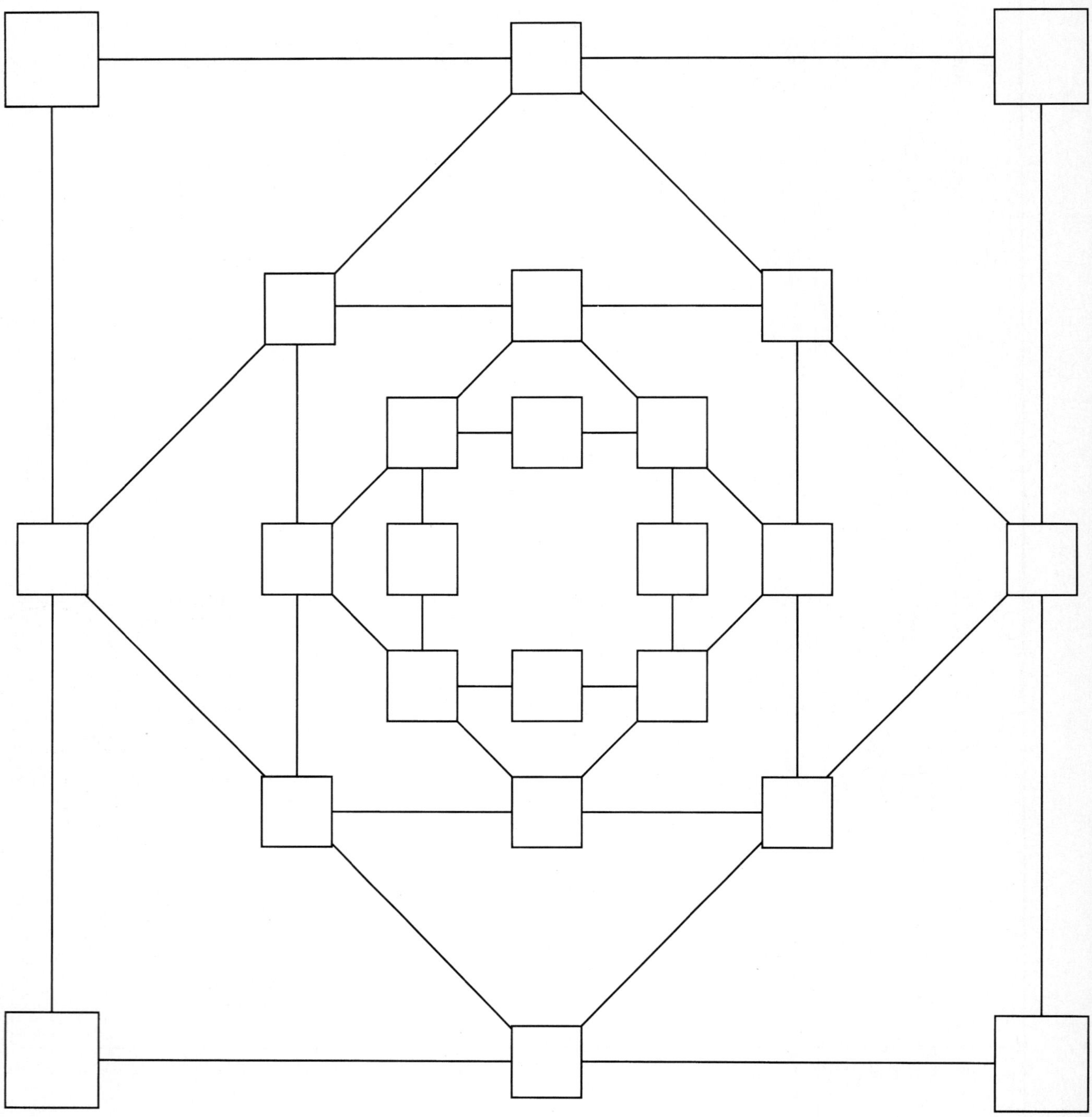

Zauberfiguren

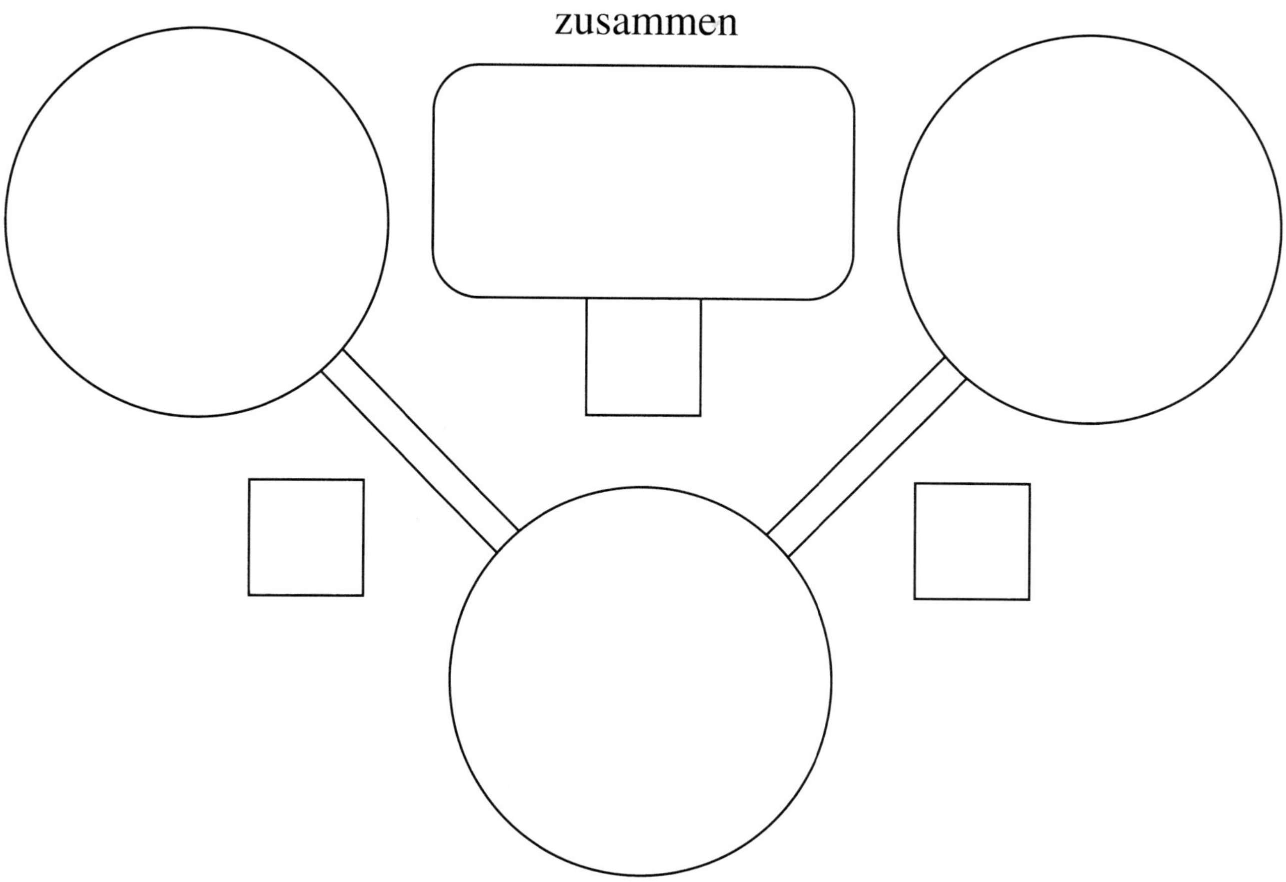

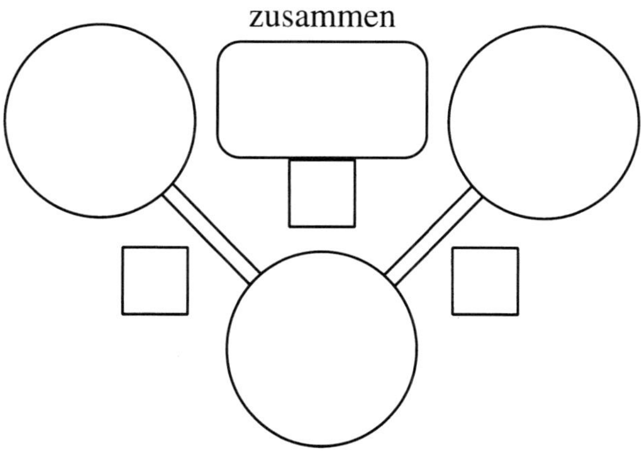

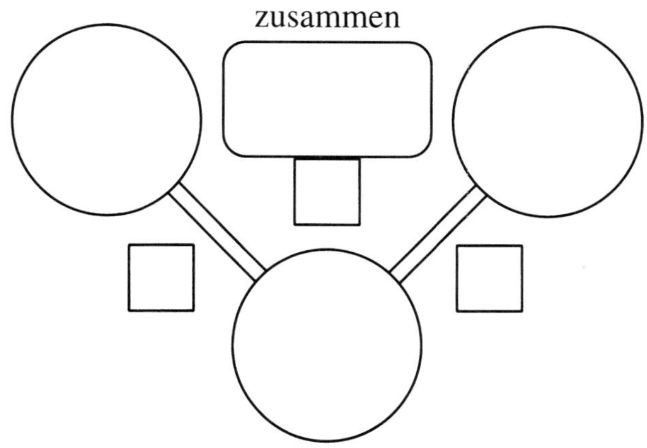

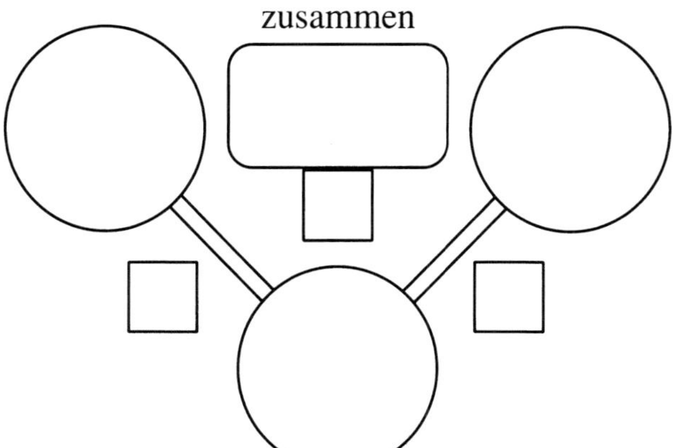

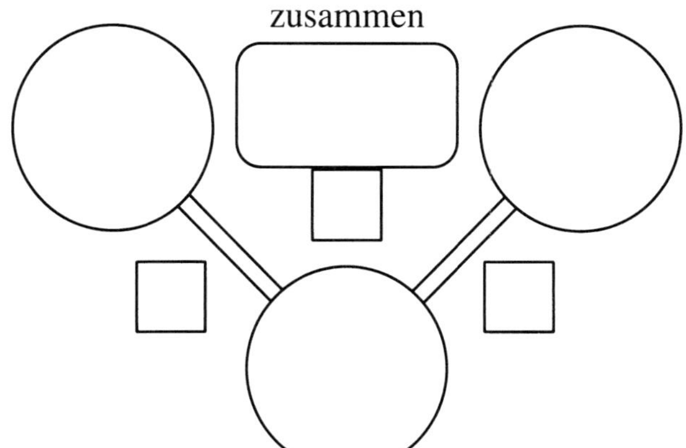

A

□ + □

□ + □

□ + □

□ + □

□ + □

□ + □

B

□ + □

□ + □

□ + □

□ + □

□ + □

□ + □

□ = □ + □

□ = □ + □

□ = □ + □

□ = □ + □

□ = □ + □

□ = □ + □

B

□ = □ + □

□ = □ + □

□ = □ + □

□ = □ + □

□ = □ + □

□ = □ + □

A

A	B
□ − □	□ − □
□ − □	□ − □
□ − □	□ − □
□ − □	□ − □
□ − □	□ − □
□ − □	□ − □

□ = □ − □	□ = □ − □
□ = □ − □	□ = □ − □
□ = □ − □	□ = □ − □
□ = □ − □	□ = □ − □
□ = □ − □	□ = □ − □
□ = □ − □	□ = □ − □
B	A

Name	1	2	3	4	5	6	7	8	9	10	11	12

Bastelanleitung

Der Piratenkopf und die Aufgabenstreifen (Kopiervorlage A 25) werden zunächst auf Pappe geklebt und dann ausgeschnitten. Der Mundinnenraum (schraffierte Fläche) wird herausgeschnitten. Entsprechend der Skizze werden auf die Rückseite des Piratenkopfes links und rechts neben der Mundöffnung zwei Führungsleisten (56 x 120 mm) geklebt, die etwas dicker sein müssen als die Aufgabenstreifen. Anschließend wird die Rückseite so mit Pappe überklebt, dass in der Mitte eine Führungsschiene (58 x 120 mm) für die Aufgabenstreifen entsteht.

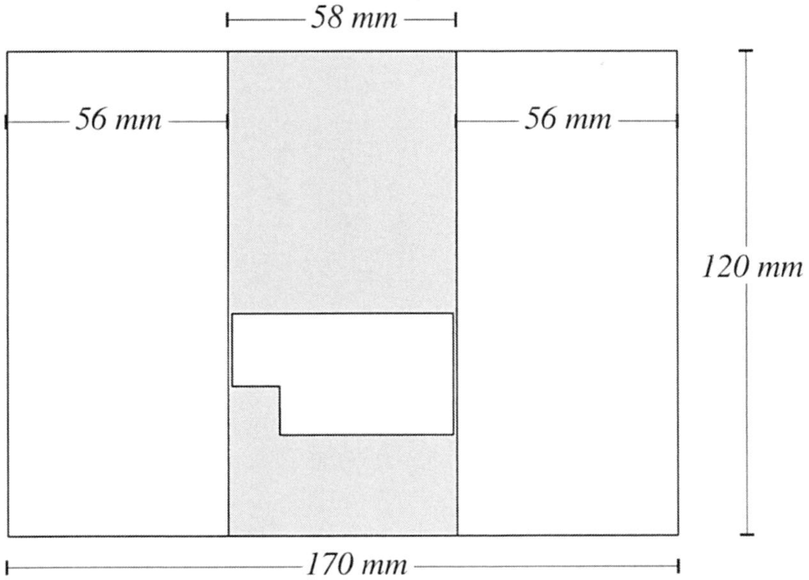

Für den Einsatz dieses Übungsgerätes wird ein Aufgabenstreifen von unten nach oben so eingeschoben, dass genau eine Aufgabe mit Lösung und die nächste mit (vom Zahn) verdeckter Lösung im Mund des Piraten zu sehen sind.

=

=

=

=

=

=

=

=

=

=

=

=

=

=

=

=

=

=

0	1	2	3	4	5
6	7	8	9	0	1
2	3	4	5	6	7
8	9	0	1	2	3
4	5	6	7	8	9
0	1	2	3	4	5

Die Plus-Tafel

+	1	2	3	4	5	6
1	2	3	4	5	6	7
2	3	4	5	6	7	8
3	4	5	6	7	8	9
4	5	6	7	8	9	10
5	6	7	8	9	10	11
6	7	8	9	10	11	12

Schroedel

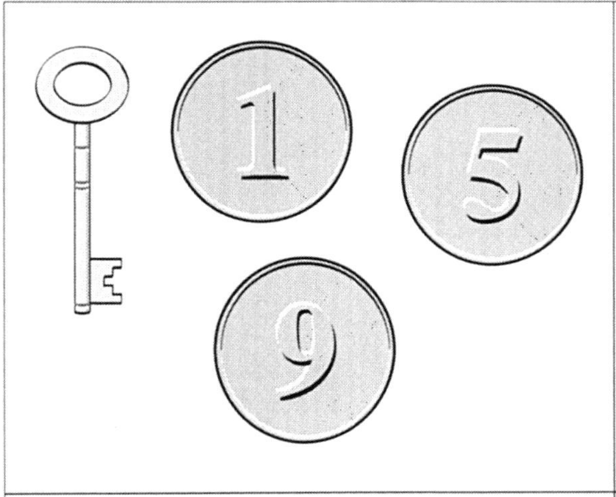
1
5
9

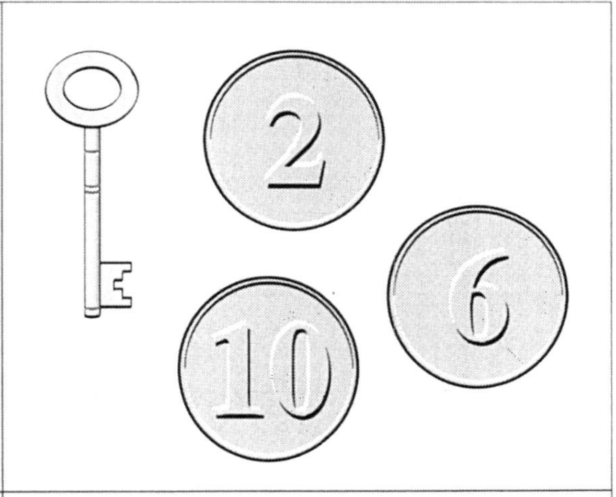
2
6
10

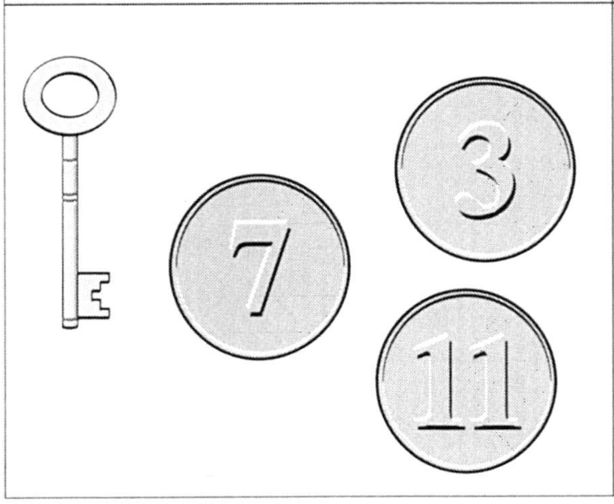
3
7
11

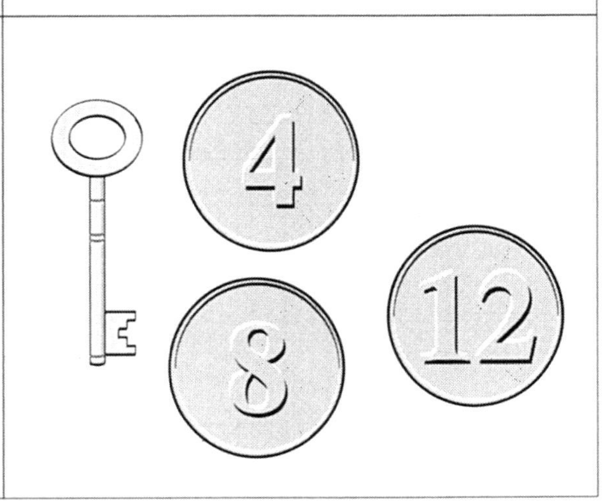
4
12
8

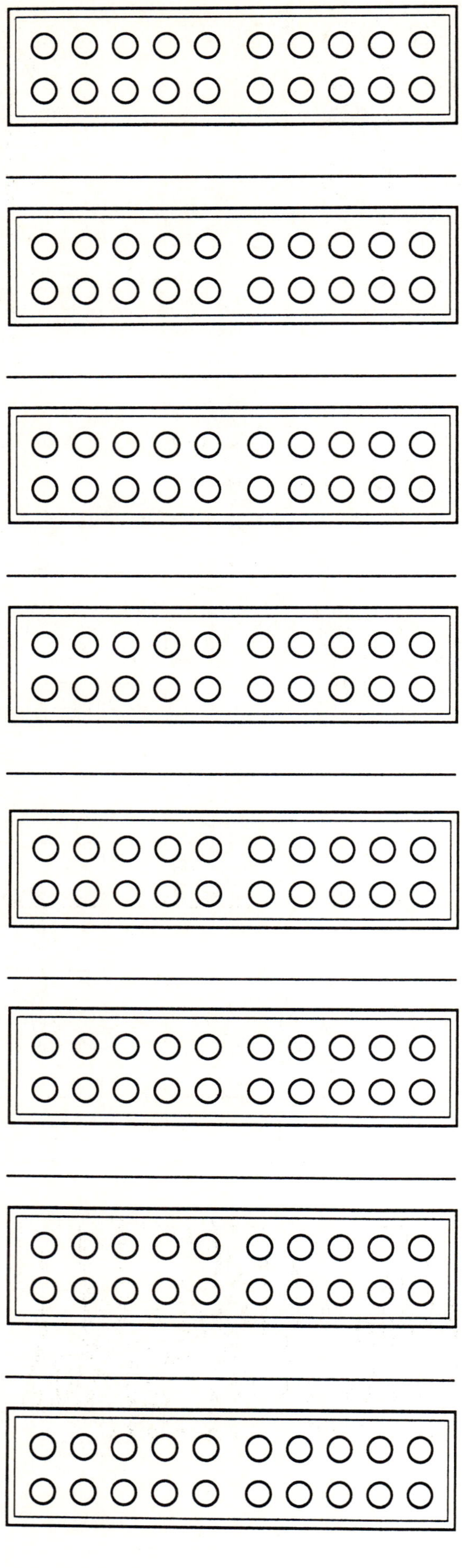

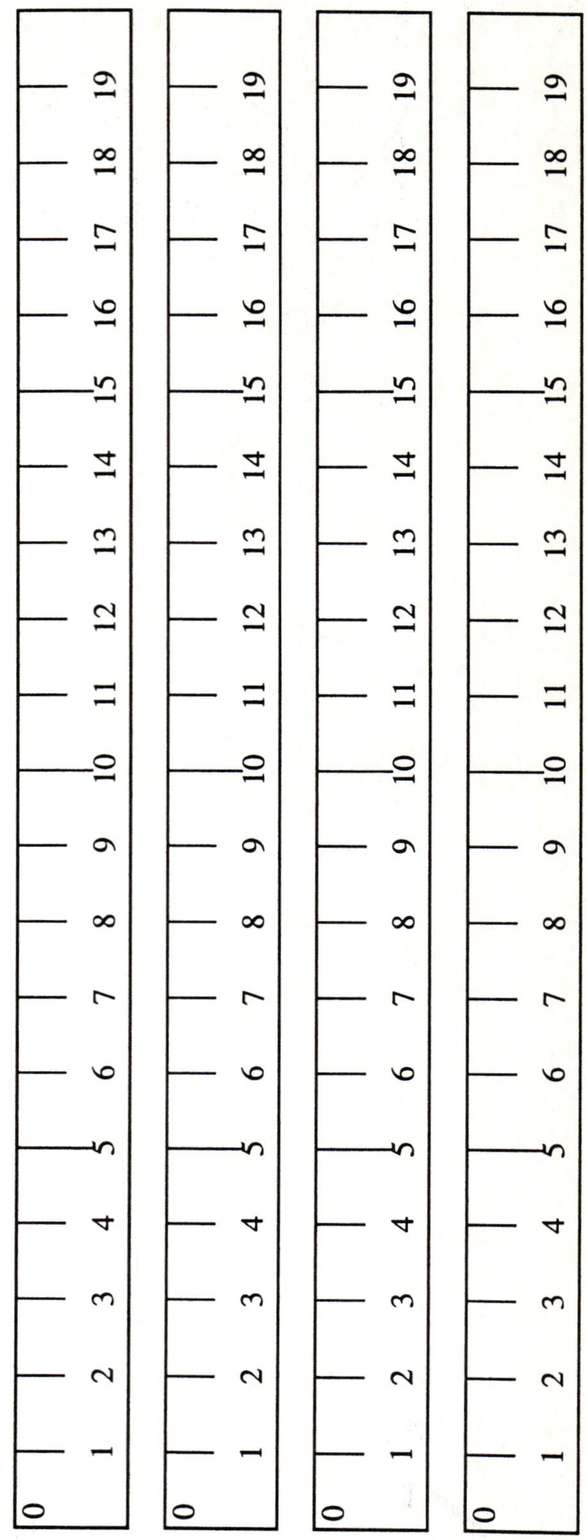
0 1 2 3 4 5 6 7 8 9 10 11 12 13 14 15 16 17 18 19
0 1 2 3 4 5 6 7 8 9 10 11 12 13 14 15 16 17 18 19
0 1 2 3 4 5 6 7 8 9 10 11 12 13 14 15 16 17 18 19
0 1 2 3 4 5 6 7 8 9 10 11 12 13 14 15 16 17 18 19

Verdoppeln und Halbieren

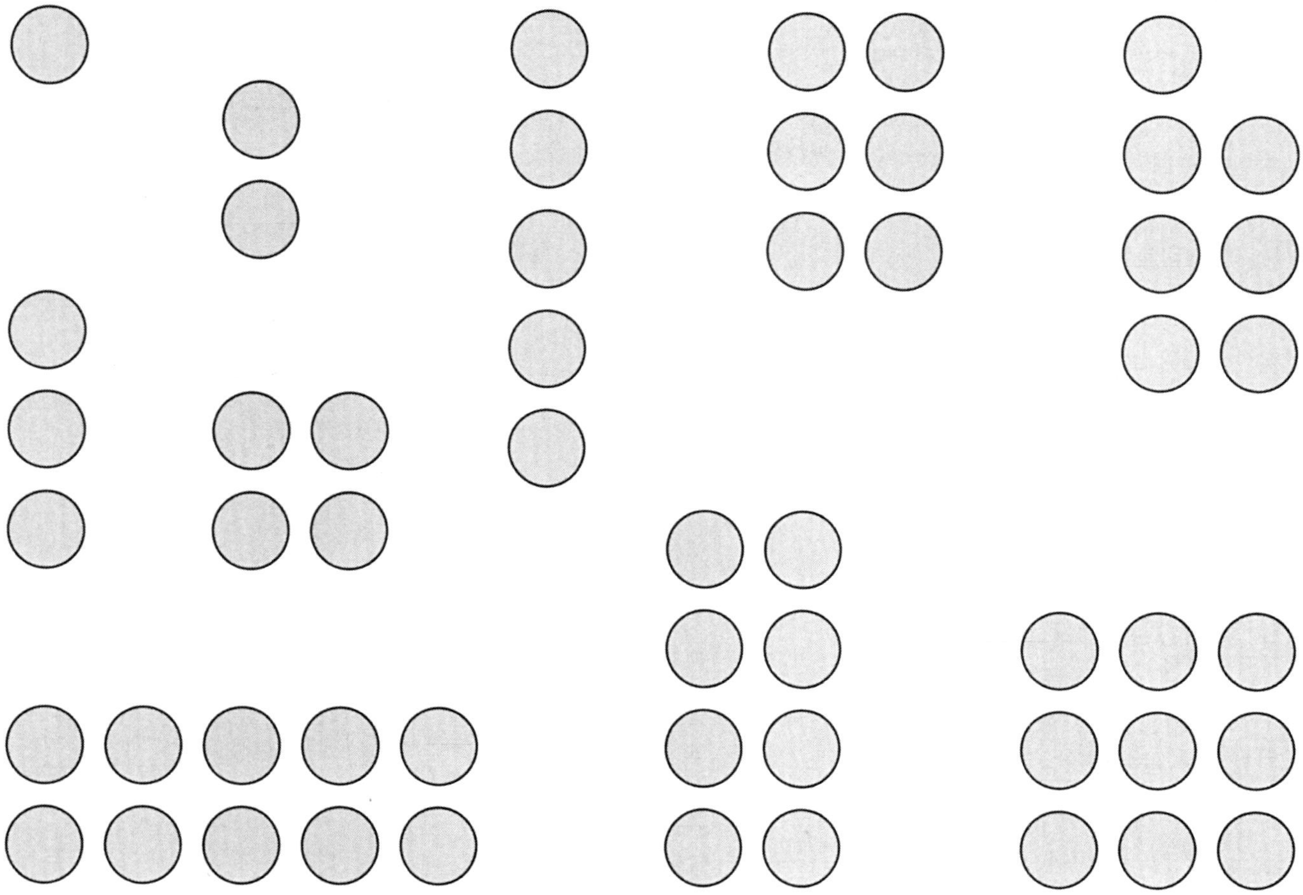

Zahl	das Doppelte	Aufgabe

Zahl	die Hälfte	Aufgabe

+	0	1	2	3	4	5	6	7	8	9	10
0											
1											
2											
3											
4											
5											
6											
7											
8											
9											
10											

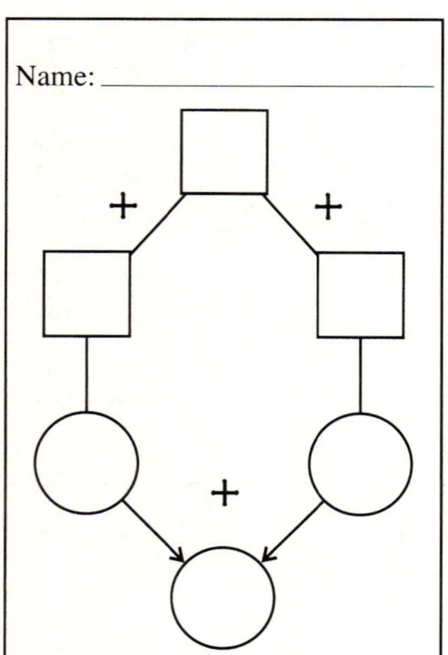

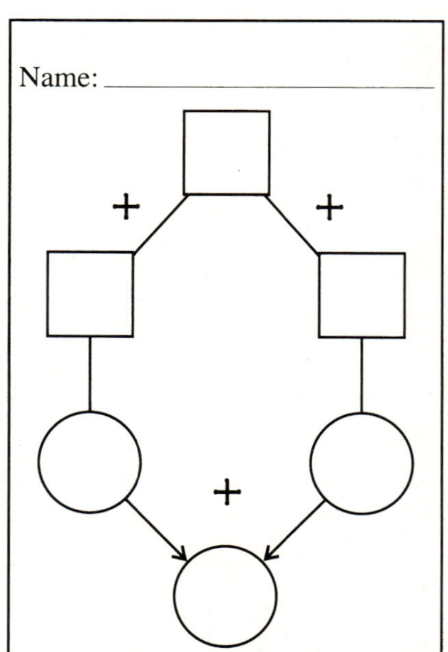

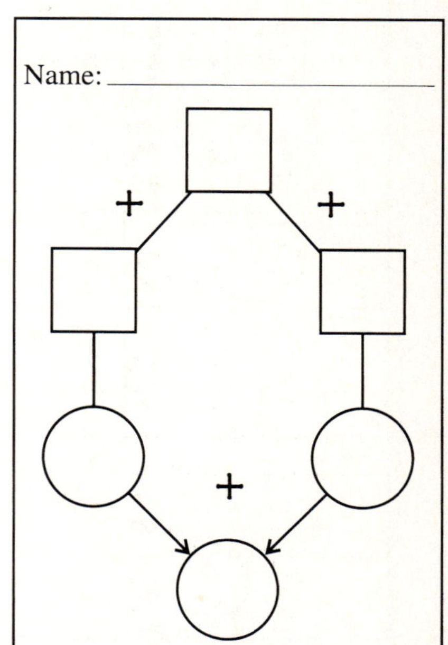

0 + 0	1 + 1	2 + 2	3 + 3
4 + 4	5 + 5	6 + 6	7 + 7
8 + 8	9 + 9	10 + 10	1 + 0 0 + 1
2 + 0 0 + 2	3 + 0 0 + 3	4 + 0 0 + 4	5 + 0 0 + 5
6 + 0 0 + 6	7 + 0 0 + 7	8 + 0 0 + 8	9 + 0 0 + 9
10 + 0 0 + 10	2 + 1 1 + 2	3 + 1 1 + 3	4 + 1 1 + 4
5+ 1 1 + 5	6 + 1 1 + 6	7 + 1 1 + 7	8 + 1 1 + 8
9 + 1 1 + 9	10 + 1 1 + 10	3 + 2 2 + 3	4 + 2 2 + 4
5 + 2 2 + 5	6 + 2 2 + 6	7 + 2 2 + 7	8 + 2 2 + 8

9 + 2 2 + 9	10 + 2 2 + 10	4 + 3 3 + 4	5 + 3 3 + 5
6 + 3 3 + 6	7 + 3 3 + 7	8 + 3 3 + 8	9 + 3 3 + 9
10 + 3 3 + 10	5 + 4 4 + 5	6 + 4 4 + 6	7 + 4 4 + 7
8 + 4 4 + 8	9 + 4 4 + 9	10 + 4 4 + 10	6 + 5 5 + 6
7 + 5 5 + 7	8 + 5 5 + 8	9 + 5 5 + 9	10 + 5 5 + 10
7 + 6 6 + 7	8 + 6 6 + 8	9 + 6 6 + 9	10 + 6 6 + 10
8 + 7 7 + 8	9 + 7 7 + 9	10 + 7 7 + 10	9 + 8 8 + 9
10 + 8 8 + 10	10 + 9 9 + 10		

6	4	2	0
14	12	10	8
1	20	18	16
5	4	3	2
9	8	7	6
5	4	3	10
9	8	7	6
5	4	11	10
10	9	8	7

8	**7**	**12**	**11**
12	**11**	**10**	**9**
11	**10**	**9**	**13**
11	**14**	**13**	**12**
15	**14**	**13**	**12**
16	**15**	**14**	**13**
17	**17**	**16**	**15**
		19	**18**

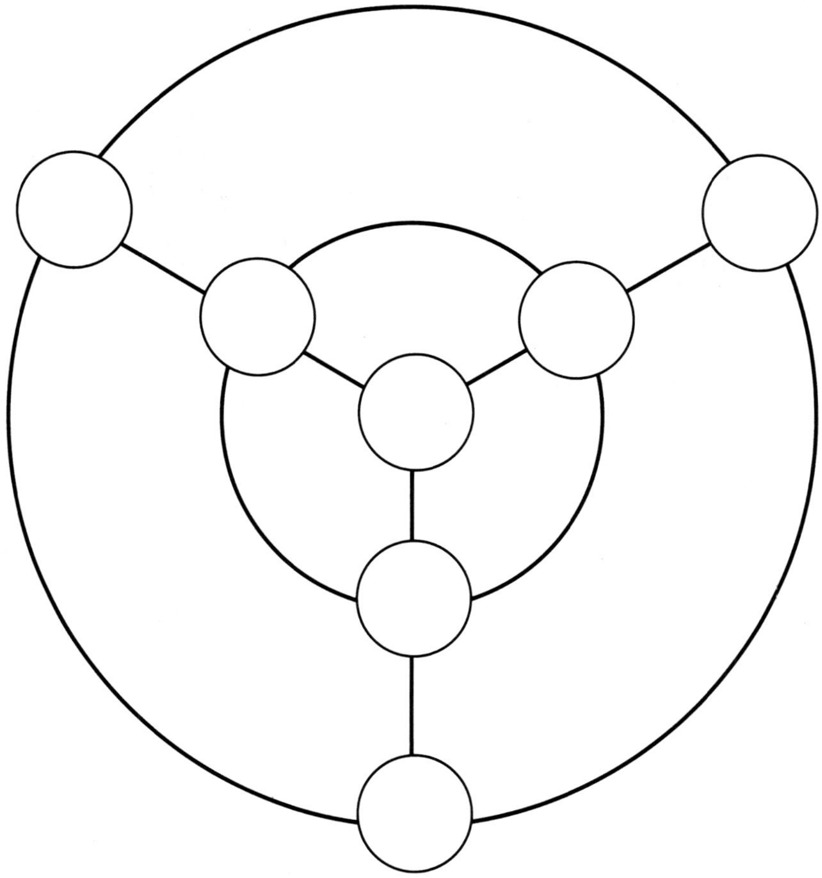

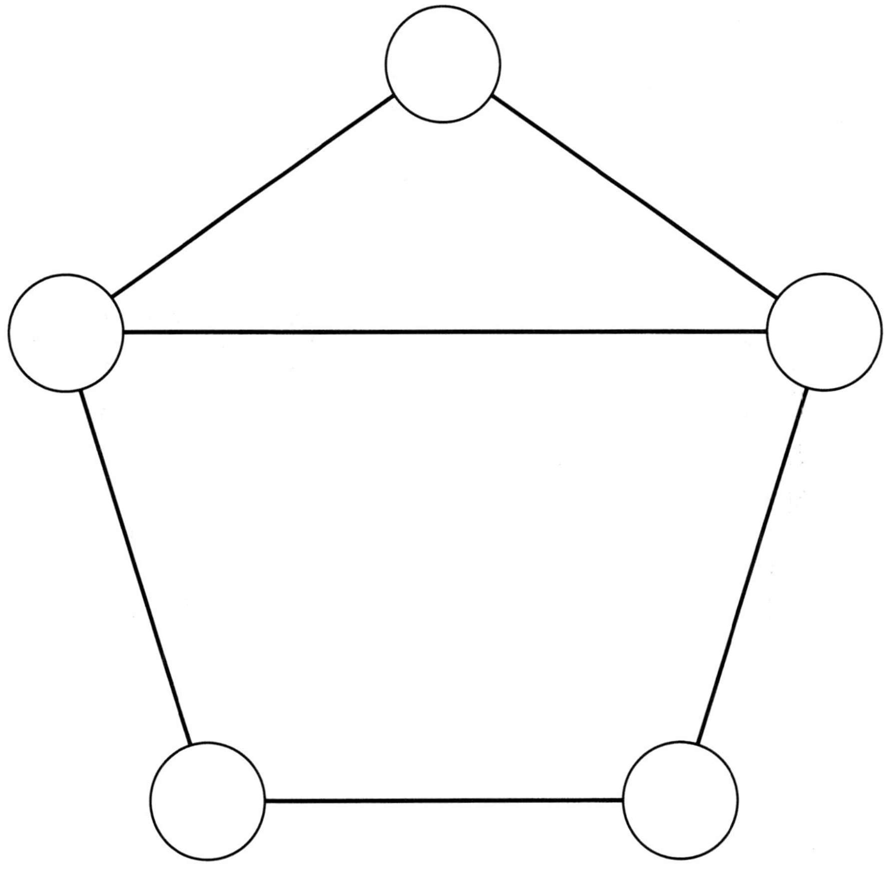

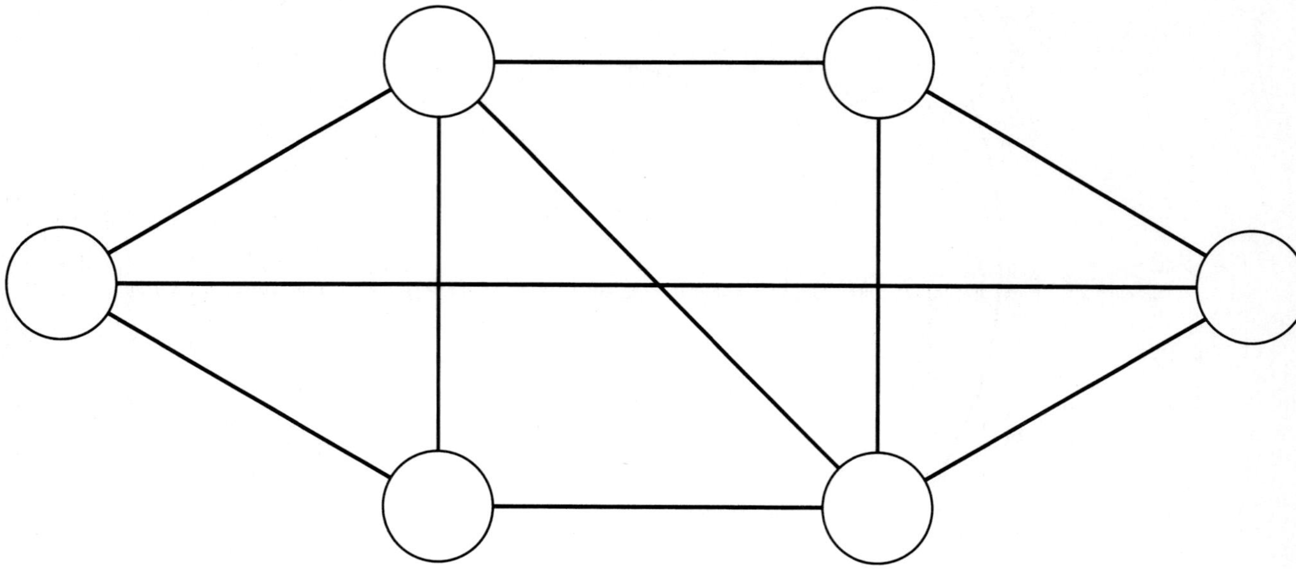

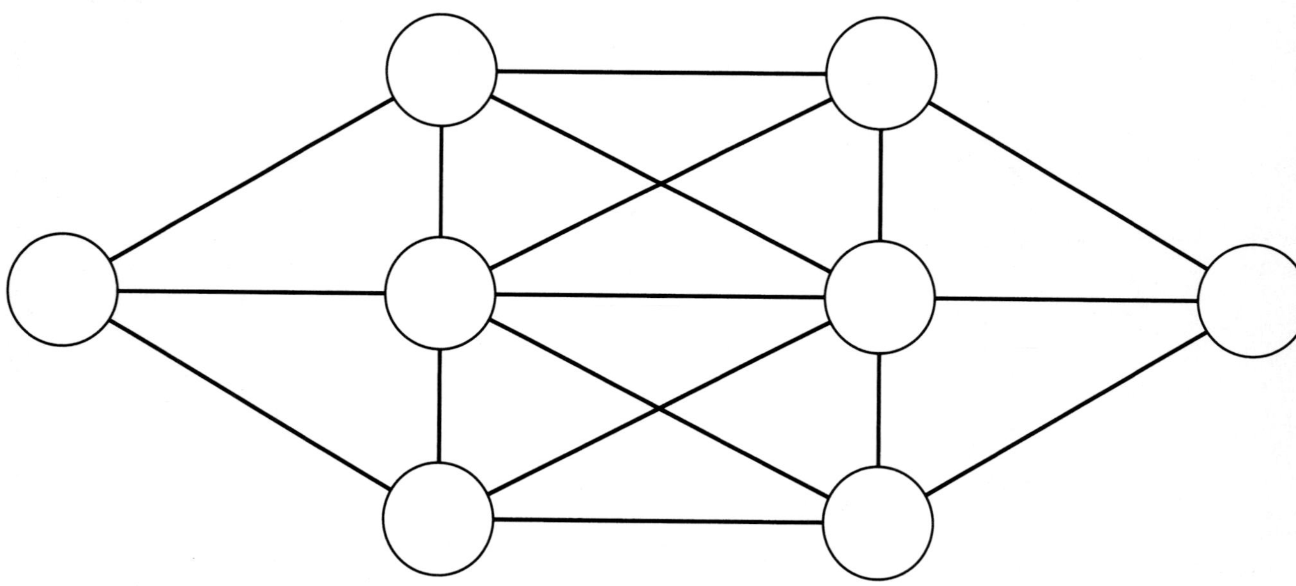

Schablone für ein Geobrett (16 Nägel / 9 Nägel)

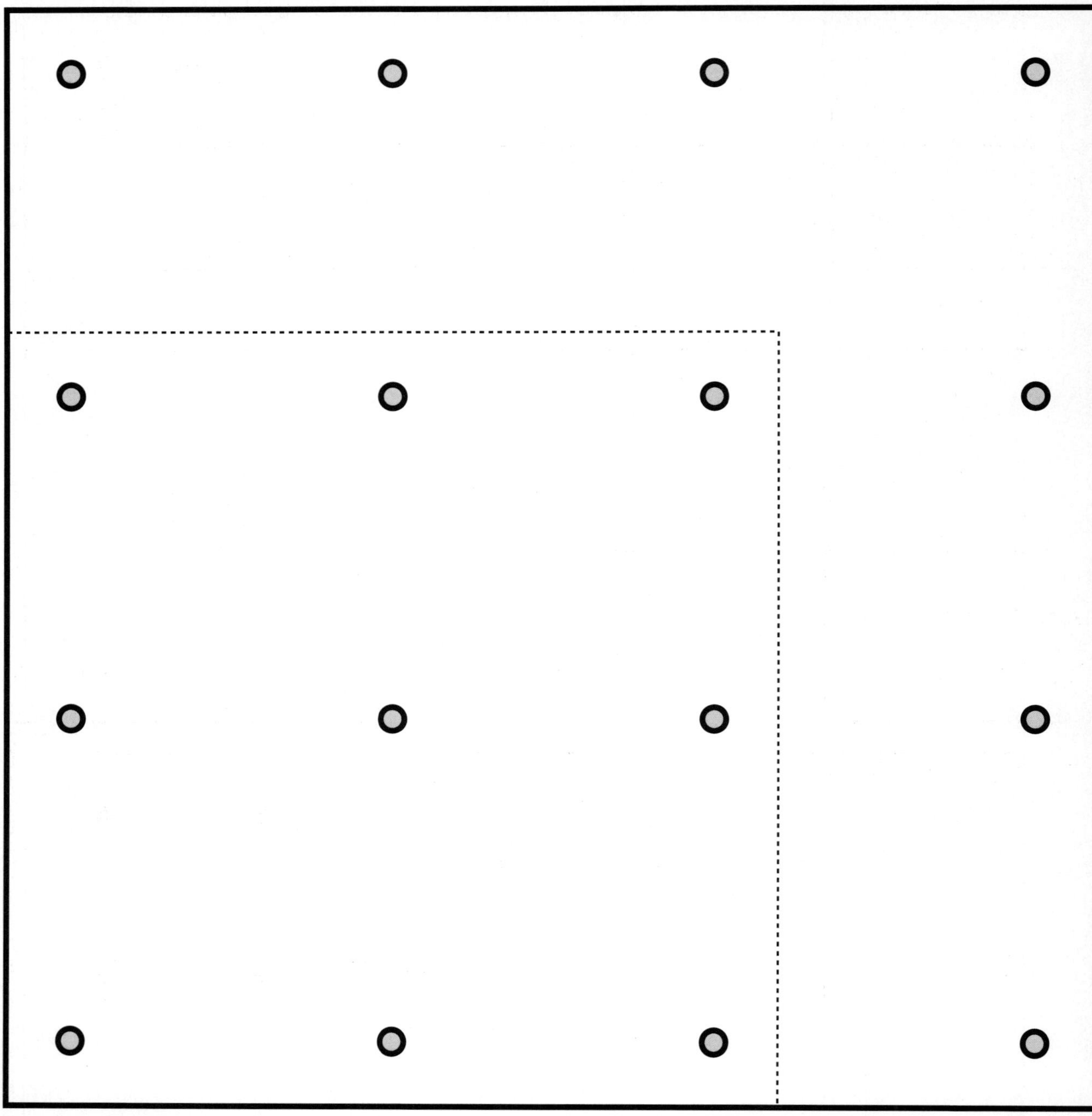

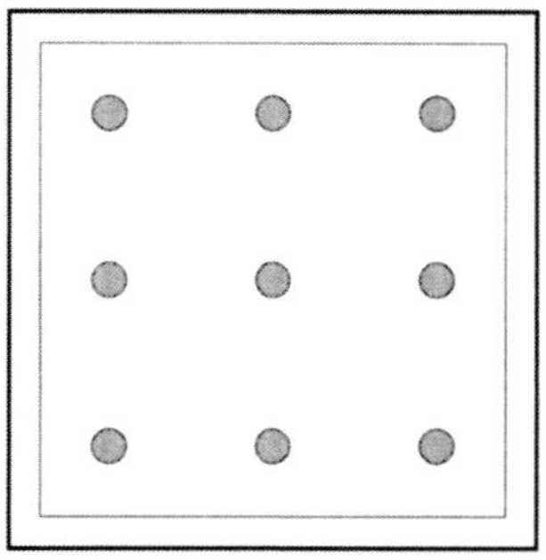
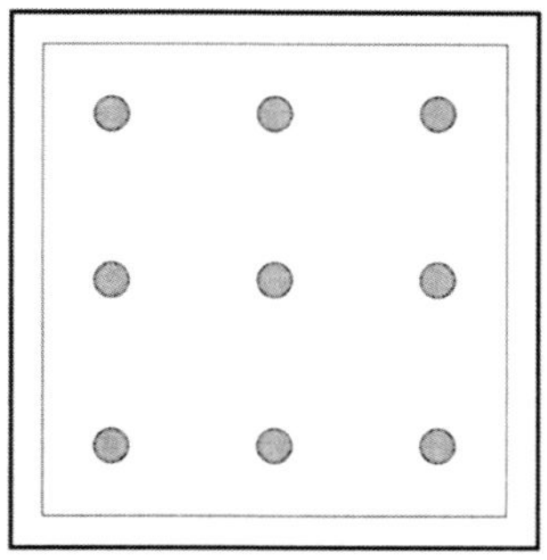
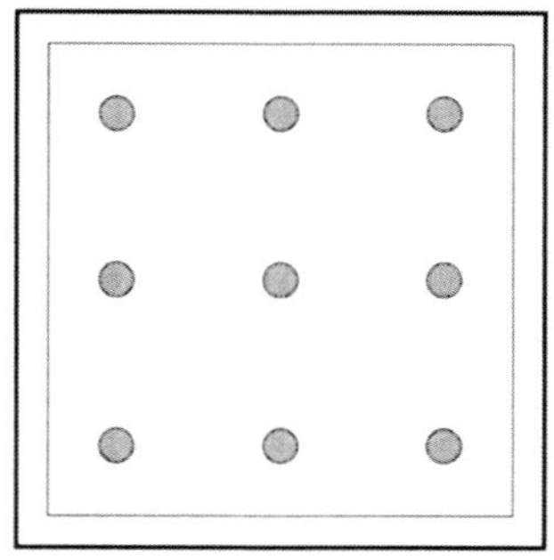
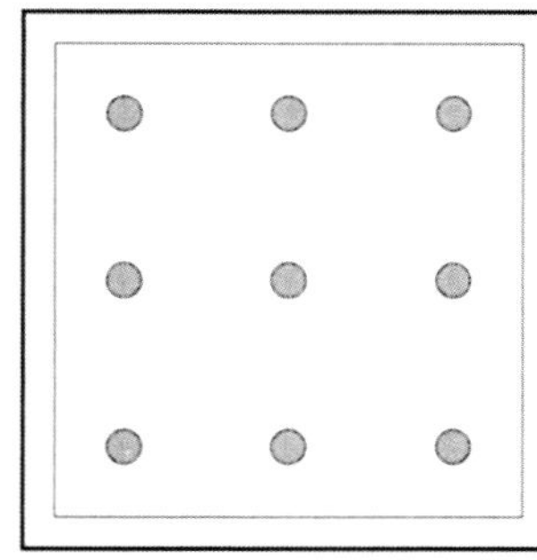

Geobretter

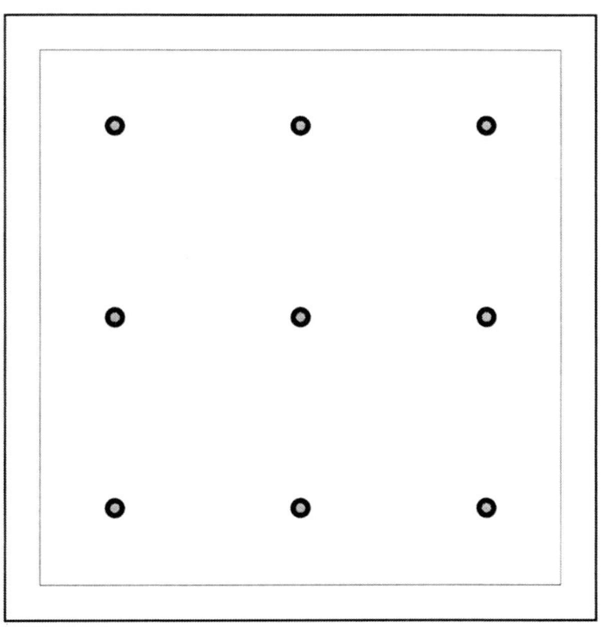
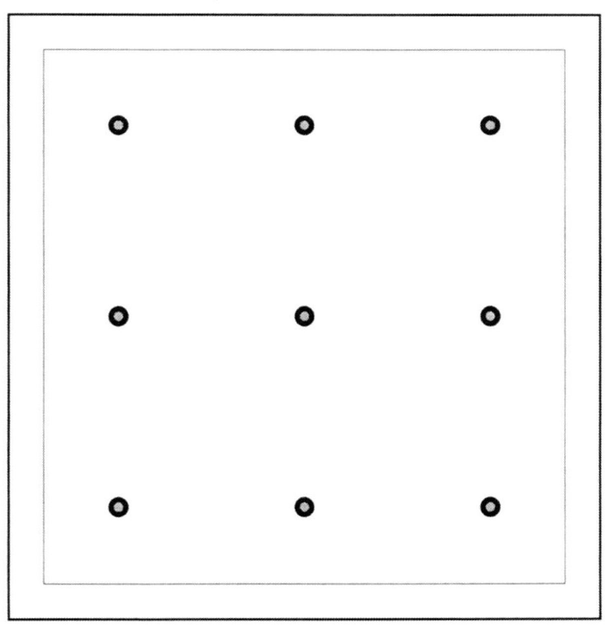

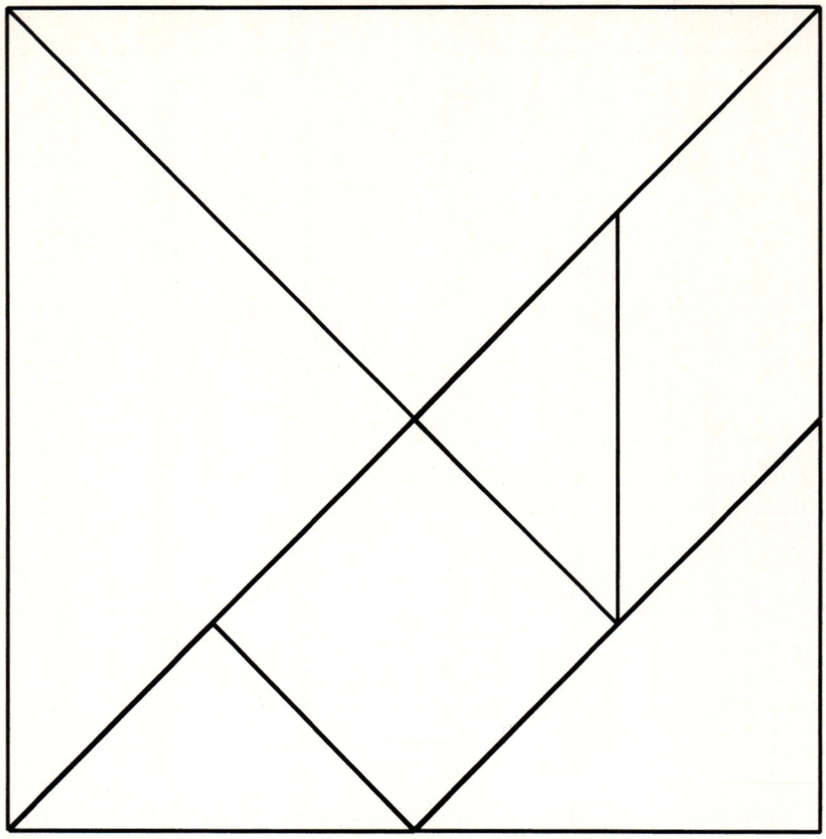

Spielplan (The Game of Tri)

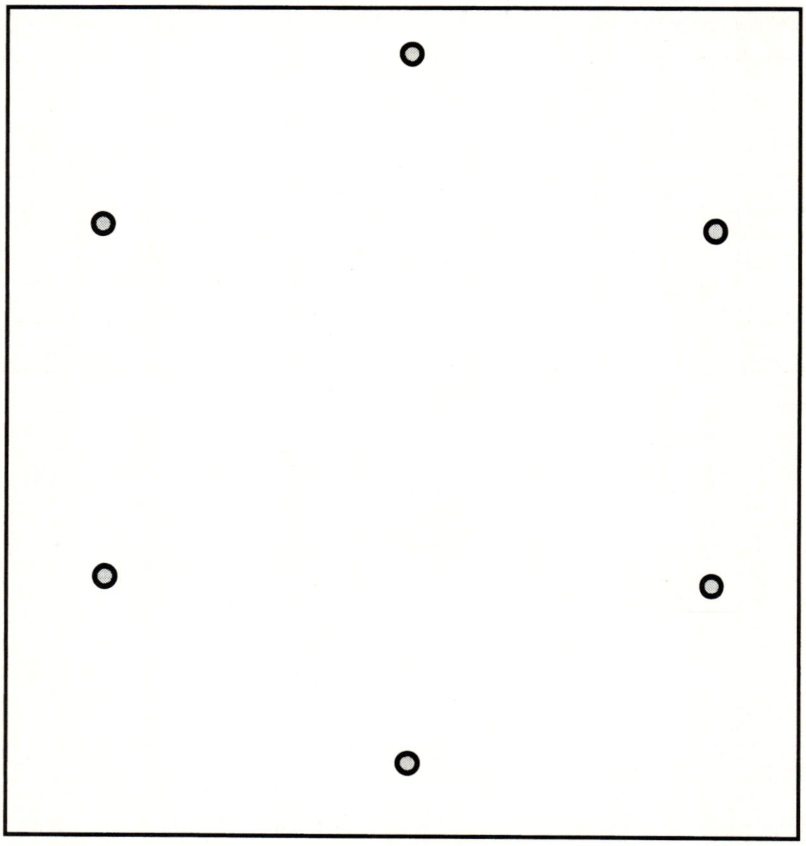

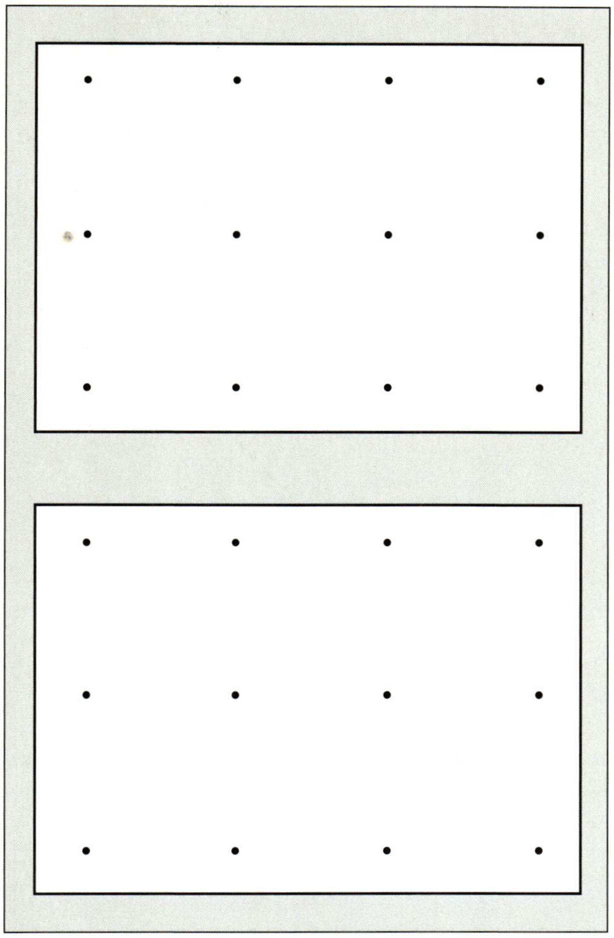

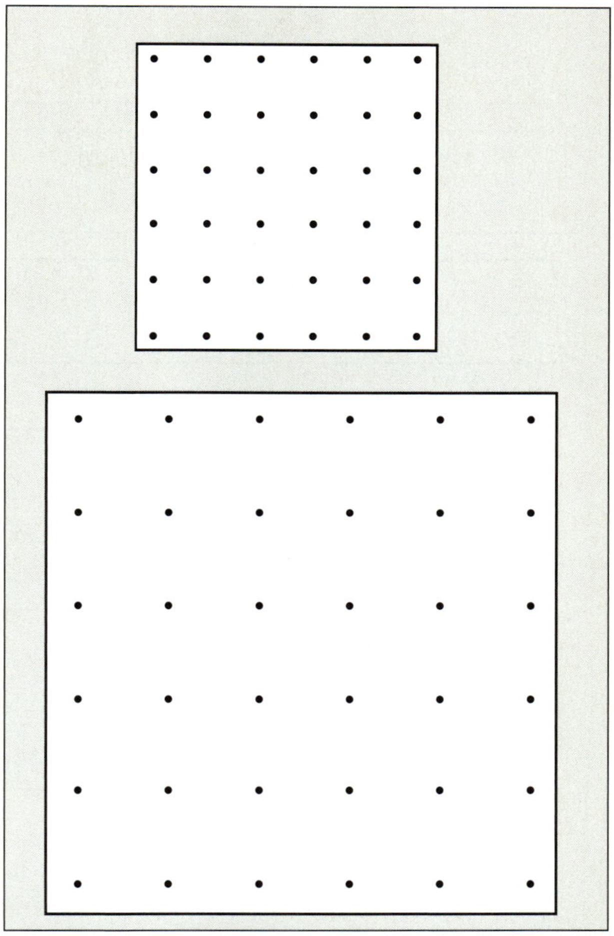

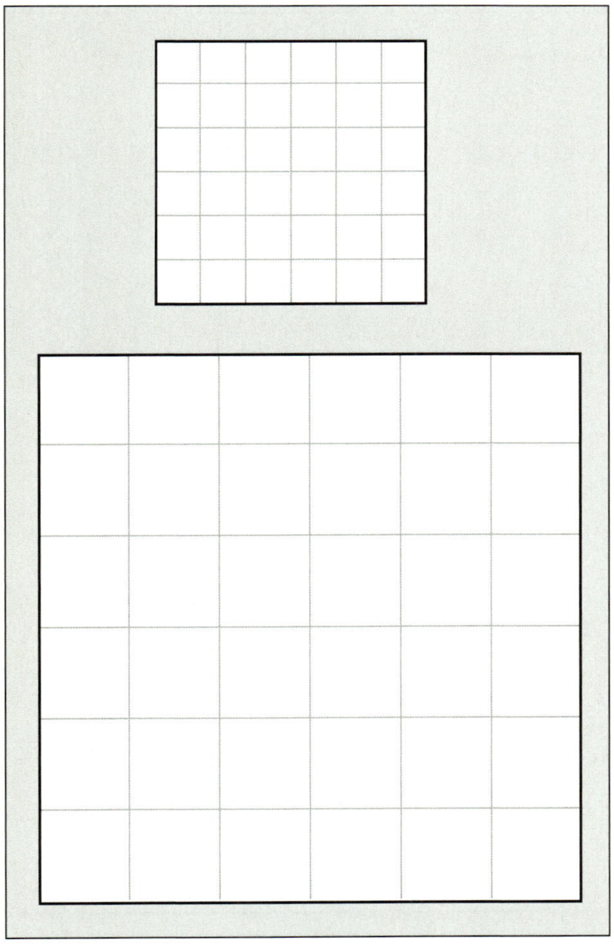

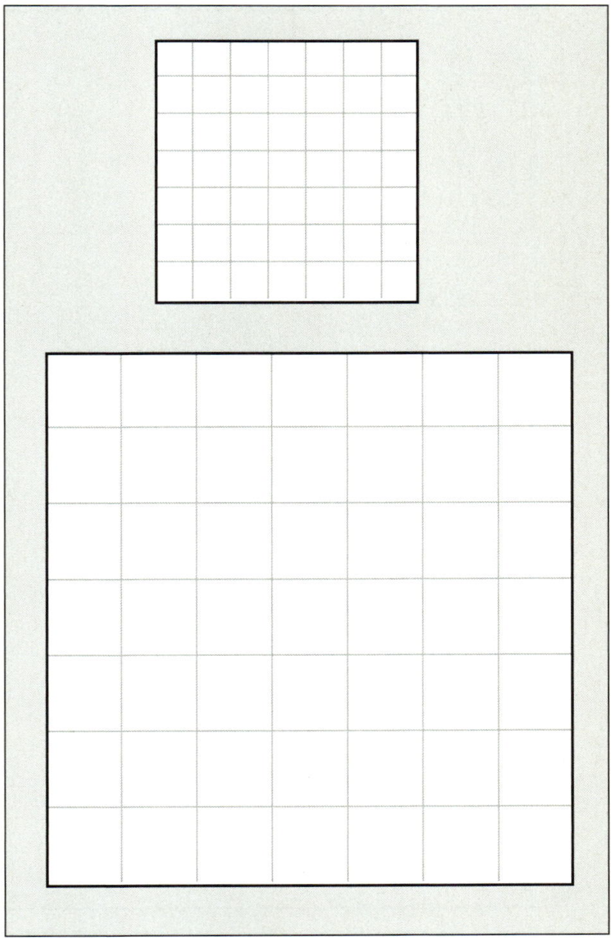

H JU
Mo Di Mi Do Fr Sa So
1 2 3 4 5 6
7 8 9 10 11 12 13
14 15 16 17 18 19 20
12 22 23 24 25 26 27
28 29 30
September

Daumenkino "Anzahlen"

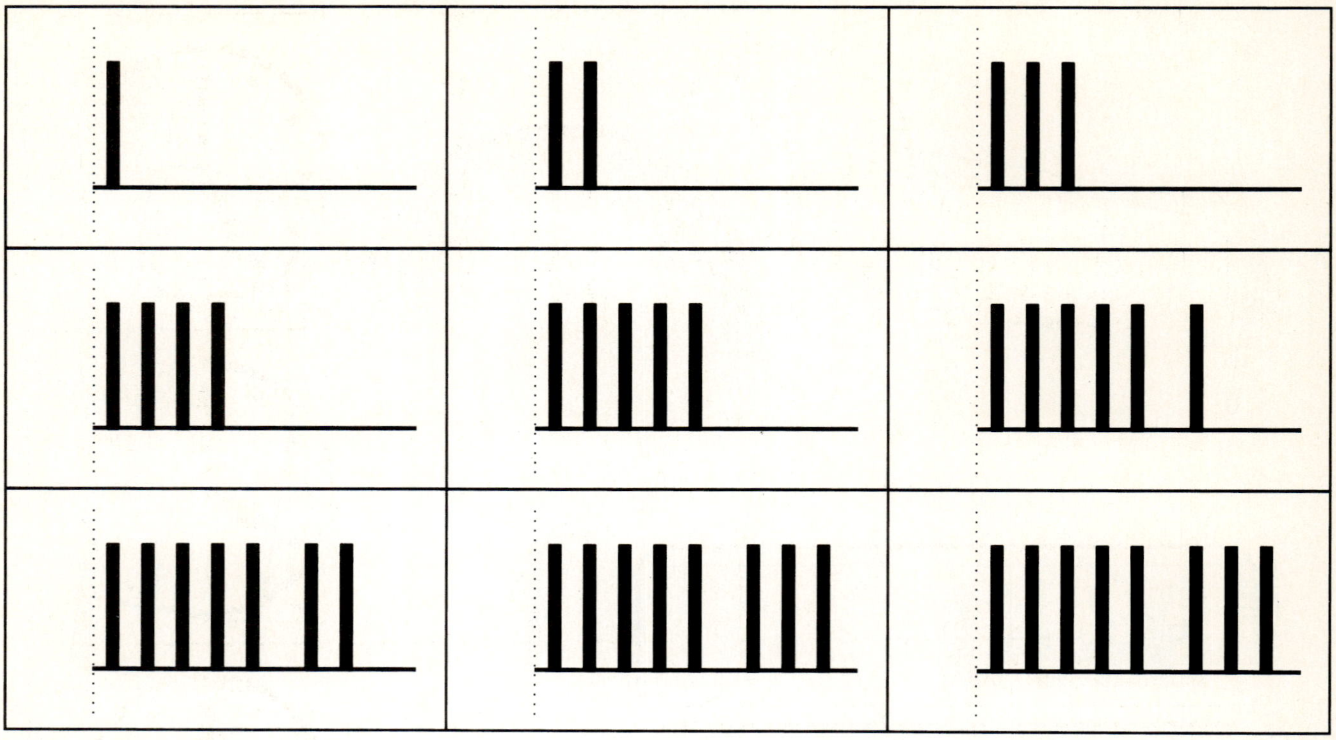

Durch doppeltes Kopieren lässt sich eine auf- und absteigende Anzahl als Daumenkino erstellen.

Daumenkino "Gesicht"

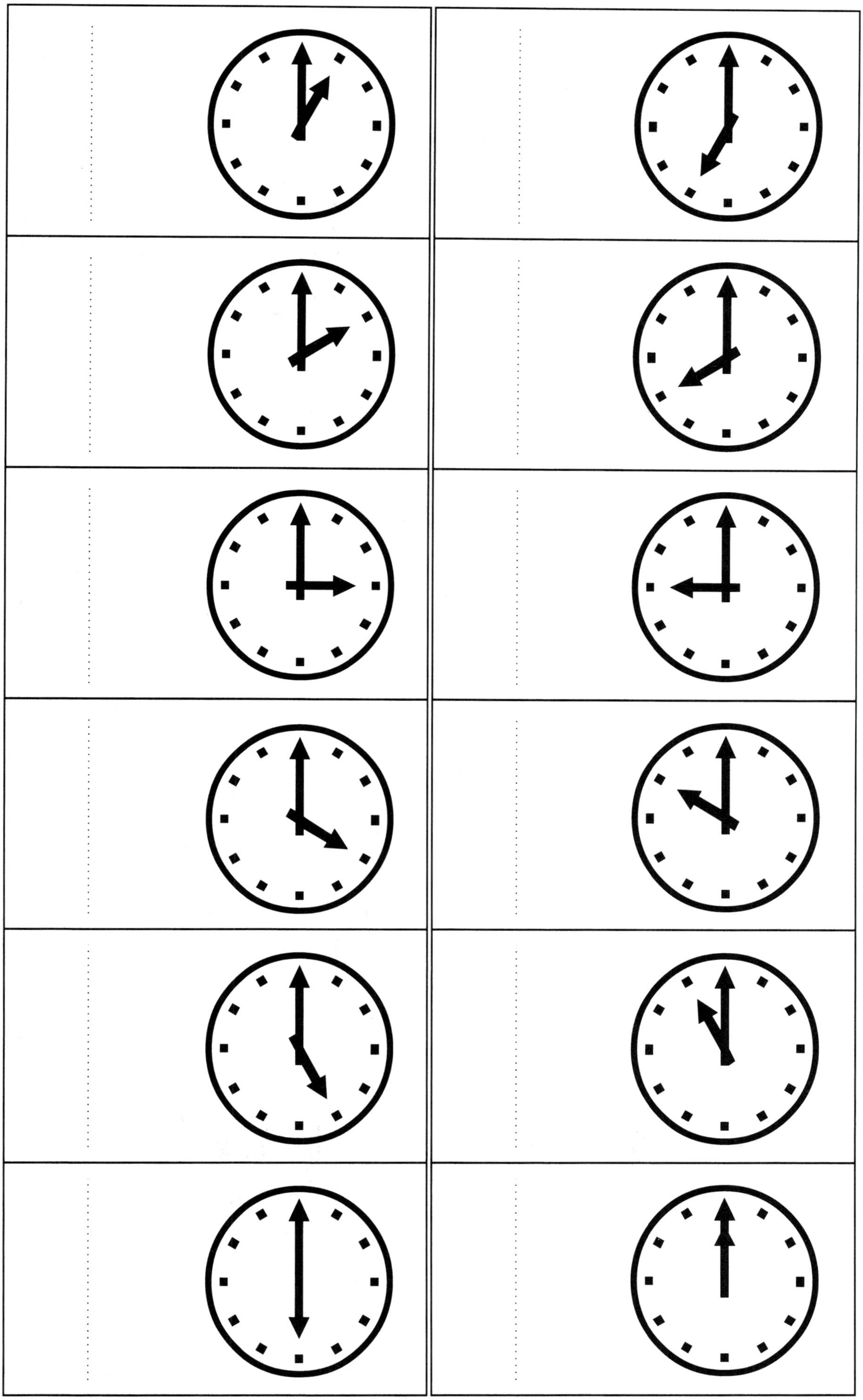

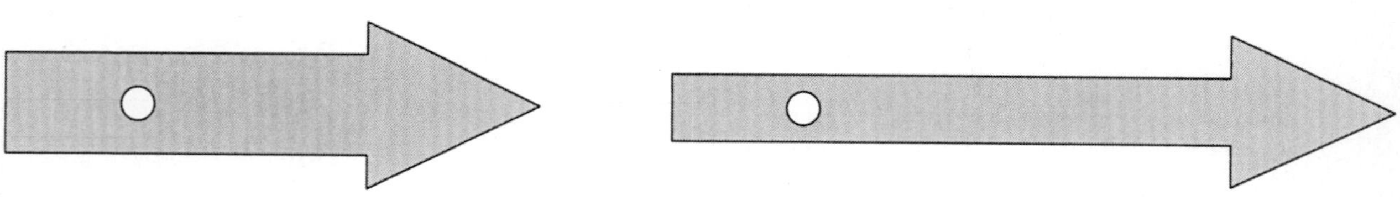

Schneide die Uhr und die beiden Zeiger aus. Bohre ein kleines Loch in die Mitte der Uhr und in jedes Zeigerende. Befestige die beiden Zeiger mithilfe einer Briefklammer an der Uhrscheibe.

Wenn du eine besonders haltbare Uhr bauen willst: Klebe die Uhrscheibe und die beiden Zeiger zunächst auf einen festeren Karton und baue sie dann zusammen.

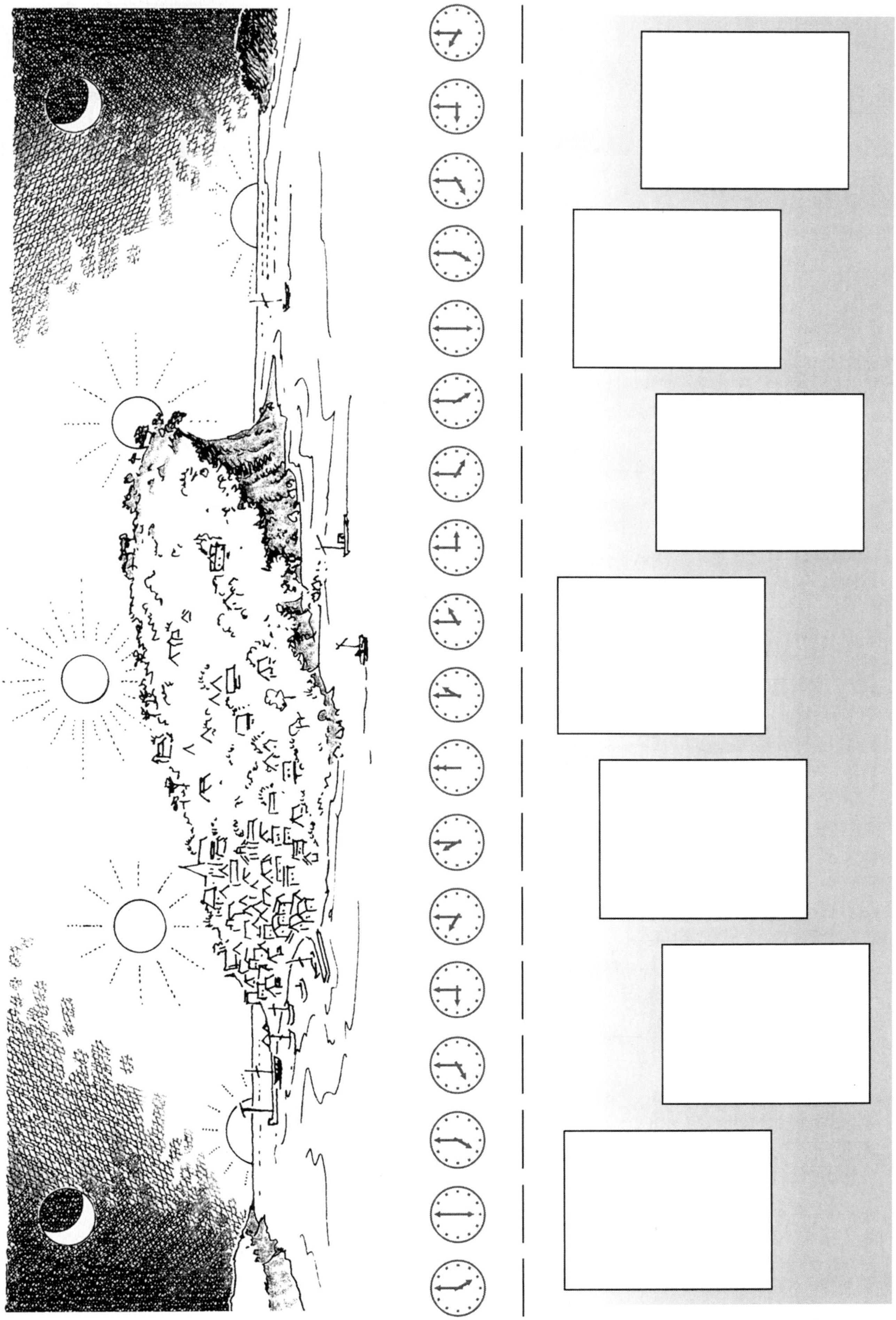

Literaturverzeichnis

Abele, A. u. a. (1994): Handbuch zur Grundschulmathematik (1. und 2. Schuljahr). Stuttgart: Klett.

Abele, Ch. u. a. (1996): LUMATRIX-Geometrie 1/2. Kartei und Kopiervorlagen. Hannover: Schroedel.

Apel, H./Petter, W. (1988): Sonderpädagogische Fördermaßnahmen in den Lernbereichen Wahrnehmung - Sprache - Motorik - Spielen und Spiele. NLI-Berichte, Bd. 30. Hannover: Berenberg.

Apel, H. u. a. (1991): Lernstandsanalyse und Lernförderung. NLI-Berichte, Bd. 39. Hannover: Berenberg.

Arndt, M./Singer, W. (1983): Das ist der Daumen Knuddeldick. Fingerspiele. Ravensburg: Maier.

Ayres, A. J. (1984): Bausteine der kindlichen Entwicklung. Berlin: Springer.

Bauersfeld, H. u. a. (1970): alef 1. Hannover: Schroedel.

Bauersfeld, H. u. a. (1972): matema-Körperspiel. Hannover: Schroedel.

Bauersfeld, H. (1992): Drei Gründe, geometrisches Denken in der Grundschule zu fördern. Occ. paper 133. Bielefeld: IDM.

Bäumler-Zeuner, S. (1992): Freiarbeit in der 1. Klasse. In: Grundschule. Heft 7-8, S. 22f.

Behrens, J. (1994): Mathematik mit Steckwürfeln. Klasse 1. Offenburg: Mildenberger.

Benner, D. (1989): Auf dem Weg zur Öffnung von Schule und Unterricht. In: Die Grundschulzeitschrift. Heft 27, S. 46-55.

Berger, A. u. a. (1994): Das Zahlenbuch 1. Stuttgart: Klett.

Betz, D./Breuniger, H. (1987): Teufelskreis Lernstörungen. Weinheim: Beltz.

Blume, M./Burggraf, Ch. (1995): Erstes Papierfalten - Ravensburger Bastelbär. Ravensburg: Ravensburger.

Breuer, H./Weuffen, M. (1986): Gut vorbereitet auf das Lesen- und Schreibenlernen? Berlin: Dt. Verlag der Wissenschaften.

Bünte, M. u. a. (1994): Offene Lernsituationen brauchen Zeit. In: Grundschule. Heft 1, S. 11f.

Bünte, M. u. a. (1994): Freiheit und Disziplin. In: Grundschule, Heft 1, S. 21-23.

Bünte, M./Wolf, E. (1994): Aus dem Unterrichtsprotokoll. In: Grundschule. Heft 1, S. 19 f.

Burton, G.M. (1985): Towards a Good Beginning. Menlo Park: Addison-Wesley.

Carpenter, T. P./Moser, J. M. (1982): The development of addition and subtraction problem-solving skill. In: T. P. Carpenter, J. M. Moser & T. A. Romberg (Eds): Addition and subtraction: A cognitive perspective. Hillsdale, NJ: Erlbaum.

Christiani, R. (Hrsg.) (1994): Auch die leistungsstarken Kinder fördern. Frankfurt: Cornelsen Scriptor.

Cono, S./Kirsch-Korn, J. (1987): Mein Geburtstag - Ravensburger Bastelbär. Ravensburg: Ravensburger.

Dröge, R. (1995): Zehn Gebote für einen schülerorientierten Sachrechenunterricht. In: Sachunterricht und Mathematik in der Primarstufe. Heft 9.

Drunkemühle, L. u. a. (1985): Förderunterricht in der Grundschule. Frankfurt: Diesterweg.

Ebeling, A. (1996): Unsere Mathe-Ecke im 1. Schuljahr. In: Die Grundschulzeitschrift. Heft 96, S. 24-25.

Eggert, D. (Hrsg.) (1979): Psychomotorisches Training. Weinheim: Beltz.

Ellrott, D./Aps-Ellrott, B. (1995): Förderdidaktik. Offenburg: Mildenberger.

Ellrott, D./Heberling, W. (1989): Mathematik im Schulanfang. Offenburg: Mildenberger.

Falkenburg, K. (1993): Puzzle im Geometrieunterricht. In: Die Grundschulzeitschrift. Heft 62, S. 26-27.

Floer, J. (1991): Die Kinder, das Rechnen und die Sache. In: Die Grundschulzeitschrift. Heft 42, S. 5-7.

Floer, J. (Hrsg.) (1985): Arithmetik für Kinder. Materialien - Spiele - Übungsformen. Frankfurt: Arbeitskreis Grundschule.

Floer, J./Haarmann, D. (1982): Mathematik für Kinder. Weinheim: Beltz.

Frostig, M. (1972): Wahrnehmungstraining. Dortmund: Crüwell.

Fuson, K. C. (1992): Research on learning and teaching addition and subtraction of whole numbers. In: G. Leinhardt, R. Putnam & R. A. Hattrup (Eds): Analysis of Arithmetic for Mathematics Teaching, pp. 53-187. Hillsdale, NJ: Erlbaum.

Gallin, P./Ruf, U. (1991): Sprache und Mathematik in der Schule. Zürich: Verlag Lehrerinnen und Lehrer (LCH).

Geering, P. (1994): Das erste Zahlenalbum. Bernhardzell (CH): Bernet.

Gerlach, A. (1922): Schöne Rechenstunden. Leipzig: Quelle & Meyer.

Goll, E. (1992): Der Wochenplan als Beschäftigungstherapie? In: Grundschule. Heft 7-8, S. 24.

Grassmann, M. u. a. (1995a): Was können Schulanfänger bereits vor ihrer ersten Mathematikstunde? In: Grundschulunterricht. Heft 6.

Grassmann, M. u. a. (1995b): Arithmetische Kompetenzen von Schulanfängern - Schlussfolgerungen für die Gestaltung des Anfangsunterrichts. In: Sachunterricht und Mathematik in der Primarstufe. Heft 7, S. 302 - 321.

Gray, E. M. (1991): An Analysis of Diverging Approaches to Simple Arithmetic: Preference and its Consequences. Educational Studies in Mathematics, 22, 551-574.

Guder, R. (1988): Mathematikunterricht in der Anfangsphase des 1. Schuljahres. NLI-Berichte, Bd. 34. Hannover: Berenberg.

Guder, R. (1992): Geometrie in der Grundschule. NLI-Berichte, Bd. 44. Hannover: Berenberg.

Haggard, G./Schonberger, A. (1977): The Game of Tri. In: The Arithmetic Teacher, Heft 4.

Hengartner, E. W. (1987): Spiele für die Primarstufe. Zürich (CH): Sabe.

Heymann, H. W. (1995): Zur Unterrichtsstruktur eines allgemeinbildenden Mathematikunterrichts. In: Beiträge zum Mathematikunterricht 1995, S. 236 - 239. Hildesheim: Franzbecker.

Heymann, H. W. (1996): Allgemeinbildung und Mathematik. Weinheim/Basel: Beltz.

Homann, G. (1991): Mathematik - Lernspiele. Braunschweig: Westermann.

Hönisch, K. (1989): Spielerisch üben - Mathematik. Hannover: Schroedel.

Ifrah, G. (1991): Universalgeschichte der Zahlen. Frankfurt: Campus.

Kasper, H. M. (1992): Ein Weg zur Freiarbeit. In: Grundschule. Heft 7-8, S. 21f.

Keller, S. (1995): Geometrische Grundformen. In: Grundschule. Heft 3, S. 39 ff.

Koeppen, D. (1988): Siebzig Zwiebeln sind ein Beet. Weinheim: Beltz.

Krampe, J./Mittelmann, R. (1987): Spielen im Mathematikunterricht - 250 Rechenspiele im Überblick und Tips zum Selbermachen von Spielen. Heinsberg: Dieck.

Krummheuer, G. (1994): Der mathematische Anfangsunterricht. Weinheim: DSV.

Kühnel, J. (1916): Neubau des Rechenunterrichts. Leipzig: Klinkhardt.

Lammel, R. (1991): Geometrische Körper - Kartensätze. In: Grundschule. Heft 2, S.42 ff.

Lange, B. (1984): Zahlbegriff und Zahlgefühl. Münster: Lit.

Laufenberg, K. (1988): Papprollen Spielkiste. Freiburg: Christophorus.

Lohmann, Ch. (1992): Den Unterricht öffnen. In: Die Deutsche Schule. Heft 31, S. 31-40.

Lorenz, J. H. (1992): Anschauung und Veranschaulichungsmittel im Mathematikunterricht - Mentales visuelles Operieren und Rechenleistung. Göttingen: Hogrefe.

Lorenz, J.H./Radatz, H. (1993): Handbuch des Förderns im Mathematikunterricht. Hannover: Schroedel.

Maaser, G. (1995): Körpergeometrie: Werkstattunterricht in einem dritten Schuljahr. In: Die Grundschulzeitschrift. Heft 82, S. 40 ff.

Matthews, J. (1991): Tolle Ideen - Mathe aktiv. Mülheim: Verlag an der Ruhr.

Meier, R./Bahns, M. (1981): Miteinander lernen. Differenzierung und Freie Arbeit in der Grundschule. Stuttgart: Klett.

Meis, R./Sennlaub, G. (1983): Mit Feuereifer dabei. Praxisbericht über Freie Arbeit und Wochenplan. Heinsberg: Dieck.

Meis, R./Sennlaub, G. (1984): Feuer und Flamme. 99 Vorschläge zu Arbeitsmitteln für Freiarbeit und Wochenplan. Heinsberg: Dieck.

Mitchelmore, M. C. (1995): Abstraction in Mathematics: Conflict, Resolution and Application. In: Mathematics Education Research Journal 7, No. 1, S. 50 - 68.

Morawietz, H. (1992): Lernläden und Lernstraßen. In: Grundschule. Heft 7-8, S. 18-20.

Müller, H. (1982): Optisches Differenzierungs- und Konzentrationstraining. Horneberg: Persen.

Müller, H. (1986): Arbeitsblätter zur optischen Differenzierung. Horneberg: Persen.

Neumann, H.M. (1994): Aus dem Lehrertagebuch. In: Grundschule. Heft 1, S. 13-18.

Niebuhr, A. (1995): Nicht jedes Arbeitsmittel hält, was es verspricht. In: Grundschule. Heft 4, S. 30 ff.

Nieders. Kultusministerium (1981): Erlaß: Die Arbeit in der Grundschule v. 7. 5. 1981. Hannover: MK Niedersachsen (SVBL S. 112ff.).

NLI, Niedersächsisches Landesinstitut für Lehrerfortbildung (Hrsg.) 1983: Zur Förderung von auffälligen Kindern im vorschulischen Bereich und in der Grundschule. NLI-Berichte, Bd. 10. Hildesheim: NLI.

Nuffield Project (1970): Mathematics: the first 3 years. London: Chambers.

Palzkill, L. u. a. (Hrsg.) (1993): Die Welt der Zahl 1. Hannover: Schroedel.

Pommerening, R. u. a. (1994): Pusteblume - Das Sachbuch 1. Hannover: Schroedel.

Pousset, R. (1983): Fingerspiele und andere Kinkerlitzchen. Hamburg: Rowohlt.

Radatz, H./Rickmeyer, K. (1991): Handbuch für den Geometrieunterricht an Grundschulen. Hannover: Schroedel.

Radatz, H./Rickmeyer, K. (1996): Aufgaben zur Differenzierung im Mathematikunterricht. Hannover: Schroedel.

Radatz, H./Schipper, W. (1983): Handbuch für den Mathematikunterricht an Grundschulen. Hannover: Schroedel.

Ramseger, J. (1987): Neun Argumente für die Öffnung der Grundschule. In: Die Grundschulzeitschrift. Heft 6, S. 6f.

Schadewaldt, U. (1993): Offener Mathematikunterricht auch für Leistungsschwache. In: Grundschule. Heft 6, S. 18-20.

Schäfer, U. (1983): Spielzeug aus Papprollen. Freiburg: Christophorus.

Schaub, H. (1992): Sachunterricht in der Grundschule. In: NLI-Berichte, Bd. 48. Hannover: Berenberg.

Schiestl, P. (1990): Von Station zu Station. In: Grundschule. Heft 10, S. 25-27.

Schipper, W. (1985): Üben im Mathematikunterricht der Grundschule. NLI-Berichte, Bd. 26. Hannover: Berenberg.

Schmidt, R. (1982): Zahlenkenntnisse von Schulanfängern. Frankfurt: Hessisches Institut für Bildungsplanung und Schulentwicklung.

Schulz, A. (1994): Fördern im Mathematikunterricht - Was kann ich tun? Stuttgart: Klett.

Selter, Ch. (1993): Eigenproduktionen im Arithmetikunterricht der Primarstufe. Wiesbaden: DUV.

Selter, Ch. (1995): Die Fiktivität der „Stunde Null“ im arithmetischen Anfangsunterricht. In: Mathematische Unterrichtspraxis 2, S. 11-19.

Stern, E. (1992): Warum werden Kapitänsaufgaben »gelöst«? - Das Verstehen von Textaufgaben aus psychologischer Sicht. In: Der Mathematikunterricht. Heft 5, S. 7 - 29.

Stoepper, M. (1990): Ein Weg zur Freien Arbeit im ersten Schuljahr. In: Grundschule. Heft 6, S. 40f.

Streibl, H. (1976): Geo-Brett im Unterricht. Göttingen: Kallmeyer.

Strote, I. (1985): Das Wochenplanbuch für die Grundschule. Heinsberg: Dieck.

Student für Europa (Hrsg.) (1976): Liederbuch. Bad Soden.

Wallrabenstein, W. (1991): Offene Schule - Offener Unterricht. Hamburg: Rowohlt.

Wieneke, H. (1983): Beurteilung und Einsatz von Bildern im arithmetischen Anfangsunterricht. Schriftliche Hausarbeit für das Lehramt für die Primarstufe. Bielefeld.

Wiesner, H./Merenn, H. (1988): Spiele mit Spiegeln. In: Die Grundschulzeitschrift. Heft 18, S. 49 - 58.

Winter, H. (1985): Sachrechnen in der Grundschule. Bielefeld: CVK.

Wittmann, E. C. (1993). „Weniger ist mehr“: Anschauungsmittel im Mathematikunterricht der Grundschule, In: Beiträge zum Mathematikunterricht, S. 394-397.

Wittmann, E.C./Müller, G.N. (1990): Handbuch produktiver Rechenübungen. Band 1. Stuttgart: Klett.

Querverweise Kopiervorlagen ⇨ Textseiten

Kopiervorlage	Hinweise auf Seite(n)	Kopiervorlage	Hinweise auf Seite(n)	Kopiervorlage	Hinweise auf Seite(n)
MU ⇨	14	A 13 ⇨	73	A 36 ⇨	107
		A 14 ⇨	73, 74, 76, 93	A 37 ⇨	107
SA 1 ⇨	25	A 15 ⇨	73		
SA 2 ⇨	33	A 16 ⇨	73	G 1 ⇨	135
SA 3 ⇨	33	A 17 ⇨	75, 85, 86, 87, 93	G 2 ⇨	136
SA 5 ⇨	33	A 18 ⇨	76	G 3 ⇨	137
SA 6 ⇨	33	A 19 ⇨	87	G 4 ⇨	138, 145
		A 20 ⇨	89	G 5 ⇨	145
AM 1 ⇨	44	A 21 ⇨	90	G 6 ⇨	145
AM 2 ⇨	46	A 22 ⇨	90		
		A 23 ⇨	91	SR 1 ⇨	152, 161
A 1 ⇨	65	A 24 ⇨	91	SR 2 ⇨	158
A 2 ⇨	67	A 25 ⇨	91	SR 3 ⇨	158
A 3 ⇨	68	A 26 ⇨	93, 94	SR 4 ⇨	166
A 4 ⇨	69	A 27 ⇨	94	SR 5 ⇨	166
A 5 ⇨	69	A 28 ⇨	94		
A 6 ⇨	69	A 29 ⇨	99		
A 7 ⇨	69	A 30 ⇨	101		
A 8 ⇨	69	A 31 ⇨	104, 105		
A 9 ⇨	70, 75	A 32 ⇨	105		
A 10 ⇨	71	A 33 ⇨	105		
A 11 ⇨	71	A 34 ⇨	105		
A 12 ⇨	73	A 35 ⇨	105		

Sachwortverzeichnis

Inhaltsübersicht
Handbücher für den Mathematikunterricht der Klassen 1 und 2

Handbuch für den Mathematikunterricht 1. Schuljahr

1. Gestaltung von Mathematikunterricht

- Ziele des Mathematikunterrichts
- Rahmenbedingungen für die Unterrichtsorganisation
- Verschiedene Formen offenen Unterrichts

2. Der Schulanfang

- Vorkenntnisse von Schulanfängern
- Individuelles Lernen mit Zahlen
- Erhebungsmöglichkeiten zur Lernausgangslage
- Förderung von Wahrnehmungsleistungen
- Förderung von Zahlbegriffsentwicklung und Zahlverständnis

3. Arbeitsmittel im arithmetischen Anfangsunterricht

4. Arithmetik

- Rahmenbedingungen des Arithmetikunterrichts in Klasse 1
- Die Zahlen bis 10
- Die Zahlen bis 20
- Der Ausblick in den Zahlenraum bis 100
- Fördern im Mathematikunterricht des 1. Schuljahres

5. Geometrie

- Begründungen, Ziele, Inhalte und Grundvoraussetzungen des Geometrieunterrichts
- Erkunden der Umwelt
- Falten, Schneiden, Kleben
- Legen und Bauen
- Sehen und Vorstellen
- Färben und Zeichnen

6. Sachrechnen und Größen

- Voraussetzungen, Formen und Einordnung des Sachrechnens
- Präsentationsformen

Handbuch für den Mathematikunterricht 2. Schuljahr

1. Zu einigen allgemeinen Themen des Mathematikunterrichts

- Leistungsmessung und Leistungsbewertung, Leistungskontrolle und Leistungsbeobachtung
- Differenzieren und Integrieren im Mathematikunterricht
- Vom Lernen und Lehren
- Taschenrechner in der (Grund-)Schule?

2. Arithmetik

- Zahlenraumerweiterung bis 100
- Addition und Subtraktion im Zahlenraum bis 100
- Multiplikation und Division
- Anregungen für schnelle Rechner

3. Geometrie

- Didaktisch-methodische Hinweise zum Geometrieunterricht
- Kopfgeometrie
- Bauen, Legen, Falten, Spannen
- Sehen und Analysieren
- Zeichnen
- Leistungsbewertung im Geometrieunterricht

4. Sachrechnen und Größen

- Voraussetzungen, Formen und Einordnung des Sachrechnens
- Handlungserfahrungen und Sachrechnen mit Größen
- Sachrechnen mit Geld
- Sachrechnen mit Gewichten
- Sachrechnen mit Längen
- Mini-Projekte
- Leistungsmessung zum schülerorientierten Sachrechnen